復刊 基礎数学シリーズ ········· 9

解析学入門

亀谷俊司

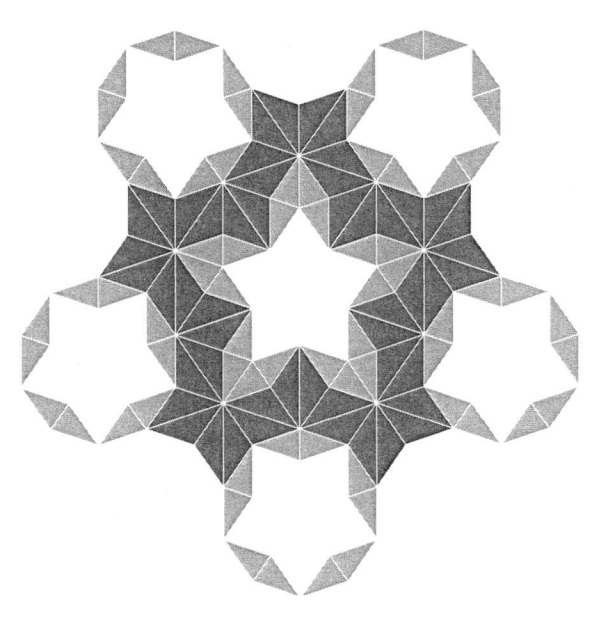

朝倉書店

小堀　憲

小松醇郎

福原満洲雄

編集

基礎数学シリーズ
編集のことば

　近年における科学技術の発展は，極めてめざましいものがある．その発展の基盤には，数学の知識の応用もさることながら，数学的思考方法，数学的精神の浸透が大きい．理工学はじめ医学・農学・経済学など広汎な分野で，数学の知識のみならず基礎的な考え方の素養が必要なのである．近代数学の理念に接しなければ，知識の活用も多きを望めないであろう．

　編者らは，このような事実を考慮し，数学の各分野における基本的知識を確実に伝えることを目的として本シリーズの刊行を企画したのである．

　上の主旨にしたがって本シリーズでは，重要な基礎概念をとくに詳しく説明し，近代数学の考え方を平易に理解できるよう解説してある．高等学校の数学に直結して，数学の基本を悟り，更に進んで高等数学の理解への大道に容易にはいれるよう書かれてある．

　これによって，高校の数学教育に携わる人たちや技術関係の人々の参考書として，また学生の入門書として，ひろく利用されることを念願としている．

　このシリーズは，読者を数学という花壇へ招待し，それの観覚に資するとともに，つぎの段階にすすむための力を養うに役立つことを意図したものである．

まえがき

　この書物はその名が示す通り解析学の入門書である．解析学といってもはっきりとした範囲があるわけではないが，やはり微分，積分の概念を中心とした数学の分野であって，実解析，複素解析，微分方程式論，変分法，関数解析などがこれに含まれる．ここでは，それの各論的な入門を意図したのではない．

　この書物の全体を通して流れているイデーがあるとすれば，それは'近似'という考えであろう．それは解析学の原点にある思想である．そのテーマがくりかえしくりかえし姿をかえて読者の前に，あるいは命ずるように，あるいは願うように，またときには不愛想に，ときにはいたわるように語られるであろう．'近似'は極限のかたちに定着する．微分も積分もともにそれによってこの世に産み出された人類の至宝である．今日，多くの読者は高校でこの至宝の使い方をかなり学んでいる．しかも集合，写像といった数学用語も，今では専門家だけのものではなくなりつつある．だから，この書物では集合のことばで語ることから始まる．読者はこれをよそよそしいもの，しかつめらしいものと思わずに，親しいもの，身近なものとして慣れていただきたい．

　論理についても少しばかり準備してある．ことに∀，∃の記法を思いきって用いることにしたのは，否定命題をつくるときに都合よいからである．

　さて，解析が極限についての性質を調べるものであるとするならば，極限の意義とともに，その論理的な定義をまず知らねばならない．人類がここに到達するには永い年月を必要とした．この系統発生を一足飛びに越えて，極限の論理的定義を若い頭脳に植えつけるには性急にならないような注意深い配慮が必要になる．たとえば，単純→複雑，特殊→一般，という段階を何回も踏むべきだし，繰返しも必要となろう．だから，月並であってもまず数列について近似に裏づけされた極限の定義を与えることにしたのである．一度これができてしまえばあとの一般化はごく自然にいく．

　微分や積分の概念を抜きにした連続性についての一般論は，完備な距離空間

にたどりつくと，ここで停止する．それは縮小写像の原理（Banach の不動点定理）といわれる逐次近似法の定式化を，この書物では表面におし出して指導原理としたからである．これによって，多くの在存定理でただ'存在する'といっていたのが，それにいくらでも近いものを順々に求めていけるようになる．集合論的なこのような考え方に慣れることは，関数解析への道を楽に進ませるのに役立つであろう．

　微分方程式が解析のなかで最も重要な主題であることは疑いないが，この書物では初歩の手引きになるようないくつかの例とともに，縮小写像による存在証明をも紹介しておいた．なお，初等関数とくに三角関数の解析的定義では多分に微分方程式的な発想法をもとりいれた．

　積分変数変換については，台がコンパクトな連続関数についての Rudin の方法にヒントを得て，これによる近似というやりかたをしてみた．そのためには，コンパクトなところで定義された連続関数を空間全体へ連続に拡張しておくことが必要になる．それで初めの方としてはわりにむずかしいこの性質の証明があるのである．だから，このような部分は慣れるまではあとまわしにしてもよいし，またそのとき証明がわからなくても結論は単純なのであるから，それをしばらく認めてすすまれるのもよい．

　なお，この書物を部分的に利用したりまたある部分を早く読もうとする読者のために，読み方の順序を示した表をつけておいたから参考にされたい．記号についての表もつけておいたのであわせて利用されたい．

　この書物を編むに当って木庭暲子夫人は著者の講述を筆記，整理され，それをまた何回もやり直して永いこと御努力を続けて下さった．ここに厚くお礼申し上げたい．また朝倉書店の永年の忍耐と督励にも感謝する．

1974 年 8 月

亀 谷 俊 司

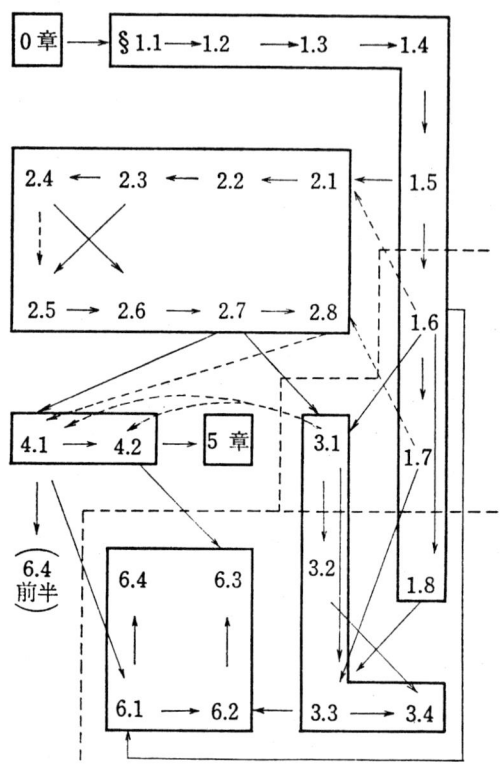

　上の表は節(章)の間のだいたいのつながりを示したものである．矢印，たとえば '§1.1→1.2' は §1.2 を読む前に §1.1 を読んでおかなくてはならないことを示し，また '1.6→2.1' は §2.1 の一部だけには §1.6 (の一部) が必要であることを示すものである．破線の左上の1変数の場合だけを先に読むこともできる．

目　　次

0.　準備(集合，論理，写像) ……………………………………………… 1

1.　極限と連続関数 ………………………………………………………… 17
　1.1　実　　数 ……………………………………………………………… 17
　1.2　数列の極限 …………………………………………………………… 26
　1.3　関数の極限と連続性 ………………………………………………… 32
　1.4　連続関数の大域的性質と上限，下限の存在 ……………………… 36
　1.5　関数列の一様収束と関数空間 ……………………………………… 52
　1.6　点列，写像の極限と写像の連続性 ………………………………… 62
　1.7　縮小写像の原理 ……………………………………………………… 87
　1.8　線 形 写 像 …………………………………………………………… 93

2.　微分法(1変数の関数) ………………………………………………… 103
　2.1　微 分 係 数 …………………………………………………………… 103
　2.2　平均値の定理とその応用 …………………………………………… 115
　2.3　原 始 関 数 …………………………………………………………… 128
　2.4　指数関数と対数関数 ………………………………………………… 135
　2.5　三 角 関 数 …………………………………………………………… 143
　2.6　テイラーの定理 ……………………………………………………… 156
　2.7　不定積分の計算 ……………………………………………………… 168
　2.8　簡単な微分方程式の解法 …………………………………………… 182

3.　微分法(多変数の関数) ………………………………………………… 197
　3.1　微 分 係 数 …………………………………………………………… 197
　3.2　テイラーの定理 ……………………………………………………… 209

3.3 陰関数, 逆関数 …………………………………… 213
3.4 関数関係, 極大極小 ………………………………… 224

4. 積分法(1変数の関数) ……………………………… 237
　4.1 積　分　法 ……………………………………… 237
　4.2 広義の積分 ……………………………………… 254

5. 級　　　数 …………………………………………… 268
　5.1 級　　　数 ……………………………………… 268
　5.2 関数項級数 ……………………………………… 281
　5.3 巾　級　数 ……………………………………… 285
　5.4 関数の展開 ……………………………………… 293

6. 積分法(多変数の関数) ……………………………… 300
　6.1 積　分　法 ……………………………………… 300
　6.2 2変数の関数の積分変数の変換 ………………… 323
　6.3 広義の積分 ……………………………………… 332
　6.4 線　積　分 ……………………………………… 336

解　　　答 ……………………………………………… 353
参　考　書 ……………………………………………… 356
記　号　表 ……………………………………………… 358
索　　　引 ……………………………………………… 359

0. 準備（集合，論理，写像）

　真，偽の区別がはっきりとしている文章や式（記号またはその組合せ）を**命題**という．たとえば，'ソクラテスは人である'は真の命題，'ソクラテスは日本人である'は偽の命題，また'2は偶数である'は真の命題，'3は偶数である'は偽の命題である．しかし'$10^{10^{10}}$は大きい数である'は真偽どちらともきめられないから，命題ではない．命題が真であることを，その命題は**成り立つ**ともいう．（この書物では，あとあとまでは引会いに出すことのない，中間的定理を"命題…"の形に書いてある．補題も同様だが，これは一つの定理を証明する段階で用いられることが多い．しかし，厳密に区別してあるわけではない．）

　p, q が命題であるとき，この二つの命題から新しい命題をつくることができる．'p かつ q' というのは p と q の両方が真であるときだけ真（したがって，p, q の少なくともどちらか偽のときにだけ偽）であるような命題，'p または q' というのは p, q の少なくとも一方が真のときにだけ真（したがって，どちらも偽のときにだけ偽）であるような命題である．

　例1　'5>3'は真，'5=3'は偽，

　　　　　'5>3 かつ 5=3'は偽，

　　　　　'5>3 または 5=3'（これを'5≧3'と書く）は真．

　このように数学では'または'というとき，その両側にある命題のどちらかが真でありさえすれば他方が偽であっても（真であればなおのこと）真であるとするのである．'p かつ q' を $p \wedge q$，'p または q' を $p \vee q$ と表わす．$p \wedge q$, $p \vee q$ の真偽は右の表で示される．

p	q	$p \wedge q$	$p \vee q$
真	真	真	真
真	偽	偽	真
偽	真	偽	真
偽	偽	偽	偽

　p が命題であるとき，'p でない'という命題を p の**否定**といい p' と書くことにする．すなわち，p が真のとき p' は偽，p が偽のとき p' は真となる．したがって，p'' の真偽は p と同じであり，'p

または p'' は p がどのような命題であってもつねに真である．

例2 p を $1/2>0$, q を $1/2<1$ とすると，$p\wedge q$ とは $0<1/2<1$, p' とは $1/2\leqq 0$, したがって p' は偽の命題となる．

p,q が命題であるとき，'$p\Rightarrow q$' は 'p ならば q' という命題を表わす．これを条件文といい，p をその仮定または前提，q を終結または結論という．その真偽は左の表で示される．すなわち，'$p\Rightarrow q$' が真であることと，'$p'\vee q$' が真であることとは同じである．たとえば，"お天気がよければ遠足に行く" と約束した場合に，この約束に反するのは "お天気がよいのに遠足に行かない" ときだけであって，お天気が悪ければ遠足に行っても行かなくても約束に反しないのである．

p	q	$p\Rightarrow q$
真	真	真
真	偽	偽
偽	真	真
偽	偽	真

'$p\Rightarrow q$' は '$q\Leftarrow p$' と書くこともある．また，'$p\Rightarrow q$ かつ $q\Rightarrow p$' という命題を '$p\Leftrightarrow q$' と表わし，これが真であるとき，p と q とは**同値**であるという．命題 '$p\Rightarrow q$' に対して '$q\Rightarrow p$' を**逆**の命題といい，'$q'\Rightarrow p'$' を**対偶**という．p が真であることを簡単にただ 'p である' ともいう．

命題 $p\Rightarrow q$ とその対偶 $q'\Rightarrow p'$ とは同値である．

証明 '$p\Rightarrow q$' が真で，q' であるとする．このときもしも p であるとすると q であることになり q' に反する．よって p' である．したがって，'$p\Rightarrow q$'$\Rightarrow$'$q'\Rightarrow p'$' が示された．逆はこのことを用いて '$q'\Rightarrow p'$'$\Rightarrow$'$p''\Rightarrow q'''$' すなわち '$p\Rightarrow q$'．

いまの証明では，p すなわち p'' であるとすると矛盾，よって p' でなければならないとした．このように命題を証明するために，それの否定を仮定して矛盾を導く方法を '**背理法**' というが，理に背くどころか，まったく理にかなった方法であって数学ではよく用いられる．また，命題を証明するために，その対偶を証明することもよく行なわれる．

問1 'p''' '$p\Leftrightarrow q$' '$q'\Rightarrow p'$' の真偽を示す表をつくってみよ．それから "$p\Rightarrow q$'$\Leftrightarrow$'$q'\Rightarrow p'$'" はつねに真であることを再びたしかめよ．

真偽の表を用いると，$(p\wedge q)'\Leftrightarrow p'\vee q'$, $(p\vee q)'\Leftrightarrow p'\wedge q'$ であることが

わかる．

問 2 このことをたしかめよ．

問 3 $p \Rightarrow q$ の否定を $\Rightarrow$ を用いない記号で表わせ．

一般に，'もの' の集まりがきまった範囲をなすとき，その範囲のことを**集合**といい，その集合を構成しているそれぞれのものを，その集合の元，**元素**または**要素**という．ものの範囲とはいっても，元が一つしかないような集合も考えるし，さらにまた例外をなくして集合の働きをなめらかにするために '元を一つも含まない集合' をも考えることとし，これに**空集合**という名を与える．

a が集合 S の元であることを，元 a は集合 S に**属する**あるいは a は S に**含まれる**，S は a を**含む**といい，$a \in S$ または $S \ni a$ と書き，a が S の元でないことを $a \notin S$ または $S \not\ni a$ と書く．空集合を ϕ で表わす．そうすれば任意のもの a に対して $a \notin \phi$ である．

A, B を二つの集合とし，A のどの元も B に属するとき，すなわち

$$`x \in A \Rightarrow x \in B`$$

のとき，A は B に含まれる，または B は A を含むといって，$A \subset B$ または $B \supset A$ と書く．このとき A は B の**部分集合**であるという．$A \subset A$ はつねに成り立つ．明らかに

$$A \subset B, B \subset C \Rightarrow A \subset C.$$

ここで '$A \subset B, B \subset C$' は '$A \subset B$ かつ $B \subset C$' の意，二つ以上のことを '，' を入れて並べて書いたときはいつもそれらのどれもが成り立つことを意味する．$A \subset B, B \subset A$ のとき $A = B$ であると定義する．すなわち，$A = B$ とは，A に含まれる元が B に含まれる元に全体として一致することである．また $A \subset B$, $A \neq B$ であるとは '$x \in A \Rightarrow x \in B$'，'$x_0 \in B, x_0 \notin A$ をみたす x_0 がある' ということである．このとき A は B の**真部分集合**であるという．

注意 A が B の部分集合であることを $A \subseteq B$，A が B の真部分集合であることを $A \subset B$ で表わす書きかたもあるがここではそれにはよらない．

集合はその中の元を全部与えれば定まるから

$$a, b, \cdots$$

から成る集合は

$$\{a, b, \cdots\}$$

と表わせる．この表わし方によれば，a だけから成る集合は

$$\{a\}$$

である．

　自然数全体から成る集合（簡単のためこれを '自然数の全体' というようにもいう）$\{1, 2, \cdots\}$ を N で表わし，整数の全体 $\{0, \pm 1, \pm 2, \cdots, \pm n, \cdots\}$ を Z，実数の全体を R で表わせば $N \subset Z \subset R$ であり，（正の）奇数の全体 $\{1, 3, 5, \cdots\}$ $\subset N$，また $\{1\} \subset \{1, 5\} \subset \{1, 3, 5, \cdots\}$．

　一般に集合 A の任意の元を代表させるために用いる文字を（集合 A を**変域**とする）**変数**とよぶ．集合 A を変域とする変数を含む文章や式で，その変数に集合 A の任意の元を代入すると命題となるものを（A の元に関する）**条件**という．変数を x として条件を $P(x), Q(x)$ などで表わし，x に A の元 a を代入して得られる命題を $P(a), Q(a)$ などで表わす．たとえば，'x は偶数である' という条件を $P(x)$ とすれば，$P(2)$ は真の命題，$P(3)$ は偽の命題となる．また，$P(x)$ を $x>0$ とすると $P(1)$ すなわち $1>0$ は真，同じように $P(1/2), P(5)$ は真の命題，$P(0), P(-100)$ は偽の命題である．条件 $P(x)$ の変数 x に a を代入した命題 $P(a)$ が真であるとき，a は条件 $P(x)$ を**みたす**という．

　集合を決定するには，元についての条件による場合が多い．条件 $P(x)$ が与えられたとき，これをみたす元 x の全体を

$$\{x : P(x)\}$$

と表わす．すなわち，$a \in \{x : P(x)\}$ ならば $P(a)$ は真，$a \notin \{x : P(x)\}$ ならば $P(a)$ は偽である．たとえば，$\{x : x(x-1)=0\} = \{0, 1\}$．また a, b が実数で $a<b$ のとき，条件不等式 $a<x<b$（すなわち $a<x, x<b$）をみたす x の全体は $\{x : a<x<b\}$ で表わされる．この条件 $a<x<b$ をみたす x は実数であるとわかっているが，ある条件からその範囲がわからない場合もある．それをはっきりさせるために（この場合は x が実数であることを強調するために）

$$\{x \in \mathbf{R} : a < x < b\}$$

のように書くこともある．この書きかたによれば

$$\{x \in \mathbf{R} : x^2 + 1 = 0\} = \phi,$$

何となれば $x \in \mathbf{R}$ のとき $x^2 \geq 0$, $x^2 + 1 > 0$ となり $x^2 + 1 = 0$ とはならないからである(§1.1 参照)．しかし，x として複素数まで考えるとすれば $\{x : x^2 + 1 = 0\} = \{i, -i\}$ となる．

$a, b \in \mathbf{R}, a < b$ とするとき，$\mathbf{R}$ の部分集合

$$\{x : a \leq x \leq b\} = [a, b], \qquad \{x : a < x < b\} = (a, b),$$
$$\{x : a \leq x < b\} = [a, b), \qquad \{x : a < x \leq b\} = (a, b]$$

を，いずれも a, b を端点とする**区間**といい，とくに $[a, b]$ を**閉区間**，(a, b) を**開区間**，その他のものを**半開区間**という．また a を区間の左端，b を右端，あわせて両端という．なお，$b - a$ をこれらの区間の**長さ**という．区間 I の長さを $|I|$ で表わす．そのほかに $a \in \mathbf{R}$ とするとき無限区間

$$\{x : x \geq a\} = [a, +\infty) = [a, \infty), \qquad \{x : x > a\} = (a, +\infty) = (a, \infty),$$
$$\{x : x \leq a\} = (-\infty, a], \qquad \{x : x < a\} = (-\infty, a),$$
$$\mathbf{R} = (-\infty, +\infty) = (-\infty, \infty)$$

もしばしば用いられる．これらに対して前の四つを有限区間という．

また，A を集合とするとき当然 $A = \{x : x \in A\}$, $\{x \in A : x = x\} = A$, $\{x \in A : x \neq x\} = \phi$, ここで $x \neq x$ は $x = x$ の否定である．A の元に関する条件 $P(x)$ は x に A の元 a を代入するとき $P(a)$ が真か，偽のどちらかになる．すぐあとに述べる関数の定義によれば P は真または偽のどちらかの値をとる関数と考えられるから P を**命題関数**ともいう．

集合 A の元に関する二つの条件 $P(x), Q(x)$ に対して '$P(x) \Rightarrow Q(x)$' であるとは，A のどんな元 a に対しても $P(a) \Rightarrow Q(a)$ であることすなわち '$\{x : P(x)\} \subset \{x : Q(x)\}$' が成り立つことである．たとえば，'$x > 1 \Rightarrow x^2 > 1$' すなわち '$\{x : x > 1\} \subset \{x : x^2 > 1\}$' である．$x = -2$ のとき $x^2 > 1$ は成り立つが $x > 1$ は成り立たない．よって，$\{x : x > 1\}$ は $\{x : x^2 > 1\}$ の真部分集合であり '$x^2 > 1 \Rightarrow x > 1$' は成り立たない．

二つの条件 $P(x), Q(x)$ に対して '$P(x) \Rightarrow Q(x)$' が成り立つとき $Q(x)$ を $P(x)$ であるための**必要条件**,$P(x)$ を $Q(x)$ であるための**十分条件**という. '$P(x) \Leftrightarrow Q(x)$' が成り立つとき $P(x)$ を $Q(x)$ であるための**必要十分条件** という. またこのとき, $P(x)$ と $Q(x)$ とは**同値な条件**であるという. 上の例の $x>1$ は $x^2>1$ であるための十分条件であるが必要条件ではない. $x^2>1$ は $x>1$ であるための必要条件であるが十分条件ではない. '$x^2>1$ かつ $x>0$' は $x>1$ であるための必要十分条件である.

いくつかの集合から別の集合を定める方法について述べておこう. A, B を二つの集合とする. このとき, A, B のどれかには含まれる元の全体, すなわち $\{x : x \in A$ または $x \in B\}$ を A, B の**和(集合)**, **合併**, **結び**といって $A \cup B$ で表わす. よって $A \cup B$ は

$$A \cup B \supset A, \quad A \cup B \supset B$$

であって, A と B とのどちらをも含む集合の中では一番小さい, すなわち,

$$K \supset A, K \supset B \Rightarrow K \supset A \cup B.$$

また A, B のどちらにも属するような元の全体, すなわち $\{x : x \in A$ かつ $x \in B\}$ を A, B の**積(集合)**, **共通部分**, **交わり**といって $A \cap B$ で表わす. よって, $A \cap B$ は

$$A \cap B \subset A, \quad A \cap B \subset B$$

であって, A, B のどちらにも含まれる集合の中では一番大きい, すなわち,

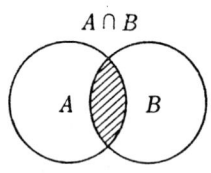

$$K \subset A, K \subset B \Rightarrow K \subset A \cap B.$$

A, B の両方に属する元がないとき $A \cap B = \phi$ となる. このとき A と B は**たがいに素である**, または**交わらない**といい, $A \cap B \neq \phi$ のとき A と B は**交わる**という.

a, b が実数で $a<b$ のとき $\{x : a \leqq x < b\}$ は '$a \leqq x, x<b$' をみたす x の全体, よって,

$$\{x : a<x<b\} = \{x : a<x\} \cap \{x : x<b\},$$

$$\{x : a \leqq x < b\} = \{x : a \leqq x\} \cap \{x : x < b\} = \{x : a < x < b\} \cup \{a\}.$$

二つの条件 $P(x), Q(x)$ があるとき $A = \{x : P(x)\}, B = \{x : Q(x)\}$ とおくと $A \cap B = \{x : P(x) \wedge Q(x)\}$, $A \cup B = \{x : P(x) \vee Q(x)\}$. たとえば, $A = \{x : x > 1\}, B = \{x : x < 2\}$ のとき $A \cup B = \{x : x > 1$ または $x < 2\} = \boldsymbol{R}$, $A \cap B = \{x : x > 1$ かつ $x < 2\} = \{x : 1 < x < 2\}$. また, たとえば $\{x : (x-1)(x-2) > 0\} = \{x : x < 1$ または $x > 2\} = \{x : x < 1\} \cup \{x : x > 2\}$. このことを '$(x-1)(x-2) > 0$' $\Longleftrightarrow$ '$x < 1, x > 2$' のように書くことがある. ',' を入れて並べて '$x < 1, x > 2$' と書くのは '$x < 1$ かつ $x > 2$' (こういう x はない) の意味であると前に述べた (p.3). それに従えば '$x < 1$ または $x > 2$' を '$x < 1, x > 2$' と書くのは正しくない. しかし, 集合 $x < 1$ と集合 $x > 2$ の和という感じで 'または' を省略した書きかたも見うけられる. たとえば, 方程式 $(x-1)(x-2) = 0$ の解は '$x = 1$ または $x = 2$' であるが, 1, 2 といっても間違いというわけではない. 事実, 集合としては $\{1, 2\}$ なのである. そしてそれは $\{x : x = 1$ または $x = 2\}$ でもある.

集合が二つと限らず, 多くの集合が与えられているときも同じように和と積を考えることができる. 集合を元とする集合を**集合族**という. $\boldsymbol{A}$ が集合族であるとき $\boldsymbol{A}$ に属するどれかの集合に属しているような元全体から成る集合をこの集合族(に属する集合)の和(集合)といって $\bigcup_{A \in \boldsymbol{A}} A$ と書き, $\boldsymbol{A}$ に属するどの集合にも属している元全体から成る集合をこの集合族(に属する集合)の積または共通部分といって $\bigcap_{A \in \boldsymbol{A}} A$ と書く. 前と同様に, $\bigcup_{A \in \boldsymbol{A}} A$ は $\boldsymbol{A}$ に属するすべての集合を含む最小の集合であり, $\bigcap_{A \in \boldsymbol{A}} A$ は $\boldsymbol{A}$ に属するすべての集合に含まれる最大の集合である. (このことを $\subset, \Rightarrow$ などの記号を用いて述べてみよ.) 集合 D の各元 α に対して集合 A_α が与えられたとき集合族 $\{A_\alpha : \alpha \in D\}$ を $\{A\}_{\alpha \in D}$ とも書く. このとき和, 積を $\bigcup_{\alpha \in D} A_\alpha, \bigcap_{\alpha \in D} A_\alpha$ と書く. とくに $D = \boldsymbol{N}$ であるときは $\bigcup_{\alpha \in N} A_\alpha$ を $\bigcup_{j=1}^{\infty} A_j, A_1 \cup A_2 \cup \cdots$, $\bigcap_{\alpha \in N} A_\alpha$ を $\bigcap_{j=1}^{\infty} A_j, A_1 \cap A_2 \cap \cdots$ と書き, $D = \{1, 2, \cdots, n\}$ のときはこれらを $\bigcup_{j=1}^{n} A_j, A_1 \cup A_2 \cup \cdots \cup A_n$, $\bigcap_{j=1}^{n} A_j$, $A_1 \cap A_2 \cap \cdots \cap A_n$ と書くことが多い.

$$\bigcup_{j=1}^{n} A_j = A_1 \cup A_2 \cup \cdots \cup A_n = \{x : x \in A_1, x \in A_2, \cdots,$$
$$x \in A_n \text{ の少なくとも一つが成り立つ}\},$$
$$\bigcap_{j=1}^{n} A_j = A_1 \cap A_2 \cap \cdots \cap A_n = \{x : x \in A_1, x \in A_2, \cdots,$$
$$x \in A_n \text{ がすべて成り立つ}\}$$

であるが，これらは定義から集合の与えられた順序によらないし，またつぎつぎに和または積をつくったものに同じである．たとえば，集合 A, B, C について

$$A \cup B = B \cup A, \quad A \cap B = B \cap A,$$
$$A \cup B \cup C = (A \cup B) \cup C, \quad A \cap B \cap C = (A \cap B) \cap C.$$

問 4 '$A \cap B = A \Longleftrightarrow A \subset B$' '$A \cup B = A \Longleftrightarrow A \supset B$' を証明せよ．

問 5 $(A \cup B) \cap C = (A \cap C) \cup (B \cap C)$, $(A \cap B) \cup C = (A \cup C) \cap (B \cup C)$ を証明せよ．

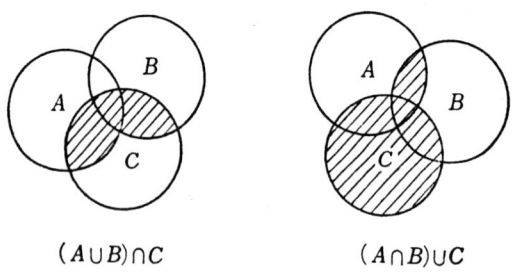

$(A \cup B) \cap C \qquad (A \cap B) \cup C$

例 3 $A_n = \left\{x : 0 \leq x < \dfrac{1}{n}\right\}$, $(n \in \mathbf{N})$ のとき

$$\bigcap_{j=1}^{\infty} A_j = A_1 \cap A_2 \cap \cdots$$
$$= \{x : 0 \leq x < 1\} \cap \left\{x : 0 \leq x < \dfrac{1}{2}\right\} \cap \cdots = \{0\}.$$

これは $\bigcap_{j=1}^{\infty} A_j$ に含まれる 0 以外の元 x は $x > 0$ のはずだが，ある n をとると $x > 1/n$ となり(§1.1(p.23)参照)，その n をとると $x \notin A_n$ となるからである．同様に，

$$\bigcup_{j=1}^{\infty} A_j = A_1 \cup A_2 \cup \cdots = \{x : 0 \leqq x < 1\},$$

また $B_n = \left\{x : 0 < x < \dfrac{1}{n}\right\}$ $(n \in \boldsymbol{N})$ のとき

$$\bigcup_{j=1}^{\infty} B_j = \{x : 0 < x < 1\}, \qquad \bigcap_{j=1}^{\infty} B_j = \phi$$

の成り立つことも示される(これを証明せよ). また,

$$\bigcup_{0<y<1} \left\{x : \frac{y}{2} < x < \frac{y+1}{2}\right\} = \{x : 0 < x < 1\},$$

この $\bigcup\limits_{0<y<1}$ は当然 $\bigcup\limits_{y \in \{y : 0<y<1\}}$ と同じことである.

二つの集合 A, B に対して

$$A \setminus B = \{x : x \in A \text{ かつ } x \notin B\}$$

を A から B を引いた**差集合**という. これを $A - B$ と書くこともある.

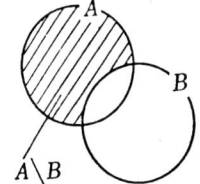

例 4 $\{x : 0 < x \leqq 1\} \setminus \left\{x : \dfrac{1}{2} < x < 2\right\} = \left\{x : 0 < x \leqq \dfrac{1}{2}\right\}$,

$$A \subset B \iff A \setminus B = \phi.$$

集合 X の元や部分集合ばかりを考えるとき, X を**全体集合**ということがある. このとき X の部分集合 A に対して $X \setminus A = \{x : x \notin A\}$ を A の**補集合**といい A^c と書く. $P(x)$ が X を変域とする条件であるとき $A = \{x : P(x)\}$ とすると $A^c = \{x : P(x)'\}$. たとえば, 全体集合が $\boldsymbol{R}$ のとき, $A = \{x : x \geqq 0\}$ の補集合は $A^c = \{x : x < 0\}$ となる.

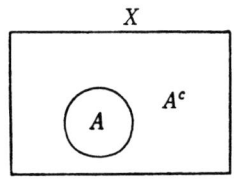

X を全体集合, A, B を X の部分集合とすると

$A^{cc} = A$,

$A \subset B \iff A \cap B^c = \phi \iff A^c \supset B^c$,

$(A \cup B)^c = A^c \cap B^c, \qquad (A \cap B)^c = A^c \cup B^c$,

(ド・モルガン(de Morgan)の法則)

$A \setminus B = A \cap B^c$

が成り立つ.

問 6 このことを証明せよ．

二つの集合 A, B が与えられたとき，これらの元の対の全体 $\{(a, b) : a \in A, b \in B\}$ もまた A, B から定められる集合である．これを $A \times B$ と書いて A と B との**直積**という．$(a, b) = (a', b')$ であるとは $a = a'$, $b = b'$ が成り立つことであると定める．したがって，一般に $A \times B$ と $B \times A$ とは等しくない．同様に集合 $A_1, A_2, \cdots, A_n$ の直積 $A_1 \times A_2 \times \cdots \times A_n$ は $\{(a_1, a_2, \cdots, a_n) : a_1 \in A_1, a_2 \in A_2, \cdots, a_n \in A_n\}$ である．$A_1 = A_2 = \cdots = A_n = A$ であるとき $A_1 \times A_2 \times \cdots \times A_n$ を A^n とも表わす．

数学には'任意の（すべての）…に対して'とか'…であるような…が存在する'という表現がよく現われる．$P(x)$ を集合 A の元 x についての条件とするとき，'すべての $x \in A$ に対して $P(x)$ が成り立つ'ということを'すべての'を表わす論理記号 $\forall$ を用いて'$\forall x \in A : P(x)$'と書く．（'すべての $x \in A$ に対して'とは'$x \in A$ をみたすすべての x に対して'の意味で，以下しばしばこのような略した書きかたをする．）また，'$P(x)$ をみたすような $x \in A$ が存在する'という代りに'適当な（またはある） $x \in A$ をとると $P(x)$ が成り立つ'ということもあり，これを'存在する'ことを示す論理記号 $\exists$ を用いて'$\exists x \in A : P(x)$'と書く．たとえば，$x^2 + 1 > 0$ は任意の実数 x に対して成り立つ．このことを'$\forall x \in \mathbf{R} : x^2 + 1 > 0$'と表わし'任意の実数 x に対して $x^2 + 1 > 0$'と読む．また，$x^2 - x = 0$ は $x = 0$ または $x = 1$ のとき成り立つ．よって，$x^2 - x = 0$ であるような実数 x が存在する．このことを'$\exists x \in \mathbf{R} : x^2 - x = 0$'と表わし'$x^2 - x = 0$ であるような実数 x が存在する'または'適当な実数 x をとると $x^2 - x = 0$ が成り立つ'，'ある実数 x をとると $x^2 - x = 0$ が成り立つ'，'ある実数 x は $x^2 - x = 0$ をみたす'などと読む．実数であることがわかっているときは，これを省略して'$\forall x : x^2 + 1 > 0$'また'$\exists x : x^2 - x = 0$'とも書く．読みかたもそれにならう．$\forall$, $\exists$ を用いると

$$\bigcup_{\alpha \in D} A_\alpha = \{x : \exists \alpha \in D : x \in A_\alpha\}, \quad \bigcap_{\alpha \in D} A_\alpha = \{x : \forall \alpha \in D : x \in A_\alpha\}$$

と書ける．また $A_\alpha = \{x : P_\alpha(x)\}$ のとき '$x \in A_\alpha \Longleftrightarrow P_\alpha(x)$' であるから

$$\bigcup_{\alpha \in D} A_\alpha = \{x : \exists \alpha \in D : P_\alpha(x)\}, \quad \bigcap_{\alpha \in D} A_\alpha = \{x : \forall \alpha \in D : P_\alpha(x)\}$$

と書ける．'$x>1 \Rightarrow x^2>1$' とは '$x>1$ をみたすすべての x は $x^2>1$ をみたす' という意味であったが，記号 $\forall$ を用いてこれを書くと $\forall x$ に対する制限は括弧を用いて

$$(\forall x : x>1) : x^2>1$$

のように表わされる．記号 $\exists$ についても同様である．また反対に '$\forall x \in A : P(x)$' の代りに '$x \in A \Rightarrow P(x)$' '$P(x)(x \in A)$' と書くことも多い．記号 $\forall, \exists$ を 2 回以上使うこともある．たとえば，'$\forall x \neq 0 : (\exists y : 0<xy<1)$' は 0 でない任意の x に対してある y をとると $0<xy<1$ が成り立つことを意味する．実際，$y=1/(2x)$ とすれば $xy=1/2$ となって $0<xy<1$ となる．集合 A, B について，$A \subset B$ の否定を $A \not\subset B$ と書く．これは勿論 $A \supset B$ を意味するのではない．$A \subset B$ とは '$x \in A \Rightarrow x \in B$' すなわち，

(0.1) $\qquad\qquad\qquad \forall x \in A : x \in B,$

その否定 $A \not\subset B$ は

(0.2) $\qquad\qquad\qquad \exists x \in A : x \notin B,$

(0.2) は (0.1) の $\forall$ を $\exists$ に置換え，$x \in B$ をその否定 $x \notin B$ に置換えたものである．'$\forall x \in A : P(x)$' は A の元 α をとると $P(\alpha)$ が真，A の元 β をとると $P(\beta)$ が真，…，とどれも真なのだからその否定は $P(\alpha)$ が真とならない $\alpha \in A$ があるということである．よって，$P(x)$ の否定を $P(x)'$ とすると '$\exists x \in A : P(x)'$' となる．同様に '$\exists x \in A : P(x)$' の否定は '$\forall x \in A : P(x)'$' となる．（これは問 2 でたしかめよといったことの拡張である．A が二つの元から成るときは $\forall, \exists$ は $\wedge, \vee$ となる．）たとえば，'この大学には，勉強家ばかりの級がある' いいかえると 'ある級はどの学生も勉強家である' の否定は，この大学のどの級にも勉強家でないものがいる' となる．また，'この大学には勉強家のいる級がある' の否定は 'この大学のすべての級のすべての人が勉強家でない' すなわち 'この大学のすべての学生が勉強家でない' となる．

注意 勉強家かどうかはもともとはっきりと区別するわけにはいかないのであるから，上の文はわれわれのいう '命題' ではないだろう．それでも 'すべて' と 'ある' を含んだ文の否定を形式の上から求めるには十分である．

問 7 'この大学のどの級にも勉強家がいる' の否定は何か．また 'この大学

のどの級も勉強家ばかりである'の否定は何か．

問 8 'この国のどの大学にも勉強家ばかりの級がある'の否定は何か．

問 9 数人のグループといくつかの料理店がある．'そのある人はそのどの店の料理にも好きなものがある'の否定は何か．

'すべて'と'ある'と否定の関係については§1.2の初めの所でもう一度述べる．

集合 $A(\neq \phi)$ のおのおのの元に集合 B の元を一つずつ指定する規準，すなわち A のどの元を考えても，その元に対して B のある元を定める指定のしかた f が与えられたとき，f を **A から B（の中）への写像**，あるいは A で定義され B の中の値をとる(一般な)**関数**，または A 上の(一般な)関数といい，A を f の**定義域**という．f が A から B への写像であることを

$$f : A \to B$$

で表わす．$a \in A$ に対して f で指定された B の元 b を $f(a)$ または括弧を略して fa と書き，f による a の**像**または f の a における**値**という．f により a に b が対応していることすなわち $b = f(a)$ であること(あるいは対応させること)を

$$a \mapsto b$$

と書く．

$$f : A \to B \quad (a \mapsto b)$$

は f が $a \mapsto b$ によって定まる A から B への写像であることを表わす．関数 f を元 x の像である $f(x)$ の記号を用いて関数 $f(x)$ と表わすことがしばしばある．これは習慣によるものであるが，また変数である文字(ここでは x)が示されているので都合のよいこともある．$X \subset A$ のとき $\{f(a) : a \in X\}$ すなわち X のすべての元の f による像の集合を X の f による**像**といい，$f(X)$ で表わす．これは B の部分集合である．A の f による像 $f(A) = \{f(a) : a \in A\}$ を f の**値域**という．

f が A から実数の全体 $\boldsymbol{R}$ への写像であるとき，f を A 上の**実数値関数**という．本書では関数というときことわりないかぎり実数値関数を表わすもの

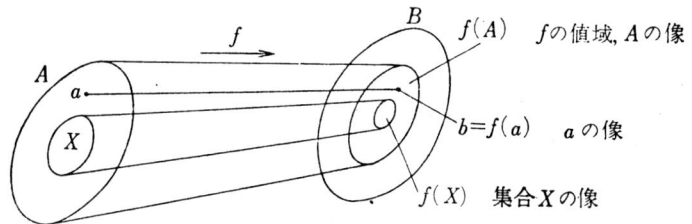

と定めておく．なお，$A \subset \boldsymbol{R}$ のとき f を**実関数**という．また，f が $A=\boldsymbol{N}$ から B への写像 $n \mapsto f(n)$ のとき，f を(B の中の)**列**といい，$f(n)$ をその**項**，とくに**第 n 項**といい，しばしば添数をつけて a_n というように書く．また列を $(a_n), (a_n)_{n=1,2,\cdots}$ または $a_1, a_2, \cdots$ と書く．$\{a_n\}$ は項の集合であって，本書では (a_n) と $\{a_n\}$ は区別する．また $\boldsymbol{B}=\boldsymbol{R}$ のときの列を(実)**数列**ともいう．たとえば，$a_n=1 \ (n=1, 2, \cdots)$ とすれば (a_n) は各項が 1 の数列であり，$\{a_n\}$ は 1 だけから成る集合 $\{1\}$ と同じになる．すなわち，$\{a_n\}$ は数列 (a_n) の値域である．列 (a_n) に対し，$(n_j)_{j=1,2,\cdots}$ を $n_1 < n_2 < \cdots$ をみたす任意の自然数の列とするとき，列 $(a_{n_j})_{j=1,2,\cdots}$ を (a_n) の**部分列**という．有限個の整数の集合 $A=\{1, 2, \cdots, n\}$ から B への写像を**有限列**という．

$$f: A \to B$$

において f の値域が B であるとき(つまり，B の真部分集合でないとき)，すなわち $\forall b \in B$ に対して $\exists a \in A : f(a)=b$ であるとき，f を A から B への**全射**，または A から B の**上への写像**という．また '$f(a)=f(a') \Rightarrow a=a'$'，すなわち a と a' が異なる元ならばその像もまた必ず異なる(対偶)ような写像 f は**単射**であるといわれる．全射であって単射であるものを**全単射**という．つまり，$f: A \to B$ が全単射であるとは，任意の $b \in B$ に対して $f(a)=b$ となる $a \in A$ がただ一つあることである．したがって，この規則によって $b \mapsto a$ とすれば B から A への写像が得られる．これを f の**逆写像**あるいは**逆関数**といって f^{-1} と書く．この写像は明らかに B から A への全単射である(この理由を考えよ)．A から B への全単射を A から B の上への **1 対 1 写像**ということもある．

例5 $x \mapsto 2x+1$ によって定まる $f: \boldsymbol{R} \to \boldsymbol{R}$ は全単射である．$y=2x+1$ と

書いたとき $x=1/2\, y-1/2$ だから $y \mapsto 1/2\, y-1/2$ によって定まる $\boldsymbol{R}$ から $\boldsymbol{R}$ への写像が f の逆関数 f^{-1} である．この $x \mapsto 2x+1$ を $\boldsymbol{N}$ から $\boldsymbol{N}$ への写像と考えると全単射ではない．$x \in \boldsymbol{N}$ が何であってもその像は奇数になるから値域は $\boldsymbol{N}$ ではない．よって，全射ではない．しかし，単射ではある．また，$x \mapsto x^2$ は $\boldsymbol{R}$ から $\{x \in \boldsymbol{R} : x \geq 0\}$ への全射であるが，たとえば 1 と -1 の像がともに 1 であるから単射ではない．

二つの写像 f, g が等しい $f=g$ とは，f と g の定義域が等しく，そこで恒等的に等しい，すなわち，'定義域の任意の元 a に対して $f(a)=g(a)$ が成り立つ' という意である．たとえば，$\boldsymbol{R}$ において '$t \mapsto t^2+1$' も '$x \mapsto x^2+1$' も同じ関数を定める．ただし，'式' としては t^2+1 と x^2+1 とは異なるものと考えるのである．

写像 $f: A \to A$ $(x \mapsto x)$ を A の**恒等写像**という．明らかにこれは全単射である．値域が 1 点から成る写像 f を**定値写像**という．これを $f(x) \equiv b$ のように表わし，$b \in \boldsymbol{R}$ のとき**定数関数**という．

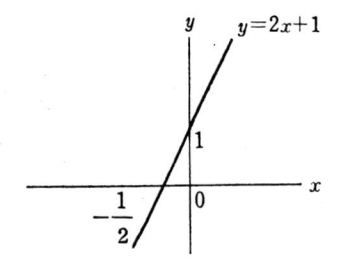

写像 $f: A \to B$ の**グラフ**とは集合 $\{(x,y) : x \in A, y=f(x)\}$ をいう．$A \subset \boldsymbol{R}$, $B=\boldsymbol{R}$ のとき，たとえば，$x \mapsto 2x+1$ のグラフはよく知られているように上の図で示される．

$f: A_1 \to A_2$, $g: A_2 \to A_3$ とする．$x \in A_1$ のとき $f(x) \in A_2$ だから $g(f(x)) \in A_3$ がきまる．このとき対応

$$x \mapsto g(f(x))$$

によって A_1 から A_3 への写像が得られる．これを f と g とを**合成した写像**といい $g \circ f$ と書く．たとえば，$n \mapsto 2n$ によって写像 $f: \boldsymbol{N} \to \boldsymbol{N}$, $n \mapsto n-1$ によって $g: \boldsymbol{N} \to \boldsymbol{N}$ が定められるが，$g \circ f: \boldsymbol{N} \to \boldsymbol{N}$ は $n \mapsto 2n-1$ となる．f, g が単射ならば $g \circ f$ も単射である．なぜかというと，$x_1 \neq x_2$ $(x_1, x_2 \in A_1)$ $\Rightarrow f(x_1) \neq f(x_2) \Rightarrow g(f(x_1)) \neq g(f(x_2))$ だからである．f, g が全射ならば $g \circ f$ も全射である．なぜかというと，$z \in A_3$ とすると $\exists y \in A_2 : g(y)=z$, $\exists x \in$

$A_1 : f(x)=y$, よって $g(f(x))=z$ となるからである．したがって，f, g が全単射ならば $g \circ f$ も全単射である．いま，f は A_2 への写像で，g は A_2 からの写像としたが，合成写像 $g \circ f$ ができるためには，g の定義域が f の値域を含むことが必要で十分になる．

$f: A_1 \to A_2$ が単射であるとき A_1 の f による像を A_1' とすると f は A_1 から A_1' への全単射である．よって逆写像 $f^{-1}: A_1' \to A_1$ が得られる．$x \in A_1$ のとき $f^{-1}(f(x))=x$，すなわち $f^{-1} \circ f : x \mapsto x$，$y \in A_1'$ のとき $f(f^{-1}(y))=y$，すなわち $f \circ f^{-1}: y \to y$，よって $f^{-1} \circ f$, $f \circ f^{-1}$ はそれぞれ A_1, A_1' の恒等写像である．逆に，$f: A_1 \to A_2$ に対して $g \circ f$, $f \circ g$ がそれぞれ A_1, A_2 の恒等写像であれば，f は全単射で g はその逆写像になる．なぜならば，$f \circ g$ が A_2 の恒等写像だから f は A_2 の上への写像であり，もしも $x_1, x_2 \in A_1$, $f(x_1)=f(x_2)$ であったとすると $g \circ f(x_1) = g \circ f(x_2)$ で $g \circ f$ が恒等写像だから $x_1=x_2$ となり f は単射である．そのとき g が f の逆写像であることは明らかである．

$$f: \boldsymbol{R} \to \{x : x \geqq -1\} = A \quad (x \mapsto x^2-1),$$

$$g: \boldsymbol{R} \setminus \{0\} \to \boldsymbol{R} \quad \left(u \mapsto \frac{1}{u}\right)$$

のとき f と g を合成した写像は形式的に

$$(0.3) \qquad x \mapsto \frac{1}{x^2-1}$$

となるが，これが意味のあるものになるためには $x^2-1 \neq 0$ が要求される．ということは f の定義域を $\boldsymbol{R} \setminus \{1, -1\}$ に縮小しておくことが，この写像の合成をするために必要なことである．あるいは，$\{0\}$ で g の定義をして g の定義域を拡大しておかなくてはならない．(0.3) はだまっていれば x^2-1 が 0 にならないように定義域を縮小して考えるのが普通である．また，たとえば写像 $x \mapsto \sqrt{x^2-1}$ といえば，$\sqrt{x^2-1}$ が実数，よって $x^2-1 \geqq 0$ となるように定義域を $\{x : x \geqq 1\} \cup \{x : x \leqq -1\} = \boldsymbol{R} \setminus \{x : -1 < x < 1\}$ に制限しておく．

$f: A \to B$, $A \supset A_0$ のとき f の定義域を A_0 に縮小したものを f の A_0 への**制限**といい $f|A_0$ と書く．すなわち，$f|A_0 : A_0 \to B$ であって $x \in A_0$ のと

き $f|A_0(x)=f(x)$ である．たとえば，上の場合，合成写像 $g\circ f$ は $g\circ(f|R^2\setminus\{1,-1\})$ の意味である．

問 10 $f:A\to B$ とする．$X,Y\subset A$ のとき，
$$X\subset Y\Rightarrow f(X)\subset f(Y),$$
$$f(X\cup Y)=f(X)\cup f(Y),$$
$$f(X\cap Y)\subset f(X)\cap f(Y)$$
の成り立つことを示し，最後の式で $=$ が成り立たない例をあげよ．また $X,Y\subset A\Rightarrow f(X\cap Y)=f(X)\cap f(Y)$ がつねに成り立つために，f が単射であることが必要十分であることを示せ．

問 11 集合 A の部分集合の族 $\{A_\alpha:\alpha\in D\}$ について
$$\left(\bigcup_{\alpha\in D}A_\alpha\right)^c=\bigcap_{\alpha\in D}A_\alpha^c,\qquad \left(\bigcap_{\alpha\in D}A_\alpha\right)^c=\bigcup_{\alpha\in D}A_\alpha^c$$
の成り立つことを示せ．

問 12 集合 A,B,C に対して
$$(A\cup B)\times C=(A\times C)\cup(B\times C),\quad (A\cap B)\times C=(A\times C)\cap(B\times C)$$
の成り立つことを証明せよ．

問 13 $f_1:A\to A_1$, $f_2:A_1\to A_2$, $f_3:A_2\to A_3$ のとき，
$$f_3\circ(f_2\circ f_1)=(f_3\circ f_2)\circ f_1$$
の成り立つことを証明せよ．

問 14 $f:A\to B$ とする．$X\subset B$ に対して $f^{-1}(X)=\{x\in A:f(x)\in X\}$ と書くと，$X,Y\subset B$ に対して
$$f^{-1}(X\cup Y)=f^{-1}(X)\cup f^{-1}(Y),\qquad f^{-1}(X\cap Y)=f^{-1}(X)\cap f^{-1}(Y)$$
が成り立つことを示せ．（この f^{-1} は全単射 f に対する逆写像とは別のものであるが，一点から成る集合をその点とみれば，逆写像の拡張とみられる．）

1. 極限と連続関数

1.1 実　　数

実数は，解析学の基礎である．ここでは，それを公理のかたちで述べておくことにする．

Ⅰ）四則演算に関する性質

（1） 任意の $x, y \in \mathbf{R}$（実数の全体）に対して，それらの和 $x+y \in \mathbf{R}$ がただ一つ定まり

$$x+y=y+x, \qquad \text{（交換法則）}$$

$$x, y, z \in \mathbf{R} \text{ に対して } (x+y)+z=x+(y+z) \quad \text{（結合法則）}$$

が成り立つ．対応 $(x, y) \mapsto x+y$ によって定まる写像 $\mathbf{R} \times \mathbf{R} \to \mathbf{R}$ を加法という．

（2） 特別な数 $0 \in \mathbf{R}$ が存在して $\forall x \in \mathbf{R} : x+0=x$.

このとき，このような 0 はただ一つである．なぜならば，$0' \in \mathbf{R}$ も $\forall x \in \mathbf{R} : x+0'=x$ であったとすると，交換法則を用いて $0=0+0'=0'+0=0'$ となるからである．

（3） 任意の $x \in \mathbf{R}$ に対して $x+(-x)=0$ であるような $-x \in \mathbf{R}$ がただ一つ存在する．

（1），（2），（3）から，任意の $x, y \in \mathbf{R}$ に対して $x+z=y$ となる z がただ一つ存在することが導かれる．実際 $x+z=y$ のとき両辺に $-x$ を加えて $(x+z)+(-x)=y+(-x)$，この左辺は $(-x)+(x+z)=((-x)+x)+z=0+z=z$ だから $z=y+(-x)$ でなければならない．また，$x+(y+(-x))=x+((-x)+y)=(x+(-x))+y=0+y=y$ となる．このような z すなわち $y+(-x)$ を $y-x$ と書いて，y から x を引いた差という．

注意 （1）と（4）'$\forall x, y \in \mathbf{R} : \exists z \in \mathbf{R} : x+z=y$' から（2），（3）を導くことができる．（1）と（4）が成り立つとき，$\forall x \in \mathbf{R} : \exists 0_x \in \mathbf{R} : x+0_x=x$，また $\forall y \in \mathbf{R} : \exists z \in \mathbf{R} : x+z=y$. このとき $z+(x+0_x)=z+x$，よって $y+0_x=y$，すなわちこの 0_x は

$\forall y \in \mathbf{R} : y + 0_x = y$ で（2）が成り立つ（$0 = 0_x$）．次に（4）から，$\forall x \in \mathbf{R} : \exists y \in \mathbf{R} : x + y = 0$ は明らかである．いま，$y' \in \mathbf{R}$ も $x + y' = 0$ をみたすとすると，$y = y + 0 = y + (x + y') = (y + x) + y' = 0 + y' = y'$ となり（3）が成り立つ．

結合法則が成り立つことから $(x + y) + z$ を $x + y + z$ のように書くことができる．三つより多くの数の和についても同様である．

（5）任意の $x, y \in \mathbf{R}$ に対して，それらの積 $xy \in \mathbf{R}$ がただ一つ定まり

$$xy = yx, \qquad \text{（交換法則）}$$

$$x, y, z \in \mathbf{R} \text{ に対して } (xy)z = x(yz) \qquad \text{（結合法則）}$$

が成り立つ．対応 $(x, y) \mapsto xy$ によって定まる写像 $\mathbf{R} \times \mathbf{R} \to \mathbf{R}$ を乗法という．

（6）和と積の間には結合法則

$$(x + y)z = xz + yz$$

が成り立つ．

（7）特別な数 $1 \in \mathbf{R}$ が存在して $\forall x \in \mathbf{R} : x1 = x$．

（8）$x \neq 0 \, (x \in \mathbf{R})$ に対して $xx^{-1} = 1$ となる $x^{-1} \in \mathbf{R}$ がただ一つ存在する．

（7）のような 1 はただ一つであり，任意の $x, y \in \mathbf{R}$（ただし $x \neq 0$）に対して $xz = y$ をみたす $z \in \mathbf{R}$ がただ一つ存在する．

問 1 このことを和の場合と同様にして証明せよ．

この z を y を x で割った商といい $\dfrac{y}{x}, y/x$ で表わす．$y/x = yx^{-1}$ である．

$0 + 0 = 0$ から $\forall x \in \mathbf{R} : (0 + 0)x = 0x$，一方（6）により $(0 + 0)x = 0x + 0x$，よって $0x + 0x = 0x$ で $0x = 0$ が成り立つ．したがって，$y \in \mathbf{R}$ に対して $0z = y$ となるような z は，$y = 0$ のときのほかは存在しない．$y = 0$ のときは z は何であってもよい．また，$(-1)(-1) = 1$ であることが $1 + (-1) = 0$ の両辺に (-1) を乗じて $(-1) + (-1)(-1) = 0$ から得られる．

問 2 $(-1)x = -x$, $-(-x) = x$, $(x - y)z = xz - yz$, $(-x)(-y) = xy$, $(-x)y = -(xy)$, $(x + y)^2 = x^2 + 2xy + y^2$, $(x + y)(x - y) = x^2 - y^2$ を証明せよ．

$1 + 1$ を 2 とする．$2 + 1$ を 3 とする．以下同様．このようにして自然数全体 $\mathbf{N}$ が実数の中に含まれる：$\mathbf{N} \subset \mathbf{R}$．（6）から n 個の和について $(1 + \cdots + 1)x$

$=1x+\cdots+1x=x+\cdots+x$ が成り立ち，$nx=x+\cdots+x$（右辺は n 個の和）が得られる．x の n 個の積を x^n で表わす：$x^n=x\cdots x$.

整数全体の集合は $\mathbf{Z}$ で表わした．$-n\in\mathbf{R}$ だから $\mathbf{Z}=\{\cdots,-n,\cdots,-2,-1,0,1,2,\cdots,n,\cdots\}\subset\mathbf{R}$. 有理数は整数の商 $m/n\,(m,n\in\mathbf{Z},n\neq0)$ と書けるから $\mathbf{R}$ に含まれる．有理数全体を $\mathbf{Q}$ で表わす．

$$N\subset Z\subset Q\subset R.$$

実数がここで述べた公理をみたしていることを，実数は加法と乗法に関する（可換）体をなすという．（有理数の全体だけでも体をなしているから，この性質だけではまだ実数の全体を特徴づけるに十分でない．）

Ⅱ）順序に関する性質

（1）任意の $x,y\in\mathbf{R}$ に対して

$$x<y,\quad x=y,\quad x>y$$

のうち一つだけが必ず成り立つような関係が与えられている．'$x<y$ または $x=y$' のとき $x\leqq y$ と書く．$x<y$ のとき x は y より小さいまたは y は x より大きいといい，$y>x$ とも書く．$x\leqq y$ のとき x は y をこえないともいう．これについて

$$x<y,\,y<z\Rightarrow x<z \qquad\text{（推移法則）}$$

が成り立つ．

このことを $\mathbf{R}$ は全順序集合であるという．

（2）順序と演算の関係

ⅰ）$x<y,\,z\in\mathbf{R}\Rightarrow x+z<y+z$,

ⅱ）$x<y,\,0<z\Rightarrow xz<yz$

が成り立つ．

$\mathbf{R}$ がⅠ），Ⅱ）の性質をもつことを $\mathbf{R}$ は順序体であるという．

$$P=\{x:x\in\mathbf{R},\ x>0\}$$

として，$\mathbf{P}$ に属する数を正の数という．$x<0$ のとき x を負の数という．

これについて次のことが成り立つ．

$x<0\Leftrightarrow-x\in\mathbf{P}$. （証明　ⅰ）により $x<0\Leftrightarrow x+(-x)<0+(-x)\Leftrightarrow 0$

$<-x$.)

$x>y \Longleftrightarrow x-y \in \boldsymbol{P}$. (証明 i) により $x>y \Longleftrightarrow x+(-y)>y+(-y) \Longleftrightarrow x-y>0$.)

$x>0, y>0 \Rightarrow x+y>0, xy>0$. (証明 $x>0, y>0$ のとき i) により $x+y>0+y=y>0$, ii) により $xy>0y=0$.)

$x>0, y<0 \Rightarrow xy<0$. (証明 $x>0, y<0$ のとき $-y>0$, よって $x(-y)>0$, $-(xy)>0, xy<0$.)

$x<0, y<0 \Rightarrow xy>0$. (証明 $x<0, y<0$ のとき $-x>0, -y>0$, よって $(-x)(-y)>0, xy>0$.)

$x^2 \geqq 0$, '$x^2=0 \Longleftrightarrow x=0$', '$x^2>0 \Longleftrightarrow x \neq 0$'. (証明 $x=0$ のとき $x^2=0$, $x>0$ のとき $x^2>0$, $x<0$ のとき $x^2>0$.)

$x^2+y^2=0 \Longleftrightarrow x=0, y=0$. (証明 $x=0, y=0$ のとき $x^2=0, y^2=0$, よって $x^2+y^2=0, x \neq 0$ のとき $x^2>0, y^2 \geqq 0$, よって $x^2+y^2>0$, 同様に $y \neq 0$ のときも $x^2+y^2>0$. よって $x^2+y^2=0$ ならば $x=0, y=0$.)

$1>0$, '$xy=0 \Rightarrow x=0$ または $y=0$', '$x>y \Rightarrow -x<-y$', '$x>y>0 \Rightarrow 0<x^{-1}<y^{-1}$', '$x<y \Rightarrow x<\dfrac{x+y}{2}<y$', '$x>0, y>0$ のとき $x<y \Longleftrightarrow x^2<y^2$'.

問 3 これらのことを証明せよ．

$\boldsymbol{R}$ の部分集合 S において
$$\exists x_0 \in S : x \in S \Rightarrow x \leqq x_0$$
が成り立つとき，x_0 を S の**最大元**，**最大数**または**最大値**といい $\max S$ または $\max_{x \in S} x$ で表わす．同様に(ただ不等号の向きを逆にして)**最小元**(**最小数**，**最小値**)を定義し $\min S$ または $\min_{x \in S} x$ で表わす．明らかに，最大(小)元は，存在すればただ一つである．S が有限集合であるとき，S の最大元，最小元はつねに存在する．明らかに $\max\{x,y\} \geqq \min\{x,y\}$ である．$\max\{\max\{x_1, x_2\}, x_3\} = \max\{x_1, x_2, x_3\}$ であり，これは $\min$ についても，n 個の元 $\{x_1, \cdots, x_n\}$ についても同様のことが成り立つ．無限集合には最大元，最小元はあるとは限らない．たとえば，$\{1, 1/2, 1/3, \cdots, 1/n, \cdots\}$ はどの $1/n$ をとってもそれより小さい $1/(n+1)$ があるから最小元はない．$x \in \boldsymbol{R}$ に対して

$$|x|=\max\{x,-x\}$$

と書きこれを x の**絶対値**という．$x>0$ のとき $|x|=x$，$x<0$ のとき $|x|=-x$，$x=0$ のとき $|x|=0$ となる．$|x|\neq$ ならば $|x|>0$ である．また $|-x|=|x|$ である．$-|x|\leq x\leq|x|$，'$-y\leq x\leq y \Longleftrightarrow |x|\leq y$' も定義からすぐに示される．また，

$$\forall x,y\in \boldsymbol{R}: |x+y|\leq|x|+|y|,$$

なぜならば $-|x|\leq x\leq|x|$，$-|y|\leq y\leq|y|$ から $-(|x|+|y|)\leq x+y\leq|x|+|y|$ となるからである．任意の $x,y\in\boldsymbol{R}$ に対して $|xy|=|x||y|$ となることは，x,y の正負の場合に分けて容易に示される．

$$\forall x,y,z\in\boldsymbol{R}: |x-y|\geq|x|-|y|,\ |x-z|\leq|x-y|+|y-z|$$

が成り立つことも，$|x+y|\leq|x|+|y|$ の x を $x-y$ として，また x を $x-y$ とし y を $y-z$ としてたしかめられる．

問4 これらのことをたしかめよ．

問5 $c,d\in[a,b]$ のとき $|c-d|\leq b-a$ となることを証明せよ．有限区間 I_1, I_2 が $I_1\supset I_2$ のとき $|I_1|\geq|I_2|$ であることを証明せよ．

問6 任意の区間は無限区間の共通部分として表わされることを示せ．

問7 $a\in\boldsymbol{R}$，$a>0$ とするとき，$\{x:|x|<a\}=(-a,a)$ を証明せよ．なお，$b\in\boldsymbol{R}$ とするとき $\{x:|x-b|<a\}=(b-a,b+a)$ を証明せよ．

I) で自然数や有理数が $\boldsymbol{R}$ に含まれるのをみた．実は自然数の特徴は，われわれの 'かぞえる' 操作の中にもっともよく現われている．それは最初の1から出発し，つぎつぎと進んで，どの自然数にもたどりつけるということである．この性質にもとづいた重要な証明法が**数学的帰納法**である．すなわち，条件 $P(n)$ がすべての $n\in\boldsymbol{N}$ について成り立つことを証明するのに

1° $P(1)$ は成り立つ．

2° 任意の $n\geq 1$ に対して '$P(n)$ が成り立つならば $P(n+1)$ が成り立つ' を証明すればよい．また 2° の代りに

2°′ 任意の $n\geq 1$ に対して '$P(j)$ が $j=1,2,\cdots,n$ のとき成り立つならば $P(n+1)$ が成り立つ' としてもよいし，同様の方法は $n_0\in\boldsymbol{N}$ のとき $n\geq n_0$ を

みたすすべての $n \in N$ について $P(n)$ が成り立つことの証明にも用いられる.

例1 $A \subset N$ $(A \neq \phi)$ には最小数がある.

解 A に最小数がないということは '$\forall n \in A : \exists n' \in A : n' < n$' それが不合理であることを数学的帰納法によって証明する.

$1°$ $1 \notin A$, 何となれば $1 \in A$ ならば 1 は A の最小数となるからである.

$2°$ $1 \notin A, \cdots, n \notin A \Rightarrow n+1 \notin A$. 何となれば $n+1 \in A$ ならば $n+1$ が A の最小数となるからである.

$1°$, $2°$ と数学的帰納法の原理によって A は自然数を一つも含まないことになり, $A \neq \phi$ に反する.

数学の議論の中で'以下同様…'というとき, 多くは数学的帰納法を用いて証明されるのであるが, それがしばしば, 初めのほうの特別の場合の証明から容易に推察されるのである. たとえば, $N \subset R$ を示すときにもそういう述べかたをした.

例2 $x \geq 0, n \in N \Rightarrow (1+x)^n \geq 1 + nx + \dfrac{n(n-1)}{2} x^2$.

解 $(1+x)^n \geq 1+nx+\dfrac{n(n-1)}{2} x^2$ $(x \geq 0)$ を $P(n)$ とする.

$1°$ $n=1$ のとき $P(1)$ は $1+x \geq 1+x+0$ でこれはたしかに成り立つ.

$2°$ $P(n)$ が成り立つときその両辺に正の数 $1+x$ をかけると

$$(1+x)^{n+1} \geq \left(1+nx+\frac{n(n-1)}{2} x^2\right)(1+x)$$
$$= 1+(n+1)x+\left(\frac{n(n-1)}{2}+n\right)x^2+\frac{n(n-1)}{2} x^3,$$

最後の項は ≥ 0 であるからこれを取去れば $\geq 1+(n+1)x+\dfrac{(n+1)n}{2} x^2$, よって $P(n+1)$ は成り立つ.

$1°$, $2°$ により $P(n)$ はすべての $n \in N$ について成り立つ.

注意 $x \geq 0, n \in N \Rightarrow (1+x)^n > nx$, $(1+x)^n > \dfrac{n(n-1)}{2} x^2$. $x=1$ とすれば $2^n > n$.

区間 $[a, b]$ に属する実数は無限にある. たとえば, $a < (a+b)/2 < b$ であり, 同様に a と $(a+b)/2$ の間にまた実数があるというように…. この事実を'実数の集合は稠密である'という.

有理数の全体 $\boldsymbol{Q}$ も順序体であり，$a, b \in \boldsymbol{Q}, a<b$ のとき集合 $\{x: x \in \boldsymbol{Q}, a \leqq x \leqq b\}$ も上と同様に無限集合であることがわかる，すなわち $\boldsymbol{Q}$ も稠密である．これに反しつぎに述べる連続性は $\boldsymbol{Q}$ にはない性質であって，I)，II) と相まって実数を特徴づける重要な性質になるのである．

III) 連続性に関する性質

(1.1)　　$\forall x>0: (\exists n \in \boldsymbol{N}: n>x)$　　　(アルキメデス(Archimedes)の原則)

(1.2)　　$a_1 \leqq a_2 \leqq \cdots \leqq a_n \leqq \cdots, b_1 \geqq b_2 \geqq \cdots \geqq b_n \geqq \cdots, a_n < b_n (n \in \boldsymbol{N})$
$$\Rightarrow \exists x \in \boldsymbol{R}: (\forall n \in \boldsymbol{N}: a_n \leqq x \leqq b_n).$$

(1.1) から
$$(\forall a, b: a>b>0): (\exists n \in \boldsymbol{N}: nb>a)$$
が導かれる．実際 (1.1) において $x=a/b$ とすれば $\exists n \in \boldsymbol{N}: n>a/b$，よって $nb>a$ となる．これは，与えられたのがどんな小さい数であったとしても，それをくりかえし加えていくことにより，どんな大きな数よりも大きくできることを表わしている(塵もつもれば山となる！)．また，

(1.3)　　　　$(\forall a>0: (\forall \varepsilon>0: (\exists n \in \boldsymbol{N}: a/n<\varepsilon)),$

何となればアルキメデスの原則によって
$$\exists n \in \boldsymbol{N}: n > \frac{a}{\varepsilon}$$
となるからである．

例3　$\bigcap_{n=1}^{\infty}\left(0, \frac{1}{n}\right)=\phi, \quad \bigcap_{n=1}^{\infty}\left[-\frac{1}{n}, \frac{1}{n}\right]=\{0\}, \quad \bigcap_{n=1}^{\infty}[n, \infty)=\phi.$

解　実際，$\forall \varepsilon>0: (\exists n \in \boldsymbol{N}: 1/n<\varepsilon)$．したがって，$\varepsilon \notin (0, 1/n)$，よって $\varepsilon \notin \bigcap(0, 1/n)$．これから $\bigcap(0, 1/n)$ は正の数を含みえないことがわかる．しかし，もともと 0 および負の数は $\bigcap(0, 1/n)$ に含まれることはないから $\bigcap(0, 1/n) = \phi$．

問8　あとの二つを証明せよ．

(1.3) は，数列 (a/n) の項が n_0 から先すべて ε より小さくなることを示している．すなわち，$n>n_0 \Rightarrow a/n<a/n_0<\varepsilon$．

いいかえると，a/n と 0 との差が，番号を大きくしさえすれば，いくらでも

小さくできるということである.

あと(§1.2)で述べるように,これは
$$\lim_{n\to\infty} a/n = 0$$
と同じことになる.

(1.3) からつぎのことも導かれる. '$a \geq 0, b > 0, \forall n \in \mathbf{N} : na \leq b$' ならば $a=0$ である. 何となれば,もしも $a>0$ ならば $b/n < a$ すなわち $na > b$ となる $n \in \mathbf{N}$ があるはずだからである. 同様に,

(1.4) '$M>0, \forall n \in \mathbf{N} : |\xi - \xi'| \leq M/n$' ならば $\xi = \xi'$ である.

アルキメデスの原則から,任意の二つの実数の間には必ず有理数があることが証明できる.

命題 1 $a, b \in \mathbf{R}, a < b$ のとき $\exists c \in \mathbf{Q} : a < c < b$.

証明 まず $a \geq 0$ として証明する. アルキメデスの原則によって $\exists n \in \mathbf{N} : n > 1/(b-a)$, よって $b-a > 1/n$. また,$\exists m \in \mathbf{N} : m > na$ であるが,このような m に最小のものがある(数学的帰納法,例1). それを改めて m とすれば $m-1 \leq na$, よって $a < m/n \leq a + 1/n < b$, この m/n を c とすればよい.

$a < 0 < b$ のときは $0 \in \mathbf{Q}$ であるから明らかである.

$a < b \leq 0$ のとき,$0 \leq -b \leq -a$ だから上に証明したことから $\exists c \in \mathbf{Q} : -b < c < -a$, よって $a < -c < b$ で $-c \in \mathbf{Q}$ となる.

注意 この命題によると,任意の実数 a を,これとの誤差がいくらでも小さい有理数で近似できる. すなわち,$\varepsilon > 0$ を任意の正数とするとき $a < c' < a+\varepsilon$, $a-\varepsilon < c'' < a$ であるような有理数 c', c'' と a との誤差は ε よりも小さい. c' を a の過剰の近似値,c'' を不足の近似値という.

(1.2)は集合の記法を用いると次のような形に書き換えられる.

有限閉区間の列があって,どの区間もそのつぎの区間を含むときは,すべての区間に共通に含まれる数がある. すなわち,
$$I_n = [a_n, b_n] = \{x : a_n \leq x \leq b_n\} \ (a_n < b_n), \ I_1 \supset I_2 \supset \cdots \Rightarrow \bigcap_{n=1}^{\infty} I_n \neq \phi.$$

(1.2) すなわちこれを**区間縮小法の原理**または実数の連続性に関するカントル(Cantor)の公理という. 例3によって $\bigcap_{n=1}^{\infty} \left[-\frac{1}{n}, \frac{1}{n}\right] \neq \phi$ であったが,こ

のことはこの閉区間列に固有の性質なのではなくて，つぎつぎに部分集合となるどんな閉区間の列についても成り立つというのである．これはある意味で $\boldsymbol{R}$ に穴があいていないということと考えられる．試みに，$\boldsymbol{R}$ から0を除いた集合 $\boldsymbol{R}' = \boldsymbol{R} \setminus \{0\}$ を考えて，'$\boldsymbol{R}'$ の中での区間'

$$I_n = \left[-\frac{1}{n}, \frac{1}{n}\right] \cap \boldsymbol{R}' = \left[-\frac{1}{n}, \frac{1}{n}\right] \setminus \{0\}$$

の列をとると $\bigcap_{n=1}^{\infty} I_n = \phi$ となってしまうのである．

注意　I_n が有限閉区間でなければ $I_1 \supset I_2 \supset \cdots$ であっても $\bigcap_{n=1}^{\infty} I_n \neq \phi$ とは限らない．I_n が有限区間でないとき，たとえば $\bigcap_{n=1}^{\infty} [n, \infty) = \phi$ となる．また I_n が閉区間でないとき，たとえば $\bigcap_{n=1}^{\infty} (0, 1/n) = \phi$ となる．

区間縮小法において

$$b_{n+1} - a_{n+1} = (b_n - a_n)/2 \qquad (n = 1, 2, \cdots)$$

が成り立てば $\bigcap_{n=1}^{\infty} I_n$ はただ一つの数からなる．それは

$$\xi \in \bigcap_{n=1}^{\infty} I_n, \qquad \xi' \in \bigcap_{n=1}^{\infty} I_n$$

とすれば，

$$a_{n+1} \leqq \xi \leqq b_{n+1}, \qquad a_{n+1} \leqq \xi' \leqq b_{n+1}$$

がすべての $n \in \boldsymbol{N}$ について成り立ち，

$$|\xi - \xi'| \leqq b_{n+1} - a_{n+1} = (b_1 - a_1)/2^n \leqq (b_1 - a_1)/n \qquad （例2の注意）．$$

したがって，$\xi = \xi'$ でなければならないからである（(1.4)）．

実数の連続性から，$x^2 = 2$ となる正の数 $\sqrt{2}$ のあることが示される．まず，$a_1^2 < 2 < b_1^2$ をみたす区間 $[a_1, b_1]$ $(a_1 > 0)$ をとる．たとえば，区間 $[1,$

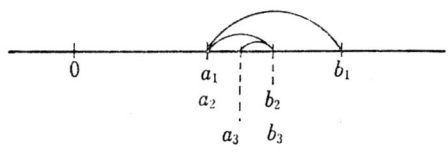

$2]$ はこの条件をみたす．つぎに，a_1, b_1 の中点 $(a_1 + b_1)/2$ をとる．$((a_1 + b_1)/2)^2$ が2であれば証明は終るから，これが2より大か小かにしたがって区間 $[a_1, (a_1 + b_1)/2]$ または $[(a_1 + b_1)/2, b_1]$ を $[a_2, b_2]$ とすれば $a_2^2 < 2 < b_2^2$ と

なる．以下同様にして区間の列

$$[a_1, b_1] \supset [a_2, b_2] \supset \cdots \supset [a_n, b_n] \supset \cdots$$

が得られて，$b_{n+1}-a_{n+1}=(b_n-a_n)/2$, $a_n{}^2<2<b_n{}^2$ となる．したがって，$\bigcap_n [a_n, b_n]=\{\xi\}$ となる．$a_n{}^2 \leqq \xi^2 \leqq 2<b_n{}^2$ または $a_n{}^2<2\leqq \xi^2 \leqq b_n{}^2$ だから，$|\xi^2-2| < b_n{}^2-a_n{}^2=(b_n+a_n)(b_n-a_n)\leqq 2b_1(b_n-a_n)=2b_1(b_1-a_1)/2^{n-1}=4b_1(b_1-a_1)/n$, したがって，((1.4) により)$\xi^2=2$ となる．これで $x^2=2$ となる $x>0$ の存在が示された．

実は，このような x は有理数ではない．なぜならば，もしも有理数だったとすると $x=p/q$, p, q はたがいに素な自然数と表わされ $(p/q)^2=2$, よって $p^2=2q^2$, したがって p^2 は2の倍数，p も2の倍数となり $p=2p'$ とすると $4p'^2=2q^2$, $2p'^2=q^2$ となり q も2の倍数となって，p と q がたがいに素であるとしたことに反するからである．

これにより有理数でない実数の存在が示されたのである．また，初めの a_1, b_1 を有理数とすれば a_n, b_n も有理数となるから，有理数の全体には'区間縮小法の原理'は成り立たないことになる．すなわち $\bigcap_n \{x \in \boldsymbol{Q} : a_n \leqq x \leqq b_n\}=\phi$. 有理数 a_n, b_n は n を大きくとると $\sqrt{2}$ の近似値になるのである．

1.2　数列の極限

前節で $\sqrt{2}$ の存在を示すときに現われた数列 $(a_n), (b_n)$ は $\sqrt{2}$ との誤差がいくらでも小さくなっていく近似値(有理数)の列である．たとえば，誤差が $0.0000000001=1/10^{10}$ より小さい有理数 a_n を求めるには，

$$|\sqrt{2}-a_n| \leqq b_n-a_n<1/(n-1) \leqq 1/10^{10},$$

すなわち，n を 10^{10} より大きくしておけば十分である．同じように考えれば，あらかじめ与えられた正の数 ε よりも誤差を小さくするには，項の番号 n を $n_0 (\geqq 1/\varepsilon)$ より大きくしておけばよいことがわかる．この考えを一般にしていくと極限の概念に達する．

実数列 (x_n) $(x_n \in \boldsymbol{R}$ $(n=1,2,\cdots))$ が $x \in \boldsymbol{R}$ に**収束する**とは，n を限りなく大きくすることによって，x_n を x にいくらでも近づけることができるとい

うこと，すなわち，

"任意の正の数 ε を与えると，このεに対して
$$n>n_0 \Rightarrow |x_n-x|<\varepsilon$$
を成り立たせるような番号 n_0 がある"

ということである．これを $\forall$，$\exists$ を用いて書けば

(1.5) $\qquad \forall \varepsilon>0 : (\exists n_0 \in \boldsymbol{N} : (\forall n>n_0 : |x_n-x|<\varepsilon))$.

これはまた，どんな $\varepsilon>0$ に対しても，$|x_n-x|\geqq \varepsilon$ となるような n が高々有限個($=$ないか，あっても有限個)しかないということにほかならない．

数列 (x_n) が x に収束するとき，x を (x_n) の**極限**といい，
$$\lim_{n\to\infty} x_n = x \quad \text{または} \quad x_n \to x \quad (n\to\infty)$$
と書く．たとえば，
$$\lim_{n\to\infty}\frac{1}{n}=0 \quad (\S 1.1 \text{ 参照}), \qquad x_n=c \text{ のとき } \lim_{n\to\infty} x_n=c,$$
$$\lim_{n\to\infty} a_n=\sqrt{2}, \qquad \lim_{n\to\infty} b_n=\sqrt{2}.$$

$\lim_{n\to\infty} x_n=x$ の否定，(x_n) が x に収束しないとは，

"ある $\varepsilon>0$ に対しては，どんな $n_0 \in \boldsymbol{N}$ をとっても $|x_n-x|\geqq \varepsilon$ を成り立たせるような $n>n_0$ がある"

となる．これを記号を用いて書くと，

(1.6) $\qquad \exists \varepsilon>0 : (\forall n_0 \in \boldsymbol{N} : (\exists n>n_0 : |x_n-x|\geqq\varepsilon))$.

この括弧は誤解のないときは，しばしば省略し，(1.5),(1.6) をそれぞれつぎの (1.5′), (1.6′) ように書く．

(1.5′) $\qquad \forall \varepsilon>0, \ \exists n_0 \in \boldsymbol{N}, \ \forall n>n_0 : |x_n-x|<\varepsilon,$

(1.6′) $\qquad \exists \varepsilon>0, \ \forall n_0 \in \boldsymbol{N}, \ \exists n>n_0 : |x_n-x|\geqq\varepsilon.$

(1.6′) は (1.5′) の $\forall$ を $\exists$ に，$\exists$ を $\forall$ にかえ，最後の式をその否定にかえたものである．一般に，命題が記号 $\forall$，$\exists$ を含み，最後に条件 $P(x)$ があるようなものであるとき，その命題の否定は，$\forall$ を $\exists$ に，$\exists$ を $\forall$ にかえ，$P(x)$ をその否定 $P(x)'$ にかえて得られる．それは A が集合のとき，命題 '$\forall x \in A : P(x)$' の否定は '$\exists x \in A : P(x)'$'，'$\exists x \in A : P(x)$' の否定は '$\forall x \in A : P(x)'$' で

あるから，否定をつくるには，$\forall$，$\exists$ がたくさんあっても，初めの方から一つずつなおしていけばよいわけである．このことをきちんと証明するには，記号の個数に関する数学的帰納法によるのであるが，実際にはそんなにたくさん $\forall$，$\exists$ や括弧が現われるわけではない．

数列 (x_n) が収束するとは，

$$\exists x \in \mathbf{R}, \ \forall \varepsilon > 0, \ \exists n_0 \in \mathbf{N}, \ \forall n > n_0 : |x_n - x| < \varepsilon$$

が成り立つこと，したがってその否定は

$$\forall x \in \mathbf{R}, \ \exists \varepsilon > 0, \ \forall n_0 \in \mathbf{N}, \ \exists n > n_0 : |x_n - x| \geqq \varepsilon$$

が成り立つことである．収束しない数列は**発散する**という．

記号 $\exists$ が途中にある場合には，$\exists$ に続く文字は，その前に現われる文字に依存する．たとえば，(1.5) で n_0 は ε に依存する．よって，順序をかえると異なる命題になる．たとえば，(1.5′) の順序をかえて

$$\exists n_0 \in \mathbf{N}, \ \forall \varepsilon > 0, \ \forall n > n_0 : |x_n - x| < \varepsilon$$

として $\exists n_0 \in \mathbf{N}$ を先にもってくると，$n > n_0$ のとき $|x_n - x|$ は任意の $\varepsilon > 0$ より小さいのだから $|x_n - x| = 0$，すなわち $n > n_0$ のとき $x_n = x$ となって (1.5′) よりも '強い' 条件となってしまうのである．

数列の収束に関して，その定義から直接つぎの性質 1)―16) がたしかめられる．

1) 数列 (x_n) が収束するとき，その極限はただ一つである．

証明 $x_n \to x$，$x_n \to x'$ $(n \to \infty)$，$x \neq x'$ とすると，$\varepsilon = |x - x'|/2$ に対して $\exists n_1 \in \mathbf{N}$，$\forall n > n_1 : |x_n - x| < \varepsilon$，$\exists n_2 \in \mathbf{N}$，$\forall n > n_1 : |x_n - x'| < \varepsilon$，よって $n > n_1$，$n > n_2$ のとき $|x - x'| \leqq |x - x_n| + |x_n - x'| < 2\varepsilon = |x - x'|$ となって矛盾となるからである．

2) 数列の収束の定義において (1.5) の不等式 $n > n_0$，$|x_n - x| < \varepsilon$ のどちらかまたは両方に等号を入れても同じことである．また，

"$\forall \varepsilon > 0, \exists n_0 \in \mathbf{N} : n > n_0 \Rightarrow |x_n - x| \leqq k\varepsilon$ （ただし，k は ε に無関係な正の数とする）" にかえてもよい．

証明 たとえば，この最後の条件が成り立つとき，与えられた ε でなく，

$\varepsilon'=\varepsilon/(2k)>0$ に対して $n>n_0 \Rightarrow |x_n-x|\leqq k\varepsilon'$ を成り立たせるような n_0 を一つ定めておけば $|x_n-x|\leqq k\varepsilon'=k\varepsilon/(2k)<\varepsilon$ となるからである．ここで $\varepsilon/(2k)$ を考えたが，2に特別な意味があるわけではない，ε/k より小さいものなら何でもよかったのである．

問 1 2) の証明を詳しくやってみよ．

3) 数列の収束の定義は，十分大きな番号の項についてだけ関係するから，数列から有限個の項を取除いたり，つけ加えたりしても，また有限個の項を任意にかえても，数列の収束，発散，極限は，初めの数列とかわらない．

4) 収束する数列の任意の部分列もまた，同じ極限に収束する．

証明 $x_n \to x \ (n\to\infty)$, (x_{n_j}) を (x_n) の部分列とすると，$\forall \varepsilon>0, \exists n_0 : n>n_0 \Rightarrow |x_n-x|<\varepsilon$，このとき $j>n_0$ ならば $n_j>n_{n_0}\geqq n_0$ だから $|x_{n_j}-x|<\varepsilon$ となり $x_{n_j}\to x (j\to\infty)$ となる．

5) 数列 $(x_n), (y_n)$ がともに x に収束すれば，これを交互に並べて得られる数列 $x_1, y_1, x_2, y_2, \cdots, x_n, y_n, \cdots$ もまた x に収束する．

証明 $\forall \varepsilon>0, \exists n_1, n_2 : n>n_1 \Rightarrow |x_n-x|<\varepsilon, n>n_2 \Rightarrow |y_n-x|<\varepsilon$. いま，数列 $x_1, y_1, x_2, y_2, \cdots$ を (z_n) と書き，$n_0=\max\{2n_1, 2n_2\}$ とすれば，$n>n_0$ のとき $z_n=x_m$ または $z_n=y_m$ で $n=2m-1$ または $n=2m$ だから $m\geqq n/2>n_0/2$ で，$m>n_1, m>n_2$ だから $|z_n-x|<\varepsilon$ となる．

6) $x_n \to x \ (n\to\infty) \iff |x_n-x|\to 0 \ (n\to\infty)$.

7) $x_n \to 0 \ (n\to\infty), |y_n-y|\leqq x_n \Rightarrow y_n \to y \ (n\to\infty)$.

これらは定義から明らかである．

例 1

$$\left|\frac{1}{2^n}-0\right|\leqq \frac{1}{2^n}<\frac{1}{n} \quad (\S 1.1 \text{ 例 2 注意}), \quad \frac{1}{n}\to 0 \quad (n\to\infty),$$

よって
$$\frac{1}{2^n}\to 0 \quad (n\to\infty).$$

問 2 6), 7) をきちんと証明してみよ．

8) $x_n\to x \ (n\to\infty) \Rightarrow |x_m-x_n|\to 0 \ (m\to\infty, n\to\infty)$,

その意味は $\forall \varepsilon>0, \exists n_0 : m, n>n_0 \Rightarrow |x_m-x_n|<\varepsilon$.

証明 $\forall \varepsilon > 0, \exists n_0 : n > n_0 : |x_n - x| < \varepsilon/2$. よって, $m, n > n_0 \Rightarrow |x_m - x_n| \leq |x_m - x| + |x - x_n| < \varepsilon$.

例 2 数列 $0, 1, 0, 1, \cdots$ は収束しない. これは $\varepsilon = 1$ に対して 8) の条件 $\exists n_0 : m, n > n_0 \Rightarrow |x_m - x_n| < \varepsilon$ が成り立たないことから明らかである.

9) 収束する数列は有界である. すなわち,
$$\exists M \in \mathbf{R} : |x_n| \leq M \quad (n = 1, 2, \cdots).$$

証明 $\varepsilon = 1$ として $\exists x \in \mathbf{R}, \exists n_0 : n > n_0 \Rightarrow |x_n - x| < 1, |x_n| = |x_n - x + x| \leq |x_n - x| + |x| < |x| + 1, n \leq n_0$ となる n は有限個だから $|x_1|, |x_2|, \cdots, |x_{n_0}|, |x| + 1$ のうち最も大きいものを M とすればよい.

10) $x_n \to x \ (n \to \infty), \lambda \in \mathbf{R} \Rightarrow \lambda x_n \to \lambda x \ (n \to \infty)$.

証明 $\forall \varepsilon > 0, \exists n_0 : n > n_0 \Rightarrow |x_n - x| < \varepsilon$, このとき $|\lambda x_n - \lambda x| = |\lambda| |x_n - x| \leq |\lambda| \varepsilon$ だから 2) によって $\lambda x_n \to \lambda x \ (n \to \infty)$.

11) $x_n \to x, y_n \to y \ (n \to \infty) \Rightarrow x_n + y_n \to x + y \ (n \to \infty)$.

証明 $\forall \varepsilon > 0, \exists n_1 : n > n_1 \Rightarrow |x_n - x| < \varepsilon$,
$\exists n_2 : n > n_2 \Rightarrow |y_n - y| < \varepsilon$.

よって, $n_0 = \max\{n_1, n_2\}$ とすれば $n > n_0 \Rightarrow |(x_n + y_n) - (x + y)| \leq |x_n - x| + |y_n - y| < 2\varepsilon$, したがって $x_n + y_n \to x + y \ (n \to \infty)$ となる.

10), 11) から $x_n \to x, y_n \to y \ (n \to \infty), \lambda, \mu \in \mathbf{R} \Rightarrow \lambda x_n + \mu y_n \to \lambda x + \mu y \ (n \to \infty)$ がすぐに示される.

12) $x_n \to x, y_n \to y \ (n \to \infty) \Rightarrow x_n y_n \to xy \ (n \to \infty)$.

証明 $|x_n y_n - xy| \leq |x_n y_n - xy_n| + |xy_n - xy| \leq |y_n||x_n - x| + |x||y_n - y| \leq M|x_n - x| + |x||y_n - y| \to 0 \ (n \to \infty)$. (ここで 9), 10), 11) を使った) 7) によって $x_n y_n \to xy \ (n \to \infty)$ となる.

13) $x_n \to x, y_n \to y \ (n \to \infty), x_n \neq 0, x \neq 0 \Rightarrow y_n/x_n \to y/x \ (n \to \infty)$.

証明 $y_n = 1$ の特別の場合: $1/x_n \to 1/x \ (n \to \infty)$ を示せば, 一般の場合は 12) により得られる.

$$\left| \frac{1}{x_n} - \frac{1}{x} \right| = \frac{|x - x_n|}{|x_n||x|} \leq \frac{M}{|x|} |x - x_n| \to 0$$

1.2 数列の極限

が $1/|x_n|\leq M$ であれば成り立ち,証明が終る.さて,$x\neq 0$ だから $\varepsilon=|x|/2>0$ に対して $\exists n_0 : n>n_0 \Rightarrow |x-x_n|<\varepsilon=|x|/2$. ところが $|x|-|x_n|\leq|x-x_n|<|x|/2$ だから $|x_n|\geq|x|/2$. よって $1/|x_n|\leq 2/|x|$. したがって,M を

(1.7) $$1/|x_1|, 1/|x_2|, \cdots, 1/|x_{n_0}|, 2/|x|$$

より大きくとれば,すべての n について $1/|x_n|\leq M$ となる.

注意 3) に注意したように,収束についてはある番号から先だけを考えればよいから,M を (1.7) より大きくとることは本質的にはいらないことである.$M=2/|x|$ でよい.今後このような場合,いちいちことわらない.また 13) では $x_n\neq 0$ の仮定がなくても,$x\neq 0$ であればある番号から先のすべての n について $x_n\neq 0$ となる.すなわち,$1/x_n$ はある番号から先のすべての n について定義される.よって,番号を十分先から始め,ずらしてつけなおせば一つの数列が得られて $1/x_n \to 1/x \; (n\to\infty)$ となる.このような意味に理解することと約束しておけば,13) は $x_n\neq 0$ の仮定を除いて成り立つことになるわけである.

14) $x_n\to x, y_n\to y \; (n\to\infty), \; x_n\geq y_n \Rightarrow x\geq y$.

証明 $z_n=x_n-y_n, z=x-y$ とおくと $z_n\geq 0$. いま $z<0$ とすると $\varepsilon=-z>0$ に対して $\exists n_0 : n>n_0 \Rightarrow |z_n-z|<\varepsilon$. このとき $z_n<z+\varepsilon=0$ となり $z_n\geq 0$ に反する.よって $z\geq 0$, すなわち $x\geq y$.

注意 $x_n>y_n$ であっても $x>y$ とは限らない.たとえば,$x_n=1+1/n, y_n=1$ のとき $x_n>y_n$ であるが $x_n\to 1, y_n\to 1 \; (n\to\infty)$ となる.

一方の数列を同じ数ばかりから成る数列と考えれば '$x_n\to x(n\to\infty), a\geq x_n\geq b \Rightarrow a\geq x\geq b$' が得られる.

15) $x_n\to x, y_n\to x \; (n\to\infty), \; x_n\geq z_n\geq y_n \Rightarrow z_n\to x \; (n\to\infty)$.

証明 $x_n-y_n\geq z_n-y_n\geq 0, \; x_n-y_n\to 0 \; (n\to\infty)$, 7) により $z_n-y_n\to 0$, 11) により $z_n=(z_n-y_n)+y_n\to x \; (n\to\infty)$.

16) $x_n\to x, y_n\to y \; (n\to\infty), \; |x_n-y_n|\leq\varepsilon \Rightarrow |x-y|\leq\varepsilon$.

証明 10), 11) により $x_n-y_n\to x-y$, $-\varepsilon\leq x_n-y_n\leq\varepsilon$ だから 14) により $-\varepsilon\leq x-y\leq\varepsilon$, よって $|x-y|\leq\varepsilon$. これはつぎのようにも証明される.

$$|x-y|\leq|x-x_n|+|x_n-y_n|+|y_n-y|$$
$$\leq\varepsilon+|x-x_n|+|y_n-y|\to\varepsilon \quad (n\to\infty),$$

よって 14) の注意により $|x-y|\leq\varepsilon$.

1.3 関数の極限と連続性

$\boldsymbol{R}$ の部分集合で定義された関数を考えよう．

例1 実数係数の n 次の多項式 $P(x)=a_0+a_1x+a_2x^2+\cdots+a_nx^n$ ($a_j\in\boldsymbol{R}$ ($j=0,1,2,\cdots,n$), $a_n\neq 0$) によって定義される関数 $P:\boldsymbol{R}\to\boldsymbol{R}$ を (**有理**) **整関数**という．$n=0$ のとき $P(x)=a_0$ は定数となる．$n=1$ のとき $P(x)=a_0+a_1x$ ($a_1\neq 0$) は1次関数で P の値域は $\boldsymbol{R}$ である．

例2 二つの多項式 $P(x), Q(x)$ の商 $P(x)/Q(x)$ で定められる関数 $P/Q:\boldsymbol{R}\setminus\{x:Q(x)=0\}\to\boldsymbol{R}$ を**有理関数**とよぶ．$Q(x)$ が0次のとき，これは整関数となる．

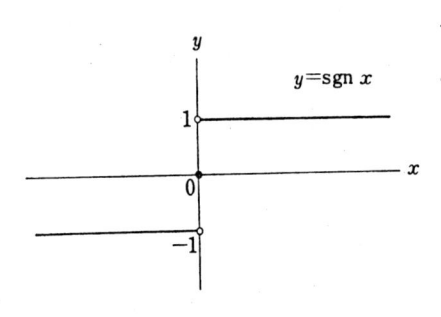

例3 $x>0$ のとき $\operatorname{sgn}x=1$,
$x=0$ のとき $\operatorname{sgn}x=0$,
$x<0$ のとき $\operatorname{sgn}x=-1$

と定める．$\operatorname{sgn}:\boldsymbol{R}\to\{-1,0,1\}$, sgn はシグナム (signum) と読む．

例4 $f(x)$ を x が有理数ならば 1, 無理数ならば 0 とすれば関数 $f:\boldsymbol{R}\to\{0,1\}$ が得られる．

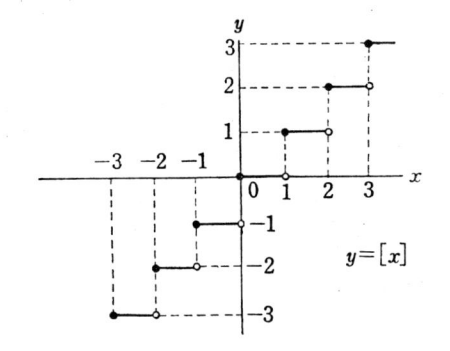

例5 $x\in\boldsymbol{R}$ に対して，これをこえないような最大の整数 $[x]$ を対応させる．

さて，これらのグラフを考えると，例1の関数はたとえば右図のようにつながっているが，例3では $x=0$ のところで切れている．

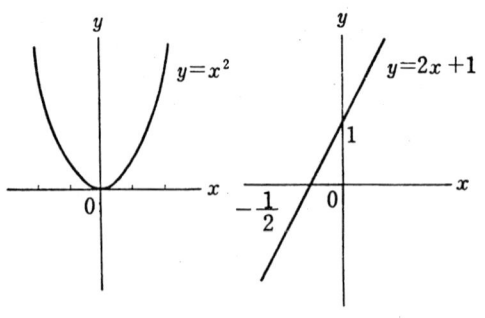

いま，(a_n) を a に収束する数列とするとき，P が整関数ならば

$$P(a_n)\to P(a) \quad (n\to\infty)$$

1.3 関数の極限と連続性

となることは §1.2 の 10), 11), 12) から導かれる．ところが，(a_n) を 0 に収束する数列とすると，例3の関数では $(\operatorname{sgn} a_n)$ が収束するとは限らない．実際，$a_n=(-1)^n/n$ とすると $\operatorname{sgn} a_n=(-1)^n$ となり $(\operatorname{sgn} a_n)$ は $-1,1,-1,1,\cdots$ となって発散する．また，$a_n>0$ で $a_n\to 0$ とすると $\operatorname{sgn} a_n=1$ だから $\operatorname{sgn} a_n\to 1$ $(n\to\infty)$ となるが，この極限は $\operatorname{sgn}(\lim_{n\to\infty} a_n)=\operatorname{sgn} 0=0$ とは異なる．

さて，$f:D'(\subset \mathbf{R})\to \mathbf{R}$ とする．$x_0\in \mathbf{R}$ は $D(\subset D')$ に属していてもいなくてもどちらでもよいが，$x(x\in D, x\neq x_0)$ を x_0 に近づけることによって，$f(x)$ を一定数 $l\in \mathbf{R}$ にいくらでも近づけることができるとき，l を f の $x=x_0$ における D にそっての**極限**といい，また $x\to x_0 (x\in D)$ のとき $f(x)$ は l に**収束する**といって

$$(1.8) \qquad \lim_{\substack{x\to x_0 \\ x\in D}} f(x)=l$$

と表わす．$D=D'$ のときは (D にそって，$x\in D$ を略し)，

$$\lim_{x\to x_0} f(x)=l \quad \text{または} \quad f(x)\to l \quad (x\to x_0)$$

とも表わす．たとえば，

$$\lim_{x\to 0}(a_0+a_1 x+\cdots+a_n x^n)=a_0,$$

$(4x^2-1)/(2x+1)$ は $x\neq -1/2$ のとき $2x-1$ であるから，

$$(1.9) \qquad \lim_{x\to -\frac{1}{2}} \frac{4x^2-1}{2x+1}=-2, \qquad \lim_{\substack{x\to 0 \\ x>0}} \operatorname{sgn} x=1.$$

$\lim_{\substack{x\to 0 \\ x>0}}$ を $\lim_{x\to 0+0}$ あるいは $\lim_{x\to +0}$ のようにも書く．一般に $\lim_{\substack{x\to x_0 \\ x>x_0}} f(x)$ を $x=x_0$ のときの f の**右からの極限**といって $\lim_{x\to x_0+0} f(x)$ と書く．同様に $\lim_{\substack{x\to x_0 \\ x<x_0}} f(x)$ を $x=x_0$ のときの f の**左からの極限**といって $\lim_{x\to x_0-0} f(x)$ と書く．

この定義で，"x_0 のいくらでも近くに，x_0 に等しくない D の点がある" ことが '陰に' 前提とされている．実際に扱うのは上の例のように，D は区間または有限個の区間の和集合であって，$x_0\in D$ または x_0 はその区間の端点である場合で，この条件はみたされている．

(1.8) を $\forall$, $\exists$ の記号で述べると

(1.10) $\quad \forall \varepsilon > 0, \exists \delta > 0 : |x - x_0| < \delta, x \in D, x \neq x_0 \Rightarrow |f(x) - l| < \varepsilon$.

この δ は ε の与えかたに関係する．ε が小さくなれば，δ も小さくしなければならないのが普通である．たとえば，(1.9) では $\delta = \varepsilon/2$ とすればよい．(1.8) が成り立たないことは

(1.11) $\quad \exists \varepsilon > 0, \forall \delta > 0, \exists x : |x - x_0| < \delta, x \in D, x \neq x_0, |f(x) - l| \geqq \varepsilon$.

(1.10) はまた点列の極限に帰着させることができる．すなわち

定理 1.1 $\lim\limits_{\substack{x \to x_0 \\ x \in D}} f(x) = l$ であるための必要で十分な条件は，$x_n \to x_0, x_n \in D$, $x_n \neq x_0$ であるようなすべての数列 (x_n) に対して，数列 $(f(x_n))$ が l に収束することである．

証明 （i） $\lim\limits_{\substack{x \to x_0 \\ x \in D}} f(x) = l$ ならば $x_n \in D, x_n \to x_0, x_n \neq x_0$ であるとき，$f(x_n) \to l$ となることを証明する．仮定によって (1.10) が成り立つが，一方 $x_n \to x_0$ であるから，(1.10) の δ に対し，数列の極限の定義によって，$\exists n_0 \in N : n > n_0 \Rightarrow |x_n - x_0| < \delta$．このとき (1.10) から $|f(x_n) - l| < \varepsilon$ である．よって，$\forall \varepsilon > 0, \exists n_0 : n > n_0 \Rightarrow |f(x_n) - l| < \varepsilon$，すなわち $\lim\limits_{n \to \infty} f(x_n) = l$.

（ii） $(\forall (x_n) : x_n \to x_0, x_n \neq x_0, x_n \in D) : f(x_n) \to l$ ならば $\lim\limits_{\substack{x \to x_0 \\ x \in D}} f(x) = l$ であることを証明する．このほうが（i）よりも証明がむずかしい．というのは，与えられた条件が '$\forall (x_n)$ について…' という形をしているからである．この $\forall (x_n)$ は一般に無限にある．そのおのおのに対して $f(x_n) \to l$ が成り立つというのである．いわば無限個の条件を使い切ることによって結論を導くことが要求されるわけだが，正面からこれを行なうことは容易ではあるまい．このようなときには背理法によるがよい．すなわち，$\lim\limits_{\substack{x \to x_0 \\ x \in D}} f(x) = l$ が成り立たないとすれば (1.11) が成り立ち (1.11) の δ を $1/n$ $(n = 1, 2, \cdots)$ とすると

$\exists \varepsilon > 0, \exists x_n :$

$|x_n - x_0| < 1/n, x_n \in D, x_n \neq x_0, |f(x_n) - l| \geqq \varepsilon$,

$x_n \to x_0$ であるが，一方 $|f(x_n) - l| \geqq \varepsilon$ であるから $(f(x_n))$ は l に収束しない．よって，

$\exists (x_n) : x_n \to x_0, x_n \in D, x_n \neq x_0, (f(x_n))$ は l に収束しない．

これで仮定に反することが証明されたのである．したがって，（ii）も示された．

この定理によって数列の極限についての知識から関数の極限についての性質を導くことができる．たとえば，$\lim_{x \to x_0} f(x) = l$ ならば l はただ一つである．それは $\lim_{x \to x_0} f(x) = l'$ とすると，$x_n \to x_0, x_n \neq x_0$ に対して $f(x_n) \to l, f(x_n) \to l'$ が成り立ち，数列の収束についての性質 1)（§1.2）によって $l = l'$ となるからである．同様に数列の極限の性質から，D 上の関数 f, g が

$$\lim_{x \to x_0} f(x) = l, \qquad \lim_{x \to x_0} g(x) = m$$

であるとき

$$\lim_{x \to x_0} (f(x) + g(x)) = l + m, \qquad \lim_{x \to x_0} (\lambda f(x)) = \lambda l,$$

$$\lim_{x \to x_0} f(x) g(x) = lm, \qquad \lim_{x \to x_0} \frac{f(x)}{g(x)} = \frac{l}{m} \quad (m \neq 0)$$

が示される．

問 1 このことを証明せよ．

問 2 §1.2 の 14), 15), 16) と同様の関数の極限の性質を述べて証明せよ．

問 3 $\lim_{x \to x_0} f(x)$ があれば $\lim_{x \to x_0 + 0} f(x), \lim_{x \to x_0 - 0} f(x)$ もあって，これらは等しく，逆に

$$\lim_{x \to x_0 + 0} f(x) = \lim_{x \to x_0 - 0} f(x)$$

であれば $\lim_{x \to x_0} f(x)$ も存在することを証明せよ．

関数 $f: D \subset \boldsymbol{R} \to \boldsymbol{R}$ が $x = x_0 \in D$ で**連続**であるとは

$$\lim_{x \to x_0} f(x) = f(x_0)$$

が成り立つことをいう．このことを $\varepsilon - \delta$ 式に書けば

$$\forall \varepsilon > 0, \exists \delta > 0 : x \in D, |x - x_0| < \delta \Rightarrow |f(x) - f(x_0)| < \varepsilon.$$

これは定理 1.1 によれば，$x_n \to x_0, x_n \in D, x_n \neq x_0$ であるようなすべての数列 (x_n) に対して，$\lim_{n \to \infty} f(x_n) = f(x_0)$ となることである．

P を整関数とするとき，前に述べたように，任意の $x_0 \in \boldsymbol{R}$ について (x_n) を x に収束する数列とすると $P(x_n) \to P(x_0) \ (n \to \infty)$ となるのであった．よっ

て，定理 1.1 により $\lim_{x \to x_0} P(x) = P(x_0)$ となり，P は x_0 で連続ということになる．

また，$\operatorname{sgn} x$ は $x = x_0 (\neq 0)$ で連続であるが，$x = 0$ では連続にならない．

注意 $x_0 \in D$ であって $x_n \to x_0, x_n \in D, x_n \neq x_0$ となる数列 (x_n) がないとき，f は x_0 で連続であると考えられる．たとえば，任意の $f: \boldsymbol{N} \to \boldsymbol{R}$ は定義域の各点で連続である．このような場合，連続性は関数に何の制限も与えないので，問題は，$x_n \to x_0, x_n \in D, x_n \neq x_0$ となる数列のある場合である．

関数 $f: D \subset \boldsymbol{R} \to \boldsymbol{R}$ が D の各点で連続であるとき，f は D で連続である，あるいは f は D 上の**連続関数**であるといわれる．$f: D \subset \boldsymbol{R} \to \boldsymbol{R}$ が $x_0 \in D$ で**右に連続**とは，$f|D \cap [x_0, \infty)$ が x_0 で連続であること，すなわち $\lim_{x \to x_0 + 0} f(x) = f(x_0)$ の成り立つこと，x_0 で**左に連続**とは $f|D \cap (-\infty, x_0]$ が x_0 で連続であることをいう．例5の関数は $x = n (\in \boldsymbol{Z})$ で右に連続である．f が x_0 で連続ならば右にも左にも連続であり，逆に f が x_0 で右にも左にも連続であれば，連続である．

問 4 これを証明せよ．

問 5 f が x_0 で右に連続ということを数列を用いて述べてみよ．

f, g が D で連続な関数であるとき，$f(x) + g(x)$, $\lambda f(x)$, $f(x) g(x)$, $f(x)/g(x)$ $(g(x) \neq 0)$ も連続となることは，極限についての性質から明らかである．

整関数は $\boldsymbol{R}$ で連続であり，したがって有理関数も，その定義域で連続となる．

問 6 $\boldsymbol{R}$ 上の関数 $f: x \mapsto x - [x]$（例5）のグラフを書き，連続性について調べよ．

問 7 x が無理数のとき $f(x) = 0$, x が有理数のとき $x = p/q$ ($p \in \boldsymbol{Z}, q \in \boldsymbol{N}$ で p と q はたがいに素）と表わして $f(x) = f(p/q) = 1/q$ とすると，f は x が無理数のとき x で連続であって，x が有理数のとき x で連続でないことを証明せよ．

1.4 連続関数の大域的性質と上限，下限の存在

関数が区間の1点で連続であるという性質は，その点にいくらでも近い点で

の関数の値の状態から定まる性質であって，このような性質をしばしば局所的性質という．ある点で極限があるとか，連続であるとかは関数の局所的性質である．ところが，ある区間で関数が定数であるとか，ある区間でとる値の絶対値が，一定の数 M をこえない（有界）というような性質は，その区間の全域にわたる性質であって，固定されたある点の近所だけでは定まらない．それで，このような性質を前の局所的性質に対して大域的性質というのである．区間で連続な関数にはいろいろと興味ある大域的性質がある．

閉区間 $[a, b]$ で連続な関数 f が点 a と点 b で異符号になっているとする．すなわち $f(a)f(b)<0$. そうすると a, b に対するグラフ上の点 $(a, f(a))$ と $(b, f(b))$ は x 軸に関して反対側にあるが，グラフはこの2点を結ぶつながった曲線となるはずだから，x 軸と少なくとも1点で出会うであろう．すなわち，$\exists \xi : a<\xi<b, f(\xi)=0$. これは感覚的には認めやすいが，証明するには実数の連続性が必要になる．

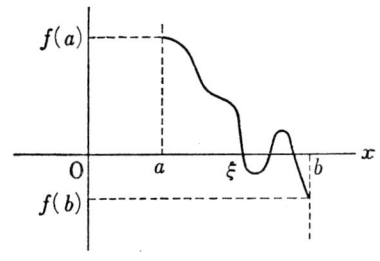

区間縮小法の原理において，区間の長さが 0 に収束することを仮定すれば，共通集合はただ一つの数から成ることが示される (§1.1, p. 25).

定理 1.2 閉区間 $I_n = [a_n, b_n]$ $(n \in \mathbf{N})$ が $I_1 \supset I_2 \supset \cdots$ であって，$|I_n| = b_n - a_n$ が 0 に収束すれば，$\bigcap_{n=1}^{\infty} I_n$ はただ一つの数 ξ から成る．なお，$x_n \in I_n$ を任意にとってつくった数列 (x_n) は ξ に収束する．とくに $\lim_{n \to \infty} a_n = \lim_{n \to \infty} b_n = \xi$.

証明 $\bigcap_{n=1}^{\infty} I_n \neq \phi$ であるが，いま $\xi, \xi' \in \bigcap_{n=1}^{\infty} I_n$ とすれば，$\forall n : \xi, \xi' \in I_n$, よって $0 \leq |\xi - \xi'| \leq |I_n| \to 0$. $|\xi - \xi'|$ は n に無関係な一定の数だから $|\xi - \xi'| = 0$. よって $\xi = \xi'$. すなわち，$\bigcap_{n=1}^{\infty} I_n$ はただ一つの数から成る．なお，$x_n \in I_n$ とすると，ξ はすべての I_n に含まれるから $|\xi - x_n| \leq |I_n| \to 0$, したがって $x_n \to \xi$ $(n \to \infty)$.

さて，先に述べた連続関数の性質を，区間縮小法によって証明しよう．

命題 1 閉区間 $I = [a, b]$ で連続な関数 f が a, b で異符号：$f(a)f(b)<0$ であれば，$\exists \xi : a<\xi<b, f(\xi)=0$.

証明 背理法による．結論を否定してみると $[a,b]$ で $f(x) \neq 0$．いま，I をその中点で分けて $I'=[a,(a+b)/2], I''=[(a+b)/2,b]$ とすると，f は I' の両端で異符号となるかまたは I'' の両端で異符号となる．なぜならば，I' の両端でも I'' の両端でも同符号だったら，I の両端で同符号になり仮定に反するからである．I', I'' のうち f が両端で異符号となる区間を $I_1=[a_1,b_1]$ とする．このとき，$I_1 \subset I, |I_1|=|I|/2$．この区間 I_1 をいままでの I にかえてさらにこの中点で分けていまと同じように考えると，どちらかの区間の両端で f は異符号となる．この区間を $I_2=[a_2,b_2]$ とする．以下同様にして区間の列 (I_n) が得られ，$I_n=[a_n,b_n]$ の両端で f は異符号となり，$I_1 \supset I_2 \supset \cdots$, $|I_n|=|I|/2^n \to 0$（§1.2 例1）．区間縮小法の原理（定理 1.2）によって $\exists \xi \in I_n : a_n \to \xi, b_n \to \xi$ $(n \to \infty)$．f は ξ で連続だから $f(a_n) \to f(\xi), f(b_n) \to f(\xi)$，よって $f(a_n)f(b_n) \to f(\xi)^2$ $(n \to \infty)$．ところが，$f(a_n)f(b_n)<0$ だから $f(\xi)^2 \leq 0$，一方 $f(\xi)^2 \geq 0$，よって $f(\xi)=0$．これは背理法による証明の初めの仮定に反する．

これからつぎの中間値の定理が得られる．

定理 1.3（中間値の定理）関数 f が閉区間 $[a,b]$ で連続であって，$f(a) \neq f(b)$ であるとき，f はこの区間のなかで $f(a)$ と $f(b)$ の間の任意の値を少なくとも1回とる．すなわち，

$$(\forall \mu, f(a)<\mu<f(b) \quad \text{または} \quad f(a)>\mu>f(b)),$$
$$\exists \xi : a<\xi<b, \ f(\xi)=\mu.$$

証明 $g(x)=f(x)-\mu$ とおけば g は $[a,b]$ で連続で，a, b で異符号になる．したがって，命題1によって，$\exists \xi : a<\xi<b, g(\xi)=0$，このとき $f(\xi)=\mu$．

中間値の定理は，たとえば同じ道を人が先に歩き始めて，あとから出た車が先に着いたとすると，どこかで追い越したはずだとする日常の考えかたの中にも見られるものである．

上の証明は実際に $f(x)=0$ になる点 x を見つける過程を示しているところに特徴がある．単に存在するというだけでなく，中点における値を計算してそれが0でなければまた一方の中点をとり，値を調べるという方法をくりかえす

ことにより，近似的に x を計算することができるのである．

数列の極限と実数の連続性とのかかわりあいについては $\sqrt{2}$ の存在のところでも述べたが，これをもっと一般に調べるために，上限，下限について述べておく．

有限集合 $S \subset \mathbf{R}$ には，S の最大数や最小数があるが，無限集合になると，最大数，最小数どちらも，あるとは限らない．$\mathbf{N}$ の部分集合に最小数があることは，自明ではなかったのである(§1.1 例1)．実際，開区間 $S=(0,1)$ には最大数，最小数のどちらもない．しかし，S の端である 0 と 1 は，S に対する最小数，最大数の代役ぐらいならつとめさせられるだろう．この場合，$x \in S \Rightarrow x \leqq 1$ であるから $1 \in S$ ならば，この 1 は S の最大数になるのだが，残念ながら $1 \notin S$ である．そうかといって 1 より小さい数 $\lambda(<1)$ では $\lambda < x \in S$ となる数 x があることになる．$\lambda > 1$ ならばもちろん $x \in S \Rightarrow x \leqq \lambda$ である．そうしてみると，S のどの数 x によっても追いこされないような λ の中でもっとも小さい数が 1 であるということになる．これをもって最大数の代用をさせようというにはまだ問題が残る．上のような区間に限らず，"どのような集合に対しても，上に述べたような性質をもつ数があるか？"ということである．いつもあるとは限らないくらいならば，最大数でも同じことだからである．ただし，$S \subset \mathbf{R}$ のなかにいくらでも大きい数がある場合には，S の最大数がないばかりでなく，S の数によって追いこされない数は初めから存在しないから，S には'上に有界である'という条件をつけねばならない．S に最大数があれば，もちろんこの条件はみたされる．

集合 $S \subset \mathbf{R}$ が上に有界であるとは

(1.12) $$x \in S \Rightarrow x \leqq M$$

を成り立たせるような $M \in \mathbf{R}$ があることをいう．この M を S の上界という．M が S の上界ならば $M' \geqq M$ はすべて S の上界である．したがって，上界としては，小さい方に関心がもたれよう．これについてつぎの重要な定理がある．

定理 1.4 上に有界な集合 $S(\subset \mathbf{R}, \neq \phi)$ の上界の集合には最小数がある．

証明 S のある数 x より小さい数 m は上界でない．M を上界とすると $m < x \leq M$．よって，いま区間 $[m, M]$ を考え，その中点 $(m+M)/2$ でこの区間を二つの区間に分ける．$(m+M)/2$ が S の上界であるか，上界でないかに従って区間 $[m, (m+M)/2]$，または $[(m+M)/2, M]$ を区間 $[m_1, M_1]$ とすると，M_1 は S の上界であり，m_1 は S の上界でない．つぎに $[m_1, M_1]$ を中点で二つの区間に分け，前と同様にその一方を $[m_2, M_2]$ とすれば，M_2 は S の上界で，m_2 は S の上界でない．以下同様にして区間の列

$$[m, M] \supset [m_1, M_1] \supset [m_2, M_2] \supset \cdots \supset [m_n, M_n] \supset \cdots$$

が得られ，M_n は S の上界であり，m_n は S の上界でないということになる．

$$|[m_n, M_n]| = M_n - m_n = (M-m)/2^n \to 0 \quad (n \to \infty)$$

だから，区間縮小法の原理(定理 1.2)により

$$\exists \xi \in \bigcap_{n=1}^{\infty} [m_n, M_n] : M_n \to \xi, m_n \to \xi \quad (n \to \infty).$$

いま，ξ が S の上界でないとすると，$\exists x \in S : \xi < x$．ところが $M_n \to \xi$ だから，$\exists n : M_n < x$ となり，これは M_n が S の上界であることに反する．よって，ξ は S の上界である．また，いま ξ より小さい上界 ξ' があったとすると，$\xi' < \xi$ で $m_n \to \xi$ だから $\exists n : \xi' < m_n$．よって m_n が S の上界であることになって矛盾である．よって，ξ は S の上界の最小数である．

上に有界な集合 S の上界のなかで最小なもの(最小上界)を S の**上限**といい，

$$\sup S \quad \text{または} \quad \sup_{x \in S} x$$

で表わす．(生物の分布などで用いる用語に南限，北限というのがあるが，これと同じような用語である．)

まず，$S \supset S_1$ ならば $\sup S \geq \sup S_1$，その理由は，$\{S \text{ の上界}\} \subset \{S_1 \text{ の上界}\}$ であって広い範囲の最小数の方が小さい(か等しい)からである．

$\alpha \in \mathbf{R}$ が S の上限であるための必要十分条件は

"α は S の上界であり"

しかも，

"α より小さい数はすべて S の上界でない"

1.4 連続関数の大域的性質と上限,下限の存在

ということであるから，このことを上界の定義とその否定を用いて述べかえれば，

1° $\quad x \in S \Rightarrow x \leqq \alpha,$
2° $\quad \forall \varepsilon > 0, \exists x \in S : x > \alpha - \varepsilon$

となる．2°はつぎの3°に置換えることもできる．

3° Sの中の数列でαに収束するものがあること，すなわち，

$$\exists x_n \in S \ (n=1, 2, \cdots) : x_n \to \alpha \ (n \to \infty).$$

'1°, 2°⇒3°' の証明：2° により $\exists x_n \in S : \alpha - 1/n < x_n$, 1° により $\alpha - 1/n < x_n \leqq \alpha < \alpha + 1/n$. よって，$|x_n - \alpha| < 1/n \to 0$. すなわち $x_n \to \alpha$ となり 3° が成り立つ．

'3°⇒2°' の証明：3° により $\exists x_n \in S, x_n \to \alpha$, よって，$\forall \varepsilon > 0, \exists n_0 : n > n_0 \Rightarrow \alpha - \varepsilon < x_n < \alpha + \varepsilon$. この不等式の左半分を見れば 2° の成り立つことがわかる．

(1.12) の不等号の向きを反対にすると，上に有界，上界の代りに，**下に有界**であること，および**下界**の定義が得られる．上に有界かつ下に有界な集合は有界である．そうすれば，上限のときと同じようにして，下に有界な集合Sの下界には最大なものがある．これをSの**下限**といい，

$$\inf S \quad \text{または} \quad \inf_{x \in S} x$$

で表わす．βがSの下限であるための必要十分条件は，上限のときと同様に

1'° $\quad x \in S \Rightarrow x \geqq \beta,$
2'° $\quad \forall \varepsilon > 0, \exists x \in S : x < \beta + \varepsilon$

である．2'° は 3° に相当する条件で置換えられる．詳しく述べるまでもない．

例 1 $\quad \sup\left\{\dfrac{1}{n} : n \in \boldsymbol{N}\right\} = 1, \quad \inf\left\{\dfrac{1}{n} : n \in \boldsymbol{N}\right\} = 0.$

$\quad 1 \in \left\{\dfrac{1}{n} : n \in \boldsymbol{N}\right\}, \quad 0 \notin \left\{\dfrac{1}{n} : n \in \boldsymbol{N}\right\}$

であることに注意しよう．

$\sup S \in S$ ならば $\sup S = \max S$ になる．何となれば 1° によって $x \in S \Rightarrow x \leqq \sup S \in S$ となるからである．逆に $\max S$ があれば，それは $\sup S$ である．

これは $1°, 2°$ をたしかめればよい．$x \in S \Rightarrow x \leq \max S$ であり，$\forall \varepsilon > 0$, $\max S \in S$, $\max S \geq \max S - \varepsilon$ だから $\max S = \sup S$ となる．最小数についても同様である．いちいち述べるまでもないであろう．

問 1 $M_1, M_2 \subset \boldsymbol{R}$, '$x_1 \in M_1$, $x_2 \in M_2 \Rightarrow |x_1 - x_2| \leq \varepsilon$' $\Rightarrow |\sup M_1 - \sup M_2| \leq \varepsilon$, $|\inf M_1 - \inf M_2| \leq \varepsilon$, $|\sup M_1 - \inf M_2| \leq \varepsilon$ を証明せよ．

問 2 f, g は集合 D 上の関数で，$f(D), g(D)$ は有界，$\lambda \in \boldsymbol{R}$ とするとき，
$$\sup\{|f(x) + g(x)| : x \in D\} \leq \sup\{|f(x)| : x \in D\} + \sup\{|g(x)| : x \in D\},$$
$$\sup\{|\lambda f(x)| : x \in D\} = |\lambda| \sup\{|f(x)| : x \in D\}$$
となることを示せ．

問 3 $S \subset \boldsymbol{R}\,(S \neq \phi)$ を $S = S_1 \cup S_2$, $S_1 \neq \phi$, $S_2 \neq \phi$, '$x_1 \in S_1, x_2 \in S_2 \Rightarrow x_1 < x_2$' (したがって $S_1 \cap S_2 = \phi$) であるような集合 S_1, S_2 に分けることを S の切断といい，(S_1, S_2) で表わす．"(S_1, S_2) が $\boldsymbol{R}$ の切断であるとき，$\max S_1$ があって $\min S_2$ がないか，または $\max S_1$ がなくて $\min S_2$ がある．" これを証明せよ．(これをデデキント(Dedekind)の連続性の公理という．)

上限，下限の一つの応用として "単調な数列には極限がある" ことが証明される．$x_1 \leq x_2 \leq \cdots$ であるとき数列 (x_n) は**単調増加**であるといい，$x_1 \geq x_2 \geq \cdots$ であるとき**単調減少**であるという．両方をあわせて**単調**であるという．いま，(x_n) は単調増加であって，上に有界であるとする：$\alpha = \sup x_n$.

$1°$ により $x_n \leq \alpha$,

$2°$ により $\forall \varepsilon > 0$, $\exists n_0 : \alpha - \varepsilon < x_{n_0}$,

単調性により $n > n_0$ のとき $\alpha - \varepsilon < x_{n_0} \leq x_n \leq \alpha < \alpha + \varepsilon$, よって $|x_n - \alpha| < \varepsilon$, したがって $x_n \to \alpha \,(n \to \infty)$ となる．

(x_n) が単調増加であって，上に有界でないときは
$$\forall g \in \boldsymbol{R}, \exists n_0 : g < x_{n_0},$$
単調性により，$n > n_0 \Rightarrow g < x_n$ となる．一般に数列 (x_n) が
$$\forall g \in \boldsymbol{R}, \exists n_0 : n > n_0 \Rightarrow g < x_n$$
であるとき (極限の定義を拡張して) (x_n) の極限は $+\infty$ または ∞ であるといい

1.4 連続関数の大域的性質と上限, 下限の存在

$$\lim_{n\to\infty} x_n = +\infty \quad \text{または} \quad x_n \to \infty \quad (n\to\infty)$$

などと表わす．この定義によれば，単調増加であって，上に有界でないときは，極限は $+\infty$ となる．単調減少の場合も同様である．一般に数列 (x_n) が

$$\forall g \in \boldsymbol{R}, \ \exists n_0 : n > n_0 \Rightarrow x_n < g$$

であるとき，(x_n) の極限は $-\infty$ であるといい，$\lim_{n\to\infty} x_n = -\infty$ または $x_n \to -\infty$ $(n\to\infty)$ と表わす．極限が $+\infty$ または $-\infty$ であるとき，数列は収束するとはいわない．$+\infty$（正の無限大）または $-\infty$（負の無限大）に発散するという．

例 2 $h > 0$ のとき $\lim_{n\to\infty} nh = +\infty$. $h < 0$ のとき $\lim_{n\to\infty} nh = -\infty$ である．何となればアルキメデスの原則から $h > 0$ のとき，$\forall g > 0, \exists n_0 : n_0 h > g$, したがって $n > n_0 \Rightarrow nh > g$ となり，$h < 0$ のとき $\forall g < 0, \exists n_0 : n_0(-h) > -g$, よって $n > n_0 \Rightarrow n(-h) > -g$, したがって $nh < g$ となるからである．

例 3 $a > 1$ のとき $\lim_{n\to\infty} a^n = +\infty$. その理由は，$a = 1 + h$ とおくと $h > 0$, $a^n = (1+h)^n > nh$（§1.1 例2の注意）となるからである．

以上に述べたことから，

定理 1.5 単調な数列には極限がある．

注意 上限，下限の存在はデデキントの連続性の公理からも導かれ，それから単調数列の極限の存在が証明された．これから区間縮小法の原理と，アルキメデスの原則が導かれる．たとえば，有界な単調数列の収束を仮定しアルキメデスの原則を否定すると，$\exists x > 0, \forall n \in \boldsymbol{N} : n \leqq x$ となる．ところが $\exists l \in \boldsymbol{R} : \lim_{n\to\infty} n = l$. したがって $\exists n_0 : n \geqq n_0 \Rightarrow l - 1 < n < l + 1$. よって $l < n_0 + 1$, また $n_0 + 2 < l + 1, n_0 + 1 < l$ だから，$l < l$ となって矛盾になる．このように上限，下限の存在，単調有界数列が収束すること，デデキントの連続性の公理は，実数の四則演算と順序の公理のもとに，初めに述べた連続性の公理と同値なものである（証明してみよ）．

数列の極限として $\pm\infty$ を考えたのと同様に，関数の極限としても $\pm\infty$ を考えることができる．$f : D' \subset \boldsymbol{R} \to \boldsymbol{R}, D \subset D', x_0 \in \boldsymbol{R}$ とする．$x \in D$ を x_0 に近づけることによって $f(x)$ をいくらでも大きくすることができるとき，すなわち，

$$\forall g > 0, \exists \delta > 0 : |x - x_0| < \delta, x \in D, x \neq x_0 \Rightarrow f(x) > g$$

が成り立つとき，f の $x = x_0$ における D にそっての極限は $+\infty$ または ∞

であるといって
$$\lim_{\substack{x \to x_0 \\ x \in D}} f(x) = +\infty$$
と表わす．同様に，
$$\forall g < 0, \exists \delta > 0 : |x - x_0| < \delta, x \in D, x \neq x_0 \Rightarrow f(x) < g$$
が成り立つとき，f の $x = x_0$ における D にそっての極限は $-\infty$ であるといって，
$$\lim_{\substack{x \to x_0 \\ x \in D}} f(x) = -\infty$$
と表わす．$D = D'$ のときは $x \in D$ を書かなくてよいことも，極限が実数である場合と同様である（§1.3 参照）．たとえば，
$$\lim_{\substack{x \to -\frac{1}{2} \\ x > -\frac{1}{2}}} \frac{1}{2x+1} = \infty, \qquad \lim_{\substack{x \to -\frac{1}{2} \\ x < -\frac{1}{2}}} \frac{1}{2x+1} = -\infty.$$

さらにまた，x が限りなく大きくなるとき，x が負で絶対値が限りなく大きくなるときの f の極限も考えられる．たとえば，
$$\lim_{x \to \infty} x^2 = \infty, \qquad \lim_{x \to -\infty} x^2 = +\infty, \qquad \lim_{x \to -\infty} x^3 = -\infty,$$
$$\lim_{x \to \infty} \frac{1}{x} = 0, \qquad \lim_{x \to -\infty} \frac{1}{x} = 0.$$

問 4 これらを $\forall, \exists$ を用いて述べてみよ．

問 5 これらの場合にも，定理 1.1 と同様の定理が成り立つことをたしかめよ．

さて，上に有界な集合についてのみ上限が考えられたのであるが，この制限を除いていっそうの滑らかな活用をはかりたい．そのためのヒントは，上の $+\infty, -\infty$ にある．すなわち，

$S \subset \boldsymbol{R}$ が上に有界でないとき $\sup S = +\infty (= \infty)$,

$S \subset \boldsymbol{R}$ が下に有界でないとき $\inf S = -\infty$

と定める．この書きかたを合理化するために，$+\infty, -\infty$ についてつぎの規約を設ける．

1.4 連続関数の大域的性質と上限, 下限の存在

$$x \in \boldsymbol{R} \Rightarrow -\infty < x < +\infty.$$

こうすると $+\infty$ は S が上に有界でないときでも S の上界となる. 一方, $+\infty$ より小さい任意の数を x とすれば, S が上に有界でないときは x をこえる数が S の中にあるから, x は S の上界ではない. したがって, α が S の上限になるための条件 $1°, 2°$ が $\alpha = +\infty$ としてこの場合(S が上に有界でない場合)にもそのままあてはまるのである. そこでは(上に有界の場合)α より小さい数として $\alpha - \varepsilon$ を考えたが, $+\infty - \varepsilon$ はその役をなさないから, ここではその代りに $+\infty$ より小さい数すなわち任意の実数を考え, $2°$ は

$\qquad 2''°\qquad\qquad\qquad \forall x_0 \in \boldsymbol{R},\ \exists x \in S : x_0 < x$

とするのである. $3°$ に相当する条件は

$\qquad 3''°\qquad\qquad\qquad \exists x_n \in S : x_n \to +\infty\ (n \to \infty)$

となる. "$2''° \Leftrightarrow 3''°$" が成り立つことは容易に証明される.

問 6 これを証明せよ.

問 7 下限について同様のことを考えよ.

$2°, 2''°$ は $\sup S = \alpha$ (α は $+\infty$ かも知れない)と書くと共通に '$\forall x_0 < \alpha, \exists x \in S : x_0 < x$' とも書ける.

中間値の定理(定理 1.3)を用いると, 区間で定義された連続関数についてその逆関数の性質を調べることができる.

関数 $f : D \subset \boldsymbol{R} \to \boldsymbol{R}$ は '$x_1, x_2 \in D, x_1 < x_2 \Rightarrow f(x_1) \leqq f(x_2)$' が成り立つとき**単調増加**であるといわれる. また, '$x_1, x_2 \in D, x_1 < x_2 \Rightarrow f(x_1) \geqq f(x_2)$' が成り立つとき**単調減少**であるといわれる. 増加と減少を区別しないときは, ただ**単調**であるといわれる. したがって, $D = \boldsymbol{N}$ であるとき単調(増加または減少)な関数が単調(増加または減少)数列である. また, '$x_1, x_2 \in D,\ x_1 < x_2 \Rightarrow f(x_1) < f(x_2)$' が成り立つとき f は**強い意味で単調増加**, '$x_1, x_2 \in D, x_1 < x_2 \Rightarrow f(x_1) > f(x_2)$' が成り立つとき f は**強い意味で単調減少**, 増加と減少を区別しないときは**強い意味で単調**という.

いま, f は D 上の強い意味で単調増加な関数であるとする. $x_1 \neq x_2$ のとき, $x_1 < x_2$ ならば $f(x_1) < f(x_2)$, $x_1 > x_2$ ならば $f(x_1) > f(x_2)$ で, いずれにして

も $f(x_1) \neq f(x_2)$ だから，f は D から $f(D)$ の上への1対1写像である．よって，$y \in f(D)$ に対して $f(x)=y$ となる $x \in D$ がただ一つある．このとき $f^{-1}(y)=x$ と定めて f の逆関数 $f^{-1}: f(D) \to D$ が得られる．$y_1, y_2 \in f(D)$, $y_1 < y_2$, $f^{-1}(y_1)=x_1$, $f^{-1}(y_2)=x_2$ とする．もしも，$x_1 \geq x_2$ とすると $y_1 = f(x_1) \geq f(x_2) = y_2$ となってしまうから $x_1 < x_2$ のはずである．よって，f^{-1} は $f(D)$ で強い意味で単調増加である．

定理 1.6 f が区間 I で強い意味で単調増加な連続関数であるとき，$f(I)$ も区間であって，逆関数 f^{-1} は $f(I)$ で強い意味で単調増加な連続関数である．

この証明に使うために，まずつぎの定理を証明しておく．

定理 1.7 $S \subset \boldsymbol{R}$ ($S \neq \phi$) が '$a, b \in S, a < x < b \Rightarrow x \in S$' をみたすならば，$S$ は1点から成るか，または区間である．

証明 $\inf S = \alpha, \sup S = \beta$ とする．S が1点から成る場合を除けば $\alpha < \beta$ となる．$\alpha < x < \beta$ のとき，上限，下限の性質により $\exists a \in S: a < x, \exists b \in S: x < b$. したがって，仮定により $x \in S$，よって $(\alpha, \beta) \subset S$. 一方，$S$ は，$\alpha \neq -\infty$ なら α を，$\beta \neq +\infty$ なら β を (α, β) につけ加えた区間に含まれるから，S は $(\alpha, \beta), [\alpha, \beta), (\alpha, \beta], [\alpha, \beta]$ のいずれかと一致する．

定理1.6の証明 中間値の定理(定理 1.3)と上の定理により $f(I)$ は区間となる．あとは f^{-1} が連続になることを示せばよい．$y_0 \in f(I)$, y_0 は $f(I)$ の左端ではないとし，$\varepsilon > 0$ とする．$x_0 = f^{-1}(y_0)$ は I の左端ではないから，$\exists x_1 \in I: x_0 - \varepsilon < x_1 < x_0$. $f(x_1) = y_1$ とすると $y_1 < f(x_0) = y_0$ で，$y_1 < y < y_0$ のとき $x_0 - \varepsilon < x_1 = f^{-1}(y_1) < f^{-1}(y) < f^{-1}(y_0)$. よって，$f^{-1}$ は y_0 で左から連続である．同様に，y_0 が $f(I)$ の右端でないとき f^{-1} が y_0 で右から連続となることが証明され，f^{-1} は $f(I)$ で連続になる．

注意 増加の代りを減少としても同様の定理が成り立つ．

例 4 $f(x) = x^n$ ($n \in \boldsymbol{N}$) の定義域を $[0, \infty)$ に限れば，f は強い意味で単調増加であって，$f(0)=0, x>1$ のとき $x \leq x^n$ であるから $\lim_{x \to \infty} x^n = \infty$ となり，値域も $[0, \infty)$ である．よって，f には $[0, \infty)$ で定義された強い意味で単調

増加で連続な逆関数 f^{-1} がある．$y \geqq 0$ に対して $f^{-1}(y)$ を $\sqrt[n]{y}$ と書き，この値を y の n 乗根という．$n=1$ のときは $f^{-1}(y)=y$ であり，$n=2$ のときはただ $\sqrt{y}$ と書く習慣である．

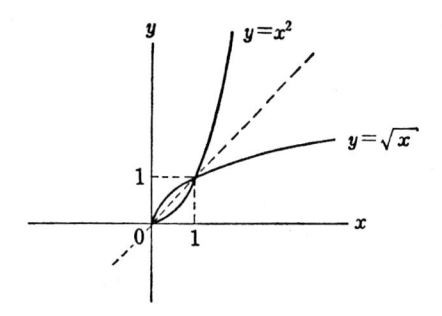

注意 ここまでくれば $\sqrt{2}$ の存在（§1.1 の終りのところ）などは trivial になってしまう！

問 8 $y>0$ に対して $x^2=y$ となる x は $\pm\sqrt{y}$ の二つであることを証明せよ．$x \in \boldsymbol{R}$ に対して $|x|=\sqrt{x^2}$ であることを証明せよ．

問 9 $m, n \in \boldsymbol{N}, x \geqq 0$ のとき $\sqrt[n]{x^m}=(\sqrt[n]{x})^m$ となることを示せ．なお，$m', n' \in \boldsymbol{N}, m/n=m'/n'$ のとき $\sqrt[n]{x^m}=\sqrt[n']{x^{m'}}$ となることを示せ（これを $x^{m/n}$ と書く）．

例 5 $a>0$ のとき，
$$\lim_{n\to\infty} a^{1/n}=1, \qquad \lim_{n\to\infty} n^{1/n}=1.$$

解 初めの式を示すには $a \neq 1$ と仮定してよい．$a>1$ ならば $a^{1/n}=1+h_n$ とおくと $h_n>0$．よって，$a=(1+h_n)^n>nh_n$（§1.1 例 2 注意）となるから $0<h_n<a/n\to 0$，したがって $h_n\to 0$．これから $a^{1/n}=1+h_n\to 1$，$a<1$ のときも上の場合に帰せられる．すなわち，$a=1/(1/a)$ とすれば $1/a>1$ であって $a^{1/n}=1/(1/a)^{1/n}\to 1$．

あとの式も同じようにして証明される．$n>2$ として $n^{1/n}=1+h_n$ とおくと $h_n>0$ であって
$$n=(1+h_n)^n>\frac{1}{2}n(n-1)h_n^2 \qquad (\S 1.1 \text{ 例 2 注意}),$$

これから $h_n^2<2/(n-1)\to 0 \ (n\to\infty)$，$x \mapsto \sqrt{x} \ (x\geqq 0)$ が連続だから $h_n\to 0$．これであとの式も示されたのである．

問 10 $|a|<1$ のとき $\lim_{n\to\infty} a^n=0$ を示せ．

問 11 $k>0$ のとき $\lim_{n\to\infty} \dfrac{k^n}{n!}=0$ を示せ．（$m>k$ をみたす $m\in\boldsymbol{N}$ を固定し

て $n>m$ のとき $\dfrac{k^n}{n!} \leqq \dfrac{m^m}{m!}\left(\dfrac{k}{m}\right)^n$ と前問を用いる.)

問 12 $\displaystyle\lim_{x\to\infty}(-x^2+10x)$, $\displaystyle\lim_{n\to\infty}\left(\dfrac{x^n-1}{x^n+1}\right)^2$ $(x \neq -1)$
を求めよ.

問 13 区間で単調な関数は，その各点で，右(左)からの極限が存在することを証明せよ.

問 14 $a>0, r\in\mathbf{Q}$ とする. $r<0$ のとき $a^r=1/a^{-r}$, $a^0=1$ とすれば，すべての $r\in\mathbf{Q}$ に対して $a^r(>0)$ が定義されたことになる. これに対して $a^r a^{r'}=a^{r+r'}, (a^r)^{r'}=a^{rr'}(r,r'\in\mathbf{Q}), (ab)^r=a^r b^r (b>0)$ が成り立つことを証明せよ.

問 15 $a>0, r, r'\in\mathbf{Q}$ とする. $a>1, r<r' \Rightarrow a^r<a^{r'}, a<1, r<r' \Rightarrow a^r>a^{r'}$ となることを示せ.

問 16 $a>0$ のとき $\displaystyle\lim_{\substack{r\to 0 \\ r\in\mathbf{Q}}} a^r=1$ を示せ.

区間縮小法を用いると，また原理的に重要なつぎの定理が証明できる.

定理 1.8 有界な数列には収束する部分列がある.

証明 (x_n) を有界な数列とする. $x_n\in[a,b]$ となる区間 $I=[a,b]$ がある. I を中点 $(a+b)/2$ で二つの区間 $I'=[a,(a+b)/2]$ と $I''=[(a+b)/2, b]$ に分ける. x_n は I' か I'' のどちらかには含まれる. I' と I'' のうちで無限回 x_n を含むほう(どちらもそうならば，たとえば I' をとる)を I_1 とする.（両方とも有限回しか含まないとすれば，あわせても有限回になってしまう.) I_1 を中点によって二つに分ければ，x_n を無限回含む区間がある. それを I_2 とする. 以下同様にすれば，$I \supset I_1 \supset I_2 \supset \cdots$, しかも $|I_n|=|I|/2^n \to 0$, よって $\bigcap_{n=1}^{\infty} I_n = \{\xi\}$ とする. まず，I_1 の中にある任意の x_n を一つとって x_{n_1} とする. すなわち $x_{n_1}\in I_1$, つぎに I_2 の中から x_{n_2} をとるのであるが，I_2 の中には x_n が無限回現われる. すなわち，$\{n: x_n\in I_2\}$ は無限集合である. この中には n_1 より大きい n がある(無限集合だから). それを n_2 とすれば $n_1<n_2$ であって $x_{n_2}\in I_2$, 以下同様にして列

$$x_{n_1}, x_{n_2}, \cdots, x_{n_j}, \cdots \quad (n_1<n_2<\cdots)$$

が得られ，$x_{n_j}\in I_j$ であるから区間縮小法(定理1.2)によって $\displaystyle\lim_{j\to\infty} x_{n_j}=\xi$. これ

1.4 連続関数の大域的性質と上限,下限の存在

で証明が終る.

注意 "I_j の中に無数に x_n があるから,その一つを x_{n_j} とすれば $x_{n_j} \to \xi$"としたのでは誤りである.こうしただけでは $n_1 < n_2 < \cdots$ の条件がみたされているとは限らないからである.

これからつぎの定理が証明される.

定理 1.9(コーシー(Cauchy)の収束条件) 数列 (x_n) が収束するための必要十分条件は

(1.13) $\quad\quad\quad \forall \varepsilon > 0, \exists n_0 \in \mathbf{N} : m, n > n_0 \Rightarrow |x_m - x_n| < \varepsilon.$

証明 必要性は §1.2, 8)に示した.

十分性:(1.13)の条件においてとくに $\varepsilon = 1$ とすれば,

$$\exists n_1 \in \mathbf{N} : m, n > n_1 \Rightarrow |x_m - x_n| < 1,$$

よって

$$m > n_1 \Rightarrow |x_m| \leq |x_m - x_{n_1+1}| + |x_{n_1+1}| < |x_{n_1+1}| + 1$$

となり,数列 $(x_{n_1+j})_{j=1,2,\cdots}$ は有界である.したがって,定理 1.8 により,これから収束する部分列 $(x_{n(j)})_{j=1,2,\cdots}$ が得られる.$x_{n(j)} \to x \ (j \to \infty)$ とすると $x_n \to x \ (n \to \infty)$ となることを示そう.

$$|x_n - x| \leq |x_n - x_{n(j)}| + |x_{n(j)} - x|$$

だから $n(j)$ を (1.13) の n_0 より大きくて十分大きくとれば,$n > n_0$ のとき上の式は 2ε より小となる.これは $x_n \to x \ (n \to \infty)$ を示している.

関数 f が D で定義されているとき,

$$\exists x_0 \in D : x \in D \Rightarrow f(x) \leq f(x_0)$$

であれば,$f(x_0)$ を **f の D での最大値**といい,f は D で最大値に到達するという.また,$f(D)$ が上に有界のとき,すなわち $\exists M \in \mathbf{R} : x \in D \Rightarrow f(x) \leq M$ のとき f は D で上に有界であるという.(前に述べた数列 (x_n) が上に有界ということも,この定義に含まれる.)f が D で最大値に到達すれば,当然上に有界となる.最小値,下に有界についても同様に(不等号の向きを逆にして)定める.そうすれば f が D で最大値に到達することと,

$$\exists x_0 \in D : \sup f(D) = f(x_0)$$

とは同じことである.

f が連続でも一般に最大値に到達するとは限らない．たとえば，$x \mapsto 1/x$ は $(0, 1]$ で連続であるが，上に有界ではない．しかし，定義域が有限閉区間ならば，このことは成り立つのである．

定理 1.10 有限閉区間 $[a, b]$ で連続な関数 f は $[a, b]$ で最大値，最小値に到達する．

証明 $\sup f([a, b]) = \alpha$ とおくと，α は $+\infty$ かまたは実数であるが，$\alpha = f(\xi)$ となる $\xi \in [a, b]$ があることを証明すれば，最大値に到達することになる．sup の性質によって

1° $\qquad\qquad\qquad y \in f([a, b]) \Rightarrow y \leqq \alpha,$

2° $\qquad\qquad\qquad \exists y_n \in f([a, b]) : y_n \to \alpha$

である．よって，$\exists x_n : y_n = f(x_n), x_n \in [a, b], (n = 1, 2, \cdots)$ であるが，(x_n) は $[a, b]$ の中の数列で有界，したがって定理1.8により，(x_n) には収束する部分列 $(x_{n_j})_j$ が含まれる．$x_{n_j} \to \xi$ とすれば，$a \leqq x_{n_j} \leqq b$ であるから極限へいっても $a \leqq \xi \leqq b$．さて，仮定によって f は ξ で連続であったから $f(x_{n_j}) \to f(\xi)$ $(j \to \infty)$，一方 $f(x_{n_j}) = y_{n_j} \to \alpha$ で，同じ数列の極限は一つしかないから実は $\alpha = f(\xi)$，これで証明されたのである．

最小値の場合は，$-f$ の最大値を考えればよい．

注意 この証明をよく見ると，定義域が有限閉区間であるという性質をフルに用いたわけではない．ただ，"有限閉区間の中の任意の数列には，その区間のある点に収束する部分列が含まれている"ことを用いただけである．定理 1.9 も同様である．同様な方法で証明される重要な定理がまだある．それは関数の'一様連続性'に関するものである．

$D \subset \boldsymbol{R}$ で定義された関数 f が D で連続であるとは，

(1.14) $\qquad \forall x \in D, \forall \varepsilon > 0, \exists \delta > 0 :$

$$x' \in D, |x - x'| < \delta \Rightarrow |f(x) - f(x')| < \varepsilon$$

の成り立つことであった．ここで，δ は f, ε だけではなく，一般に x にも依存する．そうでない場合，すなわち

(1.15) $\quad \forall \varepsilon > 0, \exists \delta > 0 : x, x' \in D, |x - x'| < \delta \Rightarrow |f(x) - f(x')| < \varepsilon$

が成り立つとき，f は D で**一様連続**であるといわれる．たとえば，定数関数は

1.4 連続関数の大域的性質と上限，下限の存在

明らかに一様連続である．一様連続は連続よりも強い条件である．(1.15) から (1.14) はすぐに導かれるが，(1.14) が成り立っても (1.15) が成り立つとは限らない．たとえば，$(0,1]$ で定義された連続な関数 $x \mapsto 1/x$ は，この区間で一様連続ではないのである．もしも一様連続であるとすれば，

$$(1.16) \quad \forall \varepsilon > 0, \exists \delta > 0 : 0 < x < x' \leq 1, x' - x < \delta \Rightarrow \left|\frac{1}{x} - \frac{1}{x'}\right| < \varepsilon$$

が成り立つはずであるが，$0 < h < \delta$ であるような h を固定すれば，$x' = x+h$ として

$$\frac{1}{x} - \frac{1}{x'} = \frac{1}{x} - \frac{1}{x+h} = \frac{h}{x(x+h)},$$

よって $0 < x < h$ ならば

$$> \frac{1}{2x} \to \infty \quad (x \to 0).$$

これは (1.16) に反する．

しかし，定義域が有限閉区間である場合は，連続性から一様連続性がでるのである．

定理 1.11 有限閉区間 $[a,b]$ で連続な関数 f は，一様連続である．

証明 もしも f が一様連続でないと仮定すれば，

$$\exists \varepsilon > 0, \forall \delta > 0, \exists x, x' :$$
$$x, x' \in [a,b], |x-x'| < \delta, |f(x) - f(x')| \geq \varepsilon.$$

$\delta = 1/n \ (n=1,2,\cdots)$ に対する x, x' をそれぞれ x_n, x_n' とすれば $(x_n), (x_n')$ は $[a,b]$ の数列であるから，まず部分列 $(x_{n_j})_j$ が存在して $x_{n_j} \to \xi \in [a,b]$．このとき $x_{n_j}' \to \xi$ も成り立つ．何となれば

$$|x_{n_j}' - \xi| \leq |x_{n_j}' - x_{n_j}| + |x_{n_j} - \xi| < 1/n_j + |x_{n_j} - \xi| \to 0$$

となるからである．さて，f は ξ で連続であるから

$$f(x_{n_j}) \to f(\xi), \quad f(x_{n_j}') \to f(\xi).$$

したがって，$|f(x_{n_j}) - f(x_{n_j}')| \to 0$，これは $|f(x_{n_j}) - f(x_{n_j}')| \geq \varepsilon$ に反するのであった．よって，f は $[a,b]$ で一様連続である．

ただ連続というときの定義では，ε, δ の影は薄かったが一様連続のときは事

情が違う．

問 17 $a>0$ のとき $r\mapsto a^r$ は $[-n,n]\cap \mathbf{Q}$ で一様連続であることを証明せよ．

問 18 $\lim_{x\to x_0} f(x)$ が収束するための必要十分条件は，'$\forall \varepsilon>0, \exists \delta>0 : |x-x_0|<\delta, |x'-x_0|<\delta \Rightarrow |f(x)-f(x')|<\varepsilon$' であることをコーシーの収束条件(定理1.9)と定理1.1を用いて証明せよ．

$x_0=\infty$ のときは '$\forall \varepsilon>0, \exists a>0 : x, x'>a \Rightarrow |f(x)-f(x')|<\varepsilon$' となる．これを証明せよ．

1.5 関数列の一様収束と関数空間

おのおのの自然数 n に対して関数を指定する規則が与えられているとき，**関数列**が与えられたといい，各自然数 n に対して定まる関数をその関数列の項という．したがって，各項の関数 f_n の定義域が等しいとき，定義域に属する x を一つ定めると，各関数の x における値を項とする数列 $(f_n(x))$ が得られる．このときそのそれぞれの数列が収束すれば，その極限を x に対応させることによって関数が得られる：

$$f_n(x)\to f(x) \qquad (n\to\infty).$$

この関数 f を関数列 (f_n) の**点別の極限**といい，(f_n) は**点別に**(f に)**収束**するという．残念ながら，各 f_n が連続であっても点別の極限は連続とは限らないことが，つぎの例1からわかる．

例 1
$$f_n(x)=\begin{cases} nx & (0\leq x<1/n \text{ のとき}), \\ 1 & (1/n\leq x\leq 1 \text{ のとき}) \end{cases}$$

とすると，$f_n(0)=0\to 0$, $0<x\leq 1$ のとき $n>1/x$ とすると $f_n(x)=1$ だから $f_n(x)\to 1$. よって，(f_n) の点別の極限 f は

$$f(x)=\begin{cases} 0 & (x=0 \text{ のとき}), \\ 1 & (0<x\leq 1 \text{ のとき}) \end{cases}$$

となる．f_n は $[0,1]$ で連続であるが，f は 0 で連続でない．

例 2 $[0,1]$ 上の関数 f_n を次ページ右図のように定める．このとき各 $x\in$

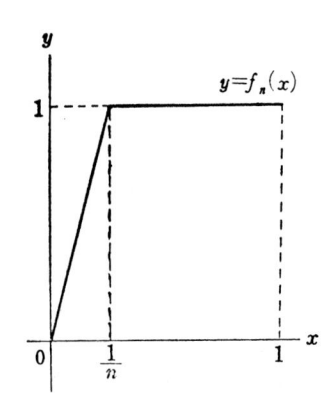

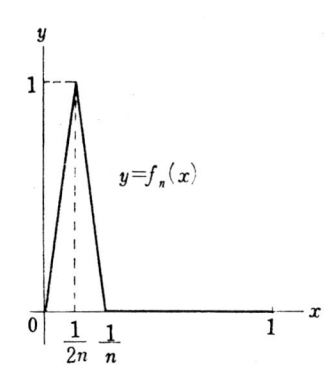

$[0,1]$ について $\lim_{n\to\infty} f_n(x) = 0$ となる.

例 3 $[0,1]$ で $f_n(x) = x/n$ のとき, $\lim_{n\to\infty} f_n(x) = 0$.

集合 D 上の関数から成る関数列 f_n が点別に f に収束するとき, 各 $x \in D$ について

$$\forall \varepsilon > 0, \exists n_0 : n > n_0 \Rightarrow |f_n(x) - f(x)| < \varepsilon.$$

この n_0 は x と ε によって定まるが, これよりももっと強く, x に無関係に定まる場合がおこる. それがつぎの一様収束であり, のちに示されるように連続関数の一様収束の極限は連続になるのである.

集合 D で関数列 (f_n) が f に**一様収束**するとは,

(1.17) $\quad \forall \varepsilon > 0, \exists n_0 \in \boldsymbol{N} : x \in D, n > n_0 \Rightarrow |f_n(x) - f(x)| < \varepsilon$

が成り立つことである.

注意 "$k > 0$ が (ε, x に無関係に) あって

(1.18) $\quad \forall \varepsilon > 0, \exists n_0 \in \boldsymbol{N} : x \in D, n > n_0 \Rightarrow |f_n(x) - f(x)| \leqq k\varepsilon$"

という条件も, 上の条件と同じことである. (1.17) の n_0 と (1.18) の n_0 は一般には同じでない. 証明は, 数列の極限のところ (§1.2, 2)) でやったのと全く同じ論法でできる.

問 1 これを証明せよ.

関数列 (f_n) を $(f_n(x))$ をもって表わさせることもある. また, (f_n) が f に一様収束することをしばしば

$$\lim_{n\to\infty} f_n(x) = f(x) \quad (\text{一様}), \qquad f_n(x) \to f(x) \quad (\text{一様})$$

のようにも書き, f を (f_n) の一様収束の極限という.

一様収束についてもコーシーの収束条件 (定理 1.9) と同じような定理が成り

立つ.

定理 1.12 集合 D 上の関数列 (f_n) が一様収束するための必要十分条件は

(1.19) $\quad \forall \varepsilon > 0,\ \exists n_0 \in \mathbf{N} : m, n > n_0, x \in D \Rightarrow |f_m(x) - f_n(x)| < \varepsilon$

が成り立つことである.

証明 必要性：(f_n) が f に一様収束すれば,

$$\forall \varepsilon > 0,\ \exists n_0 : n \geqq n_0, x \in D \Rightarrow |f_n(x) - f(x)| < \varepsilon/2$$

となるから, $m, n > n_0, x \in D$ のとき

$$|f_m(x) - f_n(x)| \leqq |f_m(x) - f(x)| + |f(x) - f_n(x)| < \frac{\varepsilon}{2} + \frac{\varepsilon}{2} = \varepsilon$$

となり (1.19) が成り立つ.

十分性：条件 (1.19) が成り立つとき, 各 $x \in D$ に対して $(f_n(x))$ は定理 1.9 により収束する. その極限を $f(x)$ とすると, D 上の関数 f が定まる. (1.19) において $m \to \infty$ とすると,

$$\forall \varepsilon > 0,\ \exists n_0 : n > n_0, x \in D \Rightarrow |f(x) - f_n(x)| \leqq \varepsilon,$$

これは (f_n) が f に一様収束するということである.

定理 1.13 $D \subset \mathbf{R}$ 上の関数列 (f_n) の各項が $x_0 \in D$ で連続であって, D で f に一様収束するとき, f も x_0 で連続となる. したがって, 連続関数から成る列の一様収束の極限は連続である.

証明 (1.17) が成り立つとき

$$|f(x) - f(x_0)| \leqq |f(x) - f_n(x)| + |f_n(x) - f_n(x_0)| + |f_n(x_0) - f(x_0)| < 2\varepsilon + |f_n(x) - f_n(x_0)|.$$

いま, $n > n_0$ をみたす任意の n をとって固定すれば, f_n は x_0 で連続だから

$$\exists \delta > 0 : x \in D, |x - x_0| < \delta \Rightarrow |f_n(x) - f_n(x_0)| < \varepsilon.$$

よって, $x \in D, |x - x_0| < \delta \Rightarrow |f(x) - f(x_0)| < 3\varepsilon$, すなわち f は x_0 で連続になる.

注意 一様収束は, 連続関数の極限が連続になるための十分条件であるが, 必要条件ではない. 例2では, 連続関数 f_n の点別の極限 f は恒等的に 0 となる連続関数であるが一様収束ではない. $\varepsilon = 1/2$ とするとどんな大きな n をとっても $|f_n(1/(2n)) - 0| = 1$ は $1/2$ より小とならない. 例3の (f_n) は $f(x) \equiv 0$ に一様収束している. $\forall \varepsilon > 0$ に対し

1.5 関数列の一様収束と関数空間

て $n_0>1/\varepsilon$ をとれば $n>n_0, x\in[0,1]\Rightarrow|f_n(x)-f(x)|=|x/n-0|<\varepsilon$. 例1は定理 1.13 から一様収束でないことがわかる．(f_n) が D で一様収束していれば明らかに D の各点で収束するが，いま述べたことからわかるように逆は成り立たない．D が有限個の点から成る集合のときは，各点で収束していれば一様収束である．

問 2 これを証明せよ．

定理 1.14 $D\subset\boldsymbol{R}$, $x_0\notin D$ であって，D 上の関数の列 f_n が f に一様収束するとき，各 f_n に対して
$$\lim_{x\to x_0}f_n(x)=\alpha_n(\in\boldsymbol{R})$$
であれば，
$$\lim_{x\to x_0}f(x)=\lim_{n\to\infty}\alpha_n \quad (\lim_{x\to x_0}\lim_{n\to\infty}f_n(x)=\lim_{n\to\infty}\lim_{x\to x_0}f_n(x)).$$
この両辺とも収束して極限が一致するのである．

証明 D で $f_n(x)\to f(x)$（一様）であるから定理 1.12 により
$$\forall\varepsilon>0,\ \exists n_0:m,n>n_0,x\in D\Rightarrow|f_m(x)-f_n(x)|<\varepsilon.$$
ここで $x\to x_0$ とすると $|\alpha_m-\alpha_n|\leq\varepsilon$（§1.3 問2）だからコーシーの収束条件（定理 1.9）により (α_n) は収束する．$\lim_{n\to\infty}\alpha_n=\alpha$ とする．また，$f_n(x_0)=\alpha_n$ と定めると f_n は x_0 で連続となり，$f(x_0)=\alpha$ とすると，f_n は $D\cup\{x_0\}$ で一様に f に収束するから定理 1.13 により f は x_0 で連続となる．よって，
$$\lim_{x\to x_0}f(x)=f(x_0)=\alpha=\lim_{n\to\infty}\alpha_n.$$

収束が一様でなければ，そうはいかない．たとえば，$0<x<1$ で $f_n(x)=nx/(nx+1)$ とすると，$\lim_{x\to 0}\lim_{n\to\infty}f_n(x)=\lim_{x\to 0}1=1$, $\lim_{n\to\infty}\lim_{x\to 0}f_n(x)=\lim_{n\to\infty}0=0$. 例1の関数列でも同じことである．

実用上現われる関数は，連続関数または，その簡単な組合せであることが多い．有限閉区間 I 上の連続関数全体を $C(I)$ で表わすことにする．これは単に集合というだけでなく，この中にある関数の和，定数倍はまたこの集合に属するという性質がある．一般に集合 D 上の関数 f,g が与えられたとき，その和 $f+g$ を
$$(f+g)(x)=f(x)+g(x)$$
と定める．同様に差，定数倍，積，商なども
$$(f-g)(x)=f(x)-g(x),$$

$$(\lambda f)(x) = \lambda f(x) \qquad (\lambda \in \boldsymbol{R}),$$
$$(fg)(x) = f(x)g(x),$$
$$(f/g)(x) = f(x)/g(x) \qquad (g(x) \neq 0),$$
$$|f|(x) = |f(x)|,$$
$$f \vee g(x) = \max\{f(x), g(x)\}, \qquad f \wedge g(x) = \min\{f(x), g(x)\}$$

と定める．

問 3 $\quad f \vee g = \dfrac{1}{2}(f+g+|f-g|), \qquad f \wedge g = \dfrac{1}{2}(f+g-|f-g|)$

を証明せよ．

この記法を用いれば，
$$f, g \in C(I) \Rightarrow f+g, fg, \lambda f(\lambda \in \boldsymbol{R}), |f|, f \vee g, f \wedge g \in C(I).$$

問 4 これを証明せよ．

なお，いまの定理 1.13 によれば，$f_n \in C(I)$ のとき (f_n) の一様収束の極限 f は $C(I)$ に属する．また定理 1.10 によれば $f \in C(I)$ は有界であるから $\sup_{x \in I}|f(x)|$ は 0 または正の実数である．さて，$f_n(x) \to f(x)$（一様）であるとは (1.17) が成り立つことであった $(D=I)$．$x \in I$ のとき $|f_n(x)-f(x)|<\varepsilon$ であれば $\sup_{x \in I}|(f_n-f)(x)| = \sup_{x \in I}|f_n(x)-f(x)| \leqq \varepsilon$ であるし，逆に $\sup_{x \in I}|(f_n-f)(x)|<\varepsilon$ であれば $x \in I$ のとき $|f_n(x)-f(x)|<\varepsilon$ であるから，(1.17) はまた

$$(1.20) \qquad \forall \varepsilon>0, \exists n_0 \in \boldsymbol{N} : n>n_0 \Rightarrow \sup_{x \in I}|(f_n-f)(x)|<\varepsilon$$

と同じことである．$\sup_{x \in I}|(f_n-f)(x)|$ は f_n-f によって定まる実数であるから，これを $\|f_n-f\|$ と書いて (1.20) を書きなおしてみると

$$(1.20') \qquad \forall \varepsilon>0, \exists n_0 \in \boldsymbol{N} : n>n_0 \Rightarrow \|f_n-f\|<\varepsilon$$

となり，普通の数列の収束と形式的に同じ，ただ最後の式が $x_n \to x$ のときの $|x_n-x|$ の代りに $\|f_n-f\|$ となっただけである．関数を $C(I)$ の元と見ているのであるから，数の絶対値の代りに，関数 f に対する $\|f\|$ を用いて，$C(I)$ の関数列の一様収束を'空間' $C(I)$ における収束と考えることができそうであろう．そうすることによって 1 次元，2 次元，3 次元空間における直観からの

1.5 関数列の一様収束と関数空間

類似性がこれに見通しを与えるのである．

さて，$f \in C(I)$ に対して

(1.21) $$\|f\| = \sup_{x \in I} |f(x)| \; (= \max_{x \in I} |f(x)|)$$

と定めると，$g \in C(I), \lambda \in \mathbf{R}$ のとき

(1.22) $$\|f\| \geqq 0, \quad f(x) \equiv 0 \Longleftrightarrow \|f\| = 0,$$

(1.23) $$\|f+g\| \leqq \|f\| + \|g\|,$$

(1.24) $$\|\lambda f\| = |\lambda| \, \|f\|.$$

たとえば，(1.23) はつぎのように証明される．

$$|(f+g)(x)| = |f(x) + g(x)| \leqq |f(x)| + |g(x)| \leqq \|f\| + \|g\|,$$

よって，左辺の上限 $\|f+g\|$ は右辺 $\|f\| + \|g\|$ をこえない．すなわち，(1.23) が成り立つ．

問 5 (1.22), (1.24) を証明せよ．

これらは実数の絶対値のもっている性質，$x, y, \lambda \in \mathbf{R}$ のとき

$$|x| \geqq 0, x = 0 \Longleftrightarrow |x| = 0,$$
$$|x+y| \leqq |x| + |y|,$$
$$|\lambda x| = |\lambda| \, |x|$$

と類似する．数列の収束を論ずるとき，もっぱら絶対値のこの性質が使われてきた (§1.2)．同様のことが $C(I)$ の中の列にも行なわれるのである．すなわち，$C(I)$ において (1.21) のように定めて，その中の列の収束 $f_n \to f \, (n \to \infty)$ あるいは $\lim_{n \to \infty} f_n = f$ を (1.20′) が成り立つことと定めるのである．

これらのことを踏まえたうえで，つぎのような一般化を行なう．

集合 E に，加法とよばれる写像 $E \times E \to E$ と，スカラー乗法とよばれる写像 $\mathbf{R} \times E \to E$ が与えられているとする．加法によって (x, y) に対応する元を $x+y$ と書き，x と y との和，スカラー乗法によって (λ, x) に対応する元を λx と書き x の λ 倍とよぶ．$x, y, z \in E, \lambda, \mu \in \mathbf{R}$ についてつぎの性質 1)〜7) が成り立っているとする．

1) $\qquad (x+y) + z = x + (y+z), \qquad$ (結合法則)
2) $\qquad x + y = y + z, \qquad$ (可換法則)

3) $\quad \exists 0 \in E, \forall x \in E : x+0=x,$

4) $\quad \forall x \in E, \exists y \in E : x+y=0,$

(3)をみたす0はただ一つしかないこと，4)をみたす y は各 x に対して一つしかない(これを $-x$ と書く)こと，また各 $x, y \in E$ に対して $x+z=y$ をみたす $z \in E$ がただ一つある(これは $y+(-x)$ であるが，これを $y-x$ とも書く)ことも導かれる．また 1) により $x+y+z$ のように書いてよいこともわかる．)

5) $\quad (\lambda\mu)x = \lambda(\mu x),$

6) $\quad 1x = x,$

7) $\quad (\lambda+\mu)x = \lambda x + \mu x, \quad \lambda(x+y) = \lambda x + \lambda y \quad$ (分配法則)

(これから

$$0x = \lambda 0 = 0 \quad (\text{初めの } 0 \text{ は } \boldsymbol{R} \text{ の元, あとの二つの } 0$$
$$\text{は } E \text{ の元である}),$$
$$\lambda(-x) = (-\lambda)x = -\lambda x, \quad (-\lambda)(-x) = \lambda x,$$
$$(\lambda-\mu)x = \lambda x - \mu x, \quad \lambda(x-y) = \lambda x - \lambda y,$$
$$nx = \underbrace{x+\cdots+x}_{n \text{ 個}}$$

の成り立つことも導かれる．$\dfrac{1}{\lambda}x$ を $\dfrac{x}{\lambda}$, x/λ とも書く．)

問 6 上に述べたことを証明せよ．

このとき E を**線形空間**または**ベクトル空間**といい，E の元を**ベクトル**という．

線形空間 E のおのおののベクトル x に実数 $\|x\|$ が対応させられていて

(n_1) $\quad \|x\| \geq 0, \|x\| = 0 \Longleftrightarrow x = 0,$

(n_2) $\quad \|x+y\| \leq \|x\| + \|y\|,$

(n_3) $\quad \|\lambda x\| = |\lambda|\,\|x\|$

が成り立つとき，$\|x\|$ を x の**ノルム**といい，E を**ノルム空間**という．

例 4 $\boldsymbol{R}$ において $\|x\| = |x|$ とすれば $\boldsymbol{R}$ はノルム空間となる．

例 5 $C(I)$ は (1.21) のようにノルムを定めて，ノルム空間となる．$C(I)$

1.5 関数列の一様収束と関数空間

の 0 は，I で恒等的に 0 となる定数関数である．

例 6 $\boldsymbol{R}^2 = \boldsymbol{R} \times \boldsymbol{R}$ は $(x_1, x_2), (y_1, y_2) \in \boldsymbol{R}^2, \lambda \in \boldsymbol{R}$ のとき
$$(x_1, x_2) + (y_1, y_2) = (x_1 + y_1, x_2 + y_2),$$
$$\lambda(x_1, x_2) = (\lambda x_1, \lambda x_2)$$
と定めると線形空間となる．

問 7 このことをたしかめよ．

$\boldsymbol{R}^2$ において $x = (x_1, x_2)$ のノルムを
$$(1.25) \qquad \|(x_1, x_2)\| = \sqrt{x_1^2 + x_2^2}$$
とすると，ノルムの性質 (n_1), (n_3) の成り立つことは明らかである．(n_2) はつぎのように示される．

$$(1.26) \quad (\|(x_1, x_2)\| + \|(y_1, y_2)\|)^2 - \|(x_1, x_2) + (y_1, y_2)\|^2$$
$$= (\sqrt{x_1^2 + x_2^2} + \sqrt{y_1^2 + y_2^2})^2 - \|(x_1 + y_1, x_2 + y_2)\|^2$$
$$= x_1^2 + x_2^2 + y_1^2 + y_2^2 + 2\sqrt{(x_1^2 + x_2^2)(y_1^2 + y_2^2)}$$
$$\quad - ((x_1 + y_1)^2 + (x_2 + y_2)^2)$$
$$= 2(\sqrt{(x_1^2 + x_2^2)(y_1^2 + y_2^2)} - (x_1 y_1 + x_2 y_2)),$$

ところが
$$(x_1^2 + x_2^2)(y_1^2 + y_2^2) - (x_1 y_1 + x_2 y_2)^2$$
$$= x_1^2 y_2^2 + x_2^2 y_1^2 - 2 x_1 x_2 y_1 y_2 = (x_1 y_2 - x_2 y_1)^2 \geqq 0,$$

よって，$(1.26) \geqq 0$ となり (n_2) が成り立つ．

したがって，$\boldsymbol{R}^2$ は (1.25) をノルムとするノルム空間となる．

同一の線形空間でも異なるノルムが定義されうる．

たとえば，$\boldsymbol{R}^2$ において
$$\|(x_1, x_2)\| = |x_1| + |x_2|$$
としても
$$\|(x_1, x_2)\| = \max\{|x_1|, |x_2|\}$$
としても，これらがノルムの性質 (n_1), (n_2), (n_3) をみたすことは容易にたしかめられる．

問 8 このことをたしかめよ．

また, E がノルム空間であるとき, $\alpha>0$ を定数として $x\in E$ のノルムをあらたに $\alpha\|x\|$ と定めてもノルム空間となることは明らかである.

線形空間 $C(I)$ にも他のノルムを考えることができるので, (1.21) で定めたノルムを sup ノルムという. ただ $C(I)$ といえば, このノルム空間のことであるとする.

例 7 $\boldsymbol{R}^p(p\in \boldsymbol{N})$ は $x=(x_1, x_2, \cdots, x_p), y=(y_1, y_2, \cdots, y_p) \in \boldsymbol{R}^p, \lambda\in \boldsymbol{R}$ のとき
$$x+y=(x_1, x_2, \cdots, x_p)+(y_1, y_2, \cdots, y_p)=(x_1+y_1, x_2+y_2, \cdots, x_p+y_p),$$
$$\lambda x=\lambda(x_1, x_2, \cdots, x_p)=(\lambda x_1, \lambda x_2, \cdots, \lambda x_p)$$
と定めると線形空間となる. x_j を x の第 j 成分または第 j 座標とよぶ, $\boldsymbol{x}$ を $\{1, 2, \cdots, p\}$ 上の関数と考えれば, この和, 定数倍は関数としての和, 定数倍にほかならない.
$$x_1y_1+x_2y_2+\cdots+x_py_p$$
を x, y の**内積**といって $\langle x, y\rangle$ で表わす. これは実数であって, $p\ne 1$ のとき関数としての積($=\boldsymbol{R}^p$ の元)ではない.

(1.27) $$\|x\|=\langle x, x\rangle^{1/2}$$
に定めるとノルム空間となる. 一般に $a_1+\cdots+a_n$ を $\sum_{j=1}^{n} a_j$ と書く. これを用いれば $\|x\|=\left(\sum_{j=1}^{p} x_j^2\right)^{1/2}$ と書ける. (n_2) をみたすことは $p=2$ のときと同様に, つぎのように示される.
$$\left(\sum_{j=1}^{p} x_j^2\right)\left(\sum_{j=1}^{p} y_j^2\right)-\left(\sum_{j=1}^{p} x_jy_j\right)^2=\frac{1}{2}\sum_{k=1}^{p}\sum_{j=1}^{p}(x_jy_k-x_ky_j)^2$$
から**シュワルツ(Schwarz)の不等式**
$$\left(\sum_{j=1}^{p} x_jy_j\right)^2 \leq \left(\sum_{j=1}^{p} x_j^2\right)\left(\sum_{j=1}^{p} y_j^2\right) \qquad (\langle x, y\rangle \leq \|x\|\,\|y\|)$$
が得られ, これを用いて
$$\sum_{j=1}^{p}(x_j+y_j)^2 = \sum_{j=1}^{p} x_j^2 + 2\sum_{j=1}^{p} x_jy_j + \sum_{j=1}^{p} y_j^2$$
$$\leq \sum_{j=1}^{p} x_j^2 + 2\left(\sum_{j=1}^{p} x_j^2\right)^{1/2}\left(\sum_{j=1}^{p} y_j^2\right)^{1/2} + \sum_{j=1}^{p} y_j^2$$

$$=\left(\left(\sum_{j=1}^{p} x_j{}^2\right)^{1/2}+\left(\sum_{j=1}^{p} y_j{}^2\right)^{1/2}\right)^2,$$

よって (n_2) が成り立つ．

問 9 $\boldsymbol{R}^p$ がノルム空間となることをたしかめよ．

問 10 $\boldsymbol{R}^p$ の元 $x=(x_1, x_2, \cdots, x_p)$ のノルムを $\|x\|_1=|x_1|+|x_2|+\cdots+|x_p|$ または $\|x\|_2=\max\{|x_1|, |x_2|, \cdots, |x_p|\}$ と定めると，これらはノルムの性質 (n_1), (n_2), (n_3) をみたすことを示せ．

問 11 上に述べた $\boldsymbol{R}^p$ の三つのノルムの間には

$$\|x\|_2 \leqq \|x\| \leqq \|x\|_1 \leqq p\|x\|_2$$

の成り立つことをたしかめよ．

問 12 シュワルツの不等式を $\sum_{j=1}^{p}(x_j\lambda+y_j)^2 \geqq 0$ が $\lambda \in \boldsymbol{R}$ が何であっても成り立つことから証明せよ．

ノルム空間 E において，$x, y \in E$ のとき

(1.28) $$d(x, y) = \|x-y\|$$

と定めると，$x, y, z \in E$ のとき

(d_1) $\quad d(x, y) \geqq 0, \ d(x, y) = 0 \Longleftrightarrow x = y,$

(d_2) $\quad d(x, y) = d(y, x),$

(d_3) $\quad d(x, y) + d(y, z) \geqq d(x, z)$ （三角不等式）

が成り立つ．(d_1), (d_2) は (n_1), (n_3) からすぐに導かれる．また (n_2) の x, y をそれぞれ $x-y$, $y-z$ とすると

$$\|(x-y)+(y-z)\| \leqq \|x-y\| + \|y-z\|,$$

左辺は $\|x-z\|$ だから (d_3) が得られる．

集合 S において $d: S \times S \to \boldsymbol{R}$ が定まっていて (d_1), (d_2), (d_3) が成り立つとき，$d(x, y)$ を x, y の**距離**といい，S と d を組合せた (S, d) を**距離空間**という．d を省いて S だけで表わすこともある．ノルム空間において (1.28) のように定めて得られる距離を，ノルムから導かれる距離という．ノルム空間は，ノルムから導かれる距離により距離空間となる．$\boldsymbol{R}^p$ は (1.27) のように定めたノルムから導かれる距離を与えたとき，**p 次元ユークリッド** (Euclid) **空**

間という．このとき

$$d((x_1, x_2, \cdots, x_p), (y_1, y_2, \cdots, y_p)) = \left(\sum_{j=1}^{p} (x_j - y_j)^2 \right)^{1/2}.$$

以下ことわらないときは，$\boldsymbol{R}^p$ は p 次元ユークリッド空間であるとする．

距離空間は，ノルム空間から導かないでも直接定めることもできる．たとえば，任意の集合 S において，$x \in S$ のとき $d(x, x) = 0$, $x, y \in S$, $x \neq y$ のとき $d(x, y) = 1$ と定めると，距離空間となる．

問 13 これをたしかめよ．

(S, d) が距離空間であって，$x, y, z \in S$ のとき

(1.29) $$|d(x, y) - d(y, z)| \leq d(x, z)$$

が成り立つ．なぜならば，$(d_2), (d_3)$ によって $d(x, y) - d(y, z) \leq d(x, z)$, また $d(y, z) - d(x, y) \leq d(x, z)$ が成り立つからである．

距離空間の部分集合は，同じ距離によって明らかに距離空間となる．これをもとの距離空間の**部分（距離）空間**という．

問 14 $(S_1, d_1), (S_2, d_2)$ が距離空間のとき，$S_1 \times S_2$ は $d((x_1, x_2), (y_1, y_2))$ を $(d_1(x_1, y_1)^2 + d_2(x_2, y_2)^2)^{1/2}$，または $\max\{d_1(x_1, y_1), d_2(x_2, y_2)\}$，または $d_1(x_1, y_1) + d_2(x_2, y_2)$ と定めると距離空間になることを示せ．

1.6 点列，写像の極限と写像の連続性

§1.5 で関数空間について述べたと同様に，距離空間 S の中の列（S の点列という）についても収束を定義することができる．

S の点列 (x_n) が $x \in S$ に収束するとは，

(1.30) $$\forall \varepsilon > 0, \exists n_0 \in \boldsymbol{N} : n > n_0 \Rightarrow d(x_n, x) < \varepsilon$$

と定め，これを

$$\lim_{n \to \infty} x_n = x \quad \text{または} \quad x_n \to x \quad (n \to \infty)$$

と表わす．これは数列 $(d(x_n, x))$ が 0 に収束することにほかならない．(x_n) が収束しないとき，**発散する**という．

§1.2 の 1)～9), 16) はその証明も 7) の x_n は実数，16) はあとの方の

証明) $|x-y|$ を $d(x,y)$ に, $|x|$ を任意の $x_0 \in S$ を固定し $d(x, x_0)$ にかえればそのまま成り立つ. なお, S が線形空間であれば 10), 11) も成り立つ.

問1 このことをたしかめよ.

距離空間 S の点列 (x_n) が x に収束するとき, 8) により,

(1.31) $\qquad \forall \varepsilon > 0, \exists n_0 \in \mathbf{N} : m, n > n_0 \Rightarrow d(x_m, x_n) < \varepsilon$

が成り立つ. 数列の場合は (1.31) から (1.30) も導かれるのであった(定理1.9)が, これは一般には成り立たない. 一般に距離空間の点列 (x_n) が (1.31) をみたすときこれを(コーシーの)**基本列**といい, 基本列が必ず収束するような空間を**完備な空間**という. これによれば $\mathbf{R}$ は完備な距離空間である. 完備性は解析学ではもっとも重要な概念の一つにかぞえられる.

問2 $\mathbf{R} \setminus \{0\}$ は完備でないことを示せ. ($(1/n)$ を考えよ.)

定理 1.15 $\mathbf{R}^p$ ($p \in \mathbf{N}$) は完備な距離空間である.

それを示すために, まず $\mathbf{R}^p$ の点列 $(x_n) = ((x_{n1}, \cdots, x_{np}))$ の収束について調べよう. $x_n \to x_0 = (x_{01}, \cdots, x_{0p})$ $(n \to \infty)$ とすると

$$\forall \varepsilon > 0, \exists n_0 : n > n_0 \Rightarrow d(x_n, x_0) < \varepsilon.$$

ところが $|x_{n_j} - x_{0_j}| \leq d(x_n, x_0)$ だから, (x_n) の第 j 座標から成る数列 $(x_{n_j})_{n=1, 2, \cdots}$ は x_{0_j} に収束する. 逆に各 $(x_{n_j})_{n=1, 2, \cdots}$ が x_{0_j} に収束すれば,

$$\forall \varepsilon > 0, \exists n_j : n > n_j \Rightarrow |x_{n_j} - x_{0_j}| < \varepsilon,$$

よって, $n_0 = \max\{n_1, \cdots, n_p\}$, $x_0 = (x_{01}, \cdots, x_{0p})$ とすれば

$$n > n_0 \Rightarrow d(x_n, x_0) < \sqrt{p}\,\varepsilon$$

となり $x_n \to x_0$ となる. したがって, $\mathbf{R}^p$ の点列の収束は各座標から成る数列がすべて収束することにほかならない.

さて, $(x_n) = ((x_{n1}, \cdots, x_{np}))$ を $\mathbf{R}^p$ の基本列としよう. すなわち,

$$\forall \varepsilon > 0, \exists n_0 : m, n > n_0 \Rightarrow d(x_m, x_n) < \varepsilon,$$

$$|x_{m_j} - x_{n_j}| \leq d(x_m, x_n) \qquad (j = 1, \cdots, p)$$

であるから p 個の数列 $(x_{n_j})_n$ はコーシーの基本列である. よって, $(x_{n_j})_n$ は収束する. そうすれば上に述べたように (x_n) も収束して

$$x_n = (x_{n1}, \cdots, x_{np}) \to (\lim_{n \to \infty} x_{n1}, \cdots, \lim_{n \to \infty} x_{np}) \qquad (n \to \infty).$$

したがって，$\boldsymbol{R}^p$ は完備である．

以上述べたことからつぎの定理も得られた．

定理 1.16 $\boldsymbol{R}^p$ の点列 $(x_n) = ((x_{n1}, \cdots, x_{np}))$ が収束するための必要十分条件は，その各座標から成る数列が収束することであって，このとき
$$\lim_{n\to\infty} x_n = (\lim_{n\to\infty} x_{n1}, \cdots, \lim_{n\to\infty} x_{np}).$$

定理 1.17 $C(I)$ は完備な距離空間である．

証明 (f_n) を $C(I)$ の基本列とすると，定理 1.12 の (1.19) が成り立つから f_n は一様収束し，定理 1.13 によりその極限 f は $C(I)$ に属するからである．

注意 $\boldsymbol{R}^p$ が完備であることも定理 1.12 と §1.5 問 11 の不等式から導くこともできる．

1 変数の関数ばかりでなく，多変数の関数(p. 75)についても，さらには一般に距離空間から距離空間への写像についても極限を考えることができる．たとえば，$\boldsymbol{R}^2 \setminus \{(0,0)\}$ で定義された実数値の関数
$$f(x, y) = \frac{xy}{\sqrt{x^2 + 2y^2}}$$
は，点 $(x, y) \in \boldsymbol{R}^2 \setminus \{(0,0)\}$ を $(0,0)$ に近づけることによっていくらでも 0 に近くできる．それを見るには $\varepsilon > 0$ を任意にとるとき
$$d(f(x, y), 0) = \left| \frac{xy}{\sqrt{x^2 + 2y^2}} \right| < \varepsilon$$
が，$(0,0)$ に十分近い点 $(x, y) \neq (0,0)$ について成り立つことをいえばよい．
$$\left| \frac{xy}{\sqrt{x^2 + 2y^2}} \right| \leq \left| \frac{xy}{\sqrt{x^2 + y^2}} \right| = \frac{1}{2} \left| \frac{2xy}{\sqrt{x^2 + y^2}} \right| = \frac{1}{2} \left| \frac{2xy}{x^2 + y^2} \right| \sqrt{x^2 + y^2}$$
であるが，一方 $x^2 + y^2 \pm 2xy = (x-y)^2 \geq 0$ であるから
$$\left| \frac{2xy}{x^2 + y^2} \right| \leq 1,$$
したがって，上の不等式から
$$d(f(x, y), 0) \leq \frac{1}{2} \sqrt{x^2 + y^2} = \frac{1}{2} d((x, y), (0, 0)).$$
これを $< \varepsilon$ とするには，点 (x, y) を $d((x, y), (0, 0)) < 2\varepsilon$ の程度に 0 に近く

とればよい．この場合 (x,y) は原点を中心とし半径 2ε の円の中にある点 $\neq (0,0)$ である．

上の f は $\mathbf{R}^2\setminus\{(0,0)\}$ から $\mathbf{R}$ への写像と考えられるが，もっと一般に，f を距離空間 (S_1,d_1) の部分集合 D（それも距離空間ではあるが）から距離空間 (S_2,d_2) の中への写像としておく．$x_0\in S_1$ は D に属していてもいなくてもどちらでもよいが，$f(x)$ と一定点 $l\in S_2$ との距離 $d_2(f(x),l)$ が $x(\neq x_0,\in D)$ と x_0 との距離を十分小さくすることによって，いくらでも小さくできるときに，f の $x=x_0$ における極限は l である，または "$x\to x_0$ のとき $f(x)$ は l に収束する，近づく" などともいって

(1.32) $$\lim_{\substack{x\to x_0 \\ x\in D}} f(x)=l$$

または，簡単に

$$f(x)\to l \qquad (x\to x_0)$$

と書くのである．$x\in D$ であることが明らかである場合は，$x\in D$ を除いて書くことが多い．そうすると，上に述べた例では

$$\lim_{(x,y)\to(0,0)}\frac{xy}{\sqrt{x^2+2y^2}}=0.$$

(1.32) を $\forall$, $\exists$ の記号で述べると

(1.33) $\quad \forall\varepsilon>0, \exists\delta>0 : d_1(x,x_0)<\delta, x\in D, x\neq x_0 \Rightarrow d_2(f(x),l)<\varepsilon,$

この δ は ε の与えかたに関係する．ε が小さくなれば δ も小さくしなければならないのがふつうである．上の例では $\delta=2\varepsilon$ となる．

これは §1.3 に述べた関数の極限の定義 (1.10) と全く同じ形で，ただ差の絶対値の代りを距離としているにすぎない．前の場合の一般化である．（$\mathbf{R}$ は差の絶対値を距離とする距離空間と考えられるのであった．）

(1.32) が成り立たないことは (1.33) の否定であるから

(1.34) $\quad \exists\varepsilon>0, \forall\delta>0, \exists x :$
$$d_1(x,x_0)<\delta, x\in D, x\neq x_0, d_2(f_2(x),l)\geqq\varepsilon$$

となる．

定理1.1も証明もそのままこの場合に一般化することができる．

問 3 このことをたしかめよ．

ここで点列の場合と同じように，$k>0$ が ε に無関係な定数ならば (1.33) の最後の不等式 $d_2(f(x),l)<\varepsilon$ は，$d_2(f(x),l)\leqq k\varepsilon$ で置換えてもよいことに注意しよう．

(1.33) の中の不等式の代りに，もっと集合論の言葉を用いた述べかたをすることもできる．

$$d_2(f(x),l)<\varepsilon \Longleftrightarrow f(x) \in \{y \in S_2 : d_2(y,l)<\varepsilon\},$$
$$x \neq x_0, x \in D, d_1(x,x_0)<\delta \Longleftrightarrow x \in \{x \in D : 0<d_1(x,x_0)<\delta\}$$

であるが，

$$\{y \in S_2 : d_2(y,l)<\varepsilon\}$$

は，l からの距離が ε よりも小さい点の集合であって，これを $U_\varepsilon(l)$ で表わし，l の**近傍**(詳しくは ε 近傍)という．そうすれば

$$\{x \in D : 0<d_1(x,x_0)<\delta\} = U_\delta(x_0) \cap D \setminus \{x_0\}$$

となる．これは x_0 の近傍のなかにある D の点全体から x_0 (があれば) を除いたものにほかならない．これを簡単に $U_\delta^*(x_0)$ と書いて x_0 の ***近傍**ということにする．*をつけることによって，定義域と x_0 の近傍の交わりから x_0 を除いたものを表わさせるのである．そうすれば，(1.33) はつぎのように書くことができる：

$$\forall U_\varepsilon(l), \exists U_\delta^*(x_0) : x \in U_\delta^*(x_0) \Rightarrow f(x) \in U_\varepsilon(l).$$

この書きかたを見ただけで，ε や δ の働きは影が薄くなっているのに気づかれるであろう．むしろ，わずらわしい ε, δ の記法を省略して，$U_\varepsilon(l)$ の代りに $U(l)$，$U_\delta^*(x_0)$ の代りに $U^*(x_0)$ とだけ書くことにすると

(1.35) $$\forall U(l), \exists U^*(x_0) : x \in U^*(x_0) \Rightarrow f(x) \in U(l)$$

という形に輪郭がすっきりと浮かび上る．これが "$x(\neq x_0, \in D)$ を十分 x_0 に近づけることによってその像 $f(x)$ を l にいくらでも近づけることができる" ということの論理的，もしくは集合論的な一つの表現である．

注意 定義のところではわざとはっきり述べなかったが，"x_0 のいくらでも近くに，x_0 に等しくない点が D の中にある" ことが '陰に' 前提とされている．関数の極限を考えるときは，いつもこのことが陰に要請されているとすべきである．

1.6 点列, 写像の極限と写像の連続性

(1.35) は $\in$ の代りに $\subset$ を用いて述べるとこもできる. それには集合 X の f による像を $f(X)$ と書く (0 章) 記法を用いるのが簡単である.

$$\forall U(l), \exists U^*(x_0) : f(U^*(x_0)) \subset U(l).$$

こうすると ⇒ も消えてしまって, 見かけはいっそうさっぱりとする. なお ∃ 記号のあとにくる : の代りに (: はいろいろに使われるから) ∃ と書く記法も世界的に用いられている. (∃ … は数学英語の such that … に当る. s.t. … と書く人もいる. どれでもよい.)

これらの定義のよいところは, l の近傍とか, x_0 の近傍とかいう集合が, 必ずしも距離などによらず, 全く別の規準で設定されたとしても通用する点にある. 位相空間や進んだ解析学では, このような考えは, もはや初等的な常識になっているのである.

問 4 距離空間 (S, d) の点列 (x_n) が x に収束することを近傍を用いて述べてみよ.

距離空間 S_1 から距離空間 S_2 への写像 f が, $x_0 \in S_1$ で**連続**であるとは, $x \in S_1, x \to x_0$ のとき $f(x) \to f(x_0)$ となることをいう. これは近傍を用いれば

$$\forall U(f(x_0)), \exists U(x_0) : f(U(x_0)) \subset U(f(x_0))$$

と書ける. $f : S_1 \to S_2$ が S_1 の各点で連続のとき, S_1 で連続である, または連続写像であるというのも前と同様である.

ここで, 距離空間についての簡単な知識を, 後に必要なだけ準備しておこう.

(S, d) を距離空間とする. $a \in S, r > 0$ に対して,

$$B(a, r) = \{x : d(a, x) < r\},$$
$$\bar{B}(a, r) = \{x : d(a, x) \leq r\}$$

をそれぞれ (a を中心とする半径 r の) **開球, 閉球**という. $B(a, r)$ は a の r 近傍 $U_r(a)$ にほかならない. **R** において $B(a, r)$ は開区間 $(a-r, a+r)$, $\bar{B}(a, r)$ は閉区間 $[a-r, a+r]$ となる. $\mathbf{R}^2$ においては $B(a, r)$ は a を中心とする半径 r の円の内部, $\bar{B}(a, r)$ は a を中心とする半径 r の円の周および内部である.

集合 $A \subset S$ がある閉球 $\bar{B}(a,r)$ に含まれるとき，すなわち "$\exists a \in S, \exists r > 0 : x \in A \Rightarrow d(x,a) \leq r$" のとき，$A$ は**有界**であるといわれる．これは "A がある開球に含まれること" また "A が任意の $x \in S$ について x を中心とするある閉球に含まれること" と同値である．

問 5 これを証明せよ．

この定義は明らかに実数の集合の有界の定義の拡張になる．

集合 $A \subset S$ の**直径**を
$$\mathrm{diam}\, A = \sup_{x,y \in A} d(x,y)$$
と定める．
$$\mathrm{diam}\, B(a,r) \leq 2r, \qquad \mathrm{diam}\, \bar{B}(a,r) \leq 2r$$
であり，S が $\boldsymbol{R}^p$ のときは，等号が成り立つ．

問 6 これを証明せよ．

$\boldsymbol{R}^p$ において $[a_1,b_1] \times [a_2,b_2] \times \cdots \times [a_p,b_p]$ を**閉区間**，$(a_1,b_1) \times (a_2,b_2) \times \cdots \times (a_p,b_p)$ を**開区間**という $(a_j < b_j, \ j=1,\cdots,p)$．

ユークリッド空間 $\boldsymbol{R}^2$ の閉区間 $[a,b] \times [c,d]$ の直径は
$$\mathrm{diam}\,([a,b] \times [c,d]) = \sqrt{(b-a)^2 + (d-c)^2}$$
である．

問 7 これを証明せよ．

集合 $A \subset \boldsymbol{R}^p$ が有界であるとは，A を含む有限区間があることと同値である．

問 8 これを証明せよ．

点 $x \in S$ が集合 $A \subset S$ の**内点**であるとは，'$\exists U(x) : U(x) \subset A$' であること，すなわち '$x$ の十分近くの点はすべて A に属する' ということである．したがって，$x \in A$ が A の内点でないとは，'$\forall U(x) : U(x) \cap A^c \neq \phi$'，($A^c$ は A の補集合 $S \setminus A$ を表わす（0章）．)

S の点は定義から明らかに S の内点である．また，x の近傍 $U(x)$ の点はすべて $U(x)$ の内点である．それは $y \in U(x) = U_\varepsilon(x)$ とすると $d(x,y) < \varepsilon, \varepsilon' = \varepsilon - d(x,y) > 0$ であるが，$z \in U_{\varepsilon'}(y)$ のとき $d(z,y) < \varepsilon'$，よって $d(z,x) \leq d(z,y)$

$+d(y, x)<\varepsilon'+d(x, y)=\varepsilon$ だから $z\in U_\varepsilon(x)$, よって $U_{\varepsilon'}(y)\subset U_\varepsilon(x)$ となるからである. $S, U(x)$ のように内点だけから成る集合を**開集合**という. 空集合も開集合とみなす.

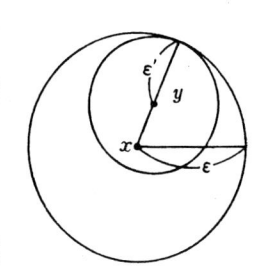

例 1 $\boldsymbol{R}$ で開区間 (a, b) は開集合であるが, 閉区間 $[a, b]$, 半開区間 $[a, b), (a, b]$ は開集合ではない. なぜならば, $a\in [a, b]$ は $[a, b]$ の内点ではないからである. 半開区間についても同様である. (a, ∞), $(-\infty, b), (-\infty, \infty)$ は開集合である. $\boldsymbol{R}^2$ の開球(円の内部)は開集合であるが閉球(周を含めた円板)は開集合でない. 開区間 $(a, b)\times(c, d)$ も開集合である. $\{(x, 0): a<x<b\}$ $(a<b)$ は開集合ではない. $\boldsymbol{R}^p$ の開球, 開区間は開集合であって, 閉球, 閉区間は開集合でない. 開球が開集合であることは一般の距離空間で上に示したとおりであるが, '閉球は開集合でない' とは限らない. たとえば, $\boldsymbol{R}$ の部分距離空間 $[-1, 1]$ の閉球 $\bar{B}(0, 1)$ は開集合である.

開集合の和, 開集合の有限個の共通部分は開集合である. なぜならば, $S_\alpha\subset S$ $(\alpha\in A)$ が開集合であるとき, $x\in \bigcup_{\alpha\in A} S_\alpha$ とすると $\exists \alpha_0\in A: x\in S_{\alpha_0}$, よって $\exists U(x)\subset S_{\alpha_0}\subset \bigcup_{\alpha\in A} S_\alpha$, したがって x は $\bigcup_{\alpha\in A} S_\alpha$ の内点となり, また $S_j\subset S$ $(j=1, \cdots, n)$ が開集合であるとき $x\in \bigcap_{j=1}^n S_j$ とすると, 各 j について $\exists \varepsilon_j>0: U_{\varepsilon_j}(x)\subset S_j$, よって $\varepsilon=\min\{\varepsilon_1, \cdots, \varepsilon_n\}$ とすれば $U_\varepsilon(x)\subset S_j$ となり $U_\varepsilon(x)\subset \bigcap_{j=1}^n S_j$, したがって x は $\bigcap_{j=1}^n S_j$ の内点となるからである.

$X\subset S$ の内点の集合を X の**内部**または**開核**といって X^i で表わす. 明らかに $X^i\subset X$, また $X\subset Y\subset S$ ならば $X^i\subset Y^i$, X が開集合ならば $X^i=X$. また, X^i はいつも開集合である. なぜならば, $x\in X^i$ とすると $\exists U(x)\subset X$, $U(x)$ は開集合だから $U(x)=U(x)^i\subset X^i$ となり, x は X^i の内点となるからである. なお, X^i は X に含まれる最大の開集合である. すなわち, $Y\subset X$ を開集合とすると $Y\subset X^i$, なぜならば, $Y\subset X$ を開集合とすると $Y=Y^i\subset X^i$ となるからである.

補集合が開集合になる集合を**閉集合**という. すなわち, $X\subset S$ は $X^c=S\setminus X$ が開集合であるとき閉集合というのである. S, ϕ は明らかに閉集合である.

閉集合の有限個の和，閉集合の共通部分は閉集合である．

問 9 このことを補集合をとることによって証明せよ．

例 2 R の閉区間 $[a,b]$ は閉集合であって，半開区間 $[a,b), (a,b]$, 開区間 (a,b) は閉集合でない．$[a,\infty), (-\infty,b], (-\infty, \infty)$ は閉集合である．R^2 において閉球，閉区間 $[a,b]\times[c,d]$ は閉集合である．

問 10 これらのことを証明せよ．

(S,d) の部分空間 (X,d) における $x\in X$ の近傍 $U_\varepsilon(x)$ は $\{y\in X: d(y,x)<\varepsilon\}=\{y\in S: d(y,x)<\varepsilon\}\cap X$ である．たとえば，R の区間 $[a,b]$ において，a の ε 近傍 $(0<\varepsilon\leq b-a)$ は $[a,a+\varepsilon)$ となる．よって，$[a,c)$ $(a<c\leq b)$ は $[a,b]$ の開集合である．

問 11 S の部分空間 X の開集合は S の開集合と X との共通部分であり，X の閉集合は S の閉集合と X との共通部分であることを証明せよ．

定理 1.18 $X\subset S$ が閉集合であるための必要十分条件は，つぎの $(*)$ である．

$(*)$ X の中の収束する点列の極限は，つねに X に属する．

証明 X を閉集合とする．このとき X^c は開集合となる．いま $(*)$ を否定すると X の中の収束する点列 (x_n) でその極限 x が X に属さないようなものを見出すことができる．よって，$x\in X^c$. X^c が開集合だから $\exists U(x)\subset X^c$. $x_n\to x$ $(n\to\infty)$ だからある番号から先の $x_n\in U(x)\subset X^c$. $x_n\in X$ だからこれは矛盾である．よって $(*)$ が成り立つ．

逆に $(*)$ が成り立つとする．もしも X が閉集合でないとすると，X^c は開集合でない．よって $\exists x\in X^c : x$ は X^c の内点でない．すなわち，$\forall U(x): U(x)\cap X\neq \phi$. よって $\exists x_n\in U_{1/n}(x)\cap X$. $d(x_n,x)\leq 1/n\to 0$ $(n\to\infty)$ だから $x_n\to x$ $(n\to\infty)$. $(*)$ によって $x\in X$ となり矛盾を生ずる．よって X は閉集合である．

$X\subset S$ とする．$x\in S$ がつぎのような性質をもつとき x を X の**触点**という．

x は X に属していてもいなくてもよいが，x のいくらでも近いところに X の点がある．すなわち，

(1.36)　　x の任意の近傍と X が交わる：$\forall U(x): U(x) \cap X \neq \phi$.

これはまた

(1.37)　　　　　　　　$\exists x_n \in X \ (n \in \mathbf{N}): x_n \to x \ (n \to \infty)$

と同値である．なぜならば (1.36) が成り立つとき $U_{1/n}(x) \cap X$ に属する点を一つとって x_n とすれば $d(x_n, x) < 1/n \to 0$，すなわち $x_n \to x \ (n \to \infty)$ となるし，逆に (1.37) が成り立つときは，$\forall U(x), \exists n_0 : n > n_0 \Rightarrow x_n \in U(x)$，よって $x_n \in U(x) \cap X$ となり (1.36) が成り立つからである．

X の触点全体の集合を X の**閉包**といい $\bar{X}$ で表わす．$x \in X$ のとき $\forall U(x): U(x) \cap X \ni x$ だから $x \in \bar{X}$，よって $X \subset \bar{X}$ である．

内点と閉包の定義からつぎの同値関係が得られる．

'$x \in X^i$' $\Longleftrightarrow$ '$\exists U(x) : U(x) \subset X$' $\Longleftrightarrow$ '$\exists U(x) : U(x) \cap X^c = \phi$'
$\Longleftrightarrow$ '$x \notin \overline{X^c}$' $\Longleftrightarrow$ '$x \in (\overline{X^c})^c$'.

したがって，$X^i = (\overline{X^c})^c$，よって $X^{ic} = \overline{X^c}$. この X を X^c としてみれば，

$$X^{cic} = \bar{X}$$

となる．X^{ci} は開集合だから $\bar{X}$ は閉集合である．また $X \subset X'$ で X' が閉集合ならば $X^c \supset X'^c$ で X'^c は開集合だから $X^{ci} \supset X'^{ci} = X'^c$，よって $\bar{X} = X^{cic} \subset X'$ となり，$\bar{X}$ は X を含む最小の閉集合であることが示された．

問 12 X が閉集合ならば $\bar{X} = X$ であることを示せ．

問 13 $\bar{\bar{X}} = \bar{X}$, $X^{ii} = X^i$ を示せ．

$X \subset S$ に対し，X の内点でも X^c の内点（これを X の**外点**という）でもない点の全体を X の**境界**といって ∂X で表わす．したがって，

$\partial X = \{x : x \notin X^i, x \notin X^{ci}\}$
　　　$= \{x : x \notin X^i, x \notin \overline{X^c}\}$
　　　$= \{x : x \in \bar{X}, x \notin \overline{X^i}\} = \bar{X} \setminus X^i = \bar{X} \cap X^{ic}$.

よって，境界は閉集合である．

例 3 $\mathbf{R}$ において区間 $[a,b], (a,b), [a,b), (a,b]$ の閉包はいずれも $[a,b]$，開核はいずれも (a,b)，境界はいずれも $\{a,b\}$ である．

$X, Y \subset S$ のときつぎの式が成り立つ．

$$(X\cap Y)^i = X^i \cap Y^i, \qquad (X\cup Y)^i \supset X^i \cup Y^i,$$
$$\overline{X\cup Y} = \bar{X}\cup \bar{Y}, \qquad \overline{X\cap Y} \subset \bar{X}\cap \bar{Y},$$
$$\partial X = \partial(X^c), \qquad \partial(X^i) \subset \partial X, \qquad \partial \bar{X} \subset \partial X.$$

問 14 これらを証明せよ．また，$\subset$ を用いた式では $=$ の成り立たない例を上げよ．

なお，

(1.38) $\qquad \partial(X\cup Y) \subset \partial X \cup \partial Y, \ \partial(X\cap Y)$
$= \partial X \cup \partial Y, \ \partial(X\setminus Y) = \partial X \cup \partial Y$

が成り立つ．なぜならば，$\partial(X\cup Y) = \overline{X\cup Y} \setminus (X\cup Y)^i \subset (\bar{X}\cup\bar{Y}) \setminus (X^i \cup Y^i) = (\bar{X}\cup\bar{Y}) \cap (X^i \cup Y^i)^c = (\bar{X}\cup\bar{Y}) \cap (X^{ic} \cap Y^{ic}) \subset (\bar{X}\cap X^{ic}) \cup (\bar{Y}\cup Y^{ic}) = (\bar{X}\setminus X^i) \cup (\bar{Y}\setminus Y^i) = \partial X \cup \partial Y$．また，$\partial(X\cap Y) = \partial((X\cap Y)^c) = \partial(X^c \cup Y^c) \subset \partial(X^c) \cup \partial(Y^c) = \partial X \cup \partial Y, \partial(X\setminus Y) = \partial(X\cap Y^c) \subset \partial X \cup \partial(Y^c) = \partial X \cup \partial Y$ となるからである．

$x\in S$ の任意の近傍に $X\subset S$ の点が無限にあるとき，x を X の**集積点**という．これは x の任意の近傍に x と異なる点が X のなかにあること，すなわち $x\in \overline{X\setminus \{x\}}$ と同値である．したがって，x が X の集積点ならば触点であり，逆に $x\in \bar{X}\setminus X$ ならば x は X の集積点である．よって，$\bar{X}$ は X と X の集積点の全体の和集合となる．

$x\in X$ のある近傍が x の他に X の点を含まないとき，すなわち $\exists U(x): U(x)\cap X = \{x\}$ のとき，x を X の**孤立点**という．X の元は集積点でなければ孤立点である．$\bar{X}$ は交わらない二つの集合，X の孤立点の全体と集積点の全体の和集合となる．

問 15 以上のことを詳しく証明せよ．

例 4 $\boldsymbol{R}$ において区間 $[a,b], (a,b), [a,b), (a,b]$ の集積点の集合は $[a,b]$ であって，孤立点はない．

例 5 $\boldsymbol{R}^2$ において開球 $B(a,r)$，閉球 $\bar{B}(a,r)$ の閉包は $\bar{B}(a,r)$，開核は $B(a,r)$，境界は円周 $\{x: d(x,a) = r\}$，集積点の集合は $\bar{B}(a,r)$，孤立点はない．f が区間 $[a,b]$ 上の連続関数であるとき，そのグラフ

$$\{(x, y) : a \leq x \leq b, y = f(x)\}$$

は閉集合である．g も $[a, b]$ 上の連続関数で $f(x) \leq g(x)$ のとき

$$\{(x, y) : a \leq x \leq b, f(x) \leq y \leq g(x)\}$$

は閉集合であってその内部は

$$\{(x, y) : a < x < b, f(x) < y < g(x)\},$$

境界は

$$\{(x, y) : a \leq x \leq b, y = f(x)\} \cup \{(x, y) : a \leq x \leq b, y = g(x)\}$$
$$\cup \{(x, y) : x = a, f(a) \leq y \leq g(a)\}$$
$$\cup \{(x, y) : x = b, f(b) \leq y \leq g(b)\}$$

となる．

例 6 R の集合 $X = \{1/n : n \in N\}$ の閉包 $\bar{X}$ は $X \cup \{0\}$，開核 X^i は ϕ，境界 ∂X は $\bar{X}$ に一致し，集積点は 0 だけ，X の各点が孤立点である．

例 7 R において $\bar{Q} = R$, $Q^i = \phi$, したがって $\partial Q = R$, R の各点が Q の集積点であり，孤立点はない．

問 16 以上のことを証明せよ．

問 17 R^p において有理点(座標がすべて有理数である点)の全体を X とすると，例 7 と同じような状況になる．これについて述べ，証明せよ．

定理 1.19 完備な距離空間 (S, d) の部分空間 (S', d) が完備になるための必要十分条件は S' が閉集合となることである．

証明 必要性：(S', d) が完備で，S' の中の列 (x_n) が $x \in S$ に収束するとする．(x_n) は S の基本列だから S' の基本列，よって $x_n \to x' \in S'$. S において (x_n) の極限は一つだから $x = x' \in S'$ となり，定理 1.18 によって S' は閉集合である．

十分性：S' は閉集合で，(x_n) は S' の基本列であるとすると，(x_n) は S の基本列だから S の完備性によって $x_n \to x \in S$, S' は閉集合だから定理 1.18 により $x \in S'$, よって，S' で (x_n) は x に収束し，S' は完備である．

例 8 $$f : [a, b] \to [c, d]$$

のような連続関数 f の全体は，完備な距離空間 $C([a, b])$ の部分空間と考え

られる．この空間を $C([a,b],[c,d])$ としよう．そのとき $C([a,b],[c,d])$ は完備であることが証明できる．それにはいまの定理によって，これが $C([a,b])$ の閉集合であることを示せばよい．

$$f_n \in C([a,b],[c,d]),$$
$$f_n \to f \in C([a,b]) \quad (n \to \infty)$$

とすれば点別に

$$x \in [a,b] \Rightarrow f_n(x) \to f(x) \quad (n \to \infty)$$

であるが，$c \leq f_n(x) \leq d$ だから $n \to \infty$ とすれば $c \leq f(x) \leq d$，よって $f \in C([a,b],[c,d])$ となり，定理 1.18 により $C([a,b],[c,d])$ は閉集合となる．

問 18 $\{f:[a,b] \to \mathbf{R}, \text{連続}, f(a)=c\}$，$\{f:[a,b] \to [c,d], \text{連続}, f(x_0)=y_0\}$ $(a \leq x_0 \leq b, c \leq y_0 \leq d)$ は sup ノルムにより完備な距離空間となることを示せ．

さて，距離空間 S 上の連続関数の和，定数倍，積，商も連続となることは，$\mathbf{R}$ の区間上の関数のときと本質的には変らない．また，S_1, S_2, S_3 が距離空間，$f:S_1 \to S_2$, $g:S_2 \to S_3$ が連続のとき，合成写像 $g \circ f:S_1 \to S_3$ も連続となることも同様である．詳しく述べるまでもないであろう．

問 19 これらのことを詳しく調べよ．

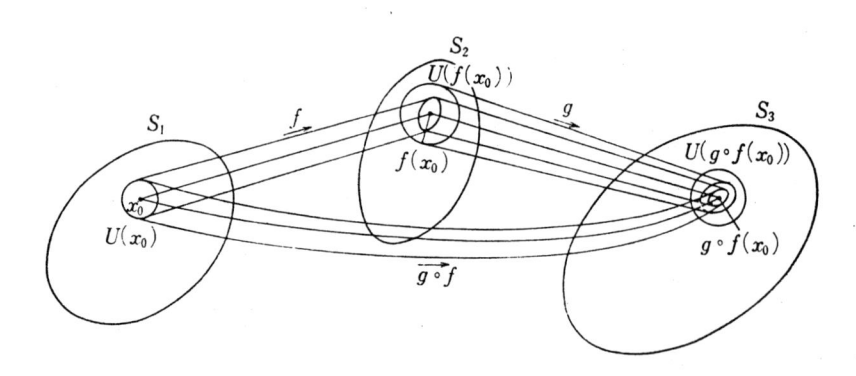

S を距離空間，$f:S \to \mathbf{R}^p$ とするとき，$x \in S$ に対して $f(x)$ を成分で $f(x)=(f_1(x),\cdots,f_p(x))$ と書けば，おのおのの f_j $(j=1,\cdots,p)$ は S 上の関数となる．そこで

$$f=(f_1,\cdots,f_p)$$

と書く．f が x_0 で連続であるならば，

$$\forall \varepsilon>0, \exists U(x_0) : x \in U(x_0) \Rightarrow \|f(x)-f(x_0)\|<\varepsilon.$$

そうすれば，$|f_j(x)-f_j(x_0)|<\varepsilon$ となるから，f_j は x_0 で連続となる．逆に $f_j(j=1,\cdots,p)$ がすべて x_0 で連続であれば，

$$\forall \varepsilon>0, \exists U_{\delta(j)}(x_0) : x \in U_{\delta(j)}(x_0) \Rightarrow |f_j(x)-f_j(x_0)|<\varepsilon/\sqrt{p}.$$

このとき $\delta=\min\{\delta(1),\cdots,\delta(p)\}$ とすれば

$$x \in U_\delta(x_0) \Rightarrow \|f(x)-f(x_0)\| = \left(\sum_{j=1}^{p}(f_j(x)-f_j(x_0))^2\right)^{1/2}<\varepsilon$$

となり，f は x_0 で連続となる．よって，つぎの定理の前半が得られる．

定理 1.20 S を距離空間，$f=(f_1,\cdots,f_p) : S \to \boldsymbol{R}^p$ とするとき，f が x_0 で連続となるための必要十分条件は，$f_j(j=1,\cdots,p)$ がすべて x_0 で連続となることである．

$\lim_{x \to x_0} f(x)$ が収束するための必要十分条件は，$\lim_{x \to x_0} f_j(x)$ がすべて収束することで，このとき

$$\lim_{x \to x_0} f(x) = (\lim_{x \to x_0} f_1(x),\cdots,\lim_{x \to x_0} f_p(x))$$

が成り立つ．

定理の後半の証明も同様であるから繰返さない．またこれらは $\boldsymbol{R}^p$ の列の収束についての性質(定理 1.16)と，定理 1.1（とそれと同様の定理）からも導かれる．

問 20 これらのことをやってみよ．

$X \subset \boldsymbol{R}^p$ のとき X 上の関数 f の $(x_1,\cdots,x_p) \in X$ における値は $f(x_1,\cdots,x_p)$ と書くことができるので，f をしばしば$(x_1,\cdots,x_p$ を変数とする$)p$ 変数の関数($p \geqq 2$ のとき多変数の関数)という．

例 9 $f(x,y) = \begin{cases} 2xy/(x^2+y^2) & ((x,y) \neq (0,0)), \\ 0 & ((x,y)=(0,0)) \end{cases}$

と定めると，f は 2 変数の関数で，$f(0,y)=0, f(x,0)=0$ だから

$$x \mapsto f(x,0) \quad \text{は} \quad x=0 \quad \text{で連続},$$
$$y \mapsto f(0,y) \quad \text{は} \quad y=0 \quad \text{で連続}$$

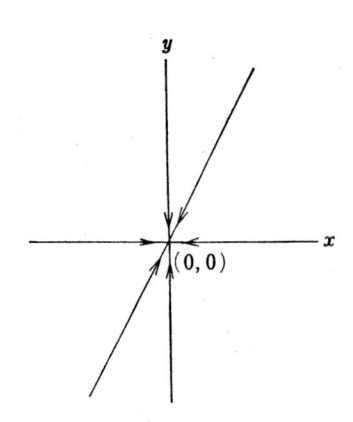

であるが，f は $(0,0)$ で連続ではない．いま $y=2x(\neq 0)$ とすると $f(x,y)=4x^2/(x^2+4x^2)=4/5$ だから $(x,y)\to 0$ のとき $f(x,y)\to 0$ とならない．よって，f は $(0,0)$ では連続ではないのである．

例 10 $(x,y)\mapsto x$, $(x,y)\mapsto y$ はどちらも $\boldsymbol{R}^2$ 上の連続関数である．なぜならば，
$$d((x,y),(x_0,y_0))=\sqrt{(x-x_0)^2+(y-y_0)^2}\geqq |x-x_0|$$
だから，$(x,y)\mapsto x$ は任意の (x_0,y_0) で連続となる．あとの関数についても同様である．

連続関数の積は連続であるから
$$(x,y)\mapsto x^m y^n \quad (m,n\in\boldsymbol{Z}, m\geqq 0, n\geqq 0) \quad (x^0=1 \text{ とする})$$
は $\boldsymbol{R}^2$ 上の連続関数，したがって，それらの定数倍の有限個の和である x,y（2変数）の多項式
$$\sum a_{mn}x^m y^n$$
も (x,y) の関数と考えて連続である．多項式の商で表わされる関数は，分母の値が 0 でないような点では連続である．これを（2変数の）有理関数という．これらは変数がもっと多くても同じように成り立つ．

問 21 $\boldsymbol{R}$ 上の連続関数 f,g があるとき
$$(x,y)\mapsto f(x)g(y)$$
は $\boldsymbol{R}^2$ 上の連続関数になる．これを示せ．

定理 1.21 f を距離空間 S 上の連続関数とする．任意の $\alpha\in\boldsymbol{R}$ に対して，$\{x:f(x)>\alpha\}$, $\{x:f(x)<\alpha\}$ は開集合であって，$\{x:f(x)=\alpha\}$, $\{x:f(x)\geqq\alpha\}$, $\{x:f(x)\leqq\alpha\}$ は閉集合である．

証明 $f(x_0)>\alpha$ のとき $\exists\varepsilon:0<\varepsilon\leqq f(x_0)-\alpha$, f が連続だから $\exists\delta>0: d(x,x_0)<\delta\Rightarrow|f(x)-f(x_0)|<\varepsilon$. したがって，このとき $f(x)>f(x_0)-\varepsilon\geqq\alpha$ となり，$\{x:f(x)>\alpha\}$ は開集合となる．f が連続のとき，$-f$ もそうで $\{x:$

$f(x)<\alpha\}=\{x:-f(x)>-\alpha\}$ は開集合となる. $\{x:f(x)\geqq\alpha\}$, $\{x:f(x)\leqq\alpha\}$ はそれぞれ開集合 $\{x:f(x)<\alpha\}$, $\{x:f(x)>\alpha\}$ の補集合だから閉集合で, $\{x:f(x)=\alpha\}$ はそれらの共通部分だから閉集合である.

この定理により, S は f によって開集合 $\{x:f(x)<\alpha\}$, 閉集合 $\{x:f(x)=\alpha\}$, 開集合 $\{x:f(x)>\alpha\}$ に分けられることがわかる.

例 11 $(x,y)\mapsto ax^2+by^2$ は $\boldsymbol{R}^2$ で連続であるから, 平面 $\boldsymbol{R}^2$ は閉集合 $\{(x,y):ax^2+by^2=1\}$ と二つの開集合 $\{(x,y):ax^2+by^2<1\}$, $\{(x,y):ax^2+by^2>1\}$ に分けられる.

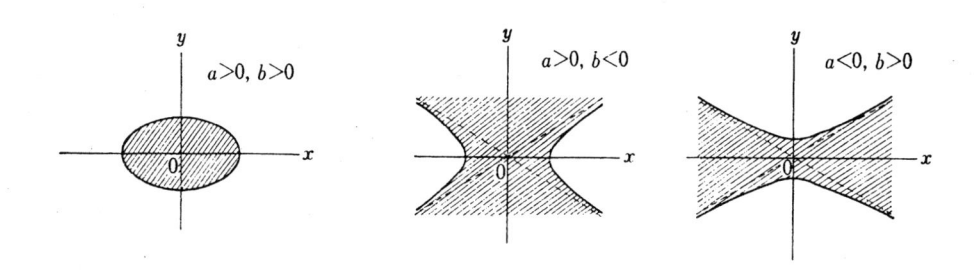

上の定理は逆も成り立つ.

定理 1.22 距離空間 S 上の関数 f は, 任意の $\alpha\in\boldsymbol{R}$ に対して $\{x:f(x)>\alpha\}$, $\{x:f(x)<\alpha\}$ が開集合ならば連続である.

証明 $x_0\in S$, $\varepsilon>0$ に対して
$$\{x:|f(x)-f(x_0)|<\varepsilon\}=\{x:f(x_0)-\varepsilon<f(x)<f(x_0)+\varepsilon\}$$
$$=\{x:f(x_0)-\varepsilon<f(x)\}\cap\{x:f(x)<f(x_0)+\varepsilon\}$$
が x_0 を含む開集合だから, これに含まれる x_0 の近傍 $U(x_0)$ がある. $x\in U(x_0)\Rightarrow|f(x)-f(x_0)|<\varepsilon$ であるから f は x_0 で連続となるのである.

問 22 距離空間 S から距離空間 S' への写像 f が連続であるための必要十分条件は任意の開集合の逆像が開集合となることである. これを証明せよ.

関数列の(点別の)収束, 一様収束の定義, 定理 1.12 は一般の集合で定義された関数列について述べてある. 定理 1.13 は定義域が距離空間であるときも全く同様に成り立つ. 定理 1.14 も D を一般の距離空間の部分集合として成り立つ.

問 23 これらのことをたしかめよ.

$\boldsymbol{R}$ の有限閉区間で連続な関数についての定理,定理 1.10,定理 1.11 の証明を成り立たせている一番肝心な点は,有限閉区間の中の任意の点列から収束する部分列が選び出せるということである (p. 50 注意). ところがこの性質は, $\boldsymbol{R}$ の中の有限閉区間ばかりでなく, $\boldsymbol{R}^p$ の中の有限閉区間 $I=I_1\times\cdots\times I_p$ にもある. それは $(x_n)=((x_{n1},\cdots,x_{np}))$ を I の中の列とするとまず (x_{n1}) の部分列 $(x_{n(j)1})$ で $x_{n(j)1}\to x_{01}(\in I_1)(j\to\infty)$ となるものがあり,つぎに $(x_{n(j)2})$ の部分列 $(x_{n(j(k))2})$ で $x_{n(j(k))2}\to x_{02}(\in I_2)$ $(k\to\infty)$ となるものがあり,このとき定理 1.16 によって $((x_{n(j(k))1},x_{n(j(k))2}))\to(x_{01},x_{02})\in I_1\times I_2$ となるが,以下 $p>2$ のときも同様にしてたしかめられるからである.

そこで,この性質をひき出してつぎのような定義を与えることにする.

(S,d) は距離空間とする. 集合 $K\subset S$ の任意の点列 (x_n) に, K の点に収束するような部分列 (x_{n_j}) が必ず含まれるとき, K は**コンパクト**(詳しくは列コンパクト)であるという.

この定義によれば $\boldsymbol{R}^p$ の有限閉区間はコンパクトである. また有限集合もそうである.

また一様連続の定義も $\boldsymbol{R}$ の区間上の関数と同じように定められる. (S_1,d_1), (S_2,d_2) が距離空間で, $f:S_1\to S_2$, $D\subset S_1$ であるとする.

$$\forall\varepsilon>0,\exists\delta>0:x,x'\in D,d_1(x,x')<\delta\Rightarrow d_2(f(x),f(x'))<\varepsilon$$

が成り立つとき, f は D で**一様連続**であるという. また

$$\exists C:x,x'\in S_1\Rightarrow d_2(f(x),f(x'))\leq Cd_1(x,x')$$

をみたすとき, f は**リプシッツ**(Lipschitz)**の条件**をみたすという. このような写像は明らかに一様連続であり, S_1 で一様に連続な写像は S_1 の各点で連続である. 一様連続であるという性質は,近傍 $U(x), U(f(x))$ だけでは表わすことができないことに注意しよう.

例 12 (S,d) を距離空間とし, $x_0\in S$ とすると

$$x\mapsto d(x,x_0)$$

は S 上の一様に連続な関数となる. なぜならば,

$$|d(x, x_0) - d(x', x_0)| \leq d(x, x')$$

(§1.5 (1.29))が成り立つからである．とくに S がノルム空間のとき

$$x \longmapsto \|x\| = d(x, 0)$$

は一様連続である．

これらの定義により定理 1.10, 定理 1.11 の拡張が，つぎの形で得られる．

定理 1.23 K はコンパクトな集合，S は距離空間とすると，

1° $f: K \to \mathbf{R}$ が連続ならば，f は K 上で最大値，最小値に到達する．

2° $f: K \to S$ が連続ならば，f は一様に連続である．

注意 1° において f が実数値でないときでも，たとえばノルム空間の値をとるときでも

$$x \longmapsto \|f(x)\|$$

は，連続な $x \longmapsto f(x)$ と $y \longmapsto \|y\|$ との合成写像で連続であるから，$f(x)$ のノルムは K 上で最大値，最小値に到達する．

定理 1.23 の証明は，K が $\mathbf{R}$ の区間のときと変らない．

問 24 定理 1.23 を証明せよ．

定理 1.24 コンパクトな集合 K は閉集合である．

証明 $(x_n) \subset K$, $x_n \to x$ とすると，K がコンパクトだから $\exists (x_{n_j}), \exists x' \in K : x_{n_j} \to x'$ $(j \to \infty)$. 一方 $x_{n_j} \to x$ だから $x = x'$. よって $x \in K$ となり定理 1.18 により K は閉集合となる．$((x_{n_j})$ は (x_n) の部分列を表わすものとする)．

定理 1.25 コンパクトな距離空間 S の閉集合 F はコンパクトである．

証明 $(x_n) \subset F$ とする．S がコンパクトだから $\exists (x_{n_j}), \exists x \in S : x_{n_j} \to x$ $(j \to \infty)$. F が閉集合だから定理 1.18 により $x \in F$. よって F はコンパクトである．

定理 1.26 コンパクトな集合 K は有界である．すなわち，$\exists x \in K, \exists r > 0 : y \in K \Rightarrow d(x, y) \leq r$.

証明 K がコンパクトであって有界でないとする．任意の $x \in K$ を固定すると $\exists y_n \in K : d(x, y_n) > n$. K がコンパクトだから $\exists (y_{n_j}), \exists y_0 \in K : y_{n_j} \to y_0$, $y \longmapsto d(y, x)$ は連続だから $d(y_{n_j}, x) \to d(y_0, x)$, ところが $d(y_{n_j}, x) > n_j \to \infty$ だから $d(y_{n_j}, x) \to \infty$ となり矛盾になる．

定理 1.27 コンパクトな集合 K の連続写像 f による像 $f(K)$ はコンパクトである.

証明 $(y_n) \subset f(K)$ とすると $\exists x_n \in K : f(x_n) = y_n$. K がコンパクトだから $\exists (x_{n_j}), \exists x \in K : x_{n_j} \to x \; (j \to \infty)$. f の連続性から $f(x_{n_j}) \to f(x)$, すなわち $y_{n_j} \to f(x) \in f(K)$ で, $f(K)$ はコンパクトになる.

問 25 コンパクトな集合で連続な関数は最大値に到達することを定理1.24, 1.26, 1.27 により証明せよ.

定理1.24, 1.26 によれば, コンパクトな集合は有界閉集合であるが, この逆 '有界閉集合はコンパクトである' は成り立たない.

例 13 いま, (S, d) を距離空間とするとき, $x, y \in S$ に対して

$$d'(x, y) = \frac{d(x, y)}{1 + d(x, y)}$$

と定めると, これも距離となる. $(d_1), (d_2)$ の性質は明らかである. $x, y, z \in S$ のとき

(1.39)
$$\begin{aligned}
d'(x, y) + d'(y, z) &= \frac{d(x, y)}{1 + d(x, y)} + \frac{d(y, z)}{1 + d(y, z)} \\
&\geqq \frac{d(x, y)}{1 + d(x, y) + d(y, z)} + \frac{d(y, z)}{1 + d(x, y) + d(y, z)} \\
&= \frac{d(x, y) + d(y, z)}{1 + d(x, y) + d(y, z)},
\end{aligned}$$

$\alpha \geqq \beta \geqq 0$ のとき $\dfrac{\alpha}{1+\alpha} - \dfrac{\beta}{1+\beta} = \dfrac{\alpha + \alpha\beta - \beta - \alpha\beta}{(1+\alpha)(1+\beta)} = \dfrac{\alpha - \beta}{(1+\alpha)(1+\beta)} \geqq 0$ だから d の三角不等式により (1.39) の最後の式は

$$\geqq \frac{d(x, z)}{1 + d(x, z)} = d'(x, z),$$

よって (d_3) も成り立つ. この距離は有界である: $d(x, y) < 1$. また S の点列の d に関する収束と d' に関する収束とは全く同じである. 実際 (x_n) を S の点列とすると, $d(x_n, x) \to 0$ のとき $d'(x_n, x) = d(x_n, x)/(1 + d(x_n, x)) \to 0$ となり, 逆に $d'(x_n, x) \to 0$ のとき $d(x_n, x) = d'(x_n, x)/(1 - d'(x_n, x)) \to 0$ となるからである.

さて，実数全体 $\boldsymbol{R}$ に距離 $d'(x,y)=|x-y|/(1+|x-y|)$ を定めると，これは有界閉集合となるが，コンパクトではない．なぜならばたとえば，$1,2,3,\cdots$ は普通の距離について，したがって d' についても収束する部分列をもたないからである．

上に示したように，収束性をかえないでどんな列も有界になるような距離がつくれるから，収束に関する性質を問題にするとき，一般の距離空間では有界性は無力である．けれどもユークリッド空間については，つぎの命題と定理 1.29 が成り立つ．

命題 1 実数空間 $\boldsymbol{R}$ の有界閉集合 F はコンパクトである．

証明 $(x_n) \in F$ のとき (x_n) は有界な数列であるから，定理 1.8 により収束する部分列がある：$\exists (x_{n_j}): x_{n_j} \to x$．$F$ が閉集合だから定理 1.18 により $x \in F$，したがって F はコンパクトである．

この命題の $\boldsymbol{R}$ の代りをユークリッド空間 $\boldsymbol{R}^p$ としても成り立つことは，$\boldsymbol{R}^p$ の有限閉区間がコンパクトであることからいまと同じようにして容易に示されるが，ここでその別の証明にも用いられる一つの命題を証明しておこう．

命題 2 $\boldsymbol{R}^p$ の有限閉区間 I を $\boldsymbol{R}^p$ の開集合の族 $\{O_\alpha : \alpha \in A\}$ がおおっているとき，すなわち $I \subset \bigcup_{\alpha \in A} O_\alpha$ であるとき，I は実はこのうちの有限個でおおわれてしまっている：

$$\exists \{\alpha_1, \cdots, \alpha_n\} \subset A : I \subset \bigcup_{j=1}^{n} O_{\alpha_j}.$$

証明 I は $\{O_\alpha\}$ の有限個ではおおわれないとする．I の各辺を 2 等分して得られる 2^p 個の閉区間のうち，少なくとも一つは $\{O_\alpha\}$ の有限個ではおおわれない．そのような区間の一つを I_1 とする．以下同様に，I_j が $\{O_\alpha\}$ の有限個ではおおわれないとき，I_j の各辺を 2 等分して得られる 2^p 個の閉区間のうち少なくとも一つは $\{O_\alpha\}$ の有限個ではおおわれないはずだから，そのような区間の一つを I_{j+1} とする．このようにして得られた区間の列 $I \supset I_1 \supset I_2 \supset \cdots \supset I_j \supset \cdots$ に対して

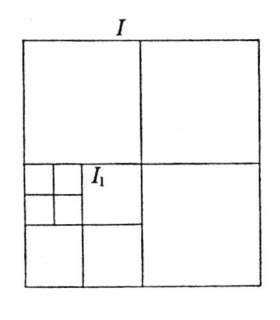

$$\exists \xi \in I_j \quad (j=1,2,\cdots).$$

なぜならば $I_j = I_{j1} \times \cdots \times I_{jp}$ (I_{jk} は $\boldsymbol{R}$ の区間) とすると $k(=1,\cdots,p)$ を固定したとき $I_{1k} \supset I_{2k} \supset \cdots$ で $|I_{(j+1)k}| = |I_{jk}|/2$ だから区間縮小法の原理により $\exists \xi_k \in I_{jk}$ ($j=1,2,\cdots$), これを成分とする点 $\xi = (\xi_1,\cdots,\xi_p)$ は $\xi \in I_j$ となるからである. そうすると

$$\exists O_\alpha : \xi \in O_\alpha$$

となり, $\exists \delta > 0 : U_\delta(\xi) \subset O_\alpha$. また, $\operatorname{diam} I_{j+1} = \operatorname{diam} I_j/2$ だから $\operatorname{diam} I_j \to 0$ ($j \to \infty$) となり, $\exists I_j : \operatorname{diam} I_j < \delta$, よって $I_j \subset U_\delta(\xi) \subset O_\alpha$. これはある I_j が一つの O_α でおおわれることになって I_j のつくりかたに矛盾する. よって, I は $\{O_\alpha\}$ のうちの有限個でおおわれねばならない.

I の代りに有界閉集合 F としても上の命題は成り立つ. それは F を含む I をとると $F \subset \bigcup O_\alpha$ のとき, $I \subset \bigcup O_\alpha \cup F^c$ となり, これに定理を適用すればよいからである. 一般に集合 $X, X_\alpha (\alpha \in A)$ が $X \subset \bigcup_{\alpha \in A} X_\alpha$ をみたすとき $\{X_\alpha : \alpha \in A\}$ を X の**被覆**といい, X_α がすべて開集合のときは開被覆, A が有限集合ならば有限被覆という. また, $B \subset A$, $X \subset \bigcup_{\alpha \in B} O_\alpha$ のとき $\{O_\alpha : \alpha \in B\}$ を $\{O_\alpha : \alpha \in A\}$ の部分被覆という. これによれば, いま示したことはつぎの形で述べられる.

定理 1.28 (ハイネ・ボレル(Heine-Borel)の被覆定理) $\boldsymbol{R}^p$ の有界閉集合の開被覆には有限部分被覆がある.

これを用いてつぎの定理を証明しよう.

定理 1.29 $\boldsymbol{R}^p$ の有界閉集合 F はコンパクトである.

証明 F がコンパクトでないとすると, どのような部分列も F の点に収束しないような F の中の列 (x_n) がある. したがって, $\forall x \in F, \exists U(x), \exists n_x : n > n_x \Rightarrow x_n \notin U(x)$. なぜならば, どんな $U(x)$ をとってもいくらでも先の x_n を含むならば $x_{n(j)} \in U_{1/j}(x), n(1) < n(2) < \cdots$ となる部分列 $(x_{n(j)})_{j=1,2,\cdots}$ があって $x_{n(j)} \to x$ ($j \to \infty$) となるからである. よって, 各 $x \in F$ にこのような $U(x)$ を対応させると $F \subset \bigcup_{x \in F} U(x)$ となり, 前定理によりこれに有限部分被覆があるから $\exists y_1, \cdots, y_k \in F : F \subset \bigcup_{j=1}^{k} U(y_j)$. $n > \max\{n_{y_1},\cdots,n_{y_k}\}$ のとき $x_n \notin$

$U(y_j)$. よって, $x_n \notin \bigcup U(y_j)$. したがって $x_n \notin F$ となり矛盾になる. よって, F はコンパクトである.

注意 この証明からわかるように"$K \subset (S, d)$ の開被覆がいつでも有限部分被覆をもてば, K はコンパクトである". 逆もいえるが, ここでは証明しない. なお, 距離空間よりもさらに一般の'位相空間'では逆のほうはいえないので, そこでは'開被覆が有限部分被覆をもつ'ような集合をコンパクトと定義し, われわれがコンパクトの定義とした性質を列コンパクトとよぶのである.

定理 1.30 コンパクトな距離空間は完備である.

これは定理 1.9 の証明の後半と同じようにして証明される.

問 26 これを証明せよ.

しかし $\boldsymbol{R}^p$ は完備であって(定理 1.15), コンパクトではない(定理 1.26)から, 完備性はコンパクト性よりも弱い条件である.

問 27 有界, 完備であってもコンパクトとは限らないことを, 例 13 の $(\boldsymbol{R}, d')$ によって示せ.

距離空間 (S, d) の点 x_0 を固定して $d(x, x_0)$ を x の関数とみれば連続になることは, すでに見たとおりである(例 12). いまもっと一般に二つの集合 $A, B \subset S$ の距離を

$$d(A, B) = \inf_{x \in A, y \in B} d(x, y)$$

と定めれば, 点 $x \in S$ と集合 $A \subset S$ の距離は

$$d(x, A) = d(\{x\}, A) = \inf_{y \in A} d(x, y)$$

である.

問 28 $d(A, B) = \inf_{x \in A} d(x, B)$ を証明せよ.

そうすると $A \subset S$, $x, x' \in S$ のとき

(1.40) $$|d(x, A) - d(x', A)| \leq d(x, x')$$

が成り立つ. なぜならば, $\forall \varepsilon > 0, \exists y \in A : d(x, A) + \varepsilon > d(x, y) \geq d(x', y) - d(x, x') \geq d(x', A) - d(x, x')$, よって $d(x', A) - d(x, A) \leq d(x, x') + \varepsilon$, ε は任意だから $d(x', A) - d(x, A) \leq d(x, x')$, 同様に $d(x, A) - d(x', A) \leq d(x, x')$ だからである.

$A \subset S$ を固定すると，$x \mapsto d(x, A)$ は (1.40) によりリプシッツの条件をみたし，したがって一様連続である．

この関数は A の閉包 $\bar{A}$ とつながりがある．いま，
$$B = \{x : d(x, A) = 0\}$$
とすれば $x \mapsto d(x, A)$ の連続性と定理 1.21 により B は閉集合であり，明らかに $A \subset B$ であるから $\bar{A} \subset B$. 一方，$x_0 \in B$ ならば $\exists x_n \in A : d(x_0, x_n) < 1/n$，したがって $x_0 \in \bar{A}$，よって $B \subset \bar{A}$ となる．これで $\bar{A} = B$ すなわち，
$$\bar{A} = \{x : d(x, A) = 0\}$$
が示されたのである．したがって，また A が閉集合ならば '$d(x, A) = 0 \Rightarrow x \in A$' であって，逆に '$d(x, A) = 0 \Rightarrow x \in A$' ならば A は閉集合である．

また，A がコンパクト，B が閉集合で $A \cap B = \phi$ のとき，$d(A, B) > 0$ となる．それは連続写像 $x \mapsto d(x, B)$ が定理 1.23 により A で最小値をとるから
$$d(A, B) = \inf_{x \in A} d(x, B) = \min_{x \in A} d(x, B)$$
であるが一方，$x \in A$ のとき $x \notin B$ で，B は閉集合であることに注意するといま示したことによって $d(x, B) > 0$ となるからである．A が閉集合というだけではこのことは成り立たない．たとえば，$\mathbf{R}^2$ において $A = \{(x, y) : x \leq 0\}$, $B = \{(x, y) : x > 0, y \geq 1/x\}$ とすると，A, B は交わらない閉集合であって $d(A, B) = 0$ となる．以上をまとめてつぎの定理が得られる．

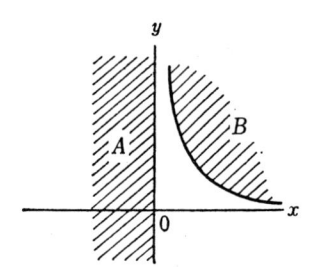

定理 1.31 $A \subset S$ を固定すると，写像 $x \mapsto d(x, A)$ は S で一様連続であり，$\bar{A} = \{x : d(x, A) = 0\}$ が成り立つ．A が閉集合であるための必要十分条件は '$d(x, A) = 0 \Rightarrow x \in A$' である．また A がコンパクト，$B \subset S$ が閉集合で $A \cap B = \phi$ ならば $d(A, B) > 0$ となる．

定理 1.32 (ティーチェ(Tietze)の連続関数延長定理) A は距離空間 S の閉集合，$f : A \to \mathbf{R}$ は連続で有界：$m \leq f(x) \leq M$ であるとすると，つぎの条件をみたす $F : S \to \mathbf{R}$ がある．

F は連続で $m \leq F(x) \leq M$, $x \in A$ のとき $F(x) = f(x)$.

証明 $m = M$ ならば f は A 上で定数だから問題ない. そうでないときは $1 \leq f(x) \leq 2$ として証明すればよい. なぜかというと $f_1(x) = (f(x) + M - 2m)/(M - m)$ とすれば $1 \leq f_1(x) \leq 2$ であるから, これを延長して得られる関数を F_1 とし, もとにもどし $F(x) = (M - m)F_1(x) - (M - 2m)$ とすればよいからである.

いま, F を $x \in A$ のときは $F(x) = f(x)$, $x \in S \setminus A$ のときは $d(x, A) > 0$ に注意して

$$g(x) = \inf_{y \in A} f(y) d(x, y), \qquad F(x) = g(x)/d(x, A)$$

と定める. この F が条件をみたすことを証明しよう. $x \in S \setminus A$ のとき $d(x, y) \leq f(y) d(x, y) \leq 2 d(x, y)$ から $y \in A$ の下限をとって

$$d(x, A) \leq g(x) \leq 2 d(x, A)$$

だから $1 \leq F(x) \leq 2$ がすべての $x \in S$ について成り立つ. $x \in A$ が A の内点のとき F が x で連続なことは明らかである. 開集合 $S \setminus A$ の点 x, x' が $d(x, x') < \varepsilon$ をみたすときは $d(x, y) \leq d(x', y) + d(x, x') < d(x', y) + \varepsilon$ だから $f(y)$ をかけて $y \in A$ に対する下限をとれば

$$g(x) \leq \inf_{y \in A} f(y)(d(x', y) + \varepsilon) \leq \inf_{y \in A} f(y) d(x', y) + 2\varepsilon = g(x') + 2\varepsilon$$

となる. x, x' を取換えて $g(x') < g(x) + 2\varepsilon$, よって $|g(x) - g(x')| < 2\varepsilon$, よって g は $S \setminus A$ で連続となる. $x \mapsto d(x, A)$ も連続(定理 1.31)だから F も $S \setminus A$ で連続となる. あとは A の境界の点 x で F が連続となることを示せばよい. 任意の $\varepsilon (0 < \varepsilon < 1)$ に対して $\delta > 0$ を $y \in A, d(x, y) < \delta \Rightarrow |f(x) - f(y)| < \varepsilon$ をみたすようにとる. そうすれば, $B = \{y \in A : d(x, y) < \delta\}$ とおくと $y \in B \Rightarrow |f(x) - f(y)| < \varepsilon$. よって, $x' \in S \setminus A$, $d(x, x') < \delta/4$ のとき, $|f(x) - F(x')| < \varepsilon$ となることを示せばよいわけである.

(1.41) $y \in A \setminus B$ のとき $d(x', y) \geq d(x, y) - d(x, x') > 3\delta/4$

だから $\inf_{y \in A \setminus B} f(y) d(x', y) \geq 3\delta/4$. 一方, $f(x) d(x, x') < \delta/2$ だから $g(x') = \inf_{y \in B} f(y) d(x', y)$. ところが $y \in B$ のとき $|f(x) - f(y)| < \varepsilon$ で, $d(x, x') < \delta/4$

と (1.41) により $\inf_{y \in B} d(x', y) = d(x', A)$, よって $y \in B$ のとき

$$(f(x) - \varepsilon) d(x', y) \leqq f(y) d(x', y) \leqq (f(x) + \varepsilon) d(x', y)$$

の下限をとって

$$(f(x) - \varepsilon) d(x', A) \leqq g(x') \leqq (f(x) + \varepsilon) d(x', A),$$

よって

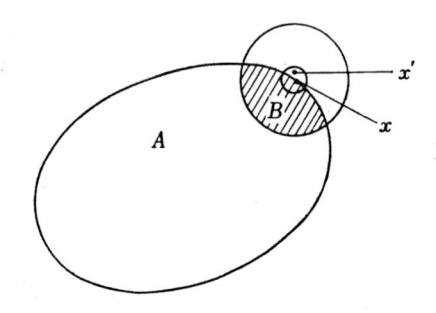

$$f(x) - \varepsilon \leqq F(x') \leqq f(x) + \varepsilon$$

となる．これで証明が終った．

系 A, B は距離空間 S の閉集合で，$A \cap B = \phi$ のとき，$\exists f : S \to [0, 1]$，連続，$x \in A$ のとき $f(x) = 0$, $x \in B$ のとき $f(x) = 1$.

証明 $x \in A$ のとき $f(x) = 0$, $x \in B$ のとき $f(x) = 1$ と定めると，f は閉集合 $A \cup B$ で連続となる．その定義域を上の定理によって S に延長すればよい．

この系をみたす f を直接つくることもできる．

$$f(x) = \frac{d(x, A)}{d(x, A) + d(x, B)}$$

とすれば，定理 1.31 により，$d(x, A)$ は $x \in A$ のときに限り 0, $d(x, B)$ は $x \in B$ のときに限り 0 だから $d(x, A) + d(x, B) > 0$ で，f は S で連続で，$0 \leqq f(x) \leqq 1$ であって，$f(x)$ は $x \in A$ のときに限り 0, $x \in B$ のときに限り 1 となる．

問 29 集合 D 上の有界関数の全体 $M(D)$ にノルム $\|f\| = \sup_{x \in D} f(x)$ と定めると，$M(D)$ は完備なノルム空間となることを証明せよ．また $B \subset M(D)$ で完備でない距離空間 B をつくれ．

問 30 距離空間 S 上の有界な連続関数の全体 $MC(S)$ は，ノルムを $\|f\|$

$$= \sup_{x \in S} |f(x)|$$ と定めると，空備なノルム空間となることを証明せよ．

問 31 (S, d) が距離空間のとき，$(x, y) \mapsto d(x, y)$ は $S \times S \to \mathbf{R}$ の連続関数となることを証明せよ（§1.5 問 14）．

問 32 (S, d) は距離空間であって，f は $D \subset S$ 上の一様連続な関数であるとすると，f は $\bar{D}$ まで一様連続になるように拡張できることを証明せよ．（まず $x \in \bar{D} \setminus D$ に対して $x_n \in D, x_n \to x$ となる列 (x_n) をとると $(f(x_n))$ がコーシーの基本列になること，その極限が列 (x_n) のとりかたによらないことを示し，その値を $f(x)$ と定める．この f が $\bar{D}$ で一様連続になることを示す．）

注意 $a > 0$ を定数，r を有理数とするとき
$$r \mapsto a^r$$
は任意の $n \in \mathbf{N}$ に対して $[-n, n] \cap \mathbf{Q}$ で一様連続である（§1.4 問 17）から，上の問によりこの関数は $[-n, n]$ 上の一様連続な関数に拡張され，したがってまた $\mathbf{R}$ 上の連続関数に拡張される．この関数（指数関数）はあとで（§2.4）別の方法で定義される．

1.7 縮小写像の原理

完備性が解析学のなかで必要になるのは，主として特別な性質をもつ数や関数の存在を証明するときである．そのなかで，縮小写像の原理とよばれる定理は，単に存在や一意性を証明するだけでなく，解に順に近づいていく手続き——逐次近似法——を与える点でユニークである．しかも，その証明は全く初等的で，ほとんど予備知識らしいものを必要としないのである．これを発見したのはバナッハ（S. Banach）であるといわれているが，近頃その応用範囲の広い点が再認識されるようになってきた．

T を距離空間 (S, d) から S の中への写像とするとき，

(1.42) $\qquad x, y \in S \Rightarrow d(Tx, Ty) \leq k d(x, y)$

をみたすような定数 k $(0 \leq k < 1)$ があれば，この T を S の**縮小写像**といい，k をその**縮小係数**またはリプシッツの係数という．縮小写像は明らかにリプシッツの条件をみたし，一様連続である．たとえば，$\mathbf{R}$ において $x \mapsto ax + b$ は，$|a| < 1$ のとき，縮小係数 $|a|$ の縮小写像になる．縮小写像については，つぎの定理がもっとも重要である．

定理 1.33 （縮小写像の原理） 完備な距離空間 (S,d) において，T が縮小写像であれば

$$\exists \bar{x} \in S : T\bar{x} = \bar{x}.$$

（このような $\bar{x}$ を T の**不動点**という．）

このような $\bar{x}$ は一つしかない．また，任意の $x_0 \in S$ をとり

(1.43) $\qquad x_1 = Tx_0, \quad x_2 = Tx_1, \cdots, x_n = Tx_{n-1}, \cdots$

とすると

(1.44) $\qquad \lim_{n \to \infty} x_n = \bar{x}$

であり，T の縮小係数を k とすれば

(1.45) $\qquad d(x_n, \bar{x}) \leq \dfrac{k^n}{1-k} d(x_1, x_0) \qquad (n=0,1,2,\cdots)$

が成り立つ．

証明 任意の $x_0 \in S$ をとり (1.43) のように $x_1, x_2, \cdots$ をきめれば，

$$d(x_{n+1}, x_n) = d(Tx_n, Tx_{n-1}) \leq kd(x_n, x_{n-1})$$
$$\leq k^2 d(x_{n-1}, x_{n-2}) \leq \cdots \leq k^n d(x_1, x_0)$$

だから $m > n \geq 0$ のとき

(1.46) $\quad d(x_m, x_n) \leq d(x_m, x_{m-1}) + d(x_{m-1}, x_{m-2}) + \cdots + d(x_{n+1}, x_n)$
$\qquad \leq k^{m-1} d(x_1, x_0) + k^{m-2} d(x_1, x_0) + \cdots + k^n d(x_1, x_0)$
$\qquad = d(x_1, x_0)(k^{m-1} + k^{m-2} + \cdots + k^n)$
$\qquad = d(x_1, x_0) \dfrac{k^n - k^m}{1-k} \leq d(x_1, x_0) \dfrac{k^n}{1-k}.$

$k^n \to 0$ $(n \to \infty)$ だから，列 (x_n) は基本列となり，S が完備だから (x_n) は収束する．$\lim_{n \to \infty} x_n = \bar{x}$ とする．(1.46) で $m \to \infty$ とすると

$$d(\bar{x}, x_n) \leq d(x_1, x_0) k^n/(1-k),$$

また $d(Tx_n, T\bar{x}) \leq kd(x_n, \bar{x})$ において $n \to \infty$ として

$$d(\bar{x}, T\bar{x}) \leq kd(\bar{x}, \bar{x}) = 0.$$

よって，$T\bar{x} = \bar{x}$ となる．これで不動点の存在が示された．いま，$T\bar{x} = \bar{x}$, $T\bar{y} = \bar{y}$ とすると $d(\bar{x}, \bar{y}) = d(T\bar{x}, T\bar{y}) \leq kd(\bar{x}, \bar{y})$，もしも $d(\bar{x}, \bar{y}) \neq 0$ なら $1 \leq k$

1.7 縮小写像の原理

となり矛盾であるから $\bar{x}=\bar{y}$, よって不動点は一つしかない．したがって，(1.44), (1.45) もすでに示されている．

例 1 $|a|<1$, $f(x)=ax+b$ とするとき，
$$x_1=f(x_0), x_2=f(x_1), \cdots, x_n=f(x_{n-1}), \cdots$$
の極限 x は f の不動点であるから $x=f(x)$, すなわち $x=ax+b$ を解けば求まる．よって $x=b/(1-a)$.

例 2 $T:[a,b]\to[a,b]$ が縮小写像であるとき，任意の $x_0\in[a,b]$ をとり，(1.43) のようにきめれば (x_n) は $Tx=x$ のただ一つの解に収束する．

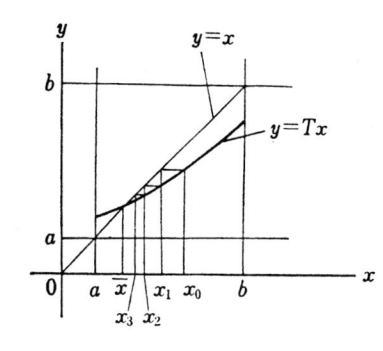

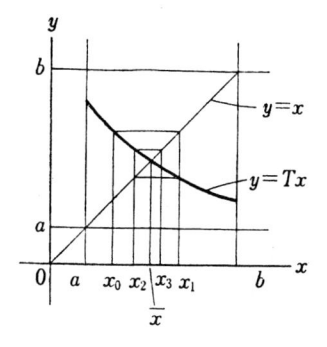

f が $[a,b]$ 上の連続関数で $f(a)f(b)<0$ であって

(1.47) $\exists k_1, k_2: 0<k_1\leqq k_2$;

$$x_1, x_2\in[a,b], x_1\neq x_2 \Rightarrow k_1\leqq\frac{f(x_1)-f(x_2)}{x_1-x_2}\leqq k_2$$

であるとする．このとき f は単調増加で $f(a)<0, f(b)>0$ となる．$\lambda>0$ とし

(1.48) $$Tx=x-\lambda f(x)$$

とおけば，$Ta>a$, $Tb<b$, $x_1\neq x_2$ のとき
$$Tx_1-Tx_2=x_1-x_2-\lambda(f(x_1)-f(x_2))$$
$$=(x_1-x_2)\left(1-\lambda\frac{f(x_1)-f(x_2)}{x_1-x_2}\right),$$
$$1-\lambda k_1\geqq 1-\lambda\frac{f(x_1)-f(x_2)}{x_1-x_2}\geqq 1-\lambda k_2$$

だから

(1.49) $$0<\lambda\leq 1/k_2, \qquad k=1-\lambda k_1$$

とすれば, $0\leq k<1$, $k\geq 1-\lambda\dfrac{f(x_1)-f(x_2)}{x_1-x_2}\geq 1-\lambda k_2\geq 0$, したがって $|Tx_1-Tx_2|\leq k|x_1-x_2|$ で, T は単調増加である. よって, T は $[a,b]\to[a,b]$ の縮小写像であり, '$Tx=x \Longleftrightarrow f(x)=0$' だから, 任意の $x_0\in[a,b]$ をとり, (1.49), (1.48) により T をきめ (1.43) により (x_n) をきめれば $\bar{x}=\lim\limits_{n\to\infty}x_n$ が $f(x)=0$ のただ一つの解となり

$$|x_n-\bar{x}|\leq \frac{k^n}{1-k}|\lambda f(x_0)|$$

が成り立つ. ((1.47) の条件は§2.2に述べるように '$\exists k_1, k_2: 0<k_1\leq k_2, x\in(a,b) \Rightarrow k_1\leq f'(x)\leq k_2$' であれば十分である(定理 2.9, 系).)

例3 $\sqrt[n]{y}$ $(y>0, n\geq 2)$ の逐次近似.

$0<a<b, a^n<y<b^n$ とする.

$$f(x)=x^n-y \qquad (a\leq x\leq b)$$

とすると $f(x)=0$ をみたす x が $\sqrt[n]{y}$ である. $x_1, x_2\in[a,b]$, $x_1\neq x_2$ のとき

$$\frac{f(x_1)-f(x_2)}{x_1-x_2}=\frac{x_1^n-x_2^n}{x_1-x_2}=x_1^{n-1}+x_1^{n-2}x_2+\cdots+x_2^{n-1}$$

だから

$$na^{n-1}\leq \frac{f(x_1)-f(x_2)}{x_1-x_2}\leq nb^{n-1}.$$

よって, $k_1=na^{n-1}, k_2=nb^{n-1}$ として f は例2の条件 (1.47) をみたすから

$$Tx=x-(x^n-y)/(nb^{n-1}),$$
$$x_0\in[a,b], x_1=Tx_0, x_2=Tx_1=T\circ Tx_1, \cdots, T_j=\underbrace{T\circ T\circ\cdots\circ T}_{j個}x_0$$

として $\lim\limits_{j\to\infty}x_j=\sqrt[n]{y}$ となる. なお,

$$k=1-\left(\frac{a}{b}\right)^{n-1}, \qquad |x_j-\sqrt[n]{y}|\leq \frac{k^j}{1-k}\frac{x_0^n-y}{nb^{n-1}}.$$

$n=2, y=2$ として $\sqrt{2}$ の近似値を求めてみよう. $a=1, b=3/2$ として

$$Tx=x-\frac{x^2-2}{3}, \qquad k=\frac{1}{3},$$

$x_0 = 3/2$ とすれば

$$x_1 = T\left(\frac{3}{2}\right) = \frac{3}{2} - \frac{1}{3}\left(\left(\frac{3}{2}\right)^2 - 2\right) = \frac{17}{12},$$

$$x_2 = T(x_1) = \frac{17}{12} - \frac{1}{3}\left(\left(\frac{17}{12}\right)^2 - 2\right) = \frac{611}{432} = 1.4143\cdots,$$

$$|x_j - \sqrt{2}| \leq \frac{\left(\frac{1}{3}\right)^j}{1 - \frac{1}{3}} \left|\frac{\left(\frac{3}{2}\right)^2 - 2}{3}\right| = \frac{1}{8 \cdot 3^j}, \qquad |x_2 - \sqrt{2}| \leq \frac{1}{72}.$$

縮小写像による方法は式 Tx の x に，つぎつぎにでてきた値を代入することにより，次第によい近似をもたらすのであるから実用上の応用も期待されよう(ニュートンの方法(§2.6)参照).

いますぐに用いるわけではないが，あとで陰関数の存在を証明するのに必要となる縮小写像の応用例を少しばかりここで述べておこう.

定理 1.34 X, Y は距離空間，Y は完備であるとし，写像 $f: X \times Y \to Y$ がつぎの条件をみたすものとする.

$\forall y \in Y$ に対し $x \mapsto f(x, y)$ は X で連続，

$\exists k : 0 \leq k < 1 ; x \in X, y_1, y_2 \in Y \Rightarrow d(f(x, y_1), f(x, y_2)) \leq k d(y_1, y_2)$.

このとき各 $x \in X$ に対して $f(x, y) = y$ となる $y \in Y$ がただ一つあり，これを $g(x)$ とすると $g: X \to Y$ は連続となる.

証明 前半は定理 1.33 により明らかであるから，g の連続性を示せばよい. $x, x_1 \in X$ のとき

$$d(g(x), g(x_1)) = d(f(x, g(x)), f(x_1, g(x_1)))$$
$$\leq d(f(x, g(x)), f(x, g(x_1))) + d(f(x, g(x_1)), f(x_1, g(x_1)))$$
$$\leq k d(g(x), g(x_1)) + d(f(x, g(x_1)), f(x_1, g(x_1)))$$

から

(1.50) $\quad (1-k) d(g(x), g(x_1)) \leq d(f(x, g(x_1)), f(x_1, g(x_1)))$

が成り立つ. $x_1 \in X, \varepsilon > 0$ が与えられたとき，$x \mapsto f(x, y)$ の連続性によって

$\exists \delta > 0 : d(x, x_1) < \delta \Rightarrow d(f(x, g(x_1)), f(x_1, g(x_1))) < \varepsilon(1-k)$.

このとき (1.50) によって $d(g(x), g(x_1)) < \varepsilon$，したがって g は x_1 で連続と

なる.

上の定理から容易につぎの系が導かれる.

系 X, Y は距離空間, Y は完備であるとする. $x_0 \in X$, $y_0 \in Y$, $0 \leq k < 1$, $b > 0$, $B = \bar{B}(y_0, b) = \{y \in Y : d(y, y_0) \leq b\}$ とし, 写像 f はつぎの諸条件をみたすものとする.

$$f : X \times B \to Y, \qquad f(x_0, y_0) = y_0,$$
$$x \in X, y_1, y_2 \in B \Rightarrow d(f(x, y_1), f(x, y_2)) \leq k d(y_1, y_2),$$
$$\forall y \in B \text{ に対し } x \mapsto f(x, y) \text{ は } X \text{ で連続},$$

このとき, つぎの条件をみたす $a > 0$ と, 連続な写像 g がある.

$$g : \bar{B}(x_0, a) = \{x \in X : d(x, x_0) \leq a\} \to B,$$
$$f(x, g(x)) = g(x), \qquad g(x_0) = y_0,$$

しかも各 $x \in \bar{B}(x_0, a)$ に対し $f(x, y) = y$ となる $y \in B$ はただ一つである.

証明 $x \mapsto f(x, y)$ が連続であることと, $f(x_0, y_0) = y_0$ とから

(1.51) $\quad \exists a > 0 : d(x, x_0) \leq a \Rightarrow d(f(x, y_0), y_0) \leq (1-k) b.$

$d(x, x_0) \leq a$, $y \in B$ のとき

$$d(f(x, y), y_0) \leq d(f(x, y), f(x, y_0)) + d(f(x, y_0), y_0)$$
$$\leq k d(y, y_0) + (1-k) b \leq b.$$

よって, $\bar{B}(x_0, a), B$ をそれぞれ定理の X, Y と考えればよい.

注意 定理 1.33 と証明を見れば, つぎのことは明らかである. a は (1.51) をみたす a とし, g は

(1.52) $\quad g_n(x) = f(x, g_{n-1}(x)), \quad (g_0(x) = y_0), \quad \lim_{n \to \infty} g_n(x) = g(x)$

によって定めればよく,

(1.53) $\quad d(g_n(x), g(x)) \leq \dfrac{k^n}{1-k} d(f(x, y_0), y_0)$

が成り立つ. また, $a_1 > 0$, $g_1 : \bar{B}(x_0, a_1) \to Y$ が連続で $f(x, g_1(x)) = g_1(x)$, $g_1(x_0) = y_0$ であれば, $\exists a_2 : 0 < a_2 \leq a_1$; $|x - x_0| \leq a_2 \Rightarrow |g_1(x) - g_1(x_0)| \leq b$, よって $|x - x_0| \leq \min\{a, a_2\}$ のとき $g(x) = g_1(x)$ となる. このことを, この系の仮定が成り立つとき, "x_0 のある近傍で $f(x, g(x)) = g(x)$, $g(x_0) = y_0$ をみたす連続な写像 g がただ一つある" ということもできる.

1.8 線形写像

E, E_1 を線形空間とする.
$$L : E_1 \to E$$
が $x, x' \in E_1$, $\lambda \in \mathbf{R}$ に対して
$$L(x+x') = Lx + Lx',$$
$$L(\lambda x) = \lambda Lx$$
をみたすとき, L を**線形写像**という. 上の二つの式は, $x, x' \in E_1$, $\lambda, \lambda' \in \mathbf{R}$ に対して
$$L(\lambda x + \lambda' x') = \lambda Lx + \lambda' Lx'$$
の成り立つことと同値である.

問 1 このことを証明せよ.

このとき $L(0) = 0$ となる. それは $L(0) = L(0+0) = L(0) + L(0)$ だからである.

以下, 線形写像 $L : \mathbf{R}^p \to \mathbf{R}^q$ について調べよう. まず,
$$L : \mathbf{R} \to \mathbf{R}$$
のときは
$$Lx = L(x \cdot 1) = xL(1) \qquad (x \in \mathbf{R})$$
であるから, Lx は x に比例する関数であって, 比例定数は $L(1)$ になる. 逆に $Lx = ax$ ($a \in \mathbf{R}$) の形の関数(写像)が線形写像 $\mathbf{R} \to \mathbf{R}$ であることは明らかである.
$$L : \mathbf{R} \to \mathbf{R}^2$$
のときは
$$x \mapsto Lx = (L_1 x, L_2 x)$$
とすると, $(L_1(x+x'), L_2(x+x')) = L(x+x') = Lx + Lx' = (L_1 x, L_2 x) + (L_1 x', L_2 x') = (L_1 x + L_1 x', L_2 x + L_2 x')$, また $(L_1(\lambda x), L_2(\lambda x)) = L(\lambda x) = \lambda Lx = \lambda (L_1 x, L_2 x) = (\lambda L_1 x, \lambda L_2 x)$ から
$$L_j(x+x') = L_j x + L_j x', \quad L_j(\lambda x) = \lambda L_j x \qquad (j=1, 2),$$
すなわち, Lx の成分 $L_1 x, L_2 x$ はいずれも $\mathbf{R} \to \mathbf{R}$ の線形写像になる. 逆に

成分 L_1, L_2 が線形写像ならば L も線形写像になる．$R \to R^q$ のときも同様である．

$$L: R^2 \to R$$

ならば，$x = (x_1, x_2) \in R^2$ とすると

$$(x_1, x_2) = x_1(1, 0) + x_2(0, 1)$$

であるから

$$Lx = L(x_1, x_2) = x_1 L(1, 0) + x_2 L(0, 1)$$

となる．逆に，$L(x_1, x_2) = ax_1 + bx_2$ $(a, b \in R)$ の形の関数(写像)は線形写像となることは容易に示される．

問 2 このことを示せ．

$$L: R^p \to R$$

でも同じことであって，$x = (x_1, \cdots, x_p) \in R^p$ に対して

$$Lx = L(1, 0, \cdots, 0)x_1 + L(0, 1, 0, \cdots, 0)x_2 + \cdots + L(0, 0, \cdots, 0, 1)x_p$$

と表わされるから

$$L(1, 0, \cdots, 0) = a_1, L(0, 1, 0, \cdots, 0) = a_2, \cdots, L(0, 0, \cdots, 0, 1) = a_p$$

とおけば

(1.54) $$Lx = L(x_1, \cdots, x_p) = \sum_{j=1}^{p} a_j x_j,$$

この右辺は $a = (a_1, \cdots, a_p)$ とすると内積 $\langle a, x \rangle$ にほかならない．L は R^p の p 個の点における値できまってしまうのである．また (1.54) の形の L は線形写像である．

$$L: R^2 \to R^2$$

のときは

$$(x_1, x_2) \longmapsto (y_1, y_2),$$
$$L(x_1, x_2) = (L_1(x_1, x_2), L_2(x_1, x_2))$$

と書くと

$$y_1 = L_1(x_1, x_2), \qquad y_2 = L_2(x_1, x_2)$$

となる．L_1, L_2 はどちらも $R^2 \to R$ の線形写像であることが $L: R \to R^2$ のときと同様に示されるから

1.8 線形写像

$$L(x_1, x_2) = (L_1(1,0)x_1 + L_1(0,1)x_2, L_2(1,0)x_1 + L_2(0,1)x_2),$$

成分で書き分ければ

$$y_1 = a_{11}x_1 + a_{12}x_2, \qquad y_2 = a_{21}x_1 + a_{22}x_2$$

となる．ここで，

$$L_1(1,0) = a_{11}, \quad L_1(0,1) = a_{12}, \quad L_2(1,0) = a_{21}, \quad L_2(0,1) = a_{22}$$

である．同じく，

$$L: \boldsymbol{R}^2 \to \boldsymbol{R}^3$$

のときも

$$L: (x_1, x_2) \mapsto (L_1(x_1, x_2), L_2(x_1, x_2), L_3(x_1, x_2)) = (y_1, y_2, y_3)$$

とすると，L_1, L_2, L_3 は $\boldsymbol{R}^2 \to \boldsymbol{R}$ の線形写像である．よって

(1.55)
$$\begin{aligned} y_1 &= a_{11}x_1 + a_{12}x_2, \\ y_2 &= a_{21}x_1 + a_{22}x_2, \\ y_3 &= a_{31}x_1 + a_{32}x_2 \end{aligned}$$

となる．ここで，

(1.56)
$$\begin{aligned} a_{11} &= L_1(1,0), & a_{12} &= L_1(0,1), \\ a_{21} &= L_2(1,0), & a_{22} &= L_2(0,1), \\ a_{31} &= L_3(1,0), & a_{32} &= L_3(0,1). \end{aligned}$$

これを3行2列につぎのように並べて書いて括弧でまとめたものをAとする：

(1.57)
$$A = \begin{pmatrix} a_{11} & a_{12} \\ a_{21} & a_{22} \\ a_{31} & a_{32} \end{pmatrix}.$$

一般に mn 個$(m, n \in \boldsymbol{N})$の実数を m 行 n 列に並べて書いて括弧でまとめたものを(m 行 n 列の)**行列**または (m, n) 行列または $m \times n$ 行列という．A は線形写像 L からつくられた $(3, 2)$ 行列である．$x = (x_1, x_2), y = (y_1, y_2, y_3)$ を縦に書いて

$$x = \begin{pmatrix} x_1 \\ x_2 \end{pmatrix}, \qquad y = \begin{pmatrix} y_1 \\ y_2 \\ y_3 \end{pmatrix}$$

とすると，これらはそれぞれ $(2, 1)$ 行列，$(3, 1)$ 行列と見られる．$(3, 2)$ 行

列 A と $(2,1)$ 行列 x の積を

$$(1.58) \quad Ax = \begin{pmatrix} a_{11} & a_{12} \\ a_{21} & a_{22} \\ a_{31} & a_{32} \end{pmatrix} \begin{pmatrix} x_1 \\ x_2 \end{pmatrix} = \begin{pmatrix} a_{11}x_1 + a_{12}x_2 \\ a_{21}x_1 + a_{22}x_2 \\ a_{31}x_1 + a_{32}x_2 \end{pmatrix}$$

とすれば，積はちょうど $Lx=y$ になる．このように線形写像 $L: \boldsymbol{R}^2 \to \boldsymbol{R}^3$ に $(3,2)$ 行列が対応するのであるが，逆に任意の $(3,2)$ 行列 (1.57) に対して (1.58) で与えられる写像は，つぎの計算からわかるように線形写像である：

$$\begin{pmatrix} a_{11} & a_{12} \\ a_{21} & a_{22} \\ a_{31} & a_{32} \end{pmatrix} \left(\begin{pmatrix} x_1 \\ x_2 \end{pmatrix} + \begin{pmatrix} x_1' \\ x_2' \end{pmatrix} \right) = \begin{pmatrix} a_{11} & a_{12} \\ a_{21} & a_{22} \\ a_{31} & a_{32} \end{pmatrix} \begin{pmatrix} x_1 + x_1' \\ x_2 + x_2' \end{pmatrix}$$

$$= \begin{pmatrix} a_{11}x_1 + a_{11}x_1' + a_{12}x_2 + a_{12}x_2' \\ a_{21}x_1 + a_{21}x_1' + a_{22}x_2 + a_{22}x_2' \\ a_{31}x_1 + a_{31}x_1' + a_{32}x_2 + a_{32}x_2' \end{pmatrix} = \begin{pmatrix} a_{11}x_1 + a_{12}x_2 \\ a_{21}x_1 + a_{22}x_2 \\ a_{31}x_1 + a_{32}x_2 \end{pmatrix} + \begin{pmatrix} a_{11}x_1' + a_{12}x_2' \\ a_{21}x_1' + a_{22}x_2' \\ a_{31}x_1' + a_{32}x_2' \end{pmatrix}$$

$$= \begin{pmatrix} a_{11} & a_{12} \\ a_{21} & a_{22} \\ a_{31} & a_{32} \end{pmatrix} \begin{pmatrix} x_1 \\ x_2 \end{pmatrix} + \begin{pmatrix} a_{11} & a_{12} \\ a_{21} & a_{22} \\ a_{31} & a_{32} \end{pmatrix} \begin{pmatrix} x_1' \\ x_2' \end{pmatrix}$$

$$\begin{pmatrix} a_{11} & a_{22} \\ a_{21} & a_{22} \\ a_{31} & a_{32} \end{pmatrix} \left(\lambda \begin{pmatrix} x_1 \\ x_2 \end{pmatrix} \right) = \begin{pmatrix} a_{11} & a_{12} \\ a_{21} & a_{22} \\ a_{31} & a_{32} \end{pmatrix} \begin{pmatrix} \lambda x_1 \\ \lambda x_2 \end{pmatrix} = \begin{pmatrix} \lambda a_{11}x_1 + \lambda a_{12}x_2 \\ \lambda a_{21}x_1 + \lambda a_{22}x_2 \\ \lambda a_{31}x_1 + \lambda a_{32}x_2 \end{pmatrix}$$

$$= \lambda \begin{pmatrix} a_{11}x_1 + a_{12}x_2 \\ a_{21}x_1 + a_{22}x_2 \\ a_{31}x_1 + a_{32}x_2 \end{pmatrix} = \lambda \left(\begin{pmatrix} a_{11} & a_{12} \\ a_{21} & a_{22} \\ a_{31} & a_{32} \end{pmatrix} \begin{pmatrix} x_1 \\ x_2 \end{pmatrix} \right).$$

このとき，

$$A \begin{pmatrix} 1 \\ 0 \end{pmatrix} = \begin{pmatrix} a_{11} \\ a_{21} \\ a_{31} \end{pmatrix}, \qquad A \begin{pmatrix} 0 \\ 1 \end{pmatrix} = \begin{pmatrix} a_{12} \\ a_{22} \\ a_{32} \end{pmatrix}$$

となるから，A はこの線形写像からつくられる行列である．(1.56) が定まれば線形写像はきまり，異なる線形写像からは異なる行列がつくられるから，線形写像 $L: \boldsymbol{R}^2 \to \boldsymbol{R}^3$ と $(3,2)$ 行列とは1対1に対応する．よって，それら（線形写像と対応している行列）を同じものとみなすことができる．

このようにして一般に $\boldsymbol{R}^p \to \boldsymbol{R}^q$ の線形写像 L は p 変数の1次結合を q 個

1.8 線形写像

並べて表わされる:

$$y = (y_1, \cdots, y_q) = Lx = \left(\sum_{j=1}^{p} a_{1j}x_j, \sum_{j=1}^{p} a_{2j}x_j, \cdots, \sum_{j=1}^{p} a_{qj}x_j\right),$$

すなわち (q, p) 行列

(1.59)
$$\begin{pmatrix} a_{11} \cdots a_{1p} \\ a_{21} \cdots a_{2p} \\ \cdots \cdots \\ a_{q1} \cdots a_{qp} \end{pmatrix}$$

である.

前に述べた $L: \boldsymbol{R}^2 \to \boldsymbol{R}^2$ は $L = \begin{pmatrix} a_{11} & a_{12} \\ a_{21} & a_{22} \end{pmatrix}$ と表わされる.

$$\begin{pmatrix} 1 & 0 \\ 0 & 1 \end{pmatrix}\begin{pmatrix} x_1 \\ x_2 \end{pmatrix} = \begin{pmatrix} x_1 \\ x_2 \end{pmatrix}, \quad \begin{pmatrix} 0 & 1 \\ 1 & 0 \end{pmatrix}\begin{pmatrix} x_1 \\ x_2 \end{pmatrix} = \begin{pmatrix} x_2 \\ x_1 \end{pmatrix}$$

となり $\begin{pmatrix} 1 & 0 \\ 0 & 1 \end{pmatrix}$ は $\boldsymbol{R}^2 \to \boldsymbol{R}^2$ の恒等写像である.

問 3 $\boldsymbol{R} \to \boldsymbol{R}^2, \boldsymbol{R}^2 \to \boldsymbol{R}, \boldsymbol{R} \to \boldsymbol{R}^3, \boldsymbol{R}^3 \to \boldsymbol{R}, \boldsymbol{R}^3 \to \boldsymbol{R}^2, \boldsymbol{R}^3 \to \boldsymbol{R}^3$ の線形写像を行列を用いて表わせ.

(q, p) 行列 (1.59) において, 横に並んだ数を行, 縦に並んだ数を列という. (1.59) の第 i 行とは $a_{i1}, \cdots, a_{ip}$ のこと, 第 j 列とは $a_{1j}, \cdots, a_{qj}$ のことである. 各 a_{ij} をこの行列の (i 行 j 列の) 要素または成分, (i, j) 要素という. 二つの (q, p) 行列が等しいことは当然対応する要素 ((i, j) 要素どうし) が等しいことをいう. (q, p) 行列の和, 定数 λ 倍は $\boldsymbol{R}^{pq}$ の元と考えた和, λ 倍とする. すなわち,

$$A + B = \begin{pmatrix} a_{11} \cdots a_{1p} \\ \cdots \cdots \\ a_{q1} \cdots a_{qp} \end{pmatrix} + \begin{pmatrix} b_{11} \cdots b_{1p} \\ \cdots \cdots \\ b_{q1} \cdots b_{qp} \end{pmatrix} = \begin{pmatrix} a_{11}+b_{11} \cdots a_{1p}+b_{1p} \\ \cdots \cdots \cdots \\ a_{q1}+b_{q1} \cdots a_{qp}+b_{qp} \end{pmatrix},$$

$$\lambda A = \lambda \begin{pmatrix} a_{11} \cdots a_{1p} \\ \cdots \cdots \\ a_{q1} \cdots a_{qp} \end{pmatrix} = \begin{pmatrix} \lambda a_{11} \cdots \lambda a_{1p} \\ \cdots \cdots \cdots \\ \lambda a_{q1} \cdots \lambda a_{qp} \end{pmatrix}.$$

このように定めれば, $x = \begin{pmatrix} x_1 \\ \vdots \\ x_p \end{pmatrix} \in \boldsymbol{R}^p, \lambda \in \boldsymbol{R}$ に対して

$$Ax + Bx = \begin{pmatrix} \cdots & \cdots & \cdots \\ a_{i1}x_1 + \cdots + a_{ip}x_p \\ \cdots & \cdots & \cdots \end{pmatrix} + \begin{pmatrix} \cdots & \cdots & \cdots \\ b_{i1}x_1 + \cdots + b_{ip}x_p \\ \cdots & \cdots & \cdots \end{pmatrix}$$

$$=\left(\begin{array}{c}\cdots\\(a_{i1}+b_{i1})x_1+\cdots+(a_{ip}+b_{ip})x_p\\\cdots\end{array}\right)=(A+B)x,$$

$$\lambda(Ax)=\lambda\left(\begin{array}{c}\cdots\\a_{i1}x_1+\cdots+a_{ip}x_p\\\cdots\end{array}\right)=\left(\begin{array}{c}\cdots\\\lambda a_{i1}x_1+\cdots+\lambda a_{ip}x_p\\\cdots\end{array}\right)$$

$$=(\lambda A)x$$

となり，写像としての和，λ 倍と合うから自然であろう．行列の積については，線形写像の合成を考える．二つの線形写像 A, B の合成写像 $B \circ A$ ができるためには，B の定義域は A の値域を含まなければならないから，$A: \mathbf{R}^p \to \mathbf{R}^q$ であるならば B の定義域は $\mathbf{R}^q$ とすべきである．

$$A: \mathbf{R}^p \to \mathbf{R}^q ((x_1, \cdots, x_p) \mapsto (y_1, \cdots, y_q)),$$
$$B: \mathbf{R}^q \to \mathbf{R}^r ((y_1, \cdots, y_q) \mapsto (z_1, \cdots, z_r)),$$
$$A=\begin{pmatrix}a_{11}\cdots a_{1p}\\\cdots\cdots\cdots\\a_{q1}\cdots a_{qp}\end{pmatrix},\quad B=\begin{pmatrix}b_{11}\cdots b_{1q}\\\cdots\cdots\cdots\\b_{r1}\cdots b_{rq}\end{pmatrix}$$

とすると

$$\begin{aligned}z_i&=b_{i1}y_1+b_{i2}y_2+\cdots+b_{iq}y_q\\&=b_{i1}(a_{11}x_1+\cdots+a_{1p}x_p)+b_{i2}(a_{21}x_1+\cdots+a_{2p}x_p)\\&\quad+\cdots+b_{iq}(a_{q1}x_1+\cdots+a_{qp}x_p)\\&=(b_{i1}a_{11}+b_{i2}a_{21}+\cdots+b_{iq}a_{q1})x_1+\cdots+(b_{i1}a_{1p}\\&\quad+b_{i2}a_{2p}+\cdots+b_{iq}a_{qp})x_p,\end{aligned}$$

よって，$B \circ A$ に対する行列 BA は (r, p) 行列で，その (i, j) 要素は

$$b_{i1}a_{1j}+b_{i2}a_{2j}+\cdots+b_{iq}a_{qj}$$

となる．すなわち，B の i 行，A の j 列の要素を順にかけて加えたものを BA の (i, j) 要素とするのである．

(1.60) $$BA=\begin{matrix}\\i\text{行}\end{matrix}\begin{pmatrix}b_{11}\cdots b_{1q}\\\cdots\cdots\cdots\\b_{i1}\cdots b_{iq}\\\cdots\cdots\cdots\\b_{r1}\cdots b_{rq}\end{pmatrix}\begin{pmatrix}a_{11}\cdots a_{1j}\cdots a_{1p}\\\cdots\cdots\cdots\cdots\cdots\\a_{q1}\cdots a_{qj}\cdots a_{qp}\end{pmatrix}\begin{matrix}\\j\text{列}\end{matrix}=\begin{pmatrix}\cdots\cdots\cdots\cdots\cdots\\\cdots\sum_{k=1}^{q}b_{ik}a_{kj}\cdots\\\cdots\cdots\cdots\cdots\cdots\end{pmatrix}i\text{ 行}.$$
$j\text{列}$

たとえば，

$$\begin{pmatrix} 1 & 0 \\ 0 & 1 \end{pmatrix}\begin{pmatrix} a & b \\ c & d \end{pmatrix}=\begin{pmatrix} a & b \\ c & d \end{pmatrix}, \quad \begin{pmatrix} a & b \\ c & d \end{pmatrix}\begin{pmatrix} 1 & 0 \\ 0 & 1 \end{pmatrix}=\begin{pmatrix} a & b \\ c & d \end{pmatrix},$$

$$\begin{pmatrix} 0 & 1 \\ 1 & 0 \end{pmatrix}\begin{pmatrix} 1 & 0 \\ 0 & 0 \end{pmatrix}=\begin{pmatrix} 0 & 0 \\ 1 & 0 \end{pmatrix}, \quad \begin{pmatrix} 1 & 0 \\ 0 & 0 \end{pmatrix}\begin{pmatrix} 0 & 1 \\ 1 & 0 \end{pmatrix}=\begin{pmatrix} 0 & 1 \\ 0 & 0 \end{pmatrix}.$$

注意 これでわかるように行列の乗法では一般には交換法則 $AB=BA$ は成り立たない.ただし,$\begin{pmatrix} 1 & 0 \\ 0 & 1 \end{pmatrix}=E$ は任意の $A=\begin{pmatrix} a & b \\ c & d \end{pmatrix}$ にどちらからかけても同じ A になる.その意味で E は実数の1と同様の働きをしている.それで E を単位行列という.

前に述べた $(3,2)$ 行列と $(2,1)$ 行列の積 (1.58) は,行列の積 (1.60) の特別の場合である.一般に

$$\begin{pmatrix} a_{11} \cdots a_{1p} \\ \cdots\cdots\cdots \\ a_{q1} \cdots a_{qp} \end{pmatrix}\begin{pmatrix} x_1 \\ \vdots \\ x_p \end{pmatrix}=\begin{pmatrix} a_{11}x_1+\cdots+a_{1p}x_p \\ \cdots \quad \cdots \quad \cdots \\ a_{q1}x_1+\cdots+a_{qp}x_p \end{pmatrix}$$

であるから,$x \in \boldsymbol{R}^p$ を $(p,1)$ 行列として縦に書くと,積 Ax は $(q,1)$ 行列であって,それを $\boldsymbol{R}^q$ のベクトルと見たものは,ちょうど線形写像 A による $x \in \boldsymbol{R}^p$ の像($\in \boldsymbol{R}^q$)にほかならない.このことから行列で線形写像を表わすときは,ベクトルは縦に並べて書く,いわゆる縦ベクトルの記法のよいことがわかる.

$(1,p)$ 行列と $(p,1)$ 行列の積は $\boldsymbol{R}^p$ のベクトルの内積にほかならない.

問 4 つぎの計算をせよ.

$$\begin{pmatrix} a & b & c \\ d & e & f \end{pmatrix}\begin{pmatrix} x & u & r \\ y & v & s \\ z & w & t \end{pmatrix}, \quad \begin{pmatrix} a & b & c \\ a' & b' & c' \\ a'' & b'' & c'' \end{pmatrix}\begin{pmatrix} x \\ y \\ z \end{pmatrix}.$$

問 5 $(3,3)$ 行列では $E=\begin{pmatrix} 1 & 0 & 0 \\ 0 & 1 & 0 \\ 0 & 0 & 1 \end{pmatrix}$ が単位行列になる,すなわち任意の $(3,3)$ 行列 A に対して $AE=EA=A$ となることを示せ.また,E は $\boldsymbol{R}^3$ の恒等写像である,すなわち任意の $x=\begin{pmatrix} x_1 \\ x_2 \\ x_3 \end{pmatrix} \in \boldsymbol{R}^3$ に対して $Ex=x$ となることを示せ.

問 6 $A=\begin{pmatrix} 1 & -1 & 0 \\ 2 & 3 & 4 \end{pmatrix}$, $B=\begin{pmatrix} 5 & 2 \\ 1 & 0 \\ -1 & 1 \end{pmatrix}$ のとき,AB, BA, $B\begin{pmatrix} x_1 \\ x_2 \end{pmatrix}$, $A\begin{pmatrix} x_1 \\ x_2 \\ x_3 \end{pmatrix}$,

$AB\begin{pmatrix}x_1\\x_2\end{pmatrix}$, $BA\begin{pmatrix}x_1\\x_2\\x_3\end{pmatrix}$ を求めよ.

線形写像 $L: \mathbf{R}^p \to \mathbf{R}^q$ を $L=\begin{pmatrix}a_{11}\cdots a_{1p}\\ \cdots\cdots\cdots\\ a_{q1}\cdots a_{qp}\end{pmatrix}$ とし $x=\begin{pmatrix}x_1\\ \vdots\\ x_p\end{pmatrix}\in \mathbf{R}^p$ とすると, シュワルツの不等式(§1.5 例7)を用いて

$$\|Lx\|^2 = \left\|\begin{pmatrix}\cdots\\ \sum_{j=1}^p a_{ij}x_j\\ \cdots\end{pmatrix}\right\|^2 = \sum_{i=1}^q \left(\sum_{j=1}^p a_{ij}x_j\right)^2 \leq \sum_{i=1}^q \left(\sum_{j=1}^p a_{ij}^2 \sum_{j=1}^p x_j^2\right)$$

$$= \sum_{i,j} a_{ij}^2 \|x\|^2,$$

よって

$$\|Lx\| \leq \left(\sum_{ij} a_{ij}^2\right)^{1/2} \|x\|$$

となる. $\left(\sum_{ij} a_{ij}^2\right)^{1/2}$ は L を $\mathbf{R}^{pq}$ の元と考えたときの L のノルム $\|L\|$ であるから上の式は

(1.61) $$\|Lx\| \leq \|L\|\|x\|$$

と書かれる. したがって, $x,y \in \mathbf{R}^p$ のとき

$$\|Lx-Ly\| = \|L(x-y)\| \leq \|L\|\|x-y\|$$

となり, したがって L はリプシッツの条件をみたし一様に連続な写像となる.

線形写像 $L: \mathbf{R}^p \to \mathbf{R}^q$ が逆写像をもつ条件は, L が全単射であることであるが, そのとき L^{-1} も線形写像であることは容易にたしかめられる. $x,y \in \mathbf{R}^q, \alpha,\beta \in \mathbf{R}$ のとき, $x'=L^{-1}x$, $y'=L^{-1}y$ とすれば $Lx'=x$, $Ly'=y$ だから, $L(\alpha x'+\beta y')=\alpha Lx'+\beta Ly'=\alpha x+\beta y$, よって $L^{-1}(\alpha x+\beta y)=\alpha x'+\beta y'$ $=\alpha L^{-1}x+\beta L^{-1}y$ となるからである.

さて, $\mathbf{R}^2 \to \mathbf{R}^2$ の線形写像 $A=\begin{pmatrix}a & b\\ c & d\end{pmatrix}$ に逆写像があるための条件は, 任意の $\begin{pmatrix}x\\ y\end{pmatrix}\in \mathbf{R}^2$ に対して

$$\begin{pmatrix}a & b\\ c & d\end{pmatrix}\begin{pmatrix}x'\\ y'\end{pmatrix}=\begin{pmatrix}x\\ y\end{pmatrix}$$

となるような $\begin{pmatrix}x'\\ y'\end{pmatrix}$ がただ一つ存在することである. 上の式を成分で書き分け

1.8 線形写像

れば,

(1.62) $$\begin{cases} ax'+by'=x, \\ cx'+dy'=y. \end{cases}$$

これがただ1組の解をもつための必要十分条件は，よく知られているように $ad-bc \neq 0$ が成り立つことであり，この条件のもとに (1.62) を解くと

(1.63) $$x' = \frac{dx-by}{ad-bc}, \qquad y' = \frac{-cx+ay}{ad-bc}$$

となる．

A^{-1} が A の逆写像であるとき $AA^{-1}=A^{-1}A$ は恒等写像 $E=\begin{pmatrix} 1 & 0 \\ 0 & 1 \end{pmatrix}$ であるから，$AA^{-1}=A^{-1}A=E$ をみたす A^{-1} を A の逆行列ということにすれば逆写像は逆行列と同じものである．

行列 $A=\begin{pmatrix} a & b \\ c & d \end{pmatrix}$ に対して $ad-bc$ を A の**行列式**といって $\mathrm{Det}\,A$ または $\begin{vmatrix} a & b \\ c & d \end{vmatrix}$ で表わす．(2,2) 行列 A, B に対して

$$\mathrm{Det}(AB) = \mathrm{Det}\,A \cdot \mathrm{Det}\,B$$

が成り立つことは計算により容易にたしかめられる．

問 7 このことをたしかめよ．

$A=\begin{pmatrix} a & b \\ c & d \end{pmatrix}$ の逆行列 A^{-1} が存在するとき，$\mathrm{Det}\,A\,\mathrm{Det}\,A^{-1}=\mathrm{Det}(AA^{-1})=\mathrm{Det}\,E=1$ だから $\mathrm{Det}\,A \neq 0$ となる．前に線形写像 $\boldsymbol{R}^2 \to \boldsymbol{R}^2$ に逆写像があるための条件が $\mathrm{Det}\,A \neq 0$ であることを'知られている'としたが，これで必要であることがわかったし，十分であることは (1.63) により

$$A^{-1} = \frac{1}{ad-bc} \begin{pmatrix} d & -b \\ -c & a \end{pmatrix}$$

として $AA^{-1}, A^{-1}A$ の計算を実行してみればすぐたしかめられる．

問 8 このことをたしかめよ．

逆行列すなわち逆写像があるための必要十分条件は，一般の次元でも'行列式'といわれるものが0でないことであるが，それらを含めて行列および行列式については線形代数を学ばれるがよい．

問 9 $A=\begin{pmatrix} 1 & 2 & 3 \\ -1 & 0 & 1 \end{pmatrix}$, $B=\begin{pmatrix} -3 & 5 & 2 \\ 3 & 1 & 1 \end{pmatrix}$, $C=\begin{pmatrix} 1 & -1 \\ 2 & 1 \\ 3 & 1 \end{pmatrix}$, $x=\begin{pmatrix} 5 \\ 3 \end{pmatrix}$

とするとき, $A+B$, $2A-3B$, AC, CA $(AC)^{-1}$, Cx を求めよ.

問 10 写像 $L: \mathbf{R}^2 \to \mathbf{R}^2$ $((x,y) \mapsto (2x, 3y))$ を表わす行列を書け. L^{-1} を求めよ. 直線 $\{(x,y) : x=2\}$ の L による像は何か. 円 $\{(x,y) : x^2+y^2=1\}$ の L による像は何か.

問 11
$$A(B+C) = AB+AC,$$
$$(A+B)C = AC+BC,$$
$$(AB)C = A(BC)$$

を(対応する線形写像を用いて, または行列の計算によって)証明せよ. ただし, A, B, C はこれらの式が定義されるような行列である.

問 12 (j,j) 要素 $(j=1, 2, \cdots, n)$ が1でほかが0であるような (n,n) 行列 E は単位行列であり, $\mathbf{R}^n$ の恒等写像であることを示せ. (n,n) 行列 A に対して, その逆行列すなわち $AA^{-1}=A^{-1}A=E$ をみたす行列 A^{-1} は, あっても一つだけであることを証明せよ.

2. 微分法（1変数の関数）

2.1 微分係数

解析学の中心をなしているのは，いまでも微分と積分の概念であることに変りはない．

区間 I で定義された実数値の関数

$$f : I \to \mathbf{R}$$

を考えよう．$x_0 \in I$ を固定し，$x \in I$ $(x \neq x_0)$ に対して

(2.1) $$\frac{f(x)-f(x_0)}{x-x_0}$$

を考える．これを区間 $[x_0, x]$ $(x_0 < x)$ または区間 $[x, x_0]$ $(x < x_0)$ における f の **平均変化率** という．(2.1) は $I \setminus \{x_0\}$ で定義された関数と考えられる．$x \to x_0$ のときの (2.1) の極限があれば，その極限を f の $(x=) x_0$ における **微分係数**，略して **微係数**，ときには **微分商** といい，

$$f'(x_0),\ Df(x_0),\ \left(\frac{df}{dx}\right)_{x=x_0},\ \frac{df}{dx}(x_0),\ \left.\frac{d}{dx}f(x)\right|_{x=x_0}$$

と書く．f を $y=f(x)$ の形で書いたときは，

$$y'(x_0),\quad \left(\frac{dy}{dx}\right)_{x=x_0}$$

とも表わす．式 (2.1) において $x-x_0$ を $\varDelta x$ と書き $f(x_0+\varDelta x)-f(x_0)$ を $\varDelta y$ と書くと，(2.1) は $\varDelta y/\varDelta x$ となる．この $\varDelta x \to 0$ のときの極限が $\left(\dfrac{dy}{dx}\right)_{x=x_0}$ である．

例 1 $\mathbf{R}$ で $f_0(x)=c$, $f_1(x)=x$, $f_2(x)=x^2$, $f(x)=ax+b$ とする．x_0 における f_0, f_1, f_2, f の微分係数は

$$f_0{}'(x_0) = \lim_{x \to x_0} \frac{c-c}{x-x_0} = \lim_{x \to x_0} 0 = 0,$$

$$f_1{}'(x_0) = \lim_{x \to x_0} \frac{x-x_0}{x-x_0} = \lim_{x \to x_0} 1 = 1,$$

$$f_2'(x_0) = \lim_{x \to x_0} \frac{x^2 - x_0^2}{x - x_0} = \lim_{x \to x_0} (x + x_0) = 2x_0,$$

$$f'(x) = \lim_{x \to x_0} \frac{(ax+b) - (ax_0+b)}{x - x_0} = \lim_{x \to x_0} a = a.$$

例2 $\boldsymbol{R}$ で $f(x) = |x|$ とすると,

$$x > 0 \text{ のとき } \quad \frac{f(x) - f(0)}{x - 0} = \frac{|x| - |0|}{x - 0} = \frac{x}{x} = 1,$$

$$x < 0 \text{ のとき } \quad \frac{f(x) - f(0)}{x - 0} = \frac{|x| - |0|}{x - 0} = \frac{-x}{x} = -1$$

だから $\lim_{x \to 0} (f(x) - f(0))/(x - 0)$ は存在しない. したがって, f の $x=0$ における微分係数は存在しない.

関数 f の x_0 における微分係数が存在して有限のとき, f は x_0 で**微分可能**または**可微分**であるという.

例1の f_0, f_1, f_2, f はすべての $x_0 \in \boldsymbol{R}$ で微分可能な関数であって, 例2の f は $x_0 \neq 0$ で微分可能な関数である.

微分可能性は連続性よりも強い性質である. すなわち,

定理 2.1 点 x_0 で微分可能な関数 f は, その点で連続である.

証明 $x \neq x_0$ のとき

$$f(x) - f(x_0) = \frac{f(x) - f(x_0)}{x - x_0} (x - x_0) \to f'(x_0) \cdot 0 = 0 \quad (x \to x_0),$$

したがって, $x \to x_0$ のとき $f(x) \to f(x_0)$ で, f は x_0 で連続となる.

注意1 逆は成り立たない. 例2の f は $x=0$ で連続だが, 微分可能ではない. ワイエルシュトラス(Weierstrass)は区間の各点で微分可能でない連続関数をつくった(§5.2 p.284 参照).

注意2 f の定義域の区間 I の端点が I に属するときは, その点 x_0 における f の微分係数は自動的につぎのようになる. x_0 が左端のときは, $x \in I, x \neq x_0$ ならば $x > x_0$ となるから, $x \to x_0$ は $x \to x_0 + 0$ の意味になる. 同様に, x_0 が区間の右端のときは, $x \to x_0$ は $x \to x_0 - 0$ の意味になる.

一般に,

$$\lim_{x \to x_0 + 0} \frac{f(x) - f(x_0)}{x - x_0} \quad \left(\lim_{x \to x_0 - 0} \frac{f(x) - f(x_0)}{x - x_0} \right)$$

を f の x_0 における**右微分係数(左微分係数)**といい,

$$f_+'(x_0) \quad \text{または} \quad D^+f(x_0) \quad (f_-'(x_0) \quad \text{または} \quad D^-f(x_0))$$

で表わす. これが有限のとき, f は x_0 で**右微分可能(左微分可能)**であるといわれる.

例 3 $\boldsymbol{R}$ で $f(x)=|x|$ のとき, $f_+'(0)=1$, $f_-'(0)=-1$ (例 2 参照).

($x_0 \in I$ が I の左端(右端)の点であるとき, 当然左微分係数(右微分係数)は考えない.)

命題 1 f が x_0 で右微分可能(左微分可能)ならば右に連続(左に連続)である.

(証明は定理 2.1 と同様にできる.)

命題 2 $x_0 \in I$ が区間 I の端点でないときは, I 上の関数 f の x_0 における微分係数が存在するための必要十分条件は, 右微分係数, 左微分係数があって $f_+'(x_0)=f_-'(x_0)$ となることである. このとき $f'(x_0)=f_+'(x_0)$ となる.
(これは左右からの極限と, 極限の関係(§1.3 問 3)に帰する.)

定理 2.2 I は区間, $f:I \to \boldsymbol{R}, x_0 \in I$ のとき, f が x_0 で微分可能であるための必要十分条件は,

$$(2.2) \quad f(x)=f(x_0)+A(x-x_0)+(x-x_0)g(x), \quad \lim_{x \to x_0} g(x)=0$$

となる $A \in \boldsymbol{R}$ と関数 $g: I \setminus \{x_0\} \to \boldsymbol{R}$ が存在することであって, このとき $A=f'(x_0)$ となる.

証明 f が x_0 で微分可能のとき, $A=f'(x_0)$ とし, $g: I \setminus \{x_0\}$ を $x \in I$, $x \neq x_0$ に対して $g(x)=\dfrac{f(x)-f(x_0)}{x-x_0}-A$ と定めると, 明らかに (2.2) が成り立つ.

逆に (2.2) が成り立つとき

$$\frac{f(x)-f(x_0)}{x-x_0}=A+g(x) \to A \quad (x \to x_0)$$

だから, f は x_0 で微分可能で $A=f'(x_0)$ となる.

注意 (2.2) は $x \neq x_0$ として得られたのであるから (2.2) によって定められる $g(x)$ は $x \neq x_0$ に対してである. $x=x_0$ では (2.2) は $g(x_0)$ をどう定めても成り立つ. しか

し，$\lim_{x \to x_0} g(x) = 0$ であるから，x_0 で連続であるように定めるには $g(x_0)=0$ としておけばよい，またそうせねばならない．よって (2.2) の g は $x=x_0$ で連続であると仮定することができる．その利点は合成関数の微分法の公式を証明するときに現われるであろう．

定理 2.2 は f が x_0 で微分可能のとき，x_0 の近くでは曲線 $y=f(x)$ ①を直線 $y=f'(x)(x-x_0)+f(x_0)$ ②で近似できることを示している．すなわち，x_0 に近い所では，その値の差は $(x-x_0)g(x)$ であって $g(x) \to 0 (x \to x_0)$ なのだから，$(x-x_0)$ にくらべていっそう小さいとみられよう．このことは $y=f(x)$ のグラフは $x=x_0$ の近くでは直線②と見なせるということである．

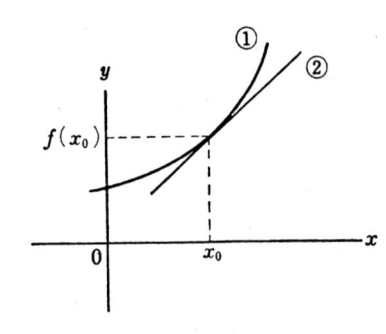

このような状況が成り立っているとき $f(x)-(f(x_0)+f'(x_0)(x-x_0))$ は x_0 において $x-x_0$ よりも**高位の無限小**であるといって

$$f(x)-(f(x_0)+f'(x_0)(x-x_0))=o(x-x_0) \qquad (x \to x_0)$$

と書き表わす．これをまた $f(x)=f(x_0)+f'(x_0)(x-x_0)+o(x-x_0)$ というようにも書く．$A=B+o(x-x_0)$ は $A-B$ が $x-x_0$ よりも高位の無限小すなわち $o(x-x_0)/(x-x_0) \to o(x \to x_0)$ という意であって，等号の左右が等しいということではない．もっと一般に二つの関数 $h(x), g(x)$ が x_0 のある近傍 $U(x_0)$ から x_0 を除いたところ $U^*(x_0)$ で定義されていて，$x \to x_0$ のとき $h(x) \to 0$, $g(x) \to 0$ が成り立つとき，これらを無限小といい

$$\exists \varepsilon(x): U^*(x_0) \to \mathbf{R}, h(x)=g(x)\varepsilon(x), \varepsilon(x) \to 0 \ (x \to x_0)$$

が成り立てば，x_0 において "h は g よりも高位の無限小である" といって $h=o(g)$ と書くのである．g が $U^*(x_0)$ で $\neq 0$ ならばこれは $h(x)/g(x) \to 0 (x \to x_0)$ と同じことである．上の微分可能の場合の例では $g(x)=x-x_0$ であった．

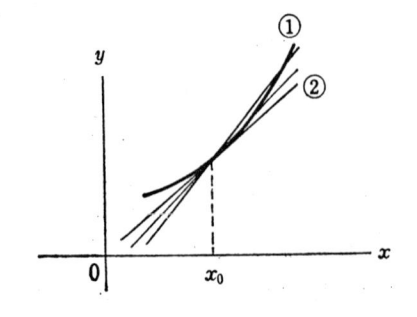

f が x_0 で微分可能のとき，$f'(x_0)$ を曲線 $y=f(x)$ の $x=x_0$ におけるかたむきとい

う．$f(x)=ax+b$ のとき任意の x_0 に対して $f'(x_0)=a$（例1）だから直線 $y=ax+b$ のかたむきはつねに a である．(2.1) は点 $(x_0, f(x_0))$ と $(x, f(x))$ をむすぶ直線のかたむきであって，それが $x \to x_0$ のとき $f'(x_0)$ つまり直線 $y=f'(x_0)(x-x_0)+f(x_0)$ のかたむきに近づくのである．この直線を点 $(x_0, f(x_0))$ における $y=f(x)$ の接線という．

定理 2.3 f が区間 I で単調増加であって，$x_0 \in I$ で微分係数をもてば，$f'(x_0) \geqq 0$，単調減少ならば $f'(x_0) \leqq 0$.

証明 f が I で単調増加のとき

$$x > x_0 \text{ ならば } f(x) \geqq f(x_0), \text{ よって } \frac{f(x)-f(x_0)}{x-x_0} \geqq 0,$$

$$x < x_0 \text{ ならば } f(x) \leqq f(x_0), \text{ よって } \frac{f(x)-f(x_0)}{x-x_0} \geqq 0,$$

よって $x \to x_0$ の極限を考えて $f'(x_0) \geqq 0$ となる．単調減少のときも同様である．

区間 I 上の関数 f が，I の各点で微分可能のとき，f は I で微分可能であるともいう．またただ微分可能な関数ともいう．

区間 I 上の微分可能な関数 f に対して，I の各点 x にその点における f の微分係数 $f'(x)$ を対応させる関数，すなわち $x \mapsto f'(x)$ で定まる I 上の関数を f の**導関数**といって

$$f', \quad Df, \quad \frac{df}{dx}$$

で表わす．またこれは関数 f を $f(x)$ とも書くように，$f'(x), (f(x))', Df(x), \frac{d}{dx}f(x)$ とも書かれ，$y=f(x)$ と書いたときは $y', \frac{dy}{dx}, dy/dx$ のようにも書く．例1の f_0, f_1, f_2, f について

$$f_0'(x) = c' = 0, \quad f_1'(x) = x' = 1, \quad f_2'(x) = (x^2)' = 2x,$$
$$f'(x) = (ax+b)' = a.$$

($f(x)'$ たとえば $(ax+b)'$ は x における微分係数をも表わす．)

微分可能な関数 f からその導関数を求めることを，f を**微分する**という．

定理 2.3 から "f が区間 I で微分可能であって単調増加(減少)ならば $f'(x) \geqq 0$ $(f'(x) \leqq 0)$" となる．この逆についてはつぎの節の定理 2.10 がある．

微分係数と四則演算については，つぎの基本的な性質がある．

定理 2.4 区間 I 上の関数 f, g が $x_0 \in I$ で微分可能であるとする．

1) $\alpha, \beta \in \mathbf{R}$ とすると $\alpha f + \beta g$ は x_0 で微分可能であって
$$D(\alpha f + \beta g)(x_0) = \alpha Df(x_0) + \beta Dg(x_0),$$

2) fg は x_0 で微分可能であって
$$D(fg)(x_0) = Df(x_0)g(x_0) + f(x_0)Dg(x_0),$$

3) $g(x_0) \neq 0$ のとき f/g は x_0 で微分可能であって
$$D(f/g)(x_0) = (Df(x_0)g(x_0) - f(x_0)Dg(x_0))/(g(x_0))^2.$$

証明 1) $\dfrac{(\alpha f + \beta g)(x) - (\alpha f + \beta g)(x_0)}{x - x_0} = \alpha \dfrac{f(x) - f(x_0)}{x - x_0}$

$\qquad + \beta \dfrac{g(x) - g(x_0)}{x - x_0} \to \alpha Df(x_0) + \beta Dg(x_0) \qquad (x \to x_0).$

2) $\dfrac{(fg)(x) - (fg)(x_0)}{x - x_0} = \dfrac{f(x)g(x) - f(x_0)g(x) + f(x_0)g(x) - f(x_0)g(x_0)}{x - x_0}$

$\qquad\qquad = \dfrac{f(x) - f(x_0)}{x - x_0} g(x) + f(x_0) \dfrac{g(x) - g(x_0)}{x - x_0}$

$\qquad\qquad \to Df(x_0)g(x_0) + f(x_0)Dg(x_0) \qquad (x \to x_0),$

ここで，定理 2.1 により $g(x) \to g(x_0)$ であることを用いた．これは 3) にも用いる．

3) g は x_0 で連続だから $g(x_0) \neq 0$ から，x_0 のある近傍で $g(x) \neq 0$ となることがわかる．まず $1/g$ について証明する．

$$\dfrac{(1/g)(x) - (1/g)(x_0)}{x - x_0} = \dfrac{g(x_0) - g(x)}{g(x)g(x_0)} \Big/ (x - x_0)$$

$$= -\dfrac{g(x) - g(x_0)}{x - x_0} \Big/ (g(x)g(x_0))$$

$$\to -Dg(x_0)/(g(x_0))^2 \qquad (x \to x_0).$$

これと 2) によって $f/g = f(1/g)$ は x_0 で微分可能で
$$D(f/g)(x_0) = Df(x_0)(1/g)(x_0) + f(x_0)(-Dg(x_0)/(g(x_0))^2)$$

$$= (Df(x_0)g(x_0) - f(x_0)Dg(x_0))/(g(x_0))^2.$$

注意 定理の微分可能の代りに右微分可能(左微分可能)とし，D を $D^+(D^-)$ に置換えてもよい．その場合の証明も同様である．

つぎの系は定理からすぐに得られる．

系 f, g が区間 I 上の微分可能な関数のとき．

1) $\alpha, \beta \in \mathbf{R}$ ならば $f+g$ も微分可能で
$$(\alpha f + \beta g)' = \alpha f' + \beta g',$$

2) fg も微分可能で
$$(fg)' = f'g + fg',$$

3) すべての $x \in I$ について $g(x) \neq 0$ ならば f/g も微分可能で
$$(f/g)' = (f'g + fg')/g^2.$$

系の 1) でとくに $\alpha = \beta = 1$；$\alpha = 1, \beta = -1$；$\beta = 0$ とすれば
$$(f+g)' = f' + g', \quad (f-g)' = f' - g', \quad (\alpha f)' = \alpha f'.$$

また 1) をくりかえして使えば $a_j \in \mathbf{R}, f_j$ は区間 I で微分可能 $(j=1, 2, \cdots, n)$ のとき，$\sum_{j=1}^{n} a_j f_j$ も I で微分可能で

(2.3) $$\left(\sum_{j=1}^{n} a_j f_j\right)' = \sum_{j=1}^{n} a_j f_j' \quad (\text{線形性}).$$

またこのとき $f_1 \cdots f_n$ も微分可能で

(2.4) $$(f_1 \cdots f_n)' = f_1' f_2 \cdots f_n + f_1 f_2' f_3 \cdots f_n + f_1 f_2 \cdots f_{n-1} f_n'$$

である．これは 2) から数学的帰納法によって証明される．すなわち，$n=1$ のとき (2.4) は明らかであり，$n=j$ のとき成り立つとすれば系の 2) によって $f_1 \cdots f_j f_{j+1}$ も微分可能で

$$(f_1 \cdots f_j f_{j+1})' = (f_1 \cdots f_j)' f_{j+1} + (f_1 \cdots f_j) f_{j+1}'$$
$$= (f_1' f_2 \cdots f_j + f_1 f_2' f_3 \cdots f_j + \cdots + f_1 f_2 \cdots f_{j-1} f_j') f_{j+1}$$
$$+ (f_1 \cdots f_j) f_{j+1}'$$

となり $n=j+1$ のときも (2.4) は成り立つ．なお，I で $(f_1 \cdots f_n)(x) \neq 0$ のとき (2.4) はつぎのように書かれる．

$$(f_1 \cdots f_n)' = (f_1 \cdots f_n)\left(\frac{f_1'}{f_1} + \frac{f_2'}{f_2} + \cdots + \frac{f_n'}{f_n}\right).$$

(2.4) において $f_1=\cdots=f_n=f$ とすれば，f が微分可能のとき f^n もそうであって

(2.5) $$(f^n)'=nf'f^{n-1} \qquad (n \in \boldsymbol{N})$$

となる．$x>0$ のとき $x^0=1$ と定めるのであるが，かりに $x\leqq 0$ でも $x^0=1$ とすれば，$n=1$ のときも $f^{n-1}=f^0=1$ となって (2.5) は成り立つのである．

(2.5) でとくに $f(x)=x$ とすれば $f'(x)=1$ だから

(2.6) $$(x^n)'=nx^{n-1} \qquad (n \in \boldsymbol{N})$$

が得られる．これと (2.3) によれば多項式 $P(x)=a_0+a_1x+\cdots+a_nx^n$ は $\boldsymbol{R}$ 上の微分可能な関数であって，導関数も多項式になる：$P'(x)=a_1+2a_2x+\cdots+na_nx^{n-1}$．これと系の 3) から有理関数は(分母が 0 とならないような点では)微分可能であって導関数も有理関数となることがわかる．とくに，$m\in\boldsymbol{N}$ のとき，$(1/x^m)'=-mx^{m-1}/x^{2m}=-m/x^{m+1}$ となり，$x\neq 0$ のとき $x^{-m}=1/x^m$ と定めると，$(x^{-m})'=-mx^{-m-1}$ で，(2.6) は n が負の整数のときにも $(x\neq 0$ で) 成り立つことがわかる．

注意 微分係数は点の近傍における関数の値で定まるので，初めの関数を区間で考えたのであるが，$1/x^m$ のように二つの区間の和集合 $(-\infty,0)\cup(0,\infty)$ で定義された関数についても同じことである．またたとえば，$x\longmapsto|x|$ は $\boldsymbol{R}$ 上の関数であって $x\neq 0$ のとき微分可能であるが，この導関数は $x<0$ のとき -1，$x>0$ のとき 1 となる．

定理 2.5 I, I' は区間とする．関数 $f:I\to I'$ が $x_0\in I$ で微分可能，関数 $g:I'\to\boldsymbol{R}$ が $y_0=f(x_0)$ で微分可能ならば合成関数 $g\circ f$ は x_0 で微分可能であって

$$(g\circ f)'(x_0)=g'(y_0)f'(x_0).$$

証明 定理 2.2 により

(2.7) $$f(x)=f(x_0)+f'(x_0)(x-x_0)+(x-x_0)f_1(x),$$
$$\lim_{x\to x_0}f_1(x)=0$$

となる関数 $f_1:I\to\boldsymbol{R}$ が存在し

(2.8) $$g(y)=g(y_0)+g'(y_0)(y-y_0)+(y-y_0)g_1(y),$$
$$\lim_{y\to y_0}g_1(y)=0=g_1(y_0)$$

となる関数 $g_1: I' \to \mathbf{R}$ が存在する．(2.8)式の y を $f(x)$ とし，(2.7)を用いて

$$\begin{aligned}g(f(x)) &= g(f(x_0)) + (f(x) - f(x_0))(g'(f(x_0)) + g_1(f(x))) \\ &= g(f(x_0)) + (x - x_0)(f'(x_0) + f_1(x))(g'(f(x_0)) + g_1(f(x))) \\ &= g(f(x_0)) + g'(f(x_0))f'(x_0)(x - x_0) \\ &\quad + (x - x_0)f_1(x)g'(f(x_0)) \\ &\quad + f'(x_0)g_1(f(x)) + (f_1(x)g_1(f(x))).\end{aligned}$$

ここで $x \to x_0$ のとき $f_1(x) \to 0$, $g_1(f(x)) \to 0$ だから

$$f_1(x)g'(f(x_0)) + f'(x_0)g_1(f(x)) + f_1(x)g_1(f(x)) \to 0$$

となり，再び定理 2.2 によって結論が得られる．

注意 f_1 は $x \neq x_0$ に対してだけ定義されていればよいが，g_1 は $y = y_0$ でも定義されていなければならない．そしてそのことはすでに定理 2.2 のあとに注意したように制限にはならないのである．なぜ，g_1 については必要かというと $g_1(f(x))$ が定義されなくなるおそれがあるからである．すなわち，$x \neq x_0$ でも $f(x) = f(x_0)$ となりうるからである．この注意を些細ということはできない．このことがあるばかりに，折角の簡単な古典的証明

$$\text{``}\frac{(g \circ f)(x) - (g \circ f)(x_0)}{x - x_0} = \frac{g(f(x)) - g(f(x_0))}{f(x) - f(x_0)} \frac{f(x) - f(x_0)}{x - x_0},$$

$x \to x_0$ のとき $f(x) \to f(x_0)$ だから上の式は $g'(f(x_0))f'(x_0)$ に収束する"
をやめて，わざわざこの形にしたのであるから….

定理 2.6 区間 I で定義された強い意味で単調な連続関数 f が，$x_0 \in I$ において微分係数 $Df(x_0)$ をもてば，f の逆関数 f^{-1} も，$y_0 (= f(x_0))$ で微分係数 $Df^{-1}(y_0)$ をもつ．$0 < Df(x_0) < +\infty$ または $0 > Df(x_0) > -\infty$ のときは

$$Df(x_0)Df^{-1}(y_0) = 1$$

が成り立つ．また，$Df(x_0) = \pm\infty$ のときは $Df^{-1}(y_0) = 0$, $Df(x_0) = 0$ のときは f が増加か減少かに従い $Df^{-1}(y_0) = +\infty$ または $-\infty$ となる．

証明 考えをきめるために f は強い意味で単調に増加するものとしよう．そうすれば $f(I)$ は区間であって逆関数 f^{-1} がこの区間で定義され，連続，強い意味で単調に増加する(定理 1.6)．

$$f^{-1}(y) = x, \qquad f^{-1}(y_0) = x_0,$$
$$f(x) = y, \qquad f(x_0) = y_0$$

とすれば，仮定によって $y \neq y_0 \Longleftrightarrow x \neq x_0$，しかも f^{-1} の連続性によって $y \to y_0$ のとき $x \to x_0$，また f が単調増加であることから定理 2.3 により $Df(x_0) \geqq 0$ であるが

$$(2.9) \quad \frac{f^{-1}(y) - f^{-1}(y_0)}{y - y_0} = \frac{x - x_0}{f(x) - f(x_0)} = 1 \Big/ \frac{f(x) - f(x_0)}{x - x_0} \quad (>0)$$

は $0 < Df(x_0) < \infty$ ならば，$\to 1/Df(x_0)$，よって $D^{-1}f(y_0) = 1/Df(x_0)$，$Df(x_0) = 0$ ならば (2.9) は $\to +\infty$，よって $Df^{-1}(y_0) = +\infty$，$Df(x_0) = +\infty$ ならば (2.9) は $\to 0$，よって $Df^{-1}(y_0) = 0$ である．

単調減少のときは $Df(x_0) \leqq 0$ であるが，$0 > Df(x_0) > -\infty$ のとき $Df^{-1}(y_0) = 1/Df(x_0)$，$Df(x_0) = 0$ のとき $Df^{-1}(y_0) = -\infty$，$Df(x_0) = -\infty$ のとき $Df^{-1}(y_0) = 0$ となるのである．

これを記号的に

$$\frac{dy}{dx} \cdot \frac{dx}{dy} = 1$$

と表わすこともできる．ただし，$dy/dx = 0$，あるいは $\pm\infty$ のときだけ，定理に述べたような注意が必要になる．

例 4 $n \in \mathbf{N}$ に対して

$$y = \sqrt[n]{x} \qquad (0 \leqq x < +\infty)$$

の導関数を計算せよ．

解 $x \mapsto \sqrt[n]{x} = y$ は $y \mapsto y^n = x$ の逆関数であって，y の変域も $[0, \infty)$ である．よって

$$\frac{d}{dx} \sqrt[n]{x} = \frac{1}{\dfrac{d}{dx} y^n} = \frac{1}{ny^{n-1}} = \frac{1}{n} \frac{y}{y^n} = \frac{1}{n} \frac{\sqrt[n]{x}}{x}$$

が $x > 0$ に対して成り立つ．$x = 0$ では微分係数は $n = 1$ のとき 1，$n > 1$ のとき $+\infty$ である．

注意 $y = \sqrt[n]{x^m}$ の導関数は合成関数の微分法により

$$\frac{dy}{dx} = \frac{1}{n} \frac{\sqrt[n]{x^m}}{x^m} mx^{m-1} = \frac{m}{n} \frac{\sqrt[n]{x^m}}{x} \qquad (x > 0).$$

区間 I で微分可能な関数 f の導関数 f' が $x_0 \in I$ で微分係数をもつとき，それを f の x_0 における**第2次微分係数**といい，$f''(x_0)$, $D^2 f(x_0)$ $\dfrac{d^2 f}{dx^2}(x_0)$ と書く．f を $y=f(x)$ の形で書いたときは $y''(x_0)$, $\left(\dfrac{d^2 y}{dx^2}\right)_{x=x_0}$ とも書く．f' が I で微分可能のとき，f は I で **2回微分可能**といい，f' の導関数を f の**第2次導関数**といって

$$f'', \quad D^2 f, \quad \frac{d^2 f}{dx^2}, \quad y'', \quad \frac{d^2 y}{dx^2}, \quad d^2 y/dx^2, \quad f''(x), \quad (f(x))'', \quad D^2 f(x)$$

などで表わす．同様に第 n 次の微分係数 $f^{(n)}(x_0)$，第 n 次の導関数 $f^{(n)}, D^n f$, $f^{(n)}(x), (f(x))^{(n)}, D^n f(x)$ が定められる場合がある．それらを（$n \geqq 2$ のとき）**高次微分係数**，**高次導関数**という．

例5 $f(x)=x^n$ のとき $f'(x)=nx^{n-1}$, $f''(x)=n(n-1)x^{n-2}, \cdots, f^{(n)}(x)=n(n-1)\cdots 3\cdot 2\cdot 1=n!$, よってまた $f(x)$ が n 次の多項式なら $f^{(n)}(x)=c(\neq 0)$, $m>n$ のとき $f^{(m)}(x)=0$ となる．

注意 第 n 次の微分係数 $f^{(n)}(x_0)$ が定められるのは，x_0 を含むある開区間（ただし，x_0 が f の定義区間 I の端点のときは半開区間）で f が第 $(n-1)$ 次までの導関数をもち，$f^{(n-1)}(x)$ が x_0 で微分係数をもつときである．

区間 I で第 n 次の導関数があってそれが連続であるとき，その関数は C^n 級であるという．区間 I の各点で何回でも微分可能であるとき，すなわち任意の $n \in \mathbf{N}$ について第 n 次の導関数があるとき（このとき $(n+1)$ 次の導関数があるから第 n 次の導関数は連続である）その関数は C^∞ 級であるという．連続な関数は C^0 級とする．I 上の C^n 級の関数の全体を $C^n(I)$ ($n=0,1,2,\cdots,\infty$) とすると，$C^0(I) \supset C^1(I) \supset C^2(I) \supset \cdots \supset C^\infty(I)$, $C^\infty(I)=\bigcap_{n=0}^\infty C^n(I)$, 多項式は $C^\infty(\mathbf{R})$ に属する．C^1 級の関数を**滑らかな関数**ともいう．

関数 f が x_0 のある近傍 $U(x_0)$ で定義されていて，

(2.10) $$x \in U(x_0) \Rightarrow f(x) \leqq f(x_0)$$

が成り立つとき，f は x_0 において**極大**になるといい，$f(x_0)$ を f の**極大値**という．不等号の向きを反対にして**極小**，**極小値**の定義が得られる．極大値と極小値をあわせて**極値**という．極大値，極小値は局所的な最大値，最小値であ

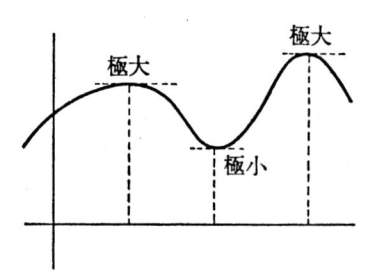

る．関数が定義域の内点で最大値(最小値)をとれば，それは極大値(極小値)である．

定理 2.7 f が x_0 において極値をとるとき，$f'(x_0)$ が存在すれば $f'(x_0)=0$ である．

証明 f が x_0 で極大になるとすると $\exists(a, b): a<x_0<b, a<x<b$ のとき $f(x) \leqq f(x_0)$. よって $a<x<x_0$ のとき $(f(x)-f(x_0))/(x-x_0) \geqq 0, x_0<x<b$ のとき $(f(x)-f(x_0))/(x-x_0) \leqq 0, f'(x_0)$ があるから $f'(x_0)=f_-'(x_0)=f_+'(x_0)$, ところが上の式から $f_-'(x_0) \geqq 0, f_+'(x_0) \leqq 0$. よって，$f'(x_0)=0$ となる．極小のときも同様である．

もちろん，$f'(x_0)$ がなくても $f(x_0)$ が極値となる場合はある．たとえば，$f(x)=|x|$ は $x=0$ で微分係数はないが，$x=0$ で極小となる．

極大の定義の式 (2.10) を $x \in U^*(x_0)=U(x_0) \setminus \{x_0\} \Rightarrow f(x)<f(x_0)$ にかえたとき，f は x_0 において**強い意味で極大**になるという．不等号の向きをかえれば，**強い意味で極小**の定義が得られる．

定理 2.8 f が区間 $[a, b]$ で微分可能で，$f'(a) \neq f'(b)$ のとき，$f'(a)$ と $f'(b)$ の間の任意の値 λ に対して $\exists c \in (a, b): f'(c)=\lambda$.

証明 いま，$f'(a)>\lambda>f'(b)$ とする．$\varphi(x)=f(x)-\lambda x$ とおくと $\varphi'(x)=f'(x)-\lambda, \varphi'(a)>0, \varphi'(b)<0$ となる．φ は $[a, b]$ で連続だから定理 1.10 により最大値が存在する：$\exists c \in [a, b]: x \in [a, b] \Rightarrow \varphi(x) \leqq \varphi(c)$. もしも $c=a$ であるとすると微分係数の定義から $\varphi'(a) \leqq 0$, 同様に $c=b$ であるとすると $\varphi'(b) \geqq 0$ となる．よって，$c \in (a, b)$. したがって，φ は c で極大となり定理 2.7 により $\varphi'(c)=0$, すなわち $f'(c)=\lambda$. $f'(a)<\lambda<f'(b)$ でも同様，最大値の代りに最小値をとればよい．

導関数は連続になるとは限らない（§2.5 問 10）けれども，この定理によれば連続関数のもっていた中間値の定理の性質はみたされることになる．したがって，どんな関数でもある関数の導関数になれるというわけにはいかないのである．

問 1 つぎの関数を微分せよ．

$2x^8+8x^3+3$, $(2x^3+3)(4x^5-5x)$, $(ax+b)^n$, $(ax^2+bx+c)^n$, $(x^n+a)^2$, $x^3(x^2+1)(x+2)$, $(x-a)(x-b)(x-c)$, $(x^3-1)(x^2-1)^2$, $\left(x+\dfrac{1}{x}\right)\left(x^2-\dfrac{1}{x^2}\right)$, $\dfrac{ax+b}{cx+d}$, $\dfrac{x-a}{(x-b)(x-c)}$, $\dfrac{x+1}{x^2+1}$, $\dfrac{1}{(x^2+x+1)^2}$, $\dfrac{2x^3+3}{(x^2+1)(x+1)}$, $x|x|$, $\sqrt{x^2-1}$, $\sqrt[3]{x^2+1}$, $\sqrt{\dfrac{x-1}{x+1}}$, $\dfrac{1}{\sqrt[n]{x^m}}$.

問 2 $f(x)=f(-x)$ をみたす $\boldsymbol{R}$ 上の関数 f を偶関数, $f(x)=-f(-x)$ をみたす関数 f を奇関数という. たとえば, $x\longmapsto x^2$ は偶関数, $x\longmapsto x^3$ は奇関数である. 微分可能な偶関数の導関数は奇関数で, 奇関数の導関数は偶関数であることを証明せよ.

問 3 $\varphi_1=o(h)$, $\varphi_2=o(h)$ のとき $\varphi_1+\varphi_2=o(h)$, $c\varphi_1=o(h)$ となることを示せ.

2.2 平均値の定理とその応用

平均値の定理が微積分学の基本的な定理にかぞえられたのは, これによって区間で定義された f の変化する量を f' によって規定するという点にある.

平均値の定理 閉区間 $[a,b]$ で連続な関数 f が (a,b) の各点で微分係数をもてば

$$\exists \xi \in (a,b) : \frac{f(b)-f(a)}{b-a}=f'(\xi).$$

これを証明するために, まず $f(a)=f(b)$ である特別の場合にあたるロル (Rolle) の定理を証明しておこう.

命題 1 (ロルの定理) $[a,b]$ で連続な関数 f が (a,b) の各点で微分係数をもち, $f(a)=f(b)$ であれば, $\exists \xi \in (a,b) : f'(\xi)=0$.

証明 f が $[a,b]$ で定数であれば (a,b) の任意の点 ξ で $f'(\xi)=0$ となる. f が $[a,b]$ で定数でなければ, $\exists x_1 \in (a,b) : f(x_1) \neq f(a)$. いま, $f(x_1)>f(a)$ のときは最大値 $f(\xi)$ を考えると (存在については定理 1.10) $f(\xi)$

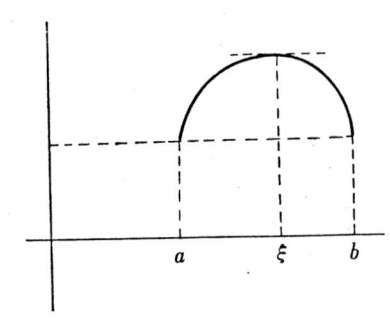

$\geq f(x_1) > f(a)$ だから $a < \xi < b$, f は ξ で極大となるから定理 2.7 によって $f'(\xi) = 0$ となる．$f(x_1) < f(a)$ のときは最小値を $f(\xi)$ として同様に $a < \xi < b$, $f'(\xi) = 0$ が導かれる．

定理 2.9 (コーシーの平均値の定理) f, g が区間 $[a, b]$ で連続で (a, b) で微分可能であれば

(2.11) $\quad \exists \xi \in (a, b) : (f(b) - f(a))g'(\xi) = (g(b) - g(a))f'(\xi)$.

証明 $\quad F(x) = (f(b) - f(a))g(x) - (g(b) - g(a))f(x)$
とすると F は $[a, b]$ で連続で (a, b) で $F' = (f(b) - f(a))g' - (g(b) - g(a))f'$, $F(a) = f(b)g(a) - g(b)f(a) = F(b)$ だからロルの定理により $\exists \xi \in (a, b) : F'(\xi) = 0$, すなわち (2.11) が成り立つ．

この定理で $g(x) = x$ とした場合が，初めに述べた平均値の定理である．ただし，このとき微分係数があるだけで有限でなくてもよい．それはこのとき $f'(x) = \pm \infty$ ならば $F'(x) = \mp \infty$ となって $F'(x)$ がつねにあるからである．

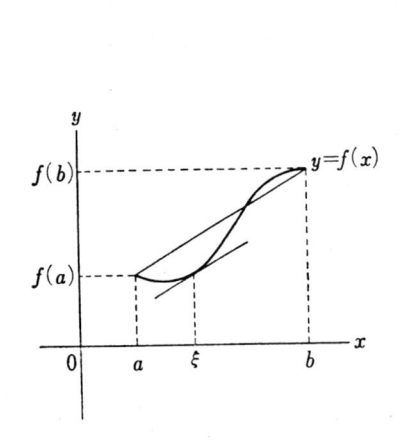

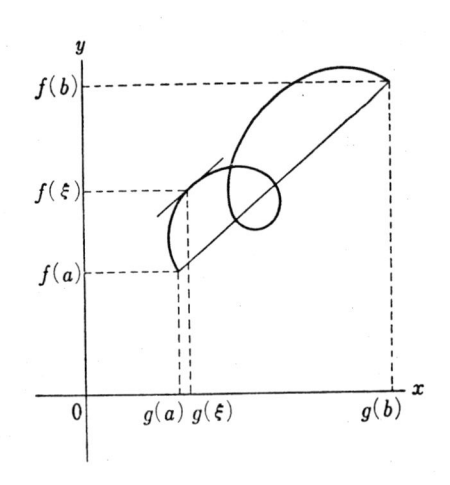

平均値の定理は幾何学的には，曲線 $y = f(x)$ の両端を結ぶ線分に平行な接線が途中にひけることを示している．

また，(2.11) の式は $g(a) \neq g(b)$ で，f', g' は (a, b) の各点で同時に 0 にはならないとすれば $g'(\xi) \neq 0$ で（もしも $g'(\xi) = 0$ とすれば (2.11) から

$f'(\xi)=0$ になってしまう.)

(2.12) $$\exists \xi \in (a,b) : \frac{f(b)-f(a)}{g(b)-g(a)} = \frac{f'(\xi)}{g'(\xi)}$$

と書ける. また (a,b) で $g'(x) \neq 0$ とすれば, 上の条件はみたされる(下の問1参照)から (2.12) が成り立つ.

$$x = g(t), \qquad y = f(t) \qquad (a \leq t \leq b)$$

を曲線の媒介変数表示と見れば, (2.12) の左辺は2点 $(g(a), f(a))$, $(g(b), f(b))$ を結ぶ線分のかたむきで (2.12) の右辺は点 $(g(\xi), f(\xi))$ におけるこの曲線の接線のかたむきになるのである(問10 参照).

問 1 $[a,b]$ で f が連続で (a,b) で f' が存在し $f'(x) \neq 0$ のとき, $f(a) \neq f(b)$ となることを示せ(ロルの定理を用いる).

問 2 平均値の定理を $g(x) = f(x) - \frac{f(b)-f(a)}{b-a}(x-a)$ とおいて, ロルの定理から直接証明してみよ.

系 f が $[a,b]$ で連続, (a,b) で微分可能で $m \leq f'(x) \leq M$ ならば, $m(b-a) \leq f(b)-f(a) \leq M(b-a)$.

これは平均値の定理から直ちに導かれる.

問 3 このことをたしかめよ.

問 4 f が区間で連続, その内点で微分可能で導関数が有界: $\exists M : |f'(x)| \leq M$ ならば, f はリプシッツの条件をみたす. すなわち, この区間の任意の x, y に対して $|f(x)-f(y)| \leq M|x-y|$. このことを証明せよ.

問 5
$$f(x) = a_0 x^n + a_1 x^{n-1} + \cdots + a_n \qquad (a_0 \neq 0),$$
$$c_1 < c_2 < \cdots < c_r, \qquad f(c_j) = 0 \quad (j=1,\cdots,r)$$

とすると $\leq n$ であることを証明せよ. ($f'(x) = 0$ が少なくとも $(r-1)$ 個の x について成り立つことを示し, 以下同様にする. もしも $r > n$ であったとして $f^{(n)}(x)$ を考えよ.) これから, $a_0 x^n + a_1 x^{n-1} + \cdots + a_n$ が n より多くの異なる x について 0 となれば, $a_0 = a_1 = \cdots = a_n = 0$ となることを証明せよ.

問 6 f が $[a, \infty)$ で連続, (a, ∞) で微分可能で $\lim_{x \to \infty} f(x) = f(a)$ であれば, $\exists \xi > a : f'(\xi) = 0$ となることを証明せよ(ロルの定理の証明参照).

平均値の定理からすぐにつぎの定理が得られる.

定理 2.10 f は $[a,b]$ 上の連続関数であって,(a,b) の各点で $f'(x)$ が存在するとする.

(a,b) で $f'(x)>0 \Rightarrow [a,b]$ で f は強い意味で単調増加,

(a,b) で $f'(x)\geqq 0 \Rightarrow [a,b]$ で f は単調増加,

(a,b) で $f'(x)<0 \Rightarrow [a,b]$ で f は強い意味で単調減少,

(a,b) で $f'(x)\leqq 0 \Rightarrow [a,b]$ で f は単調減少.

証明 $a\leqq x_1<x_2\leqq b$ とすると平均値の定理によって

$$\exists \xi : x_1<\xi<x_2, f(x_2)-f(x_1)=f'(\xi)(x_2-x_1),$$

よって (a,b) で $f'(x)>0$ ならば $f(x_2)>f(x_1)$,$f'(x)\geqq 0$ ならば $f(x_2)\geqq f(x_1)$,$f'(x)<0$ ならば $f(x_2)<f(x_1)$,$f'(x)\leqq 0$ ならば $f(x_2)\leqq f(x_1)$ となる.

注意 f が区間 I で C^1 級であって,$x_0\in I$ で $f'(x_0)\neq 0$ のとき,x_0 のある近傍で f は強い意味で単調となる.なぜならば,f' の連続性により,$f'(x_0)>0$ または <0 に従って,x_0 のある近傍でつねに $f'(x)>0$ または <0,よって定理 2.10 により f はこの近傍で強い意味で単調増加または減少となるからである.したがって,この近傍で定理 2.6 により C^1 級の逆関数をもつ.

定理 2.11 f は $[a,b]$ 上の連続関数であって,(a,b) の各点で $f'(x)=0$ であるならば,f は $[a,b]$ で定数関数である.

証明 $a<x\leqq b$ とすると平均値の定理によって

$$\exists \xi : a<\xi<x, f(x)-f(a)=f'(\xi)(x-a),$$

$f'(\xi)=0$ だから $f(x)-f(a)=0$,したがって $f(x)=f(a)$ となり f は $[a,b]$ で定数である.(これは前定理の系としてもよい.すなわち $f'(x)=0$ なら単調増加で単調減少だから定数である.)

問 7 $n\in \mathbf{N}, x\geqq 1$ のとき $x^n-1\geqq n(x-1)$ が成り立つことを,$f(x)=(x^n-1)-n(x-1)$ とおいて,$f(1)=0$ と,f' を計算して f の増減を調べることにより証明せよ.

問 8 与えられた面積をもつ長方形のうちで,周の長さが最小になるのは正方形であることを示せ.(与えられた面積を $a(>0)$,1辺の長さを $x(>0)$ とすると,周の長さは $f(x)=2(x+a/x)$ となる.f' を計算して f の増減を調

べる.)

問 9 $f(x) = \sum_{j=1}^{n}(x-a_j)^2$ の最小値を求めよ.

問 10 f, g が (a, b) で微分可能で $g'(t) \neq 0$ のとき, $f'(t_0)/g'(t_0)$ $(t_0 \in (a,b))$ は曲線 $x=g(t), y=f(t)$ $(a<t<b)$ の $(g(t_0), f(t_0))$ における接線のかたむきとなることを説明せよ. (まず定理 2.8 と定理 2.10 を用い, g は強い意味で単調であることを示し, 曲線 $y=(f \circ g^{-1})(x)$ の $x=g(t_0)$ における接線を考える.)

問 11 区間 I で f が微分可能で $f'(x)=0$ のとき, f は定数であることを証明せよ. (これは定理 2.11 から明らかともいえるが, 定理 2.11 のような形の定理をこのような形に使うことはよくあるので, 一度きっちり証明してみるとよい.)

定理 2.12 f は区間 I で微分可能であって, $x_0 \in I$ で $f(x_0)=0$, $\exists C \geq 0 : x \in I \Rightarrow |f'(x)| \leq C|f(x)|$ ならば, $f(x)$ は I でつねに 0 となる.

証明 $C=0$ ならば $f'(x)=0$ で $f(x_0)=0$ だから定理 2.11 により I で $f(x)=0$ となる.

$C>0$ のとき, x_0 を一端とし長さが $1/(2C)$ をこえない閉区間を $I_1 \subset I$ とする. $M = \sup_{x \in I_1}|f(x)|$ とすると, $x \in I_1$ のとき平均値の定理によって

$$\exists \xi \in I_1 : f(x) - f(x_0) = f'(\xi)(x-x_0)$$

だから

$$|f(x)| = |f(x)-f(x_0)| = |f'(\xi)||x-x_0| \leq C|f(\xi)||x-x_0|$$
$$\leq CM|x-x_0| \leq CM/(2C) = M/2.$$

$x \in I_1$ の上限をとって $M \leq M/2$, $0 \leq M < \infty$ だから $M=0$. したがって, f は I_1 でつねに 0 となる. 任意の $x_1 \in I$ については, x_0, x_1 を両端とする区間を長さが $1/(2C)$ をこえない区間に分けてみれば, いま示したことにより x_0 を含む区間からつぎつぎに, その区間でつねに 0 となり, $f(x_1)=0$ となる. $x_1 \in I$ は任意であったから I で $f(x)=0$ となる.

定理 2.7 において, f が x_0 で極値をとり, $f'(x_0)$ が存在するときは, $f'(x_0)=0$ であることを述べたが, つぎの定理は極値をとるための十分条件を

与える．

定理 2.13 f が定義域の内点 x_0 で第2次微分係数をもち，$f'(x_0)=0$ のとき，$f''(x)>0$ ならば f は x_0 において強い意味で極小となり，$f''(x)<0$ ならば f は x_0 において強い意味で極大となる．

証明 $f''(x)>0$ とする．$x \to x_0$ のとき

$$\frac{f'(x)-f'(x_0)}{x-x_0} \to f''(x_0)>0$$

だから x_0 のある近傍 $U(x_0)$ で

$$\frac{f'(x)-f'(x_0)}{x-x_0} > 0.$$

よって，$x<x_0$ ならば $f'(x)<f'(x_0)=0$, $x>x_0$ ならば $f'(x)>f'(x_0)=0$. したがって，定理 2.10 により f は $U(x_0) \cap (-\infty, x_0]$ で強い意味で単調に減少し，$U(x_0) \cap [x_0, \infty)$ で強い意味で単調に増加する．よって，f は x_0 で強い意味で極小となる．$f''(x_0)<0$ のときも同様に証明される(あるいは $-f$ を考えてもよい)．

注意 $f''(x_0)=0$ のときは，いろいろの場合がある．たとえば，つぎの関数の $x_0=0$ における状態を調べてみるとよい．$y=0, y=x^3, y=x^4, y=-x^4$.

関数 f が定義域内の区間 I の任意の3点 $x_1<x_2<x_3$ に対してつねに

$$(2.13) \qquad \frac{f(x_2)-f(x_1)}{x_2-x_1} \leq \frac{f(x_3)-f(x_2)}{x_3-x_2}$$

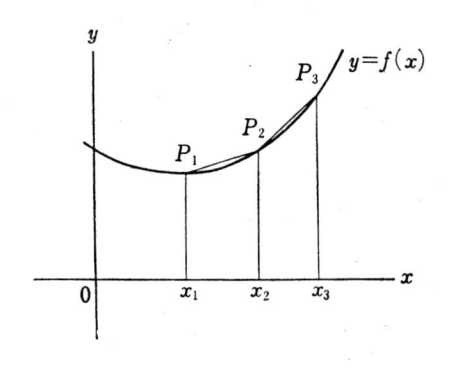

を成り立たせるとき，f は I で(下に)凸であるという．(2.13) の不等号の向きが逆になるとき f は I で上に凸または(下に)凹であるという．f が定義区間で凸であるとき**凸関数**という．不等式(2.13)の等号を除くことができるときは'強い意味で…'というようにいう．明らかに，f が上に凸である条件は，関数 $x \mapsto -f(x)$ が下に凸になることである．

x_1, x_2, x_3 に対応する曲線 $y=f(x)$ 上の点をそれぞれ P_1, P_2, P_3 とすれば，

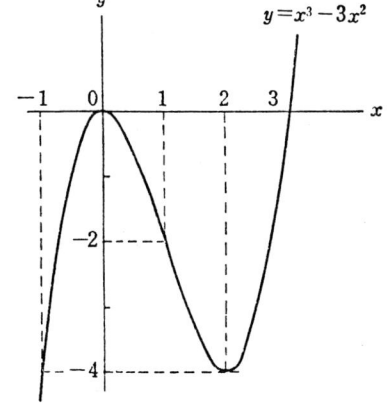

(2.13) は線分 P_1P_2 のかたむきが P_2P_3 のかたむきより大きくないことを示している．

定理 2.14 f が区間 I で連続であって，I の内部の各点で $f''(x)$ があるとき，f が凸関数であるための必要十分条件は，I の内部でつねに $f''(x) \geqq 0$ が成り立つことである．

証明 f を凸関数，x_1, x_2 は I の内点で $x_1 < x_2$ であるとする．$x, x' \in I$, $x < x_1 < x_2 < x'$ とすると

$$\frac{f(x_1)-f(x)}{x_1-x} \leqq \frac{f(x_2)-f(x_1)}{x_2-x_1} \leqq \frac{f(x')-f(x_2)}{x'-x_2}$$

だから $x \to x_1, x' \to x_2$ として

$$f'(x_1) \leqq \frac{f(x_2)-f(x_1)}{x_2-x_1} \leqq f'(x_2).$$

したがって，f' は I の内部で単調増加となり，定理 2.3 によって I の内部で $f''(x) \geqq 0$ となる．

逆に I の内部で $f''(x) \geqq 0$ のとき定理 2.10 により f' は I の内部で単調増加である．I の任意の 3 点 $x_1 < x_2 < x_3$ をとるとき，平均値の定理によって $\exists \xi_1, \xi_2 : x_1 < \xi_1 < x_2 < \xi_2 < x_3$,

$$\frac{f(x_2)-f(x_1)}{x_2-x_1} = f'(\xi_1), \qquad \frac{f(x_3)-f(x_2)}{x_3-x_2} = f'(\xi_2).$$

$f'(\xi_1) \leqq f'(\xi_2)$ だから (2.13) が成り立ち，f は凸関数となる．

注意 I の内部でつねに $f''(x) > 0$ であれば，f は強い意味で凸になることは，いまと同様な証明によってすぐに示される．

例 1 $\qquad f(x) = x^3 - 3x^2$

とすると，

$$f(x) = x^2(x-3),$$
$$f'(x) = 3x^2 - 6x = 3x(x-2),$$
$$f''(x) = 6x - 6 = 6(x-1),$$

よってこの f は $x \leqq 0$, $x \geqq 2$ で単調増加，$0 \leqq x \leqq 2$ で単調減小，$x \leqq 1$ で上に凸，$x \geqq 1$ で下に凸となる（いずれも強い意

問 12 $y = x^3 + ax^2 + bx + c$ は，d があって $(-\infty, d]$ で上に凸，$[d, \infty)$ で下に凸になることを示せ．

問 13 $y = (x^2 + 3)/(x - 2)$ の増減，凹凸を調べてグラフを書け．

定理 2.15 区間 I 上の関数 f が凸であるための必要十分条件は，任意の $x_1, x_2 \in I$ に対して

(2.14) $\quad f(tx_1 + (1-t)x_2) \leq tf(x_1) + (1-t)f(x_2) \quad (0 \leq t \leq 1)$

が成り立つことである．

証明 これは (2.13) を

$$f(x_2) \leq f(x_1)\frac{x_3 - x_2}{x_3 - x_1} + f(x_3)\frac{x_2 - x_1}{x_3 - x_1}$$

と変形してみれば明らかである．

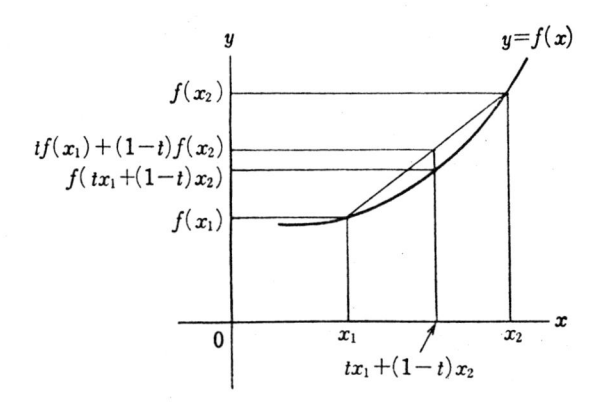

問 14 このことを示せ．

(2.14) は $(x_1, f(x_1)), (x_2, f(x_2))$ を結ぶ線分は，この曲線のこの間の部分より上側にあることを示している．

定理 2.16 f を区間 I 上の凸関数とすると，$x_j \in I, c_j \geq 0 \ (j = 1, 2, \cdots, n)$, $\sum_{j=1}^{n} c_j = 1$ のとき $\sum_{j=1}^{n} c_j x_j \in I$ で

(2.15) $\quad\quad\quad f\left(\sum_{j=1}^{n} c_j x_j\right) \leq \sum_{j=1}^{n} c_j f(x_j)$

となる．

証明 個数に関する帰納法による．まず $n = 1$ のときは明らかである．つぎ

に $n-1$ 個のときには成り立つとして n 個のときを示す. $c_n=1$ なら明らかだから $c_n \neq 1$ とすると $c=\sum_{j=1}^{n-1}c_j>0, c+c_n=1, c_j/c \geqq 0, \sum_{j=1}^{n-1}c_j/c=1, \sum_{j=1}^{n}c_jx_j=c\sum_{j=1}^{n-1}\frac{c_j}{c}x_j+c_nx_n$, f が凸であることと帰納法の仮定により $\sum_{j=1}^{n}c_jx_j \in I$,

$$f\left(\sum_{j=1}^{n}c_jx_j\right) \leqq cf\left(\sum_{j=1}^{n-1}\frac{c_j}{c}x_j\right)+c_nf(x_n)$$
$$\leqq c\sum_{j=1}^{n-1}\frac{c_j}{c}f(x_j)+c_nf(x_n) = \sum_{j=1}^{n}c_jf(x_j).$$

問 15 f は区間 I 上の下または上に凸な関数で, g は $f(I)$ を含む区間で単調な下または上に凸な関数とする. このとき I 上の関数 $g \circ f$ はつぎのようになることを示せ.

g が増加で凸, f が凸ならば $g \circ f$ は凸,
g が増加で凹, f が凹ならば $g \circ f$ は凹.
g が減少で凸, f が凹ならば $g \circ f$ は凸,
g が減少で凹, f が凸ならば $g \circ f$ は凹.

例 2 $$f(x)=x^4/4+ax^2/2+bx$$
の極大極小を調べよう.

$$f'(x)=x^3+ax+b,$$
$$f''(x)=3x^2+a,$$

極値をとる x は $f'(x)=0$ すなわち

(2.16) $$x^3+ax+b=0$$

をみたす. $a>0$ のとき $f''(x)>0$ だから (2.16) をみたす x で f は極小となる. $a=0$ のとき (2.16) をみたす $x(\neq 0)$ で f は極小となる. $a<0$ のとき $x<-\sqrt{|a|/3}, x>-\sqrt{|a|/3}$ ならば $f''(x)>0$, $-\sqrt{|a|/3}<x<\sqrt{|a|/3}$ ならば $f''(x)<0$ だから (2.16) をみたす x が $x<-\sqrt{|a|/3}, x>\sqrt{|a|/3}$ ならば x で f は極小, $-\sqrt{|a|/3}<x<\sqrt{|a|/3}$ ならば極大となる. いま (2.16) をみたす a,b,x の関数を考えよう. (2.16) で a を固定して, b を x の関数と考えると

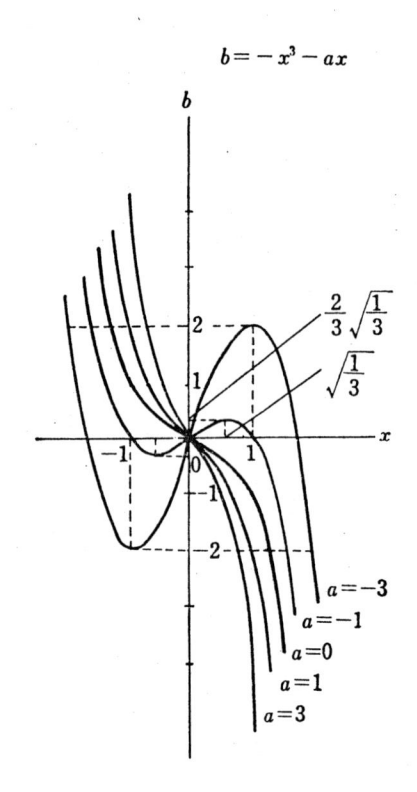

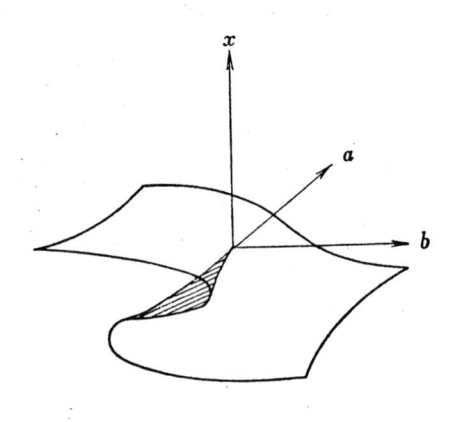

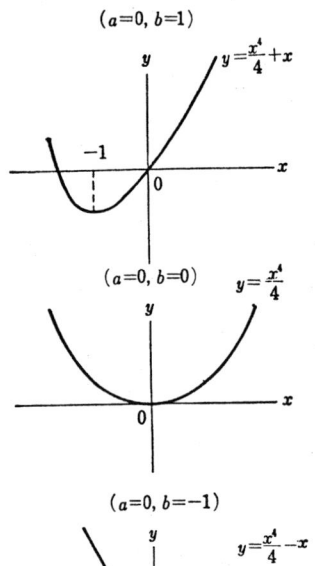

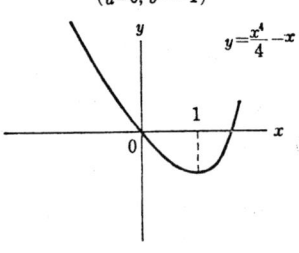

(2.17) $\quad b = -x^3 - ax,$

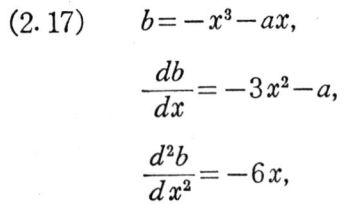

$\quad\quad\quad \dfrac{db}{dx} = -3x^2 - a,$

$\quad\quad\quad \dfrac{d^2b}{dx^2} = -6x,$

よって (2.17) は $x \leq 0$ で凸, $x \geq 0$ で上に凸であって, $a \geq 0$ ならば単調減少, $a < 0$ ならば $x \leq -\sqrt{|a|/3},\, x \geq \sqrt{|a|/3}$ で単調減少, $-\sqrt{|a|/3} \leq x \leq \sqrt{|a|/3}$ で単調増加となる. したがって, (2.17) のグラフは左上の図のようになる. よって (2.16) を abx 座標の曲面と考えると右上の図のようになり, その斜線部分では f が極大となり, 他では極小となる.

$a \geq 0$ のとき $y = f(x)$ が極小となる x は (2.17) のグラフからわかるとおり b が大きくなるに従って小さくなるように連続的に動く. たとえば, $a = 0$ の

とき $y=f(x)=x^4/4+bx$ のグラフは，$b=-1, 0, 1$ のとき前ページ右下の図のようになる．ところが $a<0$ のときは様子が変る．$a<0$ を固定したとき，$f(x)$ が極小となる x はグラフからわかるように $-2/3|a|\sqrt{|a|/3}<b<2/3|a|\sqrt{|a|/3}$ では二つある．$a<0$ を固定して b が負から正に向って連続的に動くとき，それに対する極小となる x は b がだんだん大きくなって $2/3|a|\sqrt{|a|/3}$ に近づくとき，だんだん小さくなって $\sqrt{|a|/3}$ に近づき，が $2/3|a|\sqrt{|a|/3}$ をこえるとき x はとんで $-2\sqrt{|a|/3}$ からだんだん小さくなる．(問 $a<0$ を固定し b を正からだんだん小さくするときはどうなるか．) b が増加するとき右の図の上の方の線上で極小となる x のとびがおこり，b が減少するときは下の方の線上でとびがおこる．なお (2.16) をみたす曲面を見れば，a を一定と限らなくても，とびのおこるところがわかるであろう．たとえば，$a=-3$ のとき，$y=f(x)$ のグラフは下の図のようになる．

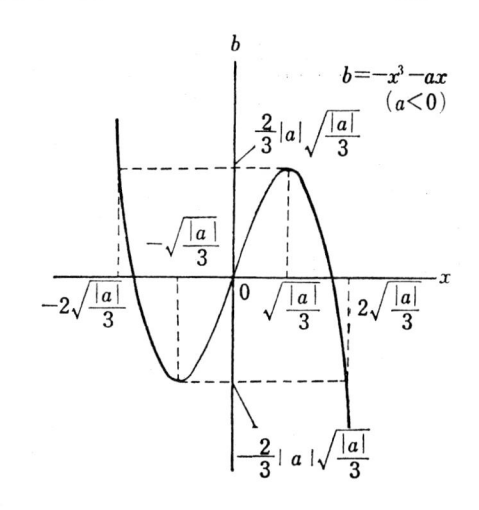

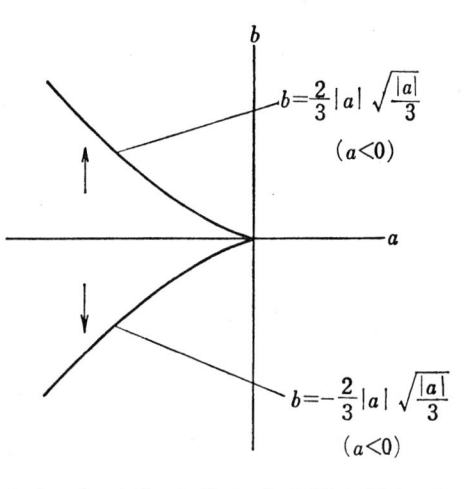

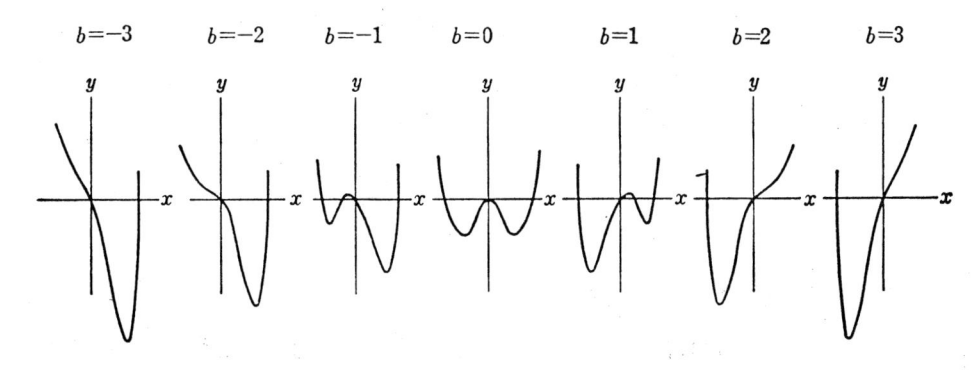

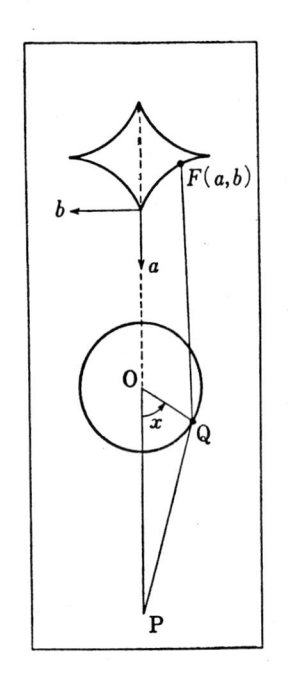

(ジーマン(Zeeman)教授の考案したカタストロフィマシンは，板の上に円板とゴムひもを図のように組合せたものである．円板は中心 O を板の1点に固定して自由に回転し，ゴムひもの一端 P は板上に固定し，中間点 Q は円板の周上に固定してあって，他の一端 F は板上を自由に動かすことができる．F をゆっくり動かすとこれにつれて円板もゆっくり動くが，F がある点にくると，円板が異常にはげしく動くことがわかる．そのような点 F は(PQ, QF のゴムひもの長さは円板の直径と同じ位とし，OP はその2倍位としたとき)，図のような曲線から成る4辺形をつくることがわかる．F を動かすとき，Q はゴムひものポテンシャルエネルギーが極小になるように動くものとしてよい．OQ が OP となす角を x とし，座標を適当にとり $F(a,b)$ とするとき，原点の近くでポテンシャルエネルギーが $f(x)=x^4/4+ax^2/2+bx$ と表わされるのである．そうするといままでに述べたことから，$a<0$ で b 軸の方向に F を動かすとき Q のジャンプがおこることの説明がつく．このばあい F の連続な動きが Q の不連続な動きをひきおこしているのであるが，このような現象をカタストロフィという.)

つぎの二つの定理は極限を求めるのにしばしば用いられる．

定理 2.17 f, g が開区間 (a,b) で微分可能で

$$\lim_{x\to a+0} f(x)=0, \qquad \lim_{x\to a+0} g(x)=0, \qquad g'(x)\ne 0$$

のとき $\lim_{x\to a+0}(f'(x)/g'(x))$ が存在すれば

(2.18) $$\lim_{x\to a+0}\frac{f(x)}{g(x)}=\lim_{x\to a+0}\frac{f'(x)}{g'(x)}.$$

証明 $f(a)=g(a)=0$ と定めると，f, g は $[a, x]\,(a<x<b)$ で連続となる．$t\in(a,x)$ のときは $g'(t)\ne 0$ だから $g(x)\ne g(a)$（問1）．定理2.9により

$$\exists \xi \in (a,x) : \frac{f(x)-f(a)}{g(x)-g(a)} = \frac{f'(\xi)}{g'(\xi)}, \quad \text{すなわち} \quad \frac{f(x)}{g(x)} = \frac{f'(\xi)}{g'(\xi)},$$

$x \to a+0$ とすれば, $\xi \to a+0$ だから (2.18) が成り立つ.

注意 左からの極限についても同様の定理が成り立つことは証明から明らかである. したがって, a の近傍で定義されているときの $x \to a$ の極限についても同様である. また, この定理を用いて $\lim_{x \to a+0} f(x)/g(x)$ を計算するとき, $\lim_{x \to a+0} f'(x)=0, \lim_{x \to a+0} g'(x)=0$ ならば, f, g の高次導関数を考えて, 成功することがある.

系 $[a,b]$ で連続な関数 f が, (a,b) で微分可能で極限 $\lim_{x \to a+0} f'(x)$ が存在すれば, f は a で(右)微分係数をもち,

$$f'(a) = \lim_{x \to a+0} f'(x)$$

が成り立つ.

証明 $f(x)-f(a)$ を定理の f と考え, $g(x)=x-a$ とすれば

$$\lim_{x \to a+0} \frac{f(x)-f(a)}{x-a} = \lim_{x \to a+0} f'(x), \quad \text{すなわち} \quad f'(a) = \lim_{x \to a+0} f'(x).$$

注意 この系も $f'(b)$ についても同様である.

問 16 この系を平均値の定理により直接証明してみよ.

つぎの定理は, $x \to a$ のとき $f(x) \to +\infty$ または $-\infty$, $g(x) \to +\infty$ または $-\infty$ である場合に $\lim_{x \to a+0} f(x)/g(x)$ を求めるのに用いられる.

定理 2.18 f, g は区間 (a,b) ($a=-\infty$ でもよい) で微分可能な関数であって, $g'(x) \neq 0$, $\lim_{x \to a+0} g(x) = \infty$ で $\lim_{x \to a+0} f'(x)/g'(x)$ が存在すれば

$$\lim_{x \to a+0} \frac{f(x)}{g(x)} = \lim_{x \to a+0} \frac{f'(x)}{g'(x)}.$$

証明 $\lim_{x \to a+0} f'(x)/g'(x) = l$ とする. $l < \infty$ のとき $\forall l_1 > l, (\forall l_1' : l < l_1' < l_1)$, $\exists c \in (a,b) : a < x < c \Rightarrow f'(x)/g'(x) < l_1', a < x < c$ とすると定理 2.9 により

$$\exists \xi \in (x,c) : \frac{f(x)-f(c)}{g(x)-g(c)} = \frac{f'(\xi)}{g'(\xi)}$$

だから

(2.19) $$\frac{f(x)-f(c)}{g(x)-g(c)} < l_1'.$$

$g(x) \to \infty$ $(x \to a+0)$ だから $\exists c' \in (a,c) : a < x < c' \Rightarrow g(x) > g(c), g(x) > 0$.

(2.19) に $(g(x)-g(c))/g(x)$ をかければ $a<x<c'$ のとき

$$\frac{f(x)-f(c)}{g(x)} < l_1' \frac{g(x)-g(c)}{g(x)},$$

よって，

$$\frac{f(x)}{g(x)} < l_1' - l_1'\frac{g(c)}{g(x)} + \frac{f(c)}{g(x)}.$$

$x \to a+0$ とすれば $g(x) \to \infty$ だからこの右辺は l_1' に収束する．よって，

$$\forall l_1 > l, \exists c_1 \in (a,b) : a<x<c_1 \Rightarrow f(x)/g(x) < l_1$$

が示された．同様に，$l > -\infty$ のとき

$$\forall l_2 < l, \exists c_2 \in (a,b) : a<x<c_2 \Rightarrow f(x)/g(x) > l_2.$$

すなわち，$f(x)/g(x) \to l \ (x \to a+0)$．

注意 $x \to b-0$（$b=\infty$ でもよい）のときも同様である．したがって，a の近傍で定義されているときの $x \to a$ の極限についても同様である．$g(x) \to -\infty$ のときも同様であることは $-g$ を考えれば明らかである．

定理 2.17 の証明は $a=-\infty$ のとき，そのまま通用はしないが，定理は $x \to +\infty$, または $x \to -\infty$ のときも成り立つ．たとえば，$x \to +\infty$ のとき $x=1/t$ とすると $t \to 0+0$ で，

$$\varphi(t) = f(1/t), \psi(t) = g(1/t)$$

とおくと $\varphi'(t) = -f'(1/t)/t^2, \psi'(t) = -g'(1/t)/t^2$ だから

$$\lim_{t \to 0+0} \frac{\varphi'(t)}{\psi'(t)} = \lim_{t \to 0+0} \frac{f'(1/t)}{g'(1/t)} = \lim_{x \to +\infty} \frac{f'(x)}{g'(x)},$$

よって，$\lim_{t \to 0+0} \varphi(t)/\psi(t)$ したがって $\lim_{x \to +\infty} f(x)/g(x)$ もこの値に等しい．

例は §2.5 の終りのところで述べる．

2.3 原始関数

区間 I 上の関数 f が与えられているとき，I 上の微分可能な関数 F があって，$F'=f$ が成り立つならば，F を f の**原始関数**または**不定積分**といって

$$\int f(x)dx \quad \text{または} \quad \int f$$

で表わし，f からその原始関数 F を求めることを f を**積分する**という．

F が f の原始関数であるとき，$F+c$（c は任意の定数）も f の原始関数であることは明らかである．よってある関数の原始関数は，もし存在しても一意

に定まるのではない．けれども，定数の差を無視すれば一意である．なぜならば，F_1, F_2 が f の原始関数であるならば $(F_1-F_2)'=f-f=0$，よって定理 2.11（§2.2 問 11）により $F_1-F_2=c$（定数）となるからである．

たとえば，$(ax^2/2+bx+c)'=ax+b$ となるから $ax^2/2+bx+c$ は1次関数 $ax+b$ の原始関数である．c を適当にとれば，ある点 x_0 における原始関数の値をどのように定めることもできる．実際 x_0 で値 y_0 をとる $ax+b$ の原始関数は $ax^2/2+bx+(y_0-ax_0^2/2-bx_0)$ となる．関数 f を $f(x)$ とも書くから $\int(ax+b)dx=ax^2/2+bx+c$ であるが，詳しくは

$$x \mapsto \frac{a}{2}x^2+bx+c$$

である．したがって，x のところにどんな文字を使っても同じ関数が得られる．$F'=f$ のとき $F(x)=\int f(x)dx$ と書くのは一つには変数が x だということをも表わすのである．変数はどうあれ，f の原始関数の全体は $\{F+c : c \in \mathbf{R}\}$ となる．その意味で一般には $\int f = F+c$ である．この c を積分定数という．c を省いて書くことも多い．たとえば，$\int(ax+b)dx=a/2 x^2+bx$.

f は区間 $[a,b]$ 上の連続関数で，グラフが折れ線となっているとする．すなわち $[a,b]$ の分点 $\{x_j\}$ $(a=x_0<x_1<\cdots<x_n=b)$ があって各 $[x_{j-1}, x_j]$ で f は1次関数で表わされるとするのである．このとき，$[x_0, x_1]$ における f の原始関数 f_1 はただちに書き下せる．つぎに $[x_1, x_2]$ における f の原始関数 f_2 を $f_2(x_1)=f_1(x_1)$ となるように定めることができる．このとき f_1 の x_1 における左微分係数と，f_2 の x_1 における右微分係数は $f(x_1)$ となって一致する．以下同様に $f_3, \cdots, f_n$ を定め $[x_{j-1}, x_j]$ において $F(x)=f_j(x)$ とすると F は f の原始関数となる．よってつぎの命題が得られる．

命題 1 区間 $[a,b]$ 上のグラフが折れ線となる関数には原始関数がある．

連続関数の原始関数の存在を示すためにも用いられる二つの定理を準備しよう．

定理 2.19 区間 $[a,b]$ 上の連続関数 f は，グラフが折れ線となる関数 g

で一様近似できる．すなわち，

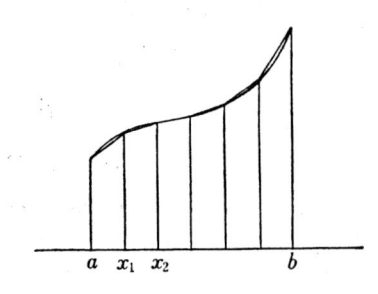

$$\forall \varepsilon > 0, \exists g:$$
$$x \in [a, b] \Rightarrow |f(x) - g(x)| < \varepsilon.$$

証明 定理 1.11 により f は $[a, b]$ で一様に連続であるから

$$\forall \varepsilon > 0, \exists \delta > 0 : x, x' \in [a, b],$$
$$|x - x'| < \delta \Rightarrow |f(x) - f(x')| < \varepsilon.$$

いま，$[a, b]$ の分点 $\{x_j\} (a = x_0 < x_1 < \cdots < x_n = b)$ を $|x_j - x_{j-1}| < \delta$ となるようにとり，点 $(x_j, f(x_j))$ $(j = 0, 1, \cdots, n)$ を順次に線分で結んで得られる折れ線を g とする：

$$g(x) = \frac{f(x_j) - f(x_{j-1})}{x_j - x_{j-1}} (x - x_{j-1}) + f(x_{j-1}) \qquad (x_{j-1} \leqq x \leqq x_j)$$
$$(j = 1, 2, \cdots, n).$$

定理 1.10 によって

$$\exists x_j', x_j'' \in [x_{j-1}, x_j]:$$

$$M_j = \max_{x_{j-1} \leqq x \leqq x_j} f(x) = f(x_j'), \quad m_j = \min_{x_{j-1} \leqq x \leqq x_j} f(x) = f(x_j'')$$

であって，$|x_j' - x_j''| < \delta$ だから $M_j - m_j < \varepsilon$，$x \in [x_{j-1}, x_j]$ のとき $m_j \leqq f(x) \leqq M_j$，また $f(x_{j-1}) \leqq g(x) \leqq f(x_j)$ または $f(x_j) \leqq g(x) \leqq f(x_{j-1})$ だから $m_j \leqq g(x) \leqq M_j$，したがって，$m_j - M_j \leqq f(x) - g(x) \leqq M_j - m_j$，よって $|f(x) - g(x)| \leqq M_j - m_j < \varepsilon$．よって，各 $x \in [a, b]$ に対して $|f(x) - g(x)| < \varepsilon$ となる．

定理 2.20 有限閉区間 I で $F_n' = f_n$ であって (f_n) は f に一様収束し，1点 $x_0 \in I$ で $(F_n(x_0))$ が収束していれば，(F_n) は I で一様に収束する．(F_n) の極限を F とすれば，$F' = f$ となる．

証明 $x \in I$ のとき

$$|F_m(x) - F_n(x)| = |F_m(x) - F_m(x_0) + F_m(x_0) - F_n(x_0)$$
$$+ F_n(x_0) - F_n(x)|$$
$$\leqq |(F_m(x) - F_n(x)) - (F_m(x_0) - F_n(x_0))|$$
$$+ |F_m(x_0) - F_n(x_0)|.$$

2.3 原始関数

$(F_m - F_n)' = f_m - f_n$ であるから平均値の定理によって ($x \neq x_0$ のとき) x と x_0 の間に ξ があって ($x = x_0$ のときは $\xi = x_0$ とすればよい)

$$(2.20) \quad (F_m(x) - F_n(x)) - (F_m(x_0) - F_n(x_0))$$
$$= (x - x_0)(f_m(\xi) - f_n(\xi)).$$

(f_n) の一様収束と $(F_n(x_0))$ の収束により

$$(2.21) \quad \forall \varepsilon > 0, \exists n_0 : m, n > n_0, \xi \in I \Rightarrow |f_m(\xi) - f_n(\xi)| < \varepsilon,$$
$$|F_m(x_0) - F_n(x_0)| < \varepsilon.$$

よって,

$$m, n > n_0, x \in I \Rightarrow |F_m(x) - F_n(x)| \leq |x - x_0|\varepsilon + \varepsilon \leq (|I| + 1)\varepsilon.$$

したがって, 定理 1.12 によって (F_n) は I で一様収束する. また, (2.20) によって, $x \neq x_0$ のとき x と x_0 の間に ξ があって

$$(2.22) \quad \left|\frac{F_m(x) - F_m(x_0)}{x - x_0} - \frac{F_n(x) - F_n(x_0)}{x - x_0}\right| = |f_m(\xi) - f_n(\xi)|$$

となり, (2.21) によって (2.22) は $m, n > n_0$ のとき ε より小さくなる. よって

$$g_n(x) = \frac{F_n(x) - F_n(x_0)}{x - x_0}$$

とすると定理 1.12 によって (g_n) は $I \setminus \{x_0\}$ で一様収束する. その極限を $g(x)$ とする: $g(x) = \lim_{n \to \infty} g_n(x)$ ($x \neq x_0$). 一方

$$\lim_{n \to \infty} g_n(x) = \frac{F(x) - F(x_0)}{x - x_0}$$

だから

$$g(x) = \frac{F(x) - F(x_0)}{x - x_0},$$

また,

$$\lim_{x \to x_0} g_n(x) = F_n'(x_0) = f_n(x_0)$$

だから定理 1.14 により $\lim_{x \to x_0} g(x) = \lim_{n \to \infty} f_n(x_0) = f(x_0)$. すなわち, $F'(x_0) = f(x_0)$. また $F_n(x) \to F(x)$ であって, $x_0 \in I$ は任意としてよいから $F' = f$ となる.

さて, f が区間 $[a, b]$ で連続な関数であるとき, 定理 2.19 により $n \in N$

に対してグラフが折れ線になる $[a,b]$ 上の関数 f_n があって $|f(x)-f_n(x)|<1/n$ となる．このとき f_n は f に一様収束する．命題1により各 f_n には原始関数 F_n がある：$F_n'=f_n$．なお，$F_n(a)=0$ と定められる．よって定理2.20により F_n も一様収束し $F(x)=\lim_{n\to\infty}F_n(x)$ とすれば $F'(x)=f$ となる．すなわち，F は f の原始関数である．なお，$x_0\in[a,b]$, $c\in\mathbf{R}$ に対し $F_0=F+c-F(x_0)$ とすれば $F_0'=F'=f$ で $F_0(x_0)=c$ となる．また，初めに述べたように二つの原始関数の差は定数なのであるから，x_0 で値 c をとる原始関数はただ一つしかない．よって，つぎの命題が得られる．

命題 2 区間 $[a,b]$ で連続な関数には原始関数がある．なお，$x_0\in[a,b]$, $c\in\mathbf{R}$ とするとき $F(x_0)=c$ となる原始関数 F がただ一つある．

このことは区間が有限閉区間でなくても成り立つ．

定理 2.21 区間 I で連続な関数 f には原始関数がある．なお，$x_0\in I, c\in\mathbf{R}$ とするとき $F(x_0)=c$ となる f の原始関数 F がただ一つある．

証明 $I=[a,b]$ のときは命題2である．いま，$I=[a,b)$ として f の原始関数の存在を示そう．

$$a<b_1<\cdots<b_n<\cdots, b_n\to b \quad (n\to\infty)$$

となる b_n をとる．（それには $b\in\mathbf{R}$ ならば $b_n=b-1/n$, $b=\infty$ ならば $b_n=n$ とすればよい．）このとき，

$$[a,b_n]\subset[a,b), \quad \bigcup_{n=1}^{\infty}[a,b_n]=[a,b),$$

$$\exists F_n:[a,b_n]\to\mathbf{R}, \ F_n'=f, \ F_n(a)=0.$$

$m>n$ のとき $[a,b_n]\subset[a,b_m]$ だから命題2により $[a,b_n]$ で $F_n(x)=F_m(x)$．したがって，$x\in[a,b)$ のとき $x<b_n$ となる n をとって $F(x)=F_n(x)$ と定めると，これは n のとりかたによらず定まり $F'(x)=F_n'(x)=f(x)$ となる．$I=(a,b]$ の場合も同様，$I=(a,b)$ のときは $d\in(a,b)$ をとって $(a,d], [d,b)$ に分けて $F(d)=0$ となるようにつくれば，原始関数の存在が示される．定理の後段の証明は前と同様にできる．

問 1 上の定理の証明の終りのところを詳しくやってみよ．

2.3 原始関数

注意 これらの定理を証明するには，平均値の定理がもとになっている．そしてこの取扱いかたは歴史的にはわりに新しい．高木貞治先生がかつて'微分のことは微分で…'（自分のことは自分で…）というしゃれとともに紹介して下さったものをここで活かさせていただいたのである．

f, g が区間 I で連続のとき，それぞれの原始関数を F, G とすれば $F'=f$, $G'=g$ だから

$$(F+G)'=F'+G'=f+g, \qquad (cF)'=cF'=cf,$$

よって，

$$\int(f+g)=\int f+\int g, \qquad \int cf=c\int f$$

となる．また $(x^n)'=nx^{n-1} (n\in \boldsymbol{N})$ だから $\int nx^{n-1}dx=x^n$, $\int x^{n-1}dx=x^n/n$, $n-1$ を n にかえて

$$(2.23) \qquad \int x^n dx = \frac{x^{n+1}}{n+1} \qquad (n\in \boldsymbol{N}\cup\{0\}).$$

このことから多項式 $a_0x^n+a_1x^{n-1}+\cdots+a_n$ で表わされる関数の全体（定数 0 も含めて）を A とすれば A に属する関数から，加，減，乗法，微分ばかりでなく積分によって得られる関数もまた A に属することがわかる．また，有理関数全体の中で加減乗除（ただし定数関数 0 による除法はない），微分ができる．有理関数の原始関数は定義されている区間（分母が 0 となる点を含まないような区間）で存在するが，有理関数になるとは限らない．(§2.1 の (2.6) のあとに述べたように) $(x^{-n})'=-nx^{-n-1} (x\neq 0, n\in \boldsymbol{N})$, よって $\int -nx^{-n-1}dx=x^{-n}$, $\int x^{-n-1}dx=\frac{x^{-n}}{-n}, n+1$ を n にかえて

$$\int x^{-n}dx = \frac{x^{-n+1}}{-n+1} \qquad (n=2,3,\cdots, x>0 \text{ または } x<0),$$

(2.23) とあわせて

$$\int x^\alpha dx = \frac{x^{\alpha+1}}{\alpha+1} \qquad (\alpha\in \boldsymbol{Z}\setminus\{-1\}, \alpha<0 \text{ のときは } x>0 \text{ または } x<0).$$

しかし，$\alpha=-1$ のとき x^α，すなわち $1/x$ の原始関数は，有理関数では表わされないことが，つぎのように証明される．

$P(x), Q(x)$ を多項式として，関数 $Q(x)/P(x)$ を考える．$P(x)$ と $Q(x)$ は共通の x の値で0にならないとする．もしも $P(a)=0$ とすると，$P(x)$ を $x-a$ で割り算してみればわかるとおり $P(x)=(x-a)P_1(x)+c$ ($P_1(x)$ は多項式) と書けるが，これに $x=a$ を代入して $P(a)=c$，よって $c=0$ となり，$P(x)=(x-a)P_1(x)$ で，$P(x)$ は $x-a$ で割切れる（因数定理）．よって，$Q(a)=0$ でもあるとすると $Q(x)/P(x)$ を $x-a$ で約せることになる．したがって，$P(x), Q(x)$ が共通の x の値 a で0になるならば $x-a$ で約す，ということを何回か行なえば上の条件をみたすようになるはずである．いま，ある区間で

$$\left(\frac{Q(x)}{P(x)}\right)' = \frac{1}{x}$$

であったとする．このとき，

$$(Q'(x)P(x) - Q(x)P'(x))/(P(x))^2 = 1/x,$$

(2.24) $\qquad (P(x))^2 = x(Q'(x)P(x) - Q(x)P'(x)).$

この式がある区間で成り立ち，この左辺も右辺も多項式だから（§2.2問5により）(2.24) はすべての $x \in \boldsymbol{R}$ について成り立つ．よって，$x=0$ とすると $(P(0))^2 = 0, P(0) = 0$．よって，$P(x)$ は上に述べた因数定理により x で割切れる．いま，$P(x)$ が x^n で割切れて x^{n+1} で割切れないとすると $n \geq 1$，

$$P(x) = x^n P_1(x), \qquad P_1(0) \neq 0,$$

これを (2.24) に代入して，

$$x^{2n}(P_1(x))^2 = x(Q'(x)x^n P_1(x) - Q(x)nx^{n-1}P_1(x) - Q(x)x^n P_1'(x)),$$

よって，

$$x^n(P_1(x))^2 = xQ'(x)P_1(x) - nQ(x)P_1(x) - xQ(x)P_1'(x),$$

$x=0$ とおくと $0 = nQ(0)P_1(0)$，よって $Q(0)=0$ となり $P(x)$ と $Q(x)$ は共通の x の値で0にならないとしたことに反する．これで証明が終った．

このことから $1/x (x>0)$ の原始関数を考えれば，有理関数でない関数が得られることになる．これについてはつぎの節で述べよう．

問2 $1/(x^2+1)$ の原始関数は有理関数でないことを証明せよ．

2.4　指数関数と対数関数

関数 $x \mapsto 1/x$ を区間 $(0, \infty)$ で考えると連続である．よって，この関数の原始関数が，区間の定点 1 における値を 0 と定めることによって一意に定まる（定理 2.21）．（これが $\log x$ であることはすでに知っているであろうが，ここではその知識は使わない．）　この関数を φ とする：

(2.25) $$\varphi(1)=0, \qquad \varphi'(x)=\frac{1}{x}>0.$$

定理 2.10 により φ は強い意味で単調増加であって

$$x>1 \text{ のとき } \varphi(x)>\varphi(1)=0, \qquad x<1 \text{ のとき } \varphi(x)<\varphi(1)=0.$$

定理 1.6 により，φ の値域である区間における逆関数 ψ があって，それも強い意味で単調増加で連続であり，

(2.26) $$\psi(0)=1.$$

いま，$y>0$ を固定して $g(x)=\varphi(xy)-\varphi(x)-\varphi(y)$ $(x>0)$ とおくと，$g'(x)=\varphi'(xy)y-\varphi'(x)=1/(xy)\cdot y-1/x=0$ だから定理 2.11 により g は $(0,\infty)$ で定数となる．ところが，$g(1)=\varphi(y)-\varphi(1)-\varphi(y)=0$ だから，g は y がなんであってもつねに 0 となる．したがって，$\varphi(xy)-\varphi(x)-\varphi(y)=0$ がすべての $x>0, y>0$ について成り立つ．すなわち，

(2.27) $$\varphi(xy)=\varphi(x)+\varphi(y) \qquad (x>0,\ y>0).$$

(2.27) で $x=y$ とすれば $\varphi(x^2)=2\varphi(x)$，また $\varphi(x^3)=\varphi(x^2 x)=\varphi(x^2)+\varphi(x)=3\varphi(x)$，同様にして，

(2.28) $$\varphi(x^n)=n\varphi(x) \qquad (x>0, n\in \boldsymbol{N}).$$

また，$0<x_1<1<x_2$ とすると $\varphi(x_1)<0<\varphi(x_2)$，よって (2.28) から

$$\varphi(x_1{}^n)=n\varphi(x_1)\to -\infty, \qquad \varphi(x_2{}^n)=n\varphi(x_2)\to +\infty \qquad (n\to\infty),$$

したがって，φ の値域は実数全体 $\boldsymbol{R}$ となる．よって，逆関数 ψ の定義域は $\boldsymbol{R}$，値域は φ の定義域 $(0,\infty)$ である．φ が微分可能で $\varphi'(x)=1/x\neq 0$ だから定理 2.6 により ψ も微分可能で

(2.29) $$\psi'(y)=\frac{1}{\varphi'(\psi(y))}=\psi(y).$$

ψ が φ の逆関数だから
$$\varphi(\psi(y))=y, \qquad \psi(\varphi(x))=x.$$
任意の $y, y' \in \mathbf{R}$ に対して $\psi(y)=x, \psi(y')=x'$ とすると (2.27) によって
$$\varphi(\psi(y)\psi(y'))=\varphi(xx')=\varphi(x)+\varphi(x')=y+y',$$
両辺の ψ をとって

(2.30) $\qquad\qquad \psi(y)\psi(y')=\psi(y+y').$

さて，$a>0$ として $\mathbf{R}$ で $f(y)=\psi(y\varphi(a))$ と定める．
$$f(1)=\psi(\varphi(a))=a,$$
(2.30) から
$$f(y+y')=\psi((y+y')\varphi(a))=\psi(y\varphi(a)+y'\varphi(a))$$
$$=\psi(y\varphi(a))\psi(y'\varphi(a))=f(y)f(y'),$$
すなわち，$f:\mathbf{R}\to(0,\infty)$ は

(2.31) $\qquad\qquad f(1)=a\,(>0),$

(2.32) $\qquad\qquad f(y+y')=f(y)f(y')$

をみたす．(2.32) で $y=1, y'=0$ として $f(1)=f(1)f(0), f(1)\neq 0$ だから $f(0)=1=a^0$．(2.32) から数学的帰納法で

(2.33) $\qquad\qquad f(ny)=(f(y))^n,$

よって，$f(n)=(f(1))^n=a^n$，(2.32) で $y'=-y$ とおいて $f(y)f(-y)=f(0)=1$，よって，

(2.34) $\qquad f(y)\neq 0, \qquad f(-y)=\dfrac{1}{f(y)},$

$y=n$ として $f(-n)=1/f(n)=1/a^n=a^{-n}$．よって，

(2.35) $\qquad\qquad y\in\mathbf{Z}$ のとき $f(y)=a^y.$

（これらは (2.31), (2.32) だけから導かれたものである．）

(2.33) で $y=1/n\,(n\in\mathbf{N})$ として $(f(1/n))^n=f(1)=a$，f の値はつねに正だから $f(1/n)=\sqrt[n]{a}$．(2.33) で $y=m/n\,(m,n\in\mathbf{N})$ とすれば $f(m)=(f(m/n))^n$ だから $f(m/n)=\sqrt[n]{f(m)}=\sqrt[n]{a^m}$，また (2.33) の n を $m, y=1/n$ とすれば $f(m/n)=(f(1/n))^m=(\sqrt[n]{a})^m$，よって，

2.4 指数関数と対数関数

$$f(m/n) = \sqrt[n]{a^m} = (\sqrt[n]{a})^m,$$

これと (2.34) から $y \notin \mathbf{Z}$ のときも

$$f(y) = a^y$$

と定めると, $m, n \in \mathbf{N}$ に対して

$$a^{m/n} = \sqrt[n]{a^m} = (\sqrt[n]{a})^m, \qquad a^{-m/n} = 1/a^{m/n} = 1/\sqrt[n]{a^m} = \sqrt[n]{1/a^m} = \sqrt[n]{a^{-m}}$$

となり, a の y 乗 a^y がすべての実数 y に対して定義され, $y \in \mathbf{Q}$ のとき, いままでに知っていたものと同じであることが示された. また, $m/n = m'/n'$ ($n, n' \in \mathbf{N}, m, m' \in \mathbf{Z}$) のとき

$$\sqrt[n]{a^m} = a^{m/n} = a^{m'/n'} = \sqrt[n']{a^{m'}}$$

も示された. また (2.29) により

$$(a^y)' = f'(y) = \psi'(y\varphi(a))\varphi(a) = \psi(y\varphi(a))\varphi(a) = f(y)\varphi(a) = a^y\varphi(a)$$

となり, $y \mapsto a^y$ は $\mathbf{R}$ で何回でも微分可能な関数となる:

$$(a^y)^{(n)} = a^y(\varphi(a))^n.$$

$a > 0$ であったが, $a = 1$ のときは $\varphi(1) = 0$, $f(y) = \psi(y\varphi(1)) = \psi(0) = 1$, $a \neq 1$ のときは $\varphi(a) \neq 0$ だから $y\varphi(a)$ は $\mathbf{R}$ のすべての値をとり, その ψ による像 a^y の値域は $(0, \infty)$ となる. また,

$$(2.36) \quad (a^y)^{y'} = \psi(y'\varphi(a^y)) = \psi(y'\varphi(\psi(y\varphi(a)))) = \psi(y'y\varphi(a))$$
$$= f(yy') = a^{yy'}.$$

この関数 $x \mapsto a^x$ ($a > 0$) を **a を底とする指数関数**という. いままでに調べた性質をこの記号でまとめて書いておこう.

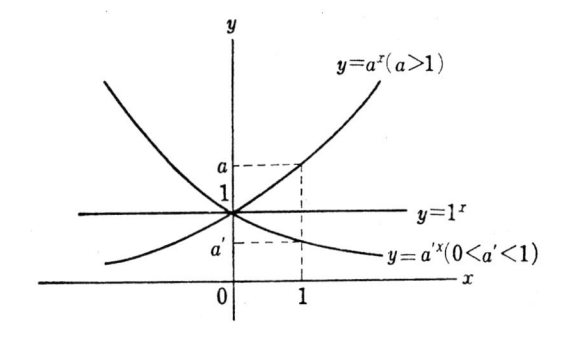

$$(2.37) \qquad a^0 = 1, \qquad a^1 = a,$$

$$
\text{(2.38)} \qquad a^{x+y}=a^x a^y, \qquad a^{-x}=1/a^x,
$$
$$
\text{(2.39)} \qquad (a^x)^y = a^{xy},
$$
$$
\text{(2.40)} \qquad (a^x)' = \varphi(a) a^x,
$$

$a=1$ のとき $a^x=1$, $0<a<1$ のとき $(a^x)'=a^x\varphi(a)<0$ だから a^x は単調減少で, $\lim_{x\to-\infty} a^x = +\infty$, $\lim_{x\to\infty} a^x = 0$, $a>1$ のとき $(a^x)'=a^x\varphi(a)>0$ だから a^x は単調増加で, $\lim_{x\to-\infty} a^x = 0$, $\lim_{x\to\infty} a^x = +\infty$ である. $a \neq 1$ のとき $(a^x)''=(\varphi(a))^2 a^x>0$ だから a^x は凸関数である.

$a>0$, $a \neq 1$ のとき a^x の逆関数を $\log_a x$ と書いて, **a を底とする対数関数**といい, 値 $\log_a x$ を a を底とする x の対数という. これは $0<a<1$ のとき単調減少, $a>1$ のとき単調増加で, 定義域は $(0,\infty)$, 値域は **R** である. つぎの式はこの定義といままでに得られた式から導かれる.

$$
\text{(2.41)} \qquad a^{\log_a x} = x, \quad \log_a a^r = r, \quad \log_a 1 = 0, \quad \log_a a = 1,
$$
$$
\text{(2.42)} \quad \log_a(xy) = \log_a x + \log_a y, \quad \log_a x^r = r\log_a x, \quad \log_a x = \frac{\log_b x}{\log_b a}
$$

(ただし $a>0$, $a\neq 1$, $b>0$, $b\neq 1$, $x,y>0$).

(2.42) は $\log_a x = x'$, $\log_a y = y'$ とおくと $a^{x'}=x$, $a^{y'}=y$, よって $a^{x'+y'}=a^{x'}a^{y'}=xy$, したがって $\log_a(xy) = x'+y' = \log_a x + \log_a y$, また $x^r = a^{x'r}$, よって $\log_a x^r = x'r = r\log_a x$, 最後の式は $\log_b x = \log_b a^{x'} = x'\log_b a = \log_a x \log_b a$, $\log_b a \neq 0$ となるからである. また逆関数の微分法(定理 2.6)により $y=\log_a x$ とおくと

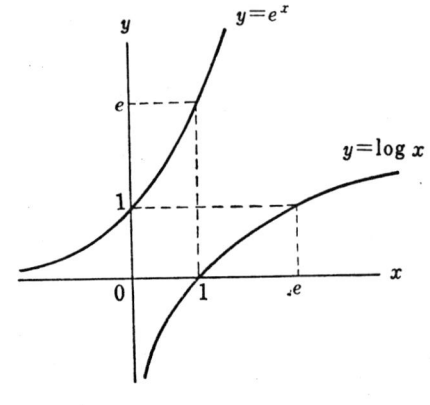

$$
\text{(2.43)} \qquad (\log_a x)' = \frac{1}{(a^y)'} = \frac{1}{\varphi(a) a^y} = \frac{1}{\varphi(a) x}.
$$

さて (2.40), (2.43) を見ると $\varphi(a)=1$ となるような a を底とするとき, 指数関数, 対数関数の微分は簡単である. すなわち, $\varphi(a)=1$ となる a を e と書くと

$$
\varphi(e) = 1
$$

であって $e>1$,
$$(e^x)'=e^x, \qquad (\log_e x)'=\frac{1}{x}.$$

$\log_e x$ を e を略して $\log x$ と書き,ただ x の対数ともいい,$x \mapsto \log x$ をただ対数関数ともいう.$e^x=\psi(x\varphi(e))=\psi(x)$, $\log x$ はその逆関数だから $\varphi(x)$ にほかならない.よって,$\log a=\varphi(a)$ だから

(2.44) $\qquad (a^x)'=a^x\log a, \qquad (a^x)''=a^x(\log a)^2,$

(2.45) $\qquad (\log_a x)'=\dfrac{1}{x\log a}, \qquad (\log_a x)''=-\dfrac{1}{x^2\log a}$

となり,a^x も $\log_a x$ も C^∞ 級である.なお,$a>0$ のとき $a=e^{\log a}$ だから $a>0, b>0$ のとき $a^x b^x = e^{x\log a}e^{x\log b}=e^{x\log a+x\log b}=e^{x\log ab}=(ab)^x$, すなわち,

(2.46) $\qquad a^x b^x=(ab)^x \qquad (a>0,b>0)$

となる.

例 1 $\lim\limits_{h\to 0}(e^h-1)/h$ を微分係数を用いて計算する.
$$\lim_{h\to 0}\frac{e^h-1}{h}=\lim_{h\to 0}\frac{e^h-e^0}{h-0}=\left.\frac{d}{dx}e^x\right|_{x=0}=e^0=1.$$

問 1 $\lim\limits_{h\to 0}\log(1+h)/h=1$ を示せ.

注意 上のやりかたでは初めに指数関数を定義したが,$\varphi(x)=\log x$ としてその逆関数を e^x, $a^x=e^{x\log a}$ $(a>0)$, $\log_a x=\log x/\log a$ $(a>0, a\neq 1, x>0)$ と定めてもよかったのである.指数関数の定義は,$a>0$ として $a^x(x\in \mathbf{N})$ を定め,それがみたす指数法則 $a^x a^y=a^{x+y}, (a^x)^y=a^{xy}$ を保つように定義域を $\mathbf{Q}$ に拡張し,さらにそれを連続に $\mathbf{R}$ に拡張するという方法が歴史的には先であってよく行なわれている(§1.6 問 32 注意参照).

$f(x)\neq 0$ となる点 x で f が微分可能ならば

(2.47) $\qquad (\log|f(x)|)'=\left(\dfrac{1}{2}\log(f(x))^2\right)'=\dfrac{1}{2}\dfrac{1}{(f(x))^2}(f(x))^{2\prime}$
$$=\frac{1}{2}\frac{1}{(f(x))^2}2f(x)f'(x)=\frac{f'(x)}{f(x)}.$$

(逆に $f(x)>0$, $\log f(x)$ が x で微分可能ならば $f(x)=e^{\log f(x)}$ も微分可能である.)とくに $x\neq 0$ のとき
$$(\log|x|)'=\frac{1}{x}.$$

(2.47) を利用して，$f_j(x) > 0$, $\alpha_j \in \mathbf{R}$, x で f_j は微分可能のとき
$$f(x) = (f_1(x))^{\alpha_1} \cdots (f_n(x))^{\alpha_n}$$
とすると，
$$\frac{f'(x)}{f(x)} = (\log f(x))' = \Big(\sum_{j=1}^{n} \alpha_j \log f_j(x)\Big)' = \sum_{j=1}^{n} \alpha_j \frac{f_j'(x)}{f_j(x)},$$
よって，
$$((f_1(x))^{\alpha_1} \cdots (f_n(x))^{\alpha_n})' = (f_1(x))^{\alpha_1} \cdots (f_n(x))^{\alpha_n} \sum_{j=1}^{n} \alpha_j \frac{f_j'(x)}{f_j(x)}$$
となる．このような微分法を**対数微分法**という．

例 2
$$(x^\alpha)' = \alpha x^{\alpha-1} \qquad (x > 0, \alpha \in \mathbf{R})$$
を対数微分法によって導こう．$f(x) = x^\alpha$ とすると
$$\log f(x) = \alpha \log x,$$
両辺を微分して
$$\frac{f'(x)}{f(x)} = \alpha \frac{1}{x},$$
よって，
$$(x^\alpha)' = f'(x) = \alpha \frac{1}{x} f(x) = \alpha \frac{1}{x} x^\alpha = \alpha x^{\alpha-1}.$$

(これの $\alpha \in \mathbf{Q}$ のときは §2.1 で得られている．)

例 3
$$e = \lim_{n \to \infty} \Big(1 + \frac{1}{n}\Big)^n = \lim_{x \to \infty} \Big(1 + \frac{1}{x}\Big)^x.$$

証明 $a_n = \Big(1 + \frac{1}{n}\Big)^n$ とおくと
$$\log a_n = n \log\Big(1 + \frac{1}{n}\Big) = \frac{\log\Big(1 + \frac{1}{n}\Big) - \log 1}{\Big(1 + \frac{1}{n}\Big) - 1}$$
だから
$$\lim_{n \to \infty} (\log a_n) = \frac{d}{dx} \log x \Big|_{x=1} = 1.$$

$a_n = e^{\log a_n}$ から指数関数の連続性によって $\lim_{n \to \infty} a_n = e$．なお，$\lim_{x \to \infty} (1 + 1/x)^x = e$ であることも全く同様に証明される．

例 4
$$a_n = 1 + \frac{1}{2} + \cdots + \frac{1}{n} - \log n$$

とすると $0 < a_n < 1$ であって, $\lim_{n\to\infty} a_n$ が存在する.

証明 $(\log x)' = 1/x$ だから, $[j, j+1]\,(j \in \boldsymbol{N})$ 上の関数 $\log x$ に平均値の定理を用い,
$$\exists \xi_j \in (j, j+1) : \log(j+1) - \log j = \frac{1}{\xi_j},$$

よって,

(2.48) $$\frac{1}{j+1} < \log(j+1) - \log j < \frac{1}{j}.$$

これを $j = 1, 2, \cdots, n-1$ について加え合わせて
$$\frac{1}{2} + \cdots + \frac{1}{n} < \log n < 1 + \frac{1}{2} + \cdots + \frac{1}{n-1} < 1 + \frac{1}{2} + \cdots + \frac{1}{n},$$

よって, $0 < a_n < 1$ となり (2.48) によって
$$a_{n+1} - a_n = \frac{1}{n+1} - \log(n+1) + \log n < 0$$

だから (a_n) は単調減少で下に有界, したがって収束する.

(この極限をオイラー(Euler)の定数という. この数は有理数であるか無理数であるか知られていない.)

例 5 $x^\alpha, \log x, a^x$ の第 n 次導関数を求めよう.
$$Dx^\alpha = \alpha x^{\alpha-1}, \cdots, D^n x^\alpha = \alpha(\alpha-1)\cdots(\alpha-n+1) x^{\alpha-n},$$

$D\log x = x^{-1}$ だから上の計算から
$$D^n \log x = (-1)^{n-1} \frac{(n-1)!}{x^n}.$$

$Da^x = a^x \log a$ だから
$$D^n a^x = a^x (\log a)^n, \quad \text{とくに} \quad D^n e^x = e^x.$$

問 2 つぎの関数を微分せよ.

$$(1+x^2)^{2/3}, \quad \sqrt{1+x^2}, \quad \sqrt[3]{1+x^2}, \quad \log(x^2+1), \quad \log 2x, \quad \frac{1}{\log x},$$

$$\sqrt{e^x+1}, \quad \frac{e^x-1}{e^x+1}, \quad xe^{ax}, \quad e^{e^x}, \quad x^{\log x}, \quad x^p, \quad x^x.$$

問 3 $x \neq 0$ のとき $e^x > 1+x$ を示せ.

問 4 $x > 0$ のとき $x > \log(1+x) > x - x^2/2$ を示せ.

問 5 つぎの関数の第 n 次導関数を求めよ.
$$xe^x, \quad xe^{-x}, \quad x^n \log x.$$

問 6 $\lim_{x\to\infty} x^a$, $\lim_{x\to 0+0} x^a$, を求めよ.

問 7 つぎの関数のグラフの概形を書け.
$$y = e^{-x}, \ y = e^{-x^2}, \ y = x - \log x, \ y = xe^x, \ y = xe^{-x}, \ y = x^2 e^x,$$
$$y = x^2 e^{-x}, \ y = x \log x, \ y = x^2 \log x, \ y = x/\log x, \ y = x - e^x,$$
$$y = e^{-1/x}, \ \log\frac{1+x}{1-x} (-1 < x < 1).$$

問 8 つぎの式を証明せよ.
$$\lim_{x\to 0} \frac{a^x - 1}{x} = \log a \quad (a > 0),$$
$$\lim_{x\to 0} (1+x)^{1/x} = e,$$
$$\lim_{n\to\infty} \left(1 + \frac{x}{n}\right)^n = e^x.$$

問 9 $a, b > 0$, $0 < t < 1$ のとき
$$a^t b^{1-t} \leq ta + (1-t)b$$
を示せ(両辺の対数をとり log が上に凸であることを用いる). (ここで $p = 1/t$, $q = 1/(1-1/p)$, $\alpha = a^{1/p}$, $\beta = b^{1/q}$ とおくと

(2.49) $\qquad\qquad \alpha\beta \leq \alpha^p/p + \beta^q/q$

が得られる. すなわち, $\alpha > 0$, $\beta > 0$, $p > 1$, $q > 1$, $1/p + 1/q = 1$ のとき (2.49) が成り立つ.)

問 10 $a_1, \cdots, a_n > 0$ のとき
$$(a_1 \cdots a_n)^{1/n} \leq (a_1 + \cdots + a_n)/n$$
を(両辺の対数をとり, log が上に凸であることと, §2.2 の (2.14) を用いて)証明せよ. (この式の左辺は $a_1, \cdots, a_n$ の相乗平均, 右辺は相加平均である.)

問 11 f が凸関数ならば $e^{f(x)}$ も凸関数となることを示せ (§2.2 問 15 の特別の場合であるが).

問 12 $x \mapsto x^p (x>0)$ は $p \leq 0$, $p \geq 1$ のとき凸, $0 \leq p \leq 1$ のとき上に凸であることを示せ. ($x^p = e^{p \log x}$ として $(x^p)''$ を計算する.)

問 13 $x_j > 0$ $(j=1, 2, \cdots, n)$, $\alpha_j > 0$, $\alpha_1 + \cdots + \alpha_n = 1$, $p \geq 1$ ならば

$$x_1^{\alpha_1} x_2^{\alpha_2} \cdots x_n^{\alpha_n} \leq \sum_{j=1}^{n} \alpha_j x_j \leq \left(\sum_{j=1}^{n} \alpha_j x_j^p \right)^{1/p}$$

となることを証明せよ. (この初めの不等式は問 10 の拡張であり, それと同様に証明される. あとの不等式には問 12 を用いよ.)

問 14 $p > 1$, $q > 1$, $1/p + 1/q = 1$ ならば

(2.50) $$\sum_{j=1}^{n} |a_j b_j| \leq \left(\sum_{j=1}^{n} |a_j|^p \right)^{1/p} \left(\sum_{j=1}^{n} |b_j|^q \right)^{1/q} \quad (\text{ヘルダー (Hölder)})$$

(2.51) $$\left(\sum_{j=1}^{n} |a_j + b_j|^p \right)^{1/p} \leq \left(\sum_{j=1}^{n} |a_j|^p \right)^{1/p} + \left(\sum_{j=1}^{n} |b_j|^p \right)^{1/p}$$

(ミンコフスキ (Minkowski))

が成り立つことを証明せよ. ($A = \sum |a_j|^p$, $B = \sum |b_j|^p$ とおいて $AB \neq 0$ のとき $\alpha = |a_j|/A^{1/p}$, $\beta = |b_j|/B^{1/q}$ として問 9 の (2.49) を適用し, j について加えれば (2.50) が得られる. (2.51) は $|a_j + b_j|^p \leq (|a_j| + |b_j|)|a_j + b_j|^{p-1} = |a_j| \cdot |a_j + b_j|^{p-1} + |b_j| |a_j + b_j|^{p-1}$ を j について加え, 右辺のおのおのに (2.50) を適用して得られる.) ((2.50) は §1.5 のシュワルツの不等式の拡張である.)

2.5 三角関数

三角関数の起源は, もともと測量上の必要に発したものであって, その定義が幾何学的なのも当然である. 一方, 解析学では, すべてを実数の性質に依存させておこう (責任転嫁をさせるといってもよい) という理論上の要請がある. これに応ずる方法はいくとおりもあるが, ここでは連続関数についての原始関数の存在定理を用いて解析的定義を与えようと思う. ふつうの定義とはちょうど反対の方向からのアプローチによるのである. まず復習から始める.

xy 平面上の原点 O から出る半直線 l の上に任意の点 P($\neq$O) をとり, それを座標で表わして (x, y) とし, O から P までの距離を r とすると x/r, y/r は l 上にとった P の位置によらず一定である. 半直線 l は x 軸の正の

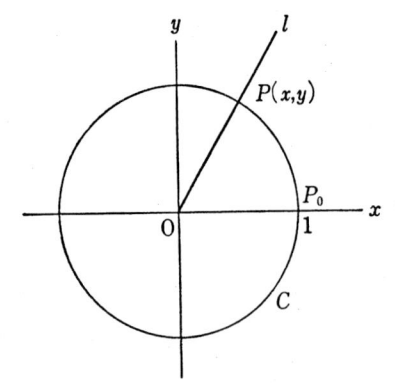

向きとのなす角 θ を与えればきまるから，
$$\theta \mapsto x/r, \qquad \theta \mapsto y/r$$
によって関数ができる．それがそれぞれ $\cos\theta, \sin\theta$ である．$r=1$ とすると (x,y) は O を中心とする半径1の円周すなわち単位円周 C と l との交わりであって $x=\cos\theta, y=\sin\theta$ となる．他の三角関数は $\tan\theta = \sin\theta/\cos\theta$, $\cot\theta = \cos\theta/\sin\theta$, $\sec\theta = 1/\cos\theta$, $\mathrm{cosec}\,\theta = 1/\sin\theta$ として定められるのであった．角の大きさを測る単位としては，半径の長さに等しい円弧の中心角を用いる．この角を1（ラジアン），これを単位とする角の測りかたを弧度法ということはよく知られている．C と x 軸の正の部分との交わり P_0 を起点として点が C に沿って $P(x,y)$ まで移動したとしよう．点がPまで動いてきたときの弧の長さが，l と x 軸の正の向きとのなす角を表わす大きさである．この場合 C を時計の針と反対向きにまわるのと，同じ向きにまわるのとの二とおりの向きがある．どちらにまわってもそれが l と x 軸の正の向きとのなす角であることに変りはないが，向きは示しておかなければならない．その方法として，初めの場合を正の向きとして ＋ を，あとの場合を負の向きとして － をつけておく．全周は 2π（π は円周率）の長さであるから，正の向きに測った大きさが θ ならば負の向きに測った大きさは $2\pi-\theta$ であって，それを向きまで一緒に表わすには符号をつけて区別すればよい．すなわち，これらはそれぞれ
$$+\theta, \quad -(2\pi-\theta)$$
となる．つぎに P_0 から出て P で終る円弧の意味を拡張解釈して全円周を何回かまわってからPで終るものまで許すことにすれば，上の値に 2π の整数倍が加わる．また逆に θ を任意の実数とすれば
$$\theta = \theta_0 + 2\pi n, \qquad n \in \mathbf{Z}, \qquad 0 \leqq \theta_0 < 2\pi$$
であるような n と θ_0 が一意にきまるから，P_0 から正の向きに測った長さが θ_0 の円弧の終りの点を P とすれば，半直線 OP は x 軸の正の向きとのなす

2.5 三角関数

角が θ になる．そして，そのときの P の座標を $\cos\theta, \sin\theta$ とするのである．したがって，関数 $\cos, \sin$ が $[0, 2\pi]$ だけでなく全実数 $\boldsymbol{R}$ 上で定義されることになる．上の定めかたから

$$\cos(\theta+2\pi n)=\cos\theta, \qquad \sin(\theta+2\pi n)=\sin\theta,$$

すなわち，$\cos, \sin$ は 2π を周期とする周期関数である．したがって，他の三角関数もそうなる．そうすれば $\sin, \cos$ の定義域は $\boldsymbol{R}=(-\infty, \infty)$ であるから変数として角を暗示する θ ばかりでなく，ふつうの x や y も自由に用いることにする．幾何学的な考えかたをかりると，$\sin^2 x+\cos^2 x=1$ であること，これらの関数について加法定理が成り立つこと，また微分可能 (したがって連続) であって

$$(2.52) \qquad \frac{d}{dx}\sin x=\cos x, \qquad \frac{d}{dx}\cos x=-\sin x$$

が成り立つことが証明される．なお，$[0, \pi]$ で $\sin x \geq 0$, $[\pi, 2\pi]$ では $\sin x \leq 0$, $[-\pi/2, \pi/2]$ で $\cos x \geq 0$, $[\pi/2, 3\pi/2]$ では $\cos x \leq 0$ であることも定義から明らかである．これらのことからまたは定義からも直接，$x \mapsto \sin x$ は $[-\pi/2, \pi/2]$ で強い意味で単調増加，また $x \mapsto \cos x$ は $[0, \pi]$ で強い意味で減少することがわかる．したがって，

$$\sin : \left[-\frac{\pi}{2}, \frac{\pi}{2}\right] \to [-1, 1], \qquad \cos : [0, \pi] \to [-1, 1]$$

の逆関数があってそれぞれ単調増加および減少，その導関数は逆関数の微分法により

$$(2.53) \qquad \frac{d}{dy}\sin^{-1}y = \frac{1}{\dfrac{d}{dx}\sin x} = \frac{1}{\cos x} = \frac{1}{\sqrt{1-y^2}},$$

$$\frac{d}{dy}\cos^{-1}y = \frac{1}{\dfrac{d}{dx}\cos x} = \frac{1}{-\sin x} = -\frac{1}{\sqrt{1-y^2}},$$

これらの符号はそれぞれ $\cos x$ および $\sin x$ が正であるように選んできめてある．

さて，(2.52) に注意して，つぎの条件をみたす $\boldsymbol{R}$ 上の二つの関数 s, c が

存在することを示そう．

(2.54) $\quad\quad\quad s'=c, \quad c'=-s, \quad s(0)=0, \quad c(0)=1.$

そのために (2.53) に注意して

$$y \longmapsto \frac{1}{\sqrt{1-y^2}}$$

を区間 $(-1, 1)$ で考えることにしよう．これは連続であるから原始関数がある．それをひととおりにきめるために 0 における値を 0 とする．すなわち，

$$\varphi : (-1, 1) \to \boldsymbol{R},$$

$$\varphi(0)=0, \quad \varphi'(y)=\frac{1}{\sqrt{1-y^2}}.$$

φ は強い意味で単調に増加する．まず，φ の値域が有限区間になることを証明しよう．$0 < y < 1$ ならば

$$\frac{1}{\sqrt{1-y^2}}=\frac{1}{\sqrt{1-y}}\frac{1}{\sqrt{1+y}}<\frac{1}{\sqrt{1-y}},$$

これから

(2.55) $\quad\quad\quad \varphi(y) < 2-2\sqrt{1-y} < 2 \quad\quad (0<y<1)$

が得られる．なぜならば，$2-2\sqrt{1-y}-\varphi(y)$ は $y=0$ のとき 0 で，$0<y<1$ のとき $(2-2\sqrt{1-y}-\varphi(y))'=1/\sqrt{1-y}-1/\sqrt{1-y^2}>0$ により $0 \leq y < 1$ では強い意味で単調増加，$0<y<1$ では正となるからである．φ が単調増加なことと (2.55) とから $\lim_{y \to 1-0} \varphi(y)$ が存在して有限になる．

$$\lim_{y \to 1-0} \varphi(y) = \frac{\pi}{2}$$

と定義する．（この π が実際に円周率に等しいことは，曲線の長さ（§6.4）について学ぶに従い明らかにされるであろう．）そうすれば

$$\lim_{y \to -1+0} \varphi(y) = -\frac{\pi}{2}$$

が成り立つ．それは $(\varphi(y)+\varphi(-y))'=1/\sqrt{1-y^2}-1/\sqrt{1-y^2}=0$ から $\varphi(y)+\varphi(-y)$ は定数，この定数は $y=0$ とすると 0 となるから

$$\varphi(-y)=-\varphi(y),$$

2.5 三角関数

したがって，
$$\lim_{y\to -1+0}\varphi(y) = \lim_{y\to 1-0}\varphi(-y) = -\lim_{y\to 1-0}\varphi(y) = -\frac{\pi}{2}$$
となるからである．そこで
$$\varphi(1) = \lim_{y\to 1-0}\varphi(y) = \frac{\pi}{2}, \qquad \varphi(-1) = \lim_{y\to -1+0}\varphi(y) = -\frac{\pi}{2}$$
と定める．そうすれば φ は $[-1,1]$ で連続であって強い意味で単調増加な関数になる．よって，φ の逆関数は $[-\pi/2, \pi/2]$ 上の強い意味で単調増加な連続関数となる．

φ^{-1} を s と書くことにすれば
$$s(0) = 0, \qquad s\left(-\frac{\pi}{2}\right) = -1, \qquad s\left(\frac{\pi}{2}\right) = 1$$
であって逆関数の微分法によって $(-\pi/2, \pi/2)$ では
$$s'(x) = \frac{1}{\varphi'(y)} = \sqrt{1-y^2} = \sqrt{1-s^2(x)}.$$
いま，$[-\pi/2, \pi/2]$ で
$$c(x) = \sqrt{1-s^2(x)}$$
と定義すれば
$$c(0) = 1, \qquad c\left(-\frac{\pi}{2}\right) = c\left(\frac{\pi}{2}\right) = 0,$$
$$s'(x) = c(x), \qquad c'(x) = -\frac{s(x)}{\sqrt{1-s^2(x)}} c(x) = -s(x)$$
$$\left(-\frac{\pi}{2} < x < \frac{\pi}{2}\right).$$
s, c ともに $[-\pi/2, \pi/2]$ で連続であるから，
$$\lim_{x\to \frac{\pi}{2}} s'(x) = c\left(\frac{\pi}{2}\right) = 0, \qquad \lim_{x\to -\frac{\pi}{2}} s'(x) = c\left(-\frac{\pi}{2}\right) = 0,$$
したがって，定理 2.17 の系により $s'(\pi/2), s'(-\pi/2)$ がどちらも存在して 0 となる．同様に $c'(\pi/2) = -s(\pi/2) = -1, c'(-\pi/2) = -s(-\pi/2) = 1$，したがって $[-\pi/2, \pi/2]$ において (2.54) が成り立つ．

　この定義域を $[-\pi/2, \pi/2]$ から $\boldsymbol{R}$ に拡張することが，つぎの課題である．

(2.54) が成り立つように（したがって，とくにつないだ点で連続，しかも微分可能であることが必要である！）定義域を拡張していくのである．$\pi/2 \leq x \leq \pi$ であるような x については $0 \leq x - \pi/2 \leq \pi/2$ であるから $s(x-\pi/2), c(x-\pi/2)$ は定められている．これを用いて

$$s(x) = c\left(x - \frac{\pi}{2}\right), \qquad c(x) = -s\left(x - \frac{\pi}{2}\right) \qquad \left(\frac{\pi}{2} \leq x \leq \pi\right)$$

と定めれば，$\pi/2$ において

$$s\left(\frac{\pi}{2}\right) = c\left(\frac{\pi}{2} - \frac{\pi}{2}\right) = c(0) = 1, \qquad c\left(\frac{\pi}{2}\right) = -s\left(\frac{\pi}{2} - \frac{\pi}{2}\right) = -s(0) = 0$$

で前の値と同じである．しかも $[\pi/2, \pi]$ では

$$s'(x) = -s\left(x - \frac{\pi}{2}\right) = c(x), \qquad c'(x) = -c\left(x - \frac{\pi}{2}\right) = -s(x)$$

であるから，s, c は (2.54) をみたしたまま定義域が $[-\pi/2, \pi]$ にひろげられたことになる．そのとき，

$$s(\pi) = c\left(\pi - \frac{\pi}{2}\right) = c\left(\frac{\pi}{2}\right) = 0, \qquad c(\pi) = -s\left(\pi - \frac{\pi}{2}\right) = -s\left(\frac{\pi}{2}\right) = -1$$

であることに注意しよう．また $-\pi \leq x \leq -\pi/2$ のとき，$-\pi/2 \leq x + \pi/2 \leq 0$ であって $x + \pi/2$ に対しては s, c どちらも定義されているから

$$s(x) = -c\left(x + \frac{\pi}{2}\right), \qquad c(x) = s\left(x + \frac{\pi}{2}\right) \qquad \left(-\pi \leq x \leq -\frac{\pi}{2}\right)$$

とおけば

$$s\left(-\frac{\pi}{2}\right) = -c\left(-\frac{\pi}{2} + \frac{\pi}{2}\right) = -c(0) = -1,$$

$$c\left(-\frac{\pi}{2}\right) = s\left(-\frac{\pi}{2} + \frac{\pi}{2}\right) = s(0) = 0$$

で，前の値と同じである．

$$s'(x) = s\left(x + \frac{\pi}{2}\right) = c(x), \qquad c'(x) = c\left(x + \frac{\pi}{2}\right) = -s(x)$$

であるから，(2.54) をみたすように定義域はさらにひろげられて $[-\pi, \pi]$ になる．このとき，

$$s(-\pi)=-c\left(-\pi+\frac{\pi}{2}\right)=-c\left(-\frac{\pi}{2}\right)=0,$$
$$c(-\pi)=s\left(-\pi+\frac{\pi}{2}\right)=s\left(-\frac{\pi}{2}\right)=-1$$

であることに注意しよう.これによれば
$$s(\pi)=s(-\pi)=0, \qquad c(\pi)=c(-\pi)=-1$$
であって,s, c ともに $[-\pi, \pi]$ の両端でそれぞれ同じ値をとっている.したがって,微分係数までが同じ値をとることになる.これらを考えに入れると,s, c を全実数に対して定義することは単なる繰返しですむ.$x \in \boldsymbol{R}$ に対して
$$x=2\pi n+x_0, \qquad -\pi \leqq x_0 < \pi$$
であるような x_0 と $n \in \boldsymbol{Z}$ がひととおりにきまるから,それを用いて
$$s(x)=s(x_0), \qquad c(x)=c(x_0)$$
と定めればよいのである.そうすれば
$$s(x+2\pi n)=s(x), \qquad c(x+2\pi n)=c(x),$$
すなわち,s, c は 2π を周期とする周期関数になる.

ところで一般に,
$$(2.56) \qquad u'=v, \qquad v'=-u$$
という関係をみたす微分可能な関数の組 u, v は定義区間の 1 点 x_0 における値
$$(2.57) \qquad u(x_0)=\alpha, \qquad v(x_0)=\beta$$
を与えると,それでひととおりにきまってしまうのである.それを示すために $(2.56), (2.57)$ をみたす関数の組 u_1, v_1 があったとする:
$$u_1'=v_1, \qquad v_1'=-u_1, \qquad u_1(x_0)=\alpha, \qquad v_1(x_0)=\beta.$$
$$u_2=u_1-u, \qquad v_2=v_1-v$$
とおくと
$$u_2'=u_1'-u'=v_1-v=v_2, \qquad v_2'=v_1'-v'=-u_1+u=-u_2$$
であるから,u_2, v_2 もまた (2.56) をみたす関数の組になる.さて,(2.56) をみたす関数については
$$uu'+vv'=0,$$
したがって,

$$(u^2+v^2)'=0$$

が成り立ち，u^2+v^2 は定義区間で定数となる．よって，

(2.58) $$u^2+v^2=k \quad (\text{定数}).$$

$u_2{}^2+v_2{}^2$ に x_0 を代入すれば

$$k=u_2{}^2(x_0)+v_2{}^2(x_0)=(\alpha-\alpha)^2+(\beta-\beta)^2=0.$$

よって，

$$u_2{}^2+v_2{}^2=0.$$

u_2, v_2 は実数値であるから恒等的に $u_2(x)=0, v_2(x)=0$．したがって，$u_1=u$, $v_1=v$．これで (2.56) をみたす関数の組は，定義区間の1点における値をきめると，それにより全く定まってしまうことがわかったのである．

このことから先に導いた関数 s, c が sin, cos にほかならないということになる．よって，これからは，s の代りに sin を，c の代りに cos を用いることにする．これによっていままでに述べたことを書き直せば

(2.59) $$\sin 0=0, \quad \cos 0=1,$$
(2.60) $$\sin' x=\cos x, \quad \cos' x=-\sin x,$$

したがって

$$\sin'' x=-\sin x, \quad \cos'' x=-\cos x,$$
$$\sin''' x=-\cos x, \quad \cos''' x=\sin x,$$
$$\sin^{(4)} x=\sin x, \quad \cos^{(4)} x=\cos x$$

となり，sin も cos も何回でも微分可能な関数，すなわち C^∞ 級の関数である．(2.60) により $u=\sin, v=\cos$ が (2.58) をみたすことと (2.59) から

(2.61) $$\sin^2 x+\cos^2 x=1$$

が導かれる．

以上のことから $[0, 2\pi]$ における sin, cos の変動の状態を表にしてみると，つぎのようになる．

また，$x\to 0$ のとき

$$\frac{\sin x}{x}=\frac{\sin x-\sin 0}{x-0}\to \sin' 0=\cos 0=1$$

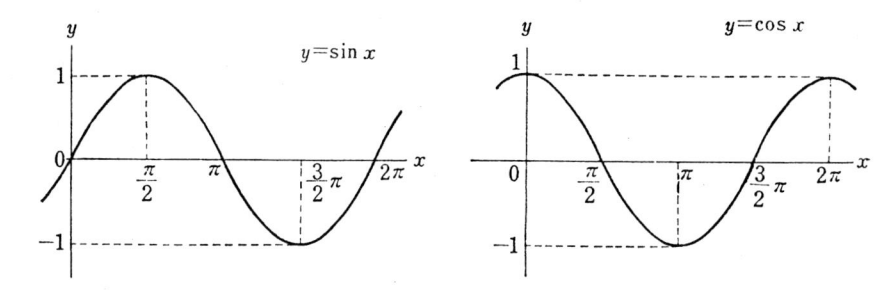

x	0		$\frac{1}{2}\pi$		π		$\frac{3}{2}\pi$		2π
$\sin x$	0	増加	1	減少	0	減少	-1	増加	0
		上に凸				下に凸			
$\cos x$	1	減少	0	減少	-1	増加	0	増加	1
		上に凸		下に凸				上に凸	

だから

(2.62) $$\lim_{x\to 0}\frac{\sin x}{x}=1$$

が得られる．

三角関数についての，もっとも重要な定理にかぞえられているつぎの加法定理の解析的証明を述べる．

(2.63) $$\begin{cases} \sin(x+y)=\sin x\cos y+\cos x\sin y, \\ \cos(x+y)=\cos x\cos y-\sin x\sin y. \end{cases}$$

その証明を見とおしよく行なうために，y を固定して
$$u(x)=\sin(x+y)-(\sin x\cos y+\cos x\sin y),$$
$$v(x)=\cos(x+y)-(\cos x\cos y-\sin x\sin y)$$
とおけば
$$u'(x)=\cos(x+y)-(\cos x\cos y-\sin x\sin y)=v(x),$$
$$v'(x)=-\sin(x+y)-(-\sin x\cos y-\cos x\sin y)=-u(x),$$
しかも，$u(0)=\sin y-\sin y=0$, $v(0)=\cos y-\cos y=0$, したがって (2.58) により u,v は恒等的に 0 となり，(2.63) が証明されたのである．

$$\tan x = \frac{\sin x}{\cos x}, \qquad \cot x = \frac{\cos x}{\sin x}, \qquad \sec x = \frac{1}{\cos x},$$

$$\operatorname{cosec} x = \frac{1}{\sin x}$$

と定める．（これらの関数の定義域はそれぞれ $\boldsymbol{R}$ から分母が 0 となる点を除いた集合である．）$\sin, \cos$ とこれらを三角関数という．

つぎに $a, b \in \boldsymbol{R}$ が $a^2 + b^2 = 1$ をみたすとき，

(2.64) $\qquad\qquad a = \cos x, \qquad b = \sin x, \qquad 0 \leqq x < 2\pi$

をみたす x がただ一つあることを証明しておこう．まず，$a \geqq 0, b \geqq 0$ のときを証明する．$0 \leqq x < 2\pi$ で $\sin x \geqq 0$ となるのは $0 \leqq x \leqq \pi$ のときで，この範囲で $\cos x \geqq 0$ となるのは $0 \leqq x \leqq \pi/2$ のときである．$\sin$ は $[0, \pi/2]$ で強い意味で単調増加で $[0, 1]$ の値をとるから $\sin x_1 = b, 0 \leqq x_1 \leqq \pi/2$ となる x_1 は一つだけある．$\cos x_1 \geqq 0$ で $\sin^2 x_1 + \cos^2 x_1 = 1$ だから $\cos x_1 = \sqrt{1 - \sin^2 x_1} = \sqrt{1 - b^2} = \sqrt{a^2} = a$. よって，このとき (2.64) をみたす x は x_1 だけである．$a \geqq 0, b \leqq 0; a \leqq 0, b \geqq 0; a \leqq 0, b \leqq 0$ の場合についても同様に示される．なお，$\sin, \cos$ の周期性により，$a = \cos x, b = \sin x$ となる x は $2n\pi (n \in \boldsymbol{Z})$ の差を無視すればひととおりに定まる．

また，$r \geqq 0, \theta \in \boldsymbol{R}$ とするとき

(2.65) $\qquad\qquad x = r\cos\theta, \qquad y = r\sin\theta$

によって写像 $(r, \theta) \mapsto (x, y)$ が定まるが，逆に $(x, y) \in \boldsymbol{R}^2$ に対して (2.65) をみたす $r \geqq 0$ と $\theta \in \boldsymbol{R}$ を考えよう．(2.65) をみたすとき $x^2 + y^2 = r^2$, よって $r = \sqrt{x^2 + y^2}$. $x = y = 0$ のときは $r = 0$ で θ は何でもよい．$x = y = 0$ でないときは $r > 0$ で $(x/r)^2 + (y/r)^2 = 1$ だから (2.65) すなわち $\cos\theta = x/r, \sin\theta = y/r$ となる θ はいま示したように $2n\pi (n \in \boldsymbol{Z})$ の差を無視してただ一つ定まる．このとき (r, θ) を点 $(x, y) \in \boldsymbol{R}^2$ の（原点を極として x 軸の正の方向を原線とする）**極座標**という．写像 $(r, \theta) \mapsto (x, y)$ は $(0, \infty) \times [0, 2\pi) \to \boldsymbol{R}^2 \setminus \{(0, 0)\}$ の 1 対 1 写像である．

$y = \sin x$ とすると $y' = \cos x, y'' = -\sin x$ だから

(2.66) $\qquad\qquad\qquad y'' + y = 0$

が成り立つ．また，$y=\cos x$ とすると $y'=-\sin x$, $y''=-\cos x$ だからやはり
(2.66) が成り立つ．一般に，

(2.67) $$f(x) = \alpha\cos x + \beta\sin x$$

とすると $f'(x)=-\alpha\sin x+\beta\cos x$, $f''(x)=-\alpha\cos x-\beta\sin x=-f(x)$ となり

(2.68) $$f''(x)+f(x)=0, \qquad f(0)=\alpha, \qquad f'(0)=\beta$$

が成り立つ．ところで (2.68) をみたす f は一つしかないであろうか．f が (2.68) をみたすとき

$$f(x)=u(x), \qquad f'(x)=v(x)$$

とおくと，$u'=v$, $v'=f''=-f=-u$, $u(0)=\alpha$, $v(0)=\beta$ となるから前に示したように(p.149)このような u,v の組はただひととおり，よって f もただひととおりとなり，(2.68) をみたす f は (2.67) に限ることが示された．

sin, cos についてつぎの式が成り立つ．

$$\sin\left(x+\frac{\pi}{2}\right)=\cos x, \qquad \cos\left(x+\frac{\pi}{2}\right)=-\sin x,$$
$$\sin(x+\pi)=-\sin x, \qquad \cos(x+\pi)=-\cos x,$$
$$\sin(-x)=-\sin x, \qquad \cos(-x)=\cos x,$$
$$\sin 2x=2\sin x\cos x,$$
$$\cos 2x=\cos^2 x-\sin^2 x=1-2\sin^2 x=2\cos^2 x-1,$$
$$\sin^2\frac{x}{2}=\frac{1-\cos x}{2}, \qquad \cos^2\frac{x}{2}=\frac{1+\cos x}{2},$$
$$\cos x\cos y=\frac{1}{2}(\cos(x+y)+\cos(x-y)),$$
$$\sin x\sin y=-\frac{1}{2}(\cos(x+y)-\cos(x-y)),$$
$$\sin x\cos y=\frac{1}{2}(\sin(x+y)+\sin(x-y)),$$
$$D^n\sin x=\sin\left(x+n\frac{\pi}{2}\right), \qquad D^n\cos x=\cos\left(x+n\frac{\pi}{2}\right).$$

問 1 これらの式を証明せよ．

問 2 $$\sin\frac{x}{2}=\sqrt{\frac{1-\cos x}{2}}, \qquad \cos\frac{x}{2}=\sqrt{\frac{1+\cos x}{2}}$$
が成り立つ x の範囲を求めよ．

問 3 $\sin\frac{\pi}{6}, \sin\frac{\pi}{4}, \sin\frac{\pi}{3}, \cos\frac{\pi}{6}, \cos\frac{\pi}{4}, \cos\frac{\pi}{3}$ を求めよ．

問 4 ‘$x \in \boldsymbol{R} \Rightarrow \sin(x+\alpha)=\sin x$’ $\Longleftrightarrow \alpha=2n\pi \ (n \in \boldsymbol{Z})$,
‘$x \in \boldsymbol{R} \Rightarrow \cos(x+\alpha)=\cos x$’ $\Longleftrightarrow \alpha=2n\pi \ (n \in \boldsymbol{Z})$,
‘$x \in \boldsymbol{R} \Rightarrow \tan(x+\alpha)=\tan x$’ $\Longleftrightarrow \alpha=n\pi \ (n \in \boldsymbol{Z})$
を証明せよ．

問 5 $y=\tan x$ のグラフをかけ，$\tan' x$ を求めよ，$\lim_{x \to 0}\frac{\tan x}{x}$ を求めよ．

問 6 $0 < x < \frac{\pi}{2}$ のとき $\frac{2}{\pi} < \frac{\sin x}{x}$ を証明せよ．$\left(\left[0, \frac{\pi}{2}\right]\right.$ で sin が上に凸であることを用いる．$\left.\right)$

問 7 $y=\sin x(1+\cos x)$, $y=\sin x-\sin^3 x$ のグラフを書け．

sin, cos, tan はそれぞれ $[-\pi/2, \pi/2], [0, \pi], (-\pi/2, \pi/2)$ で強い意味で単調だから逆関数 $\sin^{-1}, \cos^{-1}, \tan^{-1}$ がある．この記号を $\sin x, \cos x, \tan x$ の逆数 $1/\sin x, 1/\cos x, 1/\tan x$ と混同しないように arcsin, arccos, arctan の記法もよく用いられる．

問 8 arcsin, arccos, arctan のグラフを書け．
$$(\arcsin x)'=1/\sqrt{1-x^2} \quad (-1<x<1),$$
$$(\arccos x)'=-1/\sqrt{1-x^2} \quad (-1<x<1),$$
$$(\arctan x)'=1/(1+x^2)$$
を証明せよ．

上の逆三角関数の定義は値域を特定の区間に定めてあるが，もとの三角関数が強い意味で単調になる範囲では逆関数は定まる．とくに上に述べた値域の逆三角関数を，逆三角関数の主値ということがある．

問 9 $\tan(x/2)=t$ とおくと
$$\cos x=\frac{1-t^2}{1+t^2}, \qquad \sin x=\frac{2t}{1+t^2}, \qquad \tan x=\frac{2t}{1-t^2}$$

2.5 三角関数

となることを示せ.

問 10 $f(x)=x\sin(1/x)$ $(x \neq 0)$, $f(0)=0$ とすると, f は連続だが, $x=0$ で微分可能ではない. $g(x)=x^2\sin(1/x)$ $(x \neq 0), g(0)=0$ とすると, g は微分可能だが, g' は $x=0$ で連続でない. $h(x)=x^3\sin(1/x)$ $(x \neq 0), h(0)=0$ とすると, h は C^1 級である. これらのことを証明せよ. またこれらのグラフの概形を書け.

問 11 つぎの高次導関数を求めよ.

$$(x^2\cos ax)''', \quad (\sin^2 x)^{(5)} \left(\sin^2 x = \frac{1}{2}(1-\cos 2x) \text{ を用いる.}\right)$$

問 12 つぎの極限を求めよ.

$$\lim_{h\to 0}\frac{\sin 2h}{h}, \quad \lim_{h\to 0}\frac{\sin h}{h^3}, \quad \lim_{h\to 0}\frac{1-\cos h}{h}.$$

問 13 つぎの関数を微分せよ.

$$\log|\sin x|, \quad \arctan \log x.$$

問 14 $x \geq 0$ とする.

$$\sin x \leq x, \quad \cos x \geq 1-x^2/2, \quad \sin x \geq x-x^3/3!$$

を示せ. 帰納法により, これと同じような一般の不等式をつくれ.

問 15 $x \neq 2n\pi$ のとき, つぎの式が成り立つことを証明せよ.

$$\sum_{j=1}^{k} \sin jx = \frac{-\cos\left(k+\frac{1}{2}\right)x+\cos\frac{x}{2}}{2\sin\frac{x}{2}},$$

$$\sum_{j=1}^{k} \cos jx = \frac{\sin\left(k+\frac{1}{2}\right)x-\sin\frac{x}{2}}{2\sin\frac{x}{2}}.$$

ここで定理 2.17, 2.18 を用いて極限を求める例をあげよう.

例 1 $\displaystyle\lim_{x\to 0}\frac{x-\sin x}{x^3}$ を求める.

$x \to 0$ のとき $x-\sin x \to 0, x^3 \to 0,$

$x \neq 0$ のとき $\dfrac{(x-\sin x)'}{(x^3)'} = \dfrac{1-\cos x}{3x^2},$

$x \to 0$ のとき $1-\cos x \to 0, 3x^2 \to 0$,

$x \neq 0$ のとき $\dfrac{(x-\sin x)''}{(x^3)''} = \dfrac{\sin x}{6x} \to \dfrac{1}{6}$ $(x \to 0)$.

定理 2.17 と注意により

$$\lim_{x \to 0} \frac{x - \sin x}{x^3} = \frac{1}{6}.$$

例 2 $\lim\limits_{x \to 0+0} (x \log x)$ を求める.

$$x \log x = \frac{\log x}{\dfrac{1}{x}} \qquad (x > 0).$$

$x \to 0$ のとき $\log x \to -\infty$, $1/x \to \infty$,

$$\frac{(\log x)'}{\left(\dfrac{1}{x}\right)'} = \frac{\dfrac{1}{x}}{-\dfrac{1}{x^2}} = -x \to 0 \qquad (x \to 0).$$

定理 2.18 により

$$\lim_{x \to 0} (x \log x) = 0.$$

問 16 つぎの極限を求めよ.

$\lim\limits_{x \to 0} (\cos ax)^{1/x^2}$, $\quad \lim\limits_{x \to 0} \left(\dfrac{1}{x^2} - \dfrac{1}{\sin^2 x} \right)$,

$\lim\limits_{x \to 0} \dfrac{a^x - 1}{b^x - 1}$ $(a > 0, b > 0, b \neq 1)$, $\quad \lim\limits_{x \to 1+0} \left(\dfrac{x}{x-1} - \dfrac{1}{\log x} \right)$.

問 17 $f(x) = \sin x / x$ $(x \neq 0)$, $f(0) = 1$ とするとき, $f'(0)$ を求めよ.

2.6 テイラーの定理

高次の微分可能性を前提にすると, 平均値の定理の拡張とみられるテイラー(Taylor)の定理が得られる.

定理 2.22 (テイラーの定理) f は区間 $[a, b]$ 上の C^n 級の関数とすると, $\exists \xi \in (a, b)$:

(2.69) $\quad f(b) = f(a) + \dfrac{f'(a)}{1!}(b-a) + \dfrac{f''(a)}{2!}(b-a)^2$

2.6 テイラーの定理

$$+\cdots+\frac{f^{(n-1)}(a)}{(n-1)!}(b-a)^{n-1}+\frac{f^{(n)}(\xi)}{n!}(b-a)^n.$$

証明

(2.70) $$f(b)=f(a)+\frac{f'(a)}{1!}(b-a)+\frac{f''(a)}{2!}(b-a)^2$$
$$+\cdots+\frac{f^{(n-1)}(a)}{(n-1)!}(b-a)^{n-1}+\frac{k}{n!}(b-a)^n$$

によって k を定め,

$$g(x)=f(b)-\Bigl(f(x)+\frac{f'(x)}{1!}(b-x)+\frac{f''(x)}{2!}(b-x)^2$$
$$+\cdots+\frac{f^{(n-1)}(x)}{(n-1)!}(b-x)^{n-1}+\frac{k}{n!}(b-x)^n\Bigr)$$

とすると, g は $[a,b]$ で連続で g' が存在し $g(a)=g(b)=0$. したがって, ロルの定理によって

$$\exists \xi : a<\xi<b, g'(\xi)=0.$$

ところが,

$$g'(x)=-f'(x)+f'(x)-f''(x)(b-x)+\frac{f''(x)}{1!}(b-x)$$
$$-\frac{f'''(x)}{2!}(b-x)^2+\cdots+\frac{f^{(n-1)}(x)}{(n-2)!}(b-x)^{n-2}$$
$$-\frac{f^{(n)}(x)}{(n-1)!}(b-x)^{n-1}+\frac{k}{(n-1)!}(b-x)^{n-1}$$
$$=\frac{k-f^{(n)}(x)}{(n-1)!}(b-x)^{n-1}$$

だから

$$\frac{k-f^{(n)}(\xi)}{(n-1)!}(b-\xi)^{n-1}=0,$$

$b-\xi \neq 0$ だから $k=f^{(n)}(\xi)$, これを (2.70) に代入して (2.69) が得られる.

注意 $b<a$ のときにも区間 $[a,b]$ の代りに $[b,a]$ として, (2.69) をみたす $\xi \in (b,a)$ の存在が示される.

(2.69) の最後の項をテイラーの定理における剰余項という. 剰余項は a,b の大小によらず

$$\frac{f^{(n)}(a+\theta(b-a))}{n!}(b-a)^n \qquad (0<\theta<1)$$

の形に書かれる．証明をふりかえると，$f^{(n)}(x)$ は (a, b) でだけ存在すればよいことがわかる．テイラーの定理で $n=1$ のときが平均値の定理である．テイラーの定理で $a=0$ のときをマクローリン(Maclaurin)の定理ということがある．

系 x_0 を含むある開区間 I で f が C^2 級で $f''(x_0) \neq 0$ であるとする．$x \in I$, $x \neq x_0$ ならば

$$\exists \xi \in (x_0, x) \text{ または } (x, x_0) : \frac{f(x)-f(x_0)}{x-x_0} = f'(\xi)$$

であるが，この ξ は x によるから $\xi(x)$ としておく．$x \to x_0$ のとき $\xi(x) \to x_0$ であるが，実は

$$\frac{\xi(x)-x_0}{x-x_0} \to \frac{1}{2} \qquad (x \to x_0)$$

が成り立つ．

証明 テイラーの定理により

$$\exists \eta \in (x_0, x) \text{ または } (x, x_0) :$$

$$f(x) = f(x_0) + f'(x_0)(x-x_0) + \frac{f''(\eta)}{2}(x-x_0)^2,$$

よって，

$$\frac{f''(\eta)}{2} = \frac{f(x)-f(x_0)-f'(x_0)(x-x_0)}{(x-x_0)^2} = \frac{f'(\xi(x))-f'(x_0)}{x-x_0}$$

$$= \frac{f'(\xi(x))-f'(x_0)}{\xi(x)-x_0} \cdot \frac{\xi(x)-x_0}{x-x_0},$$

$x \to x_0$ のとき $f''(\eta) \to f''(x_0)$, $(f'(\xi(x))-f'(x_0))/(\xi(x)-x_0) \to f''(x_0)$ だから

$$\frac{\xi(x)-x_0}{x-x_0} \to \frac{1}{2}.$$

例 1 $f(x) = (1+x)^n$ $(n \in \mathbf{N})$ にマクローリンの定理を適用すれば

$$\begin{array}{ll} f^{(j)}(0) = n(n-1)\cdots(n-j+1) & (j \leq n \text{ のとき}), \\ f^{(j)}(x) = 0 & (j > n \text{ のとき}) \end{array}$$

だから

$1 \leq j \leq n$ のとき $\binom{n}{j} = \dfrac{n(n-1)\cdots(n-j+1)}{j!} = \dfrac{n!}{(n-j)!j!}$ $(0! = 1)$, $\binom{n}{0} = 1$

とすれば

(2.71) $\quad (1+x)^n = 1 + \binom{n}{1}x + \binom{n}{2}x^2 + \cdots + \binom{n}{n}x^n = \sum_{j=0}^{n}\binom{n}{j}x^j$

がすべての $x \in \mathbf{R}$ について成り立つ．これからつぎの式が導かれる．

(2.72) $\quad (x+y)^n = \sum_{j=0}^{n}\binom{n}{j}x^j y^{n-j}.$

これを **2項定理**といい，$\binom{n}{j}$ を **2項係数**という．

問1 (2.71) から (2.72) を導け．

問2 $\binom{n}{j} + \binom{n}{j-1} = \binom{n+1}{j}$ $(1 \leq j \leq n)$ を示せ．

f, g は同じ区間で n 回微分可能とする．

$$(fg)' = f'g + fg', \quad (fg)'' = f''g + 2f'g' + fg'',$$
$$(fg)''' = f'''g + 3f''g' + 3f'g'' + fg''', \cdots.$$

一方，$(x+y)^2 = x^2 + 2xy + y^2$, $(x+y)^3 = x^3 + 3x^2y + 3xy^2 + y^3$, $\cdots$ との類似によって2項定理から

(2.73) $\quad (fg)^{(n)}(x) = \sum_{j=0}^{n}\binom{n}{j}f^{(j)}(x)g^{(n-j)}(x)$

が成り立つことが推定されるが，実際，数学的帰納法により証明されるのである．これを**ライプニッツ(Leibniz)の公式**という．

問3 ライプニッツの公式を証明せよ．

例2 $f(x) = e^x$ とすれば $f'(x) = f''(x) = \cdots = e^x$, $f(0) = f'(0) = \cdots = 1$ だからマクローリンの定理によって

(2.74) $\quad e^x = 1 + \frac{1}{1!}x + \frac{1}{2!}x^2 + \cdots + \frac{1}{n!}x^n + \frac{e^{\theta x}}{(n+1)!}x^{n+1} \quad (0 < \theta < 1).$

例3 $\sin' = \cos, \quad \sin'' = -\sin, \quad \sin''' = -\cos, \quad \sin^{(4)} = \sin,$
$\cos' = -\sin, \quad \cos'' = -\cos, \quad \cos''' = \sin, \quad \cos^{(4)} = \cos,$
$\sin 0 = 0, \quad \cos 0 = 1$

だからマクローリンの定理によって

$$\sin x = x - \frac{1}{3!}x^3 + \frac{1}{5!}x^5 - \cdots + (-1)^n \frac{1}{(2n+1)!}x^{2n+1} + r_n(x),$$

$$r_n(x) = (-1)^{n+1}\frac{\cos(\theta x)}{(2n+3)!}x^{2n+3} \quad (0<\theta<1), \qquad |r_n(x)| \leq \frac{|x|^{2n+3}}{(2n+3)!},$$

$$\cos x = 1 - \frac{1}{2!}x^2 + \frac{1}{4!}x^4 - \cdots + (-1)^n \frac{1}{(2n)!}x^{2n} + s_n(x),$$

$$s_n(x) = (-1)^{n+1}\frac{\cos(\theta x)}{(2n+2)!}x^{2n+2} \quad (0<\theta<1), \qquad |s_n(x)| \leq \frac{|x|^{2n+2}}{(2n+2)!}$$

が得られる．

例 4 $|x|<1$ のとき，

$$\frac{d}{dx}\log(1+x) = \frac{1}{1+x}, \qquad \frac{d^n}{dx^n}\log(1+x) = (-1)^{n-1}\frac{(n-1)!}{(1+x)^n}$$

だからマクローリンの定理によって

$$(2.75) \quad \log(1+x) = x - \frac{1}{2}x^2 + \frac{1}{3}x^3 - \cdots + (-1)^{n-1}\frac{1}{n}x^n$$

$$+ (-1)^n \frac{1}{n+1}\frac{x^{n+1}}{(1+\theta x)^{n+1}} \qquad (0<\theta<1).$$

問 4 (2.74), (2.75) を用いて §2.4 の問3，問4の式を証明せよ．

例 5 例 2, 3 と $\lim_{n\to\infty}(k^n/n!)=0$ (§1.4 問11) から

$$\lim_{n\to\infty}\sum_{j=0}^{n}\frac{1}{j!}x^j = e^x,$$

$$\lim_{n\to\infty}\sum_{j=0}^{n}\frac{(-1)^j}{(2j+1)!}x^{2j+1} = \sin x,$$

$$\lim_{n\to\infty}\sum_{j=0}^{n}\frac{(-1)^j}{(2j)!}x^{2j} = \cos x$$

の成り立つことがわかる．とくに

$$(2.76) \quad e = \lim_{n\to\infty}\sum_{j=0}^{n}\frac{1}{j!} = \lim_{n\to\infty}\left(1 + \frac{1}{1!} + \frac{1}{2!} + \cdots + \frac{1}{n!}\right)$$

から e の近似値が計算される．

$$1 + 1 + \frac{1}{2!} + \frac{1}{3!} + \frac{1}{4!} + \frac{1}{5!} + \frac{1}{6!} + \frac{1}{7!} = 2 + \frac{3620}{5040},$$

$$\frac{1}{8!} + \frac{1}{9!} + \cdots + \frac{1}{n!} \leq \frac{1}{8!}\left(1 + \frac{1}{8} + \frac{1}{8^2} + \cdots + \frac{1}{8^{n-8}}\right)$$

$$= \frac{1}{8!} \frac{1-\dfrac{1}{8^{n-7}}}{1-\dfrac{1}{8}} \leq \frac{1}{7!}\frac{1}{7},$$

$$1+1+\frac{1}{2!}+\frac{1}{3!}+\cdots+\frac{1}{7!}+\cdots+\frac{1}{n!} \leq 2+\frac{3620}{5040}+\frac{1}{5040\cdot 7}$$

$$=2+\frac{25341}{35280}=2.718282\cdots,$$

$$1+1+\frac{1}{2!}+\frac{1}{3!}+\cdots+\frac{1}{8!}=2+\frac{3620}{5040}+\frac{1}{40320}$$

$$=2+\frac{28961}{40320}=2.718278\cdots,$$

よって $2.718278<e<2.718283$, したがって e の近似値として 2.71828 が得られる. とくに(あるいは同様の方法で直接もっと簡単に) $2<e<3$ である.

問 5 (2.76) から直接 $2<e<3$ を導け.

e は無理数であることがつぎのように証明される. もしも e が有理数であったとして $e=m/n$ ($m\in \mathbf{Z}, n\in \mathbf{N}$) とすると $n!e\in \mathbf{Z}$, 例2により

$$e=\sum_{j=0}^{n}\frac{1}{j!}+\frac{e^{\theta}}{(n+1)!} \qquad (0<\theta<1)$$

だから $n!\left(\sum_{j=0}^{n}\dfrac{1}{j!}+\dfrac{e^{\theta}}{(n+1)!}\right)\in \mathbf{Z}$, よって $e^{\theta}/(n+1)\in \mathbf{Z}$. ところが $e^{\theta}/(n+1)>0$ だから $e^{\theta}/(n+1)\geq 1$, また $e^{\theta}/(n+1)<e/(n+1)<3/(n+1)$, よって $1<3/(n+1)$, $n<2$ で $n=1$, したがって $e=m\in \mathbf{Z}$ となって, $2<e<3$ に反する. よって e は無理数である.

例 6 g がどんなに大きな定数でも(任意の $g\in \mathbf{R}$ に対して)

$$\lim_{x\to\infty}\frac{e^x}{x^g}=+\infty.$$

証明 $n>g$ をみたす $n\in \mathbf{N}$ をとる. $x>0$ のとき (2.74) の各項とも正であるから $e^x>x^n/n!$. よって,

$$\frac{e^x}{x^g}>\frac{x^{n-g}}{n!}\to\infty \qquad (x\to\infty) \qquad (\S 2.4\ \text{問}6).$$

例 7 $\varepsilon>0$ をどんなに小さくとっても(任意の定数 $\varepsilon>0$ に対して)

$$\lim_{x\to\infty}\frac{\log x}{x^\varepsilon}=0.$$

証明 $\log x=y$ とおくと $x=e^y$, $x\to\infty$ のとき $y\to\infty$ で

$$\frac{\log x}{x^\varepsilon}=\frac{y}{e^{y\varepsilon}}=\left(\frac{y^{1/\varepsilon}}{e^y}\right)^\varepsilon\to 0 \quad (\text{例 6 と §2.4 問 6}).$$

問 6 つぎの極限を求めよ($b>0$ とする).

(1) $\lim_{x\to\infty}x^{1/x}$, (2) $\lim_{x\to\infty}\frac{a^x}{x^b}$, (3) $\lim_{x\to\infty}\frac{\log_a x}{x^b}$, (4) $\lim_{x\to 0+0}x^b\log x$,

(5) $\lim_{n\to\infty}\sqrt[n]{n}$, (6) $\lim_{x\to 0+0}x^x$.

例 8 $\boldsymbol{R}$ 上の関数 f を

$$f(0)=0, \quad x\neq 0 \text{ のとき } f(x)=e^{-1/x^2}$$

と定める. $x\neq 0$ のとき

$$f'(x)=2x^{-3}e^{-1/x^2},$$
$$(x^{-n}e^{-1/x^2})'=-nx^{-n-1}e^{-1/x^2}+2x^{-n-3}e^{-1/x^2}$$

以下順に $f^{(n)}(x)$ は $x^{-n}e^{-1/x^2}$ の形の式の定数倍の有限個の和となる. よって, f は $x\neq 0$ で何回でも微分可能である.

$x\to 0$ のとき $y=1/x^2$ とおくと $y\to\infty$ で(例 6 により)

$$x^{-n}e^{-1/x^2}=y^{n/2}/e^y\to 0$$

だから

(2.77) $\qquad x^{-1}f^{(n)}(x)\to 0 \quad (x\to 0),$

$n=0$ として $(f(x)-f(0))/(x-0)=x^{-1}e^{-1/x^2}\to 0 \ (x\to 0)$ だから

$$f'(0)=0.$$

いま, $f^{(n)}(0)=0$ が成り立つことを数学的帰納法で証明するために, $f^{(n)}(0)=0$ と仮定すると (2.77) により

$$\frac{f^{(n)}(x)-f^{(n)}(0)}{x-0}=x^{-1}f^{(n)}(x)\to 0 \quad (x\to 0)$$

だから $f^{(n+1)}(0)=0$. よって, f は $\boldsymbol{R}$ 上の C^∞ 級の関数で, 0 における各次の微分係数はつねに 0 となるのである.

このような関数があるのだから, C^∞ 級の関数でも, 一点における各次の微

分係数がすべて与えられたからといって，それだけで関数が定まるというわけにはいかない．

また，上の関数にマクローリンの定理を適用すると

$$f(x) = \frac{f^{(n)}(\theta x)}{n!} x^n \qquad (0<\theta<1)$$

となり，剰余項だけしかない．$x \neq 0$ のとき，これは $n \to \infty$ としてもつねに $f(x) > 0$ であって 0 には近づかない．

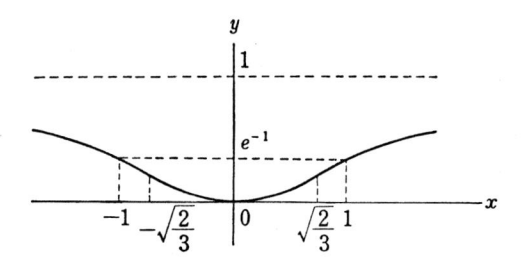

f のグラフは y 軸に関し対称で $x \geq 0$ では単調増加であって $\lim_{x \to \infty} f(x) = 1$, $x \neq 0$ のとき $f''(x) = 2x^{-6} e^{-1/x^2} (2-3x^2)$ だから f は $\left[0, \sqrt{\frac{2}{3}}\right]$ で下に凸，$\left[\sqrt{\frac{2}{3}}, \infty\right)$ で上に凸となる．

問 7 $\boldsymbol{R}$ 上の関数 f を，$a<b$ として

$$x \leq a \text{ または } x \geq b \text{ のとき } f(x) = 0,$$
$$a < x < b \text{ のとき } f(x) = e^{-1/((x-a)(b-x))}$$

と定める．f は C^∞ 級であることを示し，f のグラフの概形を書け．

2項定理を用いて，連続関数が多項式で一様に近似できるというワイエルシュトラス (Weierstrass) の定理を証明しておこう．

定理 2.23（ワイエルシュトラスの定理） 区間 $[a,b]$ 上の連続関数 f は，多項式 $P(x)$ でいくらでも近似できる：

$$\forall \varepsilon > 0, \exists P(x)(\text{多項式}) : x \in [a,b] \Rightarrow |f(x) - P(x)| < \varepsilon.$$

証明 まず2項定理

(2.78) $$(x+y)^n = \sum_{j=0}^{n} \binom{n}{j} x^j y^{n-j}$$

から導かれる式を準備しておく．(2.78) を x で微分して x をかけると

$$nx(x+y)^{n-1} = \sum_{j=0}^{n} j \binom{n}{j} x^j y^{n-j},$$

また (2.78) を2回微分して x^2 をかけると

$$n(n-1)x^2(x+y)^{n-2} = \sum_{j=0}^{n} j(j-1)\binom{n}{j}x^j y^{n-j},$$

これらの式で $y=1-x$ とすると

$$1 = \sum_{j=0}^{n} \binom{n}{j} x^j (1-x)^{n-j},$$

$$nx = \sum_{j=0}^{n} j \binom{n}{j} x^j (1-x)^{n-j},$$

$$n(n-1)x^2 = \sum_{j=0}^{n} j(j-1) \binom{n}{j} x^j (1-x)^{n-j}.$$

(2.79) $\quad \varphi_j(x) = \binom{n}{j} x^j (1-x)^{n-j} \quad (j=0, 1, \cdots, n)$

とおくと上の式は

(2.80) $\quad \begin{cases} \sum_{j=0}^{n} \varphi_j(x) = 1, \; \sum_{j=0}^{n} j\varphi_j(x) = nx, \\ \sum_{j=0}^{n} j(j-1) \varphi_j(x) = n(n-1)x^2 \end{cases}$

となる.

$$(j-nx)^2 = j^2 - 2njx + n^2 x^2 = j(j-1) + j(1-2nx) + n^2 x^2$$

だから

(2.81) $\quad \sum_{j=0}^{n} (j-nx)^2 \varphi_j(x) = n(n-1)x^2 + (1-2nx)nx + n^2 x^2$

$$= nx(1-x).$$

さて, いま $f:[0,1]\to[-1,1]$ としよう. 一様連続性によって

$$\forall \varepsilon > 0, \exists \delta > 0 : x, x' \in [0,1], |x-x'| < \delta \Rightarrow |f(x)-f(x')| < \varepsilon/2.$$

$x \in [0,1]$ に対して (2.80) によって

(2.82) $\quad \left| f(x) - \sum_{j=0}^{n} f\left(\frac{j}{n}\right) \varphi_j(x) \right| = \left| \sum_{j=0}^{n} \left(f(x) - f\left(\frac{j}{n}\right) \right) \varphi_j(x) \right|$

であるが, $\{j : j=0, 1, \cdots, n\}$ を

$$J_1 = \left\{ j : \left| \frac{j}{n} - x \right| < \delta \right\}, \quad J_2 = \left\{ j : \left| \frac{j}{n} - x \right| \geq \delta \right\}$$

と分けると, $[0,1]$ で $\varphi_j(x) \geq 0$ だから

$$\left|\sum_{j\in J_1}(f(x)-f\left(\frac{j}{n}\right))\varphi_j(x)\right|\leq\frac{\varepsilon}{2}\sum_{j=0}^n\varphi_j(x)=\frac{\varepsilon}{2},$$

また $|f(x)|\leq 1$ で, $j\in J_2$ のとき $(j-nx)^2/(\delta^2n^2)\geq 1$ だから (2.81) により

$$\left|\sum_{j\in J_2}(f(x)-f\left(\frac{j}{n}\right))\varphi_j(x)\right|\leq 2\frac{1}{\delta^2n^2}\sum_{j=0}^n(j-nx)^2\varphi_j(x)$$

$$=\frac{2}{\delta^2n^2}nx(1-x)=\frac{2}{\delta^2n}x(1-x)\leq\frac{2}{\delta^2n}\frac{1}{4}=\frac{1}{2\delta^2n}.$$

よって, (2.82) は $\varepsilon/2+1/(2\delta^2n)$ をこえない. したがって, n を $n>1/(\delta^2\varepsilon)$ をみたすようにとっておけば (2.82) は ε より小さいから,

$$P(x)=\sum_{j=0}^n f\left(\frac{j}{n}\right)\varphi_j(x)$$

は条件をみたす. $f:[a,b]\to[c,d]$ のときは

$$f_1(x)=\frac{f(a+(b-a)x)-c}{d-c}$$

とすると $f_1:[0,1]\to[0,1]$ だからいま証明したことによって

$$\forall\varepsilon>0,\ \exists P_1\text{ (多項式)}:\ x\in[0,1]\Rightarrow|f_1(x)-P_1(x)|<\varepsilon/(d-c).$$

このとき

$$P(x)=(d-c)P_1\left(\frac{x-a}{b-a}\right)+c$$

とすれば, これは多項式で $x\in[a,b]$ のとき

$$|f(x)-P(x)|=\left|f_1\left(\frac{x-a}{b-a}\right)(d-c)+c-\left((d-c)P_1\left(\frac{x-a}{b-a}\right)+c\right)\right|$$

$$=(d-c)\left|f_1\left(\frac{x-a}{b-a}\right)-P_1\left(\frac{x-a}{b-a}\right)\right|<\varepsilon$$

となる.

方程式 $f(x)=0$ の根をみつけるのに**ニュートン (Newton) の方法**とよばれる古典的な逐次近似法がある. この方法も縮小写像に似た考えが用いられるのであるが, 場合によっては, 縮小写像よりもよい結果が得られる.

f は $[a,b]$ 上の連続関数で $f(a)<0,\ f(b)>0,\ f'(x)>0,\ f''(x)>0$ とする. このとき中間値の定理により $\exists\bar{x}\in(a,b):f(\bar{x})=0$ であるが, $f'(x)>0$ により, f は強い意味で単調増加だからこのような $\bar{x}$ は一つしかない. $b=x_0$

とし

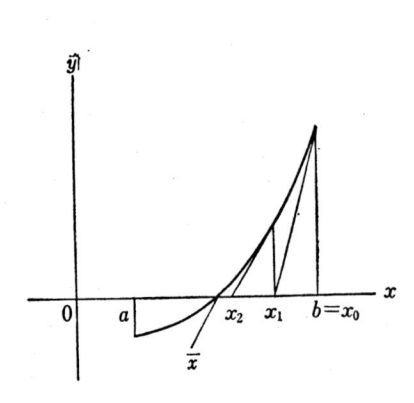

(2.83) $x_{n+1} = x_n - f(x_n)/f'(x_n)$

とすると，(x_n) は単調減少で $\bar{x}$ に収束することがつぎのように示される．$\bar{x} < x \le b$ のとき $f(x) > 0$ だから $x - f(x)/f'(x) < x$．平均値の定理により

$$\exists \xi : \bar{x} < \xi < x :$$
$$f(x) - f(\bar{x}) = (x - \bar{x})f'(\xi).$$

$f''(x) > 0$ により f' も強い意味で単調増加だから $f(x) - f(\bar{x}) < (x - \bar{x})f'(x)$．$f(\bar{x}) = 0$ だから $f(x) < (x - \bar{x})f'(x)$，これから $f(x)/f'(x) < x - \bar{x}$，$\bar{x} < x - f(x)/f'(x)$，すなわち，

$$\bar{x} < x \le b \text{ のとき } \bar{x} < x - f(x)/f'(x) < x.$$

よって (2.83) から (x_n) は単調減少列で $\bar{x} < x_n$ であることがわかる．$x_n \to x'$ とすると f, f' の連続性により (2.83) から $x' = x' - f(x')/f'(x')$，よって，$f(x') = 0$ で $\bar{x} = x'$ すなわち $x_n \to \bar{x}$ が示された．

つぎに誤差 $|x_n - \bar{x}|$ の大きさについて考えよう．

$$0 < x_n - x_{n+1} = f(x_n)/f'(x_n) < f(x_n)/f'(a),$$
$$f(x_{n+1}) = f(x_n) + f'(x_n)(x_{n+1} - x_n) + \frac{f''(\xi)}{2}(x_{n+1} - x_n)^2$$
$$(x_{n+1} < \xi < x_n) \quad (\text{テイラーの定理による})$$
$$= \frac{f''(\xi)}{2}(x_{n+1} - x_n)^2 \quad ((2.83) \text{ による}).$$

よって，$[a, b]$ で $f''(x) \le c$ とすると

$$0 < f(x_{n+1}) \le \frac{c}{2}(x_{n+1} - x_n)^2 \le \frac{c}{2}\left(\frac{f(x_n)}{f'(a)}\right)^2.$$

これから数学的帰納法で

(2.84) $$f(x_n) \le \frac{2f'(a)^2}{c}\left(\frac{c}{2f'(a)^2}f(b)\right)^{2^n}$$

が示される．よって，

2.6 テイラーの定理

$$0 < x_n - x_{n+1} < \frac{2f'(a)}{c}\left(\frac{c}{2f'(a)^2}f(b)\right)^{2^n}.$$

$c' = c/(2f'(a)^2)f(b) < 1$ のとき $m > n$ とすると

$$0 < x_n - x_m < \frac{2f'(a)}{c}c'^{2^n}(1+c'^2+c'^4+\cdots+c'^{2^m}) < \frac{2f'(a)}{c}c'^{2^n}\frac{1}{1-c'^2}.$$

$m \to \infty$ として

(2.85) $$0 < x_n - \bar{x} \leq \frac{2f'(a)}{c(1-c'^2)}c'^{2^n}.$$

したがって，つぎの結果が得られたのである．

$[a, b]$ で $f''(x) \leq c, c' = c/(2f'(a)^2)f(b)$ とするとき，$c' < 1$ ならば

$$0 < f(x_n) \leq \frac{2f'(a)^2}{c}c'^{2^n}$$

と (2.85) が成り立つ．

$x_n \to \bar{x}$ の収束は，縮小写像の場合には誤差が1より小さい数の n 乗に比例する数でおさえられたが，ニュートンの方法では 2^n 乗に比例する数でおさえられるから，収束はいっそう速い．

例 9 $\sqrt[n]{y}$ $(y > 0, n \geq 2)$,
$f(x) = x^n - y$ $(x > 0)$ とおくと $f(x) = 0$ をみたす x が $\sqrt[n]{y}$ である．$f'(x) = nx^{n-1}, f''(x) = n(n-1)x^{n-2}$,

$$x_{j+1} = x_j - (x_j^n - y)/(nx_j^{n-1}) = \frac{1}{n}\left((n-1)x_j + \frac{y}{x_j^{n-1}}\right).$$

$n = 2$ のとき $x_{j+1} = 1/2(x_j + y/x_j)$. いま $\sqrt{2}$ を求めてみよう．

$$x_{j+1} = \frac{1}{2}\left(x_j + \frac{2}{x_j}\right), \quad [a, b] = [1, 2],$$

$x_0 = b = 2,$

$x_1 = \frac{1}{2}\left(2 + \frac{2}{2}\right) = \frac{3}{2},$

$x_2 = \frac{1}{2}\left(\frac{3}{2} + \frac{2 \cdot 2}{3}\right) = \frac{1}{2}\frac{9+8}{6} = \frac{17}{12} = 1.416\cdots,$

$x_3 = \frac{1}{2}\left(\frac{17}{12} + \frac{2 \cdot 12}{17}\right) = \frac{1}{2}\frac{289+288}{204} = \frac{577}{408} = 1.414215\cdots,$

$$x_4 = \frac{1}{2}\left(\frac{577}{408} + \frac{2 \cdot 408}{577}\right) = \frac{1}{2}\frac{332929 + 332928}{235416} = \frac{665857}{470832} = 1.41421356\cdots.$$

$f(x) = x^2 - 2,\ f'(x) = 2x,\ f''(x) = 2,\ c' = 2/(2\cdot 2^2)(2^2-2) = 1/2,$

$$0 < x_j - \sqrt{2} \leq \frac{2\cdot 2}{2\left(1-\frac{1}{2^2}\right)}\left(\frac{1}{2}\right)^{2^j} = \frac{8}{3}\left(\frac{1}{2}\right)^{2^j},$$

$$0 < x_4 - \sqrt{2} \leq \frac{8}{3}\left(\frac{1}{2}\right)^{2^4} = \frac{1}{3\cdot 2^{13}} = \frac{1}{24576} = 0.00004\cdots,$$

$$0 < x_6 - \sqrt{2} \leq \frac{8}{3}\left(\frac{1}{2}\right)^{2^6} = \frac{1}{3\cdot 2^{61}} < \frac{1}{6\cdot 10^{18}}.$$

問 8 $\sqrt[3]{2}$ の近似値を求めよ．

2.7 不定積分の計算

不定積分の計算をするときにしばしば公式として参照されるものをまとめておく．

(2.86) $\quad \int c\,dx = cx \quad$ (c は定数)，

(2.87) $\quad \int x^\alpha\,dx = \frac{x^{\alpha+1}}{\alpha+1} \quad (\boldsymbol{R} \ni \alpha \neq -1)$，

(2.88) $\quad \int \frac{1}{x}\,dx = \log|x|$，

(2.89) $\quad \int \frac{1}{x^2+1}\,dx = \arctan x$，

(2.90) $\quad \int \frac{1}{x^2-1}\,dx = \frac{1}{2}\log\left|\frac{x-1}{x+1}\right|$，

(2.91) $\quad \int \frac{1}{\sqrt{x^2+a}}\,dx = \log|x+\sqrt{x^2+a}| \quad (a \neq 0)$，

(2.92) $\quad \int \frac{1}{\sqrt{1-x^2}}\,dx = \arcsin x$，

(2.93) $\quad \int e^x\,dx = e^x, \quad \int a^x\,dx = \frac{a^x}{\log a} \quad (0 < a \neq 1)$，

(2.94) $\quad \int \cos x\,dx = \sin x, \quad \int \sin x\,dx = -\cos x$，

(2.95) $\displaystyle\int \frac{1}{\cos^2 x} dx = \tan x, \quad \int \frac{1}{\sin^2 x} dx = -\cot x,$

(2.96) $\displaystyle\int \sin^2 x\, dx = \frac{1}{2}(x - \sin x \cos x), \quad \int \cos^2 x\, dx = \frac{1}{2}(x + \sin x \cos x).$

これらは右辺を微分してたしかめることができる．もちろん，これらの公式は左辺が定義され連続であるような区間について適用されるのである．以下の公式についても同様である．また，たとえば(2.86)は関数 $x \mapsto c$ の原始関数の一つが $x \mapsto cx$ であるという意味である．よって，$\int c\, dx = cx + c'$ のように書くこともある(§2.3 参照)．同様に，つぎにでてくる二つ以上の不定積分を含む等式も，任意の原始関数をとれば定数の差しかないという意味である．つまり，両辺の導関数が等しいことにほかならない．

つぎの定理は不定積分の変形に用いられる．

定理 2.24 1) $f, g \in C(I), \alpha, \beta \in \boldsymbol{R} \Rightarrow$

$$\int (\alpha f(x) + \beta g(x))\, dx = \alpha \int f(x)\, dx + \beta \int g(x)\, dx, \quad \text{(線形性)}$$

2) $f', g' \in C(I) \Rightarrow$

$$\int f'(x) g(x)\, dx = f(x) g(x) - \int f(x) g'(x)\, dx,$$

(部分積分の公式)

3) $f \in C(\Delta), g' \in C(I), g(I) \subset \Delta, \quad \int f(x)\, dx = F(x) \Rightarrow$

$$F(g(t)) = \int f(g(t)) g'(t)\, dt. \quad \text{(置換積分の公式)}$$

(I, Δ は区間)．

証明 1) 両辺を微分してみればわかる．

2) $(fg)' = f'g + fg'$ だから 1) によって 2) が成り立つ．

3) $\dfrac{d}{dt} F(g(t)) = F'(g(t)) g'(t) = f(g(t)) g'(t)$ だから 3) が成り立つ．

3) で g が強い意味で単調ならば区間 $g(I)$ で逆関数 g^{-1} があって，$\int f(g(t)) g'(t)\, dt$ の t に $g^{-1}(x)$ を代入すれば $\int f(x)\, dx$ が $(g(I))$ で得られる．と

くに $g(t)=at+b(a\neq 0)$ のとき $\int f(x)dx$ は $\int f(at+b)g'(t)dt = a\int f(at+b)dt$ の t に, $x=at+b$ を解いた $t=(x-b)/a$ を代入すればよい. たとえば, $\int 1/(x^2+a^2)dx \ (a\neq 0)$ は $x=at$ とおいて (2.89) を用い

$$\int \frac{a}{(at)^2+a^2}dt = \frac{1}{a}\int \frac{1}{t^2+1}dt = \frac{1}{a}\arctan t$$

とし $t=x/a$ を代入して $1/a\arctan(x/a)$ となる. $\int f(g(t))g'(t)dt$ は $\int f(x)dx$ の x を $g(t)$ に dx を $g'(t)dt$ ($x=g(t)$ のとき $dx/dt=g'(t)$) にかえるとおぼえればよい. 実際の計算はつぎのように行なう. $x=at$ とおいて

(2.97) $$\int \frac{1}{x^2+a^2}dx = \int \frac{a}{a^2t^2+a^2}dt = \frac{1}{a}\int \frac{1}{t^2+1}dt = \frac{1}{a}\arctan t$$
$$= \frac{1}{a}\arctan\frac{x}{a} \qquad (a\neq 0).$$

このような方法を変数変換法という. 同様に (2.90), (2.92) から $x=at$ とおいて

(2.98) $$\int \frac{1}{x^2-a^2}dx = \frac{1}{a^2}\int \frac{a}{t^2-1}dt = \frac{1}{2a}\log\left|\frac{t-1}{t+1}\right|$$
$$= \frac{1}{2a}\log\left|\frac{x-a}{x+a}\right| \qquad (a\neq 0),$$

(2.99) $$\int \frac{1}{\sqrt{a^2-x^2}}dx = \frac{1}{a}\int \frac{a}{\sqrt{1-t^2}}dt = \arcsin t$$
$$= \arcsin\frac{x}{a} \qquad (a>0).$$

また $\boldsymbol{R}\ni\alpha\neq -1$ のとき f' が連続 ($\alpha\notin \boldsymbol{N}$ なら $f(x)>0$) となる区間で

(2.100) $$\int (f(x))^\alpha f'(x)dx = \frac{(f(x))^{\alpha+1}}{\alpha+1},$$

f' が連続 $f(x)\neq 0$ となる区間で

(2.101) $$\int \frac{f'(x)}{f(x)}dx = \log|f(x)|$$

の成り立つことも, 右辺を微分してみればわかる.

2.7 不定積分の計算

例 1
$$\int \frac{x}{(x^2+1)^n}dx = \frac{1}{2}\int \frac{2x}{(x^2+1)^n}dx = \frac{1}{2}\int \frac{(x^2+1)'}{(x^2+1)^n}dx$$
$$= \begin{cases} \dfrac{1}{2}\log(x^2+1) & (n=1) \quad ((2.101)\text{による}) \\ -\dfrac{1}{2(n-1)(x^2+1)^{n-1}} & (n \neq 1) \\ & ((2.100)\text{による}), \end{cases}$$

$$\int \sin^3 x \cos x\, dx = \frac{\sin^4 x}{4} \quad ((2.100)\text{ による}).$$

問 1 $\displaystyle\int \tan x\, dx$, $\displaystyle\int \cos x/\sin^n x\, dx$, $\displaystyle\int \sin x \cos^n x\, dx$ を計算せよ.

つぎの例 2, 例 3 は部分積分の公式を用いる例である.

例 2
$$\int \log x\, dx = \int (x)' \log x\, dx = x\log x - \int x(\log x)'dx$$
$$= x\log x - \int 1\, dx = x\log x - x,$$

$$\int x^n \log x\, dx = \int \left(\frac{x^{n+1}}{n+1}\right)' \log x\, dx$$
$$= \frac{x^{n+1}}{n+1}\log x - \int \frac{x^{n+1}}{n+1}(\log x)'dx$$
$$= \frac{x^{n+1}}{n+1}\log x - \frac{1}{n+1}\int x^n dx = \frac{x^{n+1}}{n+1}\log x - \frac{x^{n+1}}{(n+1)^2}.$$

例 3 $a \neq 0$ のとき

$$\int xe^{ax}dx = \int x\left(\frac{e^{ax}}{a}\right)'dx = x\frac{e^{ax}}{a} - \frac{1}{a}\int e^{ax}dx$$
$$= x\frac{e^{ax}}{a} - \frac{e^{ax}}{a^2} = \frac{e^{ax}}{a}\left(x - \frac{1}{a}\right),$$

$$\int x^2 e^{ax}dx = x^2 \frac{e^{ax}}{a} - \frac{2}{a}\int xe^{ax}dx = \frac{e^{ax}}{a}\left(x^2 - \frac{2x}{a} + \frac{2}{a^2}\right),$$

$$\int x^3 e^{ax}dx = x^3 \frac{e^{ax}}{a} - \frac{3}{a}\int x^2 e^{ax}dx = \frac{e^{ax}}{a}\left(x^3 - \frac{3}{a}x^2 + \frac{6x}{a^2} - \frac{6}{a^3}\right).$$

問 2 例 3 と同様にして

$$\int x^3 \sin x\, dx = -x^3 \cos x + 3x^2 \sin x + 6x \cos x - 6 \sin x,$$

$$\int x^3 \cos x\, dx = x^3 \sin x + 3x^2 \cos x - 6x \sin x - 6 \cos x$$

を導け．

例 4 $I_n = \displaystyle\int \frac{1}{(x^2+1)^n} dx$ とする．

$I_1 = \displaystyle\int \frac{1}{x^2+1} dx = \arctan x$ であるから，もしも $I_n (n \geq 2)$ を I_{n-1} で表わす公式が導き出されれば，数学的帰納法の原理により，すべての $n \in \boldsymbol{N}$ に対して I_n が計算されることになる．$n \geq 2$ として

$$I_n = \int \frac{(x^2+1) - x^2}{(x^2+1)^n} dx = I_{n-1} - \int \frac{x^2}{(x^2+1)^n} dx$$
$$= I_{n-1} - \int \left(\frac{x}{(x^2+1)^n} \right) x\, dx,$$

ここで部分積分の公式を用い，すなわち部分積分法により

$$I_n = I_{n-1} + \frac{1}{2(n-1)(x^2+1)^{n-1}} \cdot x - \frac{1}{2(n-1)} \int \frac{1}{(x^2+1)^{n-1}} (x)'\, dx$$
$$= I_{n-1} + \frac{x}{2(n-1)(x^2+1)^{n-1}} - \frac{1}{2(n-1)} I_{n-1}$$
$$= \frac{x}{2(n-1)(x^2+1)^{n-1}} + \frac{2n-3}{2n-2} I_{n-1}.$$

このように I_n の計算を $I_1, I_2, \cdots, I_{n-1}$ の計算に帰着させる式を一般に漸化式という．これによれば，

$$I_2 = \frac{x}{2(x^2+1)} + \frac{1}{2} \arctan x,$$

$$I_3 = \frac{x}{4(x^2+1)^2} + \frac{3}{4} I_2 = \frac{x}{4(x^2+1)^2} + \frac{3x}{8(x^2+1)} + \frac{3}{8} \arctan x.$$

例 5 $I_n = \displaystyle\int \sin^n x\, dx$ の漸化式

$$I_0 = x, \qquad I_1 = -\cos x,$$

$n \geq 2$ のとき

2.7 不定積分の計算

$$I_n = \int \sin^{n-1}x(-\cos x)'dx = -\sin^{n-1}x\cos x + \int (\sin^{n-1}x)'\cos x\, dx$$

$$= -\sin^{n-1}x\cos x + (n-1)\int \sin^{n-2}x\cos^2 x\, dx$$

$$= -\sin^{n-1}x\cos x + (n-1)\int \sin^{n-2}x(1-\sin^2 x)\, dx$$

$$= -\sin^{n-1}x\cos x + (n-1)I_{n-2} - (n-1)I_n,$$

ゆえに,

$$I_n = \frac{1}{n}(-\sin^{n-1}x\cos x + (n-1)I_{n-2}) \qquad (n \geq 2).$$

よって,

$$\int \sin^2 x\, dx = \frac{1}{2}(-\sin x\cos x + x),$$

$$\int \sin^3 x\, dx = \frac{1}{3}(-\sin^2 x\cos x - 2\cos x) = \frac{1}{3}(\cos^3 x - 3\cos x).$$

問 3 $I_n = \int \cos^n x\, dx$ の漸化式をつくれ.

注意 $\int \sin^m x \cos^n x\, dx$ は $m, n \geq 0$, m または n が奇数のときは簡単である. たとえば, m が奇数ならば

$$\sin^m x \cos^n x = \sin^{2l+1} x \cos^n x = \sin x (1-\cos^2 x)^l \cos^n x$$

となり, これは $\int \sin x \cos^n x\, dx = -\cos^{n+1}x/(n+1)$ (例1参照) に帰する.

問 4 つぎの積分を計算せよ.

(1) $\int \sin^5 x\, dx$, (2) $\int \cos^4 x\, dx$, (3) $\int \cos^5 x\, dx$,

(4) $\int \cos^2 ax\, dx$ $(a \neq 0)$, (5) $\int e^x \sin x\, dx$,

(6) $\int \cos ax \sin bx\, dx$.

(最後の積分はまず加法定理によって積を和に変形する.)

例 6 $a > 0$ とする.

$$I = \int \sqrt{a^2 - x^2}\, dx = \int (x)'\sqrt{a^2 - x^2}\, dx = x\sqrt{a^2 - x^2} + \int x \frac{x}{\sqrt{a^2 - x^2}}\, dx$$

$$= x\sqrt{a^2-x^2} + \int \frac{x^2-a^2}{\sqrt{a^2-x^2}}dx + a^2\int \frac{1}{\sqrt{a^2-x^2}}dx$$

$$= x\sqrt{a^2-x^2} - I + a^2 \arcsin\frac{x}{a} \quad ((2.99) による).$$

ゆえに,

$$I = \frac{1}{2}\left(x\sqrt{a^2-x^2} + a^2\arcsin\frac{x}{a}\right).$$

注意 この式は区間 $[-a, a]$ で成り立つ. 計算の途中では $\sqrt{a^2-x^2}$ が分母にくるが, 区間の端点でのこの右辺の微分係数も定理 2.17 系により $\sqrt{a^2-x^2}=0$ となるのである.

問 5 上と同様にしてつぎの式を導け.

$$\int \sqrt{x^2+a}\,dx = \frac{1}{2}(x\sqrt{x^2+a} + a\log|x+\sqrt{x^2+a}|).$$

例 7
$$I_1 = \int e^{ax}\sin bx\,dx, \quad I_2 = \int e^{ax}\cos bx\,dx \quad (a \neq 0)$$

とすると部分積分法により

$$I_1 = \frac{1}{a}e^{ax}\sin bx - \frac{b}{a}I_2, \quad I_2 = \frac{1}{a}e^{ax}\cos bx + \frac{b}{a}I_1.$$

これを解いて

$$I_1 = \frac{e^{ax}}{a^2+b^2}(a\sin bx - b\cos bx), \quad I_2 = \frac{e^{ax}}{a^2+b^2}(b\sin bx + a\cos bx).$$

有理関数の積分については, 代数の知識が必要になる. ここではつぎのことを仮定する.

R は有理関数であって, 多項式ではないとすると,

$$R(x) = P(x)/Q(x) \quad (P, Q は多項式で Q は定数ではなく最高次の係数は 1)$$

と表わされる. さらに Q は

$$(x-\alpha)^{r_0},\ ((x-\beta)^2+\gamma^2)^{s_0} \quad (\alpha, \beta, \gamma \in \mathbf{R},\ \gamma \neq 0,\ r_0, s_0 \in \mathbf{N})$$

の形の因数の積になり, R は多項式と

$$\frac{a}{(x-\alpha)^r},\ \frac{bx+c}{((x-\beta)^2+\gamma^2)^s} \quad (a, b, c \in \mathbf{R},\ r, s \in \mathbf{N},\ r \leq r_0,\ s \leq s_0)$$

の形の式の和として表わされる.

このことを用いれば, 有理関数の積分は, このような形の式の積分に帰せら

2.7 不定積分の計算

れる．多項式および $a/(x-\alpha)^r$ の積分はすでに知っている：

$$\int \frac{a}{(x-\alpha)^r}dx = \begin{cases} a\log|x-\alpha| & (r=1), \\ -\dfrac{a}{(r-1)(x-\alpha)^{r-1}} & (r\neq 1). \end{cases}$$

$(bx+c)/((x-\beta)^2+\gamma^2)^s$ の積分は $x-\beta=\gamma t$ とすれば，$dx/dt=\gamma$ で

$$\int \frac{bx+c}{((x-\beta)^2+\gamma^2)^s}dx = \frac{1}{\gamma^{2s-1}}\int \frac{b(\gamma t+\beta)+c}{(t^2+1)^s}dt$$

$$= \frac{b}{\gamma^{2s-2}}\int \frac{t}{(t^2+1)^s}dt + \frac{b\beta+c}{\gamma^{2s-1}}\int \frac{1}{(t^2+1)^s}dt$$

となるが，この第1項は例1に，第2項は例4により計算される．実際に有理関数をこのような和 '部分分数' に分けるには '未定係数法' によるのであるがそれは例で示そう．

例 8 $\int (x^2-x+1)/(x(x^2+1)^2)dx$ を求める．

$$\frac{x^2-x+1}{x(x^2+1)^2} = \frac{a}{x} + \frac{bx+c}{(x^2+1)^2} + \frac{dx+e}{x^2+1}$$

とおいて分母を払えば

$$x^2-x+1 = a(x^2+1)^2 + (bx+c)x + (dx+e)x(x^2+1)$$

$$= ax^4 + 2ax^2 + a + bx^2 + cx + dx^4 + ex^3 + dx^2 + ex$$

$$= (a+d)x^4 + ex^3 + (2a+b+d)x^2 + (c+e)x + a,$$

両辺の係数をくらべて

$$a+d=0, \quad e=0, \quad 2a+b+d=1, \quad c+e=-1, \quad a=1,$$

これを解いて

$$a=1, \quad b=0, \quad c=-1, \quad d=-1, \quad e=0,$$

よって，

$$\int \frac{x^2-x+1}{x(x^2+1)^2}dx = \int \frac{1}{x}dx - \int \frac{1}{(x^2+1)^2}dx - \int \frac{x}{x^2+1}dx$$

$$= \log|x| - \frac{x}{2(x^2+1)} - \frac{1}{2}\arctan x - \frac{1}{2}\log(x^2+1)$$

$$= \frac{1}{2}\left(\log\frac{x^2}{x^2+1} - \arctan x - \frac{x}{x^2+1}\right).$$

問 6 $\int \dfrac{1}{x^2(x^2+1)^2}dx$ を計算せよ．

有理関数でない関数についても，変数変換法や部分積分法などをうまく組合せて変形すると，有理関数やその他既知の積分に帰着させることができることもある．その一部を示しておく．

R はいくつかの変数の有理関数であるとする．

1) $R(x,y,z)$ の y,z にそれぞれ $(ax+b)/(cx+d)$ $(ad-bc\neq 0)$ の q/p 乗, q'/p' 乗 $(p,p'\in \mathbf{N}, q,q'\in \mathbf{Z})$ を代入したものの積分

(2.102) $$\int R\!\left(x, \left(\dfrac{ax+b}{cx+d}\right)^{q/p}, \left(\dfrac{ax+b}{cx+d}\right)^{q'/p'}\right)dx$$

を求めるには，l を p,p' の最小公倍数とし

$$t=\left(\dfrac{ax+b}{cx+d}\right)^{1/l}$$

とおくと

$$t^l=\dfrac{ax+b}{cx+d}, \qquad x=\dfrac{-dt^l+b}{ct^l-a}=g(t).$$

このとき，(2.102) は $l=p_1 p=p_1' p'$ とすると，

$$\int R(g(t), t^{p_1 q}, t^{p_1' q'})\, g'(t)\, dt$$

となり，これは有理関数の積分となる．変数 x, y, z の数が違っても同じことである．

例 9 $\int \dfrac{1}{x^{1/2}+x^{1/3}}dx$ を求める．
$t=x^{1/6}$ とおくと $x=t^6, dx/dt=6t^5$ だから

$$\int \dfrac{1}{x^{1/2}+x^{1/3}}dx = \int \dfrac{6t^5}{t^3+t^2}dt = 6\int \dfrac{t^3}{t+1}dt = 6\int \dfrac{t^3+1}{t+1}dt - 6\int \dfrac{1}{t+1}dt$$

$$= 6\int (t^2-t+1)dt - 6\log(t+1)$$

$$= \dfrac{6}{3}t^3 - \dfrac{6}{2}t^2 + 6t - 6\log(t+1)$$

$$= 2\sqrt{x} - 3\sqrt[3]{x} + 6\sqrt[6]{x} - 6\log(\sqrt[6]{x}+1).$$

2) R を2変数の有理関数とするとき，

$$\text{(2.103)} \qquad \int R(x, \sqrt{ax^2+bx+c})\,dx \qquad (a \neq 0)$$

を求めるには,

1° $b^2-4ac>0$ のとき $ax^2+bx+c=a(x-\alpha)(x-\beta)$ となる $\alpha,\beta\in\mathbf{R}\,(\alpha\neq\beta)$ があるから

$$t=\sqrt{\frac{a(x-\beta)}{x-\alpha}},\qquad \frac{a(x-\beta)}{x-\alpha}=t^2,\qquad x=\frac{\alpha t^2-a\beta}{t^2-a}=g(t)$$

とおけば

$$\sqrt{ax^2+bx+c}=\sqrt{a(x-\alpha)(x-\beta)}=\sqrt{t^2(x-\alpha)^2}=\pm t(x-\alpha)$$
$$=\pm t(g(t)-\alpha),$$

$t\geqq 0$ だから複号は $\pm(g(t)-\alpha)\geqq 0$ となるようにとる. よって (2.103) は

$$\int R(g(t),\pm t(g(t)-\alpha))g'(t)\,dt$$

となり, これは有理関数の積分となる.

2° $b^2-4ac=0$ のとき

$$\sqrt{ax^2+bx+c}=\sqrt{a(x-\alpha)^2}$$

だから $a>0$ なら (2.103) は有理関数の積分となり, $a<0$ なら $a(x-\alpha)^2<0$ $(x\neq\alpha)$ だから考えないでよい.

3° $b^2-4ac<0$ のとき

$$ax^2+bx+c=a\left(\left(x+\frac{b}{2a}\right)^2-\frac{b^2-4ac}{4a^2}\right)$$

は a と同符号だから $a>0$ のときだけ考えればよい.

$$t=\sqrt{ax^2+bx+c}-\sqrt{a}\,x,\qquad ax^2+bx+c=ax^2+t^2+2\sqrt{a}\,tx,$$
$$x=\frac{-t^2+c}{2\sqrt{a}\,t-b}=g(t)$$

とおけば (2.103) は

$$\int R(g(t),\sqrt{a}\,g(t)+t)g'(t)\,dt$$

となり, これは t の有理関数の積分である.

例 10 $\displaystyle\int\frac{1}{x\sqrt{x^2-1}}dx,\ \int\frac{1}{x\sqrt{1-x^2}}dx,\ \int\frac{1}{x\sqrt{x^2+1}}dx$ を求める.

$t=\sqrt{\pm\dfrac{x+1}{x-1}}$ とおくと $x=\dfrac{t^2\pm 1}{t^2\mp 1},\ \dfrac{dx}{dt}=\dfrac{2t(t^2\mp 1)-2t(t^2\pm 1)}{(t^2\mp 1)^2}=\dfrac{\mp 4t}{(t^2\mp 1)^2},$

$\pm(x^2-1)=\dfrac{4t^2}{(t^2\mp 1)^2}$ だから

$$\int\frac{1}{x\sqrt{\pm(x^2-1)}}dx=\int\frac{(t^2\mp 1)|t^2\mp 1|(\mp 4t)}{(t^2\pm 1)2t(t^2\mp 1)^2}dt$$

$$=\int\frac{\mp 2}{t^2\pm 1}\frac{|t^2\mp 1|}{t^2\mp 1}dt \qquad (複号同順),$$

$$\int\frac{1}{x\sqrt{x^2-1}}dx=\mp 2\int\frac{1}{t^2+1}dt=\mp 2\arctan t$$

$$=\mp 2\arctan\sqrt{\frac{x+1}{x-1}} \qquad (\mp は x の正負による).$$

$$\int\frac{1}{x\sqrt{1-x^2}}dx=\int\frac{2}{t^2-1}dt=\int\frac{1}{t-1}dt-\int\frac{1}{t+1}dt$$

$$=\log|t-1|-\log|t+1|=\log\left|\frac{t-1}{t+1}\right|=\log\left|\frac{\sqrt{\frac{1+x}{1-x}}-1}{\sqrt{\frac{1+x}{1-x}}+1}\right|$$

$$=\log\left|\frac{\sqrt{1+x}-\sqrt{1-x}}{\sqrt{1+x}+\sqrt{1-x}}\right|=\log\left|\frac{1+x+1-x-2\sqrt{1-x^2}}{(1+x)-(1-x)}\right|$$

$$=\log\left|\frac{2-2\sqrt{1-x^2}}{2x}\right|=\log\frac{1-\sqrt{1-x^2}}{|x|}.$$

$t=\sqrt{x^2+1}-x$ とおけば $x^2+1=t^2+2tx+x^2,\ x=\dfrac{1-t^2}{2t},\ \dfrac{dx}{dt}$

$=\dfrac{-2t\cdot 2t-2(1-t^2)}{4t^2}=\dfrac{-t^2-1}{2t^2},\ \sqrt{x^2+1}=t+\dfrac{1-t^2}{2t}=\dfrac{t^2+1}{2t}$ だから

$$\int\frac{1}{x\sqrt{x^2+1}}dx=\int\frac{2t\cdot 2t(-t^2-1)}{(1-t^2)(t^2+1)2t^2}dt=\int\frac{-2}{1-t^2}dt$$

$$=-\int\frac{1}{1+t}dt-\int\frac{1}{1-t}dt=-\log|1+t|+\log|1-t|$$

$$=\log\left|\frac{1-t}{1+t}\right|=\log\left|\frac{1+x-\sqrt{x^2+1}}{1-x+\sqrt{x^2+1}}\right|$$

$$=\log\left|\frac{1-x^2+x^2+1-2\sqrt{x^2+1}}{1-2x+x^2-x^2-1}\right|=\log\frac{\sqrt{x^2+1}-1}{|x|}.$$

ただし，上の原則によらないつぎのような方法もある．$x=1/t$ とおくと $dx/dt=-1/t^2$, $x^2\pm1=1/t^2\pm1=(1\pm t^2)/t^2$,

$$\int\frac{1}{x\sqrt{x^2\pm1}}dx=\int\frac{t|t|}{\sqrt{1\pm t^2}}\left(-\frac{1}{t^2}\right)dt=-\int\frac{|t|}{t}\frac{1}{\sqrt{1\pm t^2}}dt.$$

よって，(2.91) により

$$\int\frac{1}{x\sqrt{x^2+1}}dx=\mp\log|t+\sqrt{1+t^2}|=\mp\log\left|\frac{1}{x}+\sqrt{1+\frac{1}{x^2}}\right|$$

（$\mp$ は x の正負による）．

また (2.92) により

$$\int\frac{1}{x\sqrt{x^2-1}}dx=\mp\arcsin t=\mp\arcsin\frac{1}{x} \qquad (\mp\text{は}\ x\ \text{の正負による}).$$

(2.91) により

$$\int\frac{1}{x\sqrt{1-x^2}}dx=\int\frac{t}{\sqrt{1-\frac{1}{t^2}}}\left(-\frac{1}{t^2}\right)dt=-\int\frac{|t|}{t}\frac{1}{\sqrt{t^2-1}}dt$$

$$=\mp\log|t+\sqrt{t^2-1}|=\mp\log\left|\frac{1}{x}+\sqrt{\frac{1}{x^2}-1}\right|$$

（$\mp$ は x の正負による）．

3) $$\int x^\alpha(ax^\beta+b)^\gamma dx \qquad (\alpha,\beta,\gamma\ \text{は有理数で}\ \beta\neq0)$$

はつぎのような場合には求められる．

$x^\beta=y$ とおくと $x=y^{1/\beta}, dx/dy=1/\beta y^{1/\beta-1}$ だから，

$$\int x^\alpha(ax^\beta+b)^\gamma dx=\int y^{\alpha/\beta}(ay+b)^\gamma\frac{1}{\beta}y^{1/\beta-1}dy$$

$$=\frac{1}{\beta}\int y^{(\alpha+1)/\beta-1}(ay+b)^\gamma dy,$$

よって，$\int x^\alpha(ax+b)^\beta dx$ $(\alpha,\beta$ は有理数$)$ という形に帰着する．この α,β のうちの一つが<u>整数</u>のとき，これは 1) の場合に含まれる．$\alpha+\beta$ が整数のときは $t=1/x$ とおくと

$$\int x^\alpha (ax+b)^\beta dx = \int t^{-\alpha}\left(\frac{a}{t}+b\right)^\beta \left(-\frac{1}{t^2}\right)dt$$
$$= -\int t^{-\alpha-\beta-2}(a+bt)^\beta dt$$

となり 1) の場合に含まれる.

例 11 $I = \int x^{-3/2}(x^{1/3}+1)^{1/2} dx$ を求める.

$x^{1/3} = y$ とおくと $x = y^3, dx/dy = 3y^2$,

$$I = \int y^{-9/2}(y+1)^{1/2} 3y^2 dy = 3\int y^{-5/2}(y+1)^{1/2} dy,$$

$t = 1/y$ とおくと $y = 1/t, dy/dt = -1/t^2$,

$$I = 3\int t^{5/2}\left(\frac{1}{t}+1\right)^{1/2}\left(-\frac{1}{t^2}\right)dt = -3\int (t+1)^{1/2} dt = -2(t+1)^{3/2}$$
$$= -2\left(\frac{1}{y}+1\right)^{3/2} = -2(x^{-1/3}+1)^{3/2}.$$

4) $\quad \int R(e^x)e^x dx, \quad \int R(\cos x)\sin x dx, \quad \int R(\sin x)\cos x dx,$

$\quad \int R(\log x)\frac{1}{x} dx, \quad \int R(\arctan x)\frac{1}{1+x^2} dx,$

$\quad \int R(\arcsin x)\frac{1}{\sqrt{1-x^2}} dx$

などは

$$\int R(\varphi(x))\varphi'(x) dx = \int R(t) dt$$

を用いればよい.

5) $\quad \int R(e^x) dx$ は $t = e^x$ とおけば $\dfrac{dt}{dx} = e^x, \dfrac{dx}{dt} = \dfrac{1}{e^x} = \dfrac{1}{t}$,

$$\int R(e^x) dx = \int R(t)\frac{1}{t} dt$$

で,有理関数の積分に帰する.

例 12 $I = \int \dfrac{1}{e^{2x}+e^{-x}} dx$ を求める.

$t = e^x$ とおけば $dx/dt = 1/t$,

$$I=\int \frac{\frac{1}{t}}{t^2+\frac{1}{t}}dt=\int \frac{1}{t^3+1}dt=\int \frac{1}{(t+1)(t^2-t+1)}dt,$$

$$\frac{1}{(t+1)(t^2-t+1)}=\frac{a}{t+1}+\frac{bt+c}{t^2-t+1},$$

$$1=a(t^2-t+1)+(bt+c)(t+1).$$

$t=-1$ を代入して $1=3a, a=1/3$, 定数項を比較して $1=a+c$ から $c=2/3$, t^2 の項を比較して $0=a+b$ から $b=-1/3$. これから

$$\begin{aligned}I&=\frac{1}{3}\int \frac{1}{t+1}dt-\frac{1}{3}\int \frac{t-2}{t^2-t+1}dt\\&=\frac{1}{3}\log|t+1|-\frac{1}{6}\int \left(\frac{2t-1}{t^2-t+1}-\frac{3}{t^2-t+1}\right)dt\\&=\frac{1}{3}\log|t+1|-\frac{1}{6}\log|t^2-t+1|+\frac{1}{2}\int \frac{1}{\left(t-\frac{1}{2}\right)^2+\frac{3}{4}}dt\\&=\frac{1}{3}\log|t+1|-\frac{1}{6}\log|t^2-t+1|+\frac{2}{3}\int \frac{1}{\left(\frac{2t-1}{\sqrt{3}}\right)^2+1}dt\\&=\frac{1}{3}\log|t+1|-\frac{1}{6}\log|t^2-t+1|+\frac{2}{3}\cdot\frac{\sqrt{3}}{2}\arctan \frac{2t-1}{\sqrt{3}}\\&=\frac{1}{3}\log(e^x+1)-\frac{1}{6}\log(e^{2x}-e^x+1)+\frac{1}{\sqrt{3}}\arctan \frac{2e^x-1}{\sqrt{3}}.\end{aligned}$$

6) $\int R(\cos x,\sin x)dx$ は $\tan \frac{x}{2}=t\ (-\pi<x<\pi)$ とおけば $\cos x=\frac{1-t^2}{1+t^2}$, $\sin x=\frac{2t}{1+t^2}$, $\frac{dt}{dx}=\frac{1}{2\cos^2 \frac{x}{2}}=\frac{1}{2}\left(1+\tan^2 \frac{x}{2}\right)$, $\frac{dx}{dt}=\frac{2}{1+t^2}$ だから

$$\int R(\cos x,\sin x)dx=\int R\left(\frac{1-t^2}{1+t^2},\frac{2t}{1+t^2}\right)\frac{2}{1+t^2}dt$$

となって有理関数の積分に帰着する.

例 13 $I=\int \frac{1}{2\cos x+1}dx$ を求める.

$\tan \frac{x}{2}=t$ とおくと $\frac{dx}{dt}=\frac{2}{1+t^2}$, $\cos x=\frac{1-t^2}{1+t^2}$,

$$I=\int \frac{\dfrac{2}{1+t^2}}{2\dfrac{1-t^2}{1+t^2}+1}dt = 2\int \frac{1}{2-2t^2+1+t^2}dt = 2\int \frac{1}{3-t^2}dt$$

$$=-\frac{2}{3}\int \frac{1}{\left(\dfrac{t}{\sqrt{3}}\right)^2-1}dt = -\frac{2}{3}\frac{\sqrt{3}}{2}\log\left|\frac{\dfrac{t}{\sqrt{3}}-1}{\dfrac{t}{\sqrt{3}}+1}\right|$$

$$=-\frac{1}{\sqrt{3}}\log\left|\frac{t-\sqrt{3}}{t+\sqrt{3}}\right| = -\frac{1}{\sqrt{3}}\log\left|\frac{\tan\dfrac{x}{2}-\sqrt{3}}{\tan\dfrac{x}{2}+\sqrt{3}}\right|.$$

問 7 つぎの不定積分を求めよ.

(1) $\displaystyle\int \sin 3x\, dx$, (2) $\displaystyle\int e^x \sin e^x\, dx$, (3) $\displaystyle\int \frac{1}{\sin x}dx$,

(4) $\displaystyle\int \frac{1}{\cos x}dx$, (5) $\displaystyle\int \frac{e^x-e^{-x}}{e^x+e^{-x}}dx$, (6) $\displaystyle\int \frac{1}{e^x+e^{-x}}dx$,

(7) $\displaystyle\int \frac{1}{1-\cos x}dx$, (8) $\displaystyle\int \frac{1}{(x-1)(x-2)}dx$,

(9) $\displaystyle\int \frac{1}{x^3-1}dx$, (10) $\displaystyle\int \frac{1}{\sqrt{4-x^2}}dx$, (11) $\displaystyle\int \frac{x}{\sqrt{x^2-1}}dx$,

(12) $\displaystyle\int x^{1/3}(x^{2/3}+1)^{-2/3}dx$, (13) $\displaystyle\int x\sqrt{x^4+1}\,dx$,

(14) $\displaystyle\int \sin(\log x)\,dx$, (15) $\displaystyle\int (\arcsin x)^2 dx$.

2.8 簡単な微分方程式の解法

I, I_1 を $\boldsymbol{R}$ の区間, $F: I\times I_1 \to \boldsymbol{R}$ とするとき,

(2.104) $$y' = F(x,y)$$

の形の式を(1階の)**微分方程式**という.

$f: I \to I_1$ が微分可能であって, I で

(2.105) $$f'(x) = F(x, f(x))$$

が成り立つとき, 関数 f または式 $y=f(x)$ を (2.104) の**解**といい, 解を求

2.8 簡単な微分方程式の解法

めることを (2.104) を解くという．なお，$x_0 \in I, y_0 \in I_1$ であるとき，

(2.106) $$y(x_0) = y_0$$

の形の式を (2.104) の**初期条件**といい，

(2.107) $$f(x_0) = y_0$$

をみたす (2.104) の解 f を初期条件 (2.106) をみたす (2.104) の解または (x_0, y_0) を通る (2.104) の解という．また，区間 $I' \subset I$ 上で (2.105) が成り立つとき，f を (2.104) の I' 上の解という．

たとえば，$F(x, y)$ が x だけの関数 $F_1(x)$ のとき，(2.104) すなわち $y' = F_1(x)$ の解は F_1 の原始関数にほかならない．また $F(x, y) = y$ のとき (2.104) は

$$y' = y$$

となる．$y = ce^x (c \in \mathbf{R}$ は任意) はこの解であって，そのうち $y = e^x$ は初期条件 $y(0) = 1$ の解である．このように，微分方程式の解は無限にあって，初期条件をみたすものはただ一つ(定理 2.25 参照)という場合は多い．

また，たとえば $y = cx^2$ のとき $y' = 2cx$，$x \neq 0$ のとき $y' = 2cx^2/x = 2y/x$ だから $y = cx^2$ は $y' = 2y/x$ の解である．この幾何学的意味は，各点 (x, y) に対し，この点を通り，かたむき $2y/x$ の直線を，その点における接線にするような曲線が $y = cx^2$ となるということである(上図)．

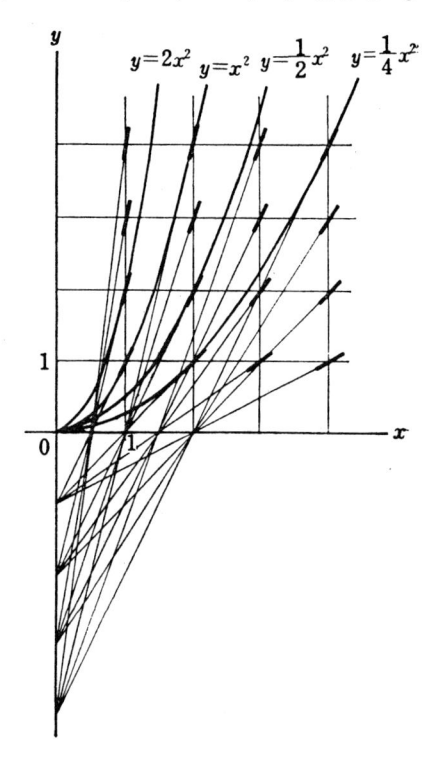

同様に p 階微分方程式も考えられる．I が $\mathbf{R}$ の区間，$U \subset \mathbf{R}^p$, $F : I \times U \to \mathbf{R}$ のとき

$$y^{(p)} = F(x, y, y', \cdots, y^{(p-1)})$$

の形の式を(p 階)微分方程式，$x_0 \in I, (c_0, c_1, \cdots, c_{p-1}) \in U$ のとき

$$y(x_0) = c_0, y'(x_0) = c_1, \cdots, y^{(p-1)}(x_0) = c_{p-1}$$

の形の式をその初期条件，$f: I \to \mathbf{R}$ が p 回微分可能で $x \in I$ のとき $(f(x), f'(x), \cdots, f^{(p-1)}(x)) \in U$ であって
$$f^{(p)}(x) = F(x, f(x), f'(x), \cdots, f^{(p-1)}(x))$$
をみたすとき，f を上の微分方程式の解，これが
$$f(x_0) = c, f'(x_0) = c_1, \cdots, f^{(p-1)}(x_0) = c_{p-1}$$
をみたせば，上の初期条件をみたす解である．

I, I_1, I_2 を $\mathbf{R}$ の区間，$F: I \times I_1 \times I_2 \to \mathbf{R}^2$ とするとき

(2.108) $\qquad\qquad (y_1', y_2') = F(x, y_1, y_2)$

の形の式は1階の連立微分方程式である．$F = (F_1, F_2)$ とすると (2.108) は
$$\begin{cases} y_1' = F_1(x, y_1, y_2), \\ y_2' = F_2(x, y_1, y_2) \end{cases}$$
とも書かれる．$f_1: I \to I_1, f_2: I \to I_2$ が微分可能であって，
$$(f_1'(x), f_2'(x)) = F(x, f_1(x), f_2(x))$$
をみたすとき，f_1, f_2 または式 $y_1 = f_1(x), y_2 = f_2(x)$ を (2.108) の解という．

$F: I \times I_1 \times I_2 \to \mathbf{R}$ であって f が2階微分方程式

(2.109) $\qquad\qquad y'' = F(x, y, y')$

の解であるとき，$f_1 = f, f_2 = f'$ とすると
$$f_1' = f_2, \qquad f_2'(x) = f''(x) = F(x, f(x), f'(x)) = F(x, f_1(x), f_2(x))$$
だから f_1, f_2 は1階の連立微分方程式
$$(y_1', y_2') = (y_2, F(x, y_1, y_2))$$
の解である．逆に f_1, f_2 がこの解ならば，f_1 は (2.109) の解である．

たとえば，$I = I_1 = I_2 = \mathbf{R}$ として $F(x, y_1, y_2) = (-y_2, y_1)$ とすると (2.108) は
$$\begin{cases} y_1' = -y_2, \\ y_2' = y_1 \end{cases}$$
となる．$y_1 = \cos x, y_2 = \sin x$ はこの(一つの)解である．$F(x, y_1, y_2) = -y_1$ とすると (2.109) は

(2.110) $\qquad\qquad y'' = -y$

となる．§2.5 の (2.66)〜(2.68) あたりによれば，初期条件

2.8 簡単な微分方程式の解法

$$y(0)=\alpha, \qquad y'(0)=\beta$$

の (2.110) の解はただ一つ $f(x)=\alpha\cos x+\beta\sin x$ である．

ここでは簡単に解ける微分方程式だけを扱うが，その前にリプシッツの条件をみたす場合の解の存在と一意性について述べておく．

定理 2.25 I, I_1 は $\mathbf{R}$ の区間であって，$F: I\times I_1 \to \mathbf{R}$ は x に関し一様に，I_1 でリプシッツの条件をみたすとする．すなわち，

(2.111) $\quad \exists K\in\mathbf{R}: x\in I, y_1, y_2\in I_1 \Rightarrow |F(x, y_1)-F(x, y_2)|\leq K|y_1-y_2|.$

このとき $(x_0, y_0)\in I\times I_1$ を通る $y'=F(x, y)$ の解はたかだか一つしかない．

証明 f_1, f_2 が (x_0, y_0) を通る解であるとして $g=f_1-f_2$ とすると

$$g(x_0)=0, |g'(x)|=|f_1'(x)-f_2'(x)|=|F(x, f_1(x))-F(x, f_2(x))|$$
$$\leq K|f_1(x)-f_2(x)|\leq K|g(x)|.$$

定理 2.12 により $g(x)=0$，したがって $f_1=f_2$ となる．

問 1 $(0, 1)$ を通る $y'=y$ の解は $y=e^x$ に限ることを示せ．

定理 2.26 $\quad I=[x_0-\delta, x_0+\delta], \qquad I_1=[y_0-r, y_0+r],$

F は $I\times I_1$ 上の連続な関数で，x に関し一様に I_1 でリプシッツの条件をみたすとする．このとき x_0 のある近傍で (x_0, y_0) を通る $y'=F(x, y)$ の解がただ一つある．

証明 F は連続だから有界：$|F(x, y)|\leq C$ であるとし，(2.111) が成り立つとする．$\delta_1>0$ を $\delta_1\leq\delta,\ C\delta_1\leq r,\ K\delta_1<1$ をみたすように定める．

$$S=\{f:[x_0-\delta_1, x_0+\delta_1]\to[y_0-r, y_0+r],\ 連続,\ f(x_0)=y_0\}$$

は sup ノルムにより完備な距離空間となる（§1.6 問 18）．$f\in S$ に対して $x\mapsto F(x, f(x))$ は $[x_0-\delta_1, x_0+\delta_1]$ 上の連続関数だから，x_0 で値 y_0 をとる原始関数がただ一つある(定理 2.21)それを Tf とする．平均値の定理によって

$$|Tf(x)-y_0|=|Tf(x)-Tf(x_0)|$$
$$\leq \sup_{x_0-\delta_1\leq x\leq x_0+\delta_1}|F(x, f(x))|\,|x-x_0|\leq C\delta_1\leq r$$

だから $Tf\in S$，また平均値の定理と (2.111) によって $f_1, f_2\in S$ のとき

$$|(Tf_1-Tf_2)(x)|=|(Tf_1-Tf_2)(x)-(Tf_1-Tf_2)(x_0)|$$

$$\leqq \sup_{x_0-\delta_1 \leqq x \leqq x_0+\delta_1} |F(x, f_1(x)) - F(x, f_2(x))| \, |x-x_0|$$

$$\leqq \sup_{x_0-\delta_1 \leqq x \leqq x_0+\delta_1} K|f_1(x)-f_2(x)| \, |x-x_0| \leqq K\delta_1 \|f_1-f_2\|,$$

よって,

$$\|Tf_1 - Tf_2\| \leqq K\delta_1 \|f_1-f_2\|, \qquad K\delta_1 < 1$$

となる. したがって, T は S の縮小写像となり, ただ一つの不動点 f がある(定理 1.33). すなわち, $Tf=f$. よって, $f(x_0)=y_0$, $[x_0-\delta_1, x_0+\delta_1]$ で $f'(x)=F(x, f(x))$ となり, f は $[x_0-\delta_1, x_0+\delta_1]$ 上の (x_0, y_0) を通る $y'=F(x,y)$ の解である. 一意性は定理 2.25 にすでに示してある.

注意 x を固定したとき $y \mapsto F(x,y)$ が I_1 で微分可能であって, その y における微分係数を $F_y(x,y)$ と書くと(これは実は F の (x,y) における y に関する偏微分係数(§3.1)) $(x,y) \mapsto F_y(x,y)$ が連続であれば,

$$|F(x,y_1) - F(x,y_2)| \leqq \sup_{y \in I_1} |F_y(x,y)| \, |y_1-y_2|$$

だから $K = \sup_{(x,y) \in I \times I_1} |F_y(x,y)|$ として (2.111) の条件はみたされる. とくに F が y だけの関数で, C^1 級のとき (2.111) の条件はみたされる.

1) **変数分離形**

微分方程式

$$(2.112) \qquad y' = g(x)h(y)$$

を変数分離形という.

g, h はそれぞれある区間で連続であるとする. $y=f(x)$ をこの解とすれば

$$f'(x) = g(x)h(f(x)),$$

$h(f(x)) \neq 0$ ならば

$$(2.113) \qquad \frac{f'(x)}{h(f(x))} = g(x).$$

左辺の不定積分 $\int \frac{f'(x)}{h(f(x))} dx$ は $\int \frac{1}{h(y)} dy$ で $y=f(x)$ を代入したもの (定理 2.24, 3)), それが $\int g(x)dx$ に等しいのだから, $y=f(x)$ は

$$(2.114) \qquad \int \frac{1}{h(y)} dy = \int g(x) dx$$

をみたす. すなわち (2.114) を y について解くことによって解を求めること

ができる．なお (2.114) は (2.112) から

(2.115) $$\frac{dy}{dx}=g(x)h(y), \qquad \frac{dy}{h(y)}=g(x)dx,$$

$$\int \frac{dy}{h(y)}=\int g(x)dx$$

として得られる．$\left(\int \frac{1}{h(y)}dy\right.$ を $\left.\int \frac{dy}{h(y)}\right.$ と書くこともある．$\left.\right)$ よって実際に (2.112) を解くには (2.115) のようにして，これを y について解けばよい．このようにして得られた式が実際どういう定義域で解になっているか，不定積分からでてくる任意定数が全く任意であるかなど検討しなければならないのかも知れないが，ここでは詳しく述べない．

注意 $h(c)=0$ となる c があれば $y=c$ は (2.112) の一つの解である．h が C^1 級のとき平均値の定理によって

$$g(x)h(y_1)-g(x)h(y_2)=g(x)(h(y_1)-h(y_2))=g(x)h'(\xi)(y_1-y_2),$$

g も h も有限閉区間で考えれば，そこでの $|g(x)|, |h'(x)|$ の sup をそれぞれ M_1, M_2 とすると，そこで，

$$|g(x)h(y_1)-g(x)h(y_2)|\leq M_1 M_2|y_1-y_2|$$

となるから定理 2.25 により与えられた初期条件をみたす解はたかだか一つしかないことがわかる．よって，(2.113) を導くとき $h(f(x))\neq 0$ としたが，ある x_1 で $h(f(x_1))=0$ となれば $y=f(x_1)$ が解となり，x_1 で $f(x_1)$ となる解は一つしかないのだから，$f(x)=f(x_1)$ となる．よって，(2.112) の解は (2.115) のようにして得られるものと，$h(c)=0$ をみたす c があれば $y=c$ のほかにはありえない．

例 1 $y'=xy$ を解く．

$$\int \frac{dy}{y}=\int x dx, \qquad \log|y|=\frac{x^2}{2}+c,$$

(2.116) $$y=ce^{x^2/2}.$$

注意 (2.116) の c は前の c を用いて表わすと $\pm e^c$ であるが，任意定数であるから同じ c を用いた．この場合 (2.116) の $c\neq 0$ であるが，$c=0$ としたものが上の注意に述べた特別の解である．逆に (2.116) は任意の c について $y'=xy$ の解であるから，この場合，(2.116) が全く任意の定数 c によって $\boldsymbol{R}$ での $y'=xy$ のすべての解を表わしている．

例 2 $y'=g(x)y$ を解く．

$$\int \frac{dy}{y}=\int g(x)dx, \qquad \log|y|=\int g(x)dx,$$

$$y = ce^{\int g(x)dx}.$$

$\left(\int g(x)dx\right.$ に任意定数が含まれるから c は不要のようであるが，こうしておけば $y=0$ も含まれる．$\left.\right)$

2) 変数の変換によって変数分離形になる場合

例3 $\dfrac{dy}{dx} = x+y$ を解く．

$u = x+y$ とおくと $du/dx = 1 + dy/dx$, よってもとの方程式は

$$\frac{du}{dx} = 1+u,$$

これは変数分離形だから，これを解いて

$$\int \frac{du}{1+u} = \int 1 dx \quad \text{から} \quad \log|1+u| = x+c, \quad \text{よって} \quad 1+u = ce^x,$$

$y = ce^x - x - 1.$

3) 同次形

$$(2.117) \qquad y' = F\left(\frac{y}{x}\right)$$

を同次形という．これは 2) の特別の場合である．

$u = \dfrac{y}{x}$ とおくと $u' = \dfrac{y'x-y}{x^2} = \dfrac{y'-u}{x}$, よって $y' = u+xu'$,

よって，(2.117) は $u+xu' = F(u)$, すなわち $u' = (F(u)-u)/x$ となる．これは変数分離形である．

例4 $y' = y/x + 1$ を解く．

$u = y/x$ とおくと $u' = (u+1-u)/x = 1/x$,

$$\int 1 du = \int \frac{dx}{x}, \qquad u = \log|x|+c, \qquad \frac{y}{x} = \log|x|+c,$$

$y = x(\log|x|+c).$

例5 $y' = (y/x)^2 + y/x$ を解く．

$u = y/x$ とおくと $u' = (u^2+u-u)/x = u^2/x$,

よって，$u=0$ から $y=0$,

また，$\displaystyle\int\frac{du}{u^2}=\int\frac{dx}{x}$ から $-\frac{1}{u}=\log|x|+c$, $-\frac{x}{y}=\log|x|+c$,

$$y=\frac{-x}{\log|x|+c}.$$

例 6 $y'=2xy/(x^2+y^2)$ を解く．

$y'=\dfrac{2y/x}{1+(y/x)^2}$ だから $u=\dfrac{y}{x}$ とおくと $u'=\dfrac{2u/(1+u^2)-u}{x}=\dfrac{u(1-u^2)}{x(1+u^2)}$,

$u=0,\pm1$ から $y=0, y=\pm x$,

$$\int\frac{1+u^2}{u(1-u^2)}du=\int\frac{dx}{x} \text{ から}$$

$$\log|x|=\int\left(\frac{1}{u}-\frac{1}{u-1}-\frac{1}{u+1}\right)du=\log|u|-\log|u-1|-\log|u+1|+c$$

$$=\log\left|\frac{u}{u^2-1}\right|+c=\log\left|\frac{\frac{y}{x}}{\left(\frac{y}{x}\right)^2-1}\right|+c=\log\left|\frac{xy}{y^2-x^2}\right|+c,$$

$$x=c\frac{xy}{y^2-x^2}\ (c\neq 0), \qquad y^2-x^2=cy, \qquad y^2-cy-x^2=0,$$

$$y=\frac{1}{2}(c\pm\sqrt{c^2+4x^2}).$$

4) 1階線形微分方程式

(2.118) $\quad y'=P(x)y+Q(x) \qquad (P, Q は \boldsymbol{R} の区間で連続とする)$

を1階線形微分方程式という．$y=f(x)$ をこの解とする．いま $g(x)=e^{\int P(x)dx}$
とおく．（ここで不定積分は任意定数を考えない任意に固定したものとしておく．）$f'(x)=P(x)f(x)+Q(x)$, $g'(x)=P(x)g(x)$ だから $h(x)=f(x)/g(x)$
とおくと

$$h'(x)=\frac{f'(x)g(x)-f(x)g'(x)}{(g(x))^2}$$

$$=\frac{(P(x)f(x)+Q(x))g(x)-f(x)P(x)g(x)}{(g(x))^2}=\frac{Q(x)}{g(x)},$$

よって，

$$f(x)=g(x)h(x)=g(x)\int\frac{Q(x)}{g(x)}dx=e^{\int P(x)dx}\int Q(x)e^{-\int P(x)dx}dx$$

$\left(\displaystyle\int \dfrac{Q(x)}{g(x)}dx\right.$ はある不定積分であるが，任意のものとして成り立つことは容易にたしかめられる$\left.\right)$．よって (2.118) の解は

(2.119) $$y = e^{\int P(x)dx}\left(\int Q(x) e^{-\int P(x)dx} dx + c\right)$$

となる．$\left(\displaystyle\int P(x)dx\right.$ に任意定数を考えない両方同じ任意の定まったものをとるという意味で c を書いた$\left.\right)$．

例 7 $y' = ay + b\sin x$ を解く．
(2.119) により
$$y = e^{ax}\int b\sin x\, e^{-ax} dx$$
$$= e^{ax}\left(-\dfrac{b}{1+a^2} e^{-ax}(a\sin x + \cos x) + c\right) \quad (\S 2.7\ 例 7)$$
$$= -\dfrac{b}{1+a^2}(a\sin x + \cos x) + ce^{ax}.$$

5) ベルヌイ (Bernoulli) の微分方程式
$$y' = P(x)y + Q(x)y^n,$$
$n=0, 1$ のときは線形であるから $n \neq 1$ とする．$y^{1-n} = u$ とおけば $du/dx = (1-n)y^{-n}dy/dx$，よってもとの方程式は
$$\dfrac{y^n}{1-n}\dfrac{du}{dx} = P(x)y + Q(x)y^n,$$
$$\dfrac{du}{dx} = (1-n)P(x)y^{1-n} + (1-n)Q(x),$$
$$\dfrac{du}{dx} = (1-n)P(x)u + (1-n)Q(x),$$

これは線形微分方程式だからこれを解いて $u = y^{1-n}$ を代入すればよい．なお，$n \geq 1$ のとき $y = 0$ も解である．

例 8 $y' + 2xy = 2(xy)^3$ を解く．
$y^{-2} = u$ とおけば $du/dx = -2y^{-3}dy/dx$，よって，

$$\frac{du}{dx} = -2y^{-3}(-2xy + 2x^3y^3) = 4xy^{-2} - 4x^3 = 4xu - 4x^3,$$

$$\frac{du}{dx} = 4xu - 4x^3, \qquad \int 4x\,dx = 2x^2,$$

(2.119) により

$$u = e^{2x^2}\left(\int -4x^3 e^{-2x^2} dx\right) = e^{2x^2}\left(x^2 e^{-2x^2} - \int 2x e^{-2x^2} dx\right)$$

$$= e^{2x^2}\left(x^2 e^{-2x^2} + \frac{1}{2} e^{-2x^2} + c\right) = x^2 + \frac{1}{2} + ce^{2x^2},$$

$$y = \left(x^2 + \frac{1}{2} + ce^{2x^2}\right)^{-1/2}, \qquad y = 0.$$

6) 定数係数の 2 階線形微分方程式

(2.120) $\qquad y'' = Py' + Qy + R(x) \qquad (P, Q \in \mathbf{R},\ R$ は $\mathbf{R}$ の区間で連続$).$

とくに $R(x) = 0$ のとき

(2.121) $\qquad\qquad\qquad y'' = Py' + Qy,$

これを同次の定数係数の 2 階線形微分方程式という.

つぎの命題の成り立つことは容易にたしかめられる.

命題 1 f_1, f_2 が (2.120) の解であるとき $f_1 - f_2$ はその区間で (2.121) の解となる. f_1 が (2.120) の解, f_2 が (2.121) の解ならば $f_1 + f_2$ は (2.120) の解となる. f_1, f_2 が (2.121) の解ならば $c_1 f_1 + c_2 f_2$ $(c_1, c_2 \in \mathbf{R})$ も (2.121) の解である.

さて, 2 次方程式

(2.122) $\qquad\qquad\qquad X^2 = PX + Q$

が実根 α をもつとき, $y = e^{\alpha x}$ は (2.121) の解である. 実際 $\alpha^2 = P\alpha + Q$, $y' = \alpha e^{\alpha x}, y'' = \alpha^2 e^{\alpha x}$ だから

$$Py' + Qy = (P\alpha + Q)e^{\alpha x} = \alpha^2 e^{\alpha x} = y''.$$

(2.122) が 2 実根 $\alpha, \beta (\alpha \neq \beta$ をもつとき $y = e^{\alpha x}, y = e^{\beta x}$ は (2.121) の 1 次独立な解である. すなわち, $\mathbf{R}$ で $c_1 e^{\alpha x} + c_2 e^{\beta x} = 0$ $(c_1, c_2 \in \mathbf{R})$ とすると $c_1 = c_2 = 0$ となる. なぜならば, 1 次独立でないとすると, $e^{\alpha x} = c e^{\beta x}$ と書けて, $e^{\alpha x}(1 - c e^{(\beta - \alpha)x}) = 0,$ よって $c e^{(\beta - \alpha)x} = 1, e^{(\beta - \alpha)x} = 1/c$ となって, これは $\alpha \neq \beta$

に矛盾する.

(2.122) が重根 α をもつとき $y=xe^{\alpha x}$ も (2.121) の解である. 実際, $P=2\alpha, Q=-\alpha^2, y'=(1+\alpha x)e^{\alpha x}, y''=(2\alpha+\alpha^2 x)e^{\alpha x}$ だから
$$Py'+Qy=2\alpha(1+\alpha x)e^{\alpha x}-\alpha^2 xe^{\alpha x}=(2\alpha+\alpha^2 x)e^{\alpha x}=y''$$
となる. $y=e^{\alpha x}$ と $y=xe^{\alpha x}$ は1次独立である. なぜならば $\boldsymbol{R}$ で $c_1 e^{\alpha x}+c_2 xe^{\alpha x}=0$ とすると $c_1+c_2 x=0$, よって $c_1=c_2=0$ となるからである.

(2.122) が実根をもたないとき根を $\alpha\pm\beta i (\alpha, \beta\in\boldsymbol{R}, \beta\neq 0)$ とすると $P=2\alpha$, $Q=-(\alpha^2+\beta^2)$ となる. このとき
$$y=f_1(x)=e^{\alpha x}\sin\beta x, \qquad y=f_2(x)=e^{\alpha x}\cos\beta x$$
は (2.121) の1次独立な解であることを証明しよう.
$$f_1'(x)=e^{\alpha x}(\alpha\sin\beta x+\beta\cos\beta x)=\alpha f_1(x)+\beta f_2(x),$$
$$f_2'(x)=e^{\alpha x}(\alpha\cos\beta x-\beta\sin\beta x)=\alpha f_2(x)-\beta f_1(x),$$
$$f_1''(x)=\alpha f_1'(x)+\beta f_2'(x)=(\alpha^2-\beta^2)f_1(x)+2\alpha\beta f_2(x),$$
$$f_2''(x)=\alpha f_2'(x)-\beta f_1'(x)=(\alpha^2-\beta^2)f_2(x)-2\alpha\beta f_1(x),$$
$$Pf_1'+Qf_1=2\alpha(\alpha f_1+\beta f_2)-(\alpha^2+\beta^2)f_1=(\alpha^2-\beta^2)f_1+2\alpha\beta f_2=f_1'',$$
$$Pf_2'+Qf_2=2\alpha(\alpha f_2-\beta f_1)-(\alpha^2+\beta^2)f_2=(\alpha^2-\beta^2)f_2-2\alpha\beta f_1=f_2'',$$
よって, f_1, f_2 は (2.121) の解である. また, x が何であっても
$$c_1 f_1(x)+c_2 f_2(x)=e^{\alpha x}(c_1\sin\beta x+c_2\cos\beta x)=0$$
のとき, $x=0, \pi/(2\beta)$ とおいて $c_2=0, c_1=0$, よって f_1, f_2 は1次独立である.

命題 2 f_1, f_2 を (2.121) の解とするとき, $f_1'f_2-f_1 f_2'$ はある点で0ならば恒等的に0である.

証明 f_1, f_2 が (2.121) の解だから $f_1''=Pf_1'+Qf_1, f_2''=Pf_2'+Qf_2$, よって $g=f_1'f_2-f_1 f_2'$ とすると
$$g'=f_1''f_2+f_1'f_2'-f_1'f_2'-f_1 f_2''=(Pf_1'+Qf_1)f_2-f_1(Pf_2'+Qf_2)$$
$$=P(f_1'f_2-f_1 f_2')=Pg$$
となり, ある点で g は0となるから, 定理 2.12 により $g=0$ となる.

命題 3 f_1 は上に述べた (2.121) の解の一つとし, f は (2.121) の任意の解とするとき, $f_1'f-f_1 f'=0$ ならば, $f=cf_1 (c\in\boldsymbol{R})$ となる.

2.8 簡単な微分方程式の解法

証明 まず,$f_1(x)=0$ となる x は存在しないか,$x=0$ だけか,$\pi/|\beta|$ おきにあるかであり,$f_1(x)=0$ のとき $f_1'(x)\neq 0$ となることを注意しておく(このことをたしかめよ).$f_1(x)\neq 0$ となる区間で $(f/f_1)'=(f'f_1-ff_1')/f_1^2=0$ だから $f/f_1=c$,よって $f=cf_1$ となる.いま,$f_1(x_1)=0, a<x_1<b, (a,b)\setminus\{x_1\}$ で $f_1(x)\neq 0$ とすると (a,x_1) で $f(x)=c_1f_1(x), (x_1,b)$ で $f(x)=c_2f_1(x)$ となるが,f', f_1' が連続だから,$f'(x_1)=\lim_{x\to x_1-0}f'(x)=\lim_{x\to x_1-0}c_1f_1'(x)=c_1f_1'(x_1)$,同様に $f'(x_1)=\lim_{x\to x_1+0}c_2f_1'(x)=c_2f_1'(x_1)$,よって $c_1f_1'(x_1)=c_2f_1'(x_1)$,$f_1(x_1)=0$ だから $f_1'(x_1)\neq 0$,したがって $c_1=c_2$ となり (a,b) で $f(x)=c_1f_1(x)$ が成り立つ.このことから $\boldsymbol{R}$ で $f(x)=cf_1(x)$ となる.

命題 4 f_1, f_2 が上に述べた (2.121) の1次独立な解であるとすると,$f_1'f_2-f_1f_2'$ はどんな x に対しても 0 にならない.f を (2.121) の任意の解とすると $f=c_1f_1+c_2f_2\ (c_1, c_2\in\boldsymbol{R})$ と書ける.

証明 もしも $f_1f_2'-f_1'f_2$ がある点で 0 となれば命題 2 によって $f_1f_2'-f_1'f_2=0$ となり,命題 3 により $f_2=cf_1$ と書けることになって f_1, f_2 が1次独立であることに反するから,任意の x について $(f_1'f_2-f_1f_2')(x)\neq 0$ となる(これは直接計算で示すこともできる).いま,x_0 を任意に固定して,$c=(f_1'f_2-f_1f_2')(x_0)$,$c'=(f_1'f-f_1f')(x_0)$,$f_3=cf-c'f_2$ とすると f_3 も (2.121) の解で

$$(f_1'f_3-f_1f_3')(x_0)=(f_1'cf-f_1'c'f_2-f_1cf'+f_1c'f_2')(x_0)$$
$$=c(f_1'f-f_1f')(x_0)-c'(f_1'f_2-f_1f_2')(x_0)=cc'-c'c=0,$$

命題 2 により $f_1'f_3-f_1f_3'=0$,命題 3 により $f_3=c''f_1$ と書ける.よって,$c''f_1=cf-c'f_2, c\neq 0$ だから $f=(c''/c)f_1+(c'/c)f_2$ となる.

以上のことからつぎの定理が得られたのである.

定理 2.27 (2.121) の解は

$$c_1f_1+c_2f_2 \qquad (c_1, c_2\in\boldsymbol{R})$$

である.ここで,f_1, f_2 は (2.121) の1次独立な解であって,(2.122) が異なる2実根 α, β をもつとき

$$f_1(x)=e^{\alpha x}, \qquad f_2(x)=e^{\beta x},$$

(2.122) が重根 α をもつとき
$$f_1(x) = e^{\alpha x}, \qquad f_2(x) = xe^{\alpha x},$$
(2.122) が実根をもたないとき根を $\alpha \pm \beta i$ とすれば
$$f_1(x) = e^{\alpha x}\sin\beta x, \qquad f_2(x) = e^{\alpha x}\cos\beta x$$
とする.

さて，つぎは (2.120) であるが，f_1, f_2 は上のとおりとして，(2.120) の解が C^2 級の関数 u, v を用いて

(2.123) $$f = uf_1 + vf_2$$

と書けたとする.

(2.124)
$$\begin{aligned}
f' &= u'f_1 + uf_1' + v'f_2 + vf_2', \\
f'' &= u''f_1 + 2u'f_1' + uf_1'' + v''f_2 + 2v'f_2' + vf_2'' \\
&= u''f_1 + 2u'f_1' + u(Pf_1' + Qf_1) + v''f_2 + 2v'f_2' \\
&\quad + v(Pf_2' + Qf_2),
\end{aligned}$$

(2.125) $$\begin{aligned}Pf' + Qf + R &= Pu'f_1 + Puf_1' + Pv'f_2 + Pvf_2' + Quf_1 \\ &\quad + Qvf_2 + R,\end{aligned}$$

f が (2.120) の解だから (2.124) と (2.125) が等しく
$$u''f_1 + 2u'f_1' + v''f_2 + 2v'f_2' = Pu'f_1 + Pv'f_2 + R,$$
よって，
$$(u'f_1 + v'f_2)' + u'f_1' + v'f_2' = P(u'f_1 + v'f_2) + R,$$
これは

(2.126) $$u'f_1 + v'f_2 = 0, \qquad u'f_1' + v'f_2' = R$$

が成り立てば成り立つが，命題4によって $f_1'f_2 - f_1f_2'$ はどの点 x でも0にならないから (2.126) を解いて

(2.127) $$u' = \frac{f_2 R}{f_1'f_2 - f_1f_2'}, \qquad v' = \frac{-f_1 R}{f_1'f_2 - f_1f_2'}$$

となる．いま述べたことを逆に見ていけば，(2.127) をみたす u, v を用いて (2.123) によって f を定めると (2.124), (2.125) が等しくなって f が (2.120) の解となることがわかる．したがって，(2.127) をみたす1組の u, v から

(2.123) によって f を定めれば定理 2.27（これは証明を見ればわかるとおり任意の区間で成り立つ，定義域を縮小しても解がふえることはない）と，命題 1 により

$$f + c_1 f_1 + c_2 f_2 \qquad (c_1, c_2 \in \mathbf{R})$$

が (2.120) の解の全体である．これは

(2.128)
$$y = f_1(x) \int \frac{f_2(x) R(x)}{(f_1' f_2 - f_1 f_2')(x)} dx - f_2(x) \int \frac{f_1(x) R(x)}{(f_1' f_2 - f_1 f_2')(x)} dx$$

と書ける．よってつぎの定理が得られた．

定理 2.28 (2.120) の解は (2.128) である．ここで，f_1, f_2 は定理 2.27 に述べた (2.121) の1次独立な解である．

例 9 $y'' - y = x^3$ を解く．

$X^2 - 1 = 0$ を解くと $X = \pm 1$, $f_1(x) = e^x$, $f_2(x) = e^{-x}$, $(f_1' f_2 - f_1 f_2')(x) = (e^x)' e^{-x} - e^x (e^{-x})' = 2 e^x e^{-x} = 2$, よって解は

$$y = e^x \int \frac{e^{-x} x^3}{2} dx - e^{-x} \int \frac{e^x x^3}{2} dx$$

$$= -\frac{e^x}{2} (e^{-x}(x^3 + 3x^2 + 6x + 6) + c_1)$$

$$\quad -\frac{e^{-x}}{2} (e^x(x^3 - 3x^2 + 6x - 6) + c_2) \qquad (\S 2.7 \text{ 例 } 3)$$

$$= -x^3 - 6x + c_1 e^x + c_2 e^{-x}.$$

例 10 $y'' + y = x^3$ を解く．

$X^2 + 1 = 0$ を解くと $X = \pm i$ だから $f_1(x) = \sin x$, $f_2(x) = \cos x$, $(f_1' f_2 - f_1 f_2')(x) = (\sin x)' \cos x - \sin x (\cos x)' = \cos^2 x + \sin^2 x = 1$, よって，解は

$$y = \sin x \int x^3 \cos x \, dx - \cos x \int x^3 \sin x \, dx$$

$$= \sin x (x^3 \sin x + 3 x^2 \cos x - 6 x \sin x - 6 \cos x + c_1)$$

$$\quad - \cos x (-x^3 \cos x + 3 x^2 \sin x + 6 x \cos x - 6 \sin x + c_2)$$

$$(\S 2.7 \text{ 問 } 2)$$

$$= x^3 - 6x + c_1 \sin x + c_2 \cos x.$$

例 11 $\begin{cases} y_1' = y_2 - y_1, \\ y_2' = 4y_2 - 6y_1 \end{cases}$ を解く.

$$y_1'' = y_2' - y_1' = 4y_2 - 6y_1 - y_1' = 4(y_1' + y_1) - 6y_1 - y_1' = 3y_1' - 2y_1,$$

$X^2 - 3X + 2 = (X-1)(X-2)$ だから $f_1(x) = e^x$, $f_2(x) = e^{2x}$.

$$y_1 = c_1 e^x + c_2 e^{2x},$$
$$y_2 = y_1' + y_1 = c_1 e^x + 2c_2 e^{2x} + c_1 e^x + c_2 e^{2x} = 2c_1 e^x + 3c_2 e^{2x},$$

逆に第1式と $y_1'' = 3y_1' - 2y_1$ をみたせば $y_2' = y_1' + y_1'' = y_1' + (3y_1' - 2y_1)$
$= 4y_1' - 2y_1 = 4(y_2 - y_1) - 2y_1 = 4y_2 - 6y_1$ となり第2式をみたすから解は

$$\begin{cases} y_1 = c_1 e^x + c_2 e^{2x}, \\ y_2 = 2c_1 e^x + 3c_2 e^{2x}. \end{cases}$$

問 2 つぎの微分方程式を解け.

(1) $y' = y^3$, (2) $y' = \dfrac{1+y^2}{1+x^2}$, (3) $y' = \dfrac{y-x}{y+x}$,

(4) $y' + y \cos x = \sin x \cos x$, (5) $y'' - y = \cos 2x$,

(6) $y'' - 2y' + y = xe^x$.

問 3 定理 2.27 において, $c_1 f_1 + c_2 f_2$ と表わす表わしかた (すなわち c_1, c_2) はひととおりにきまることを示せ.

問 4 定理 2.27 の f_1, f_2 は定義域をどんな区間にとっても1次独立である, すなわち一つの区間で $c_1 f_1(x) + c_2 f_2(x) = 0$ ならば $c_1 = c_2 = 0$ となることをたしかめよ. ((2.122) が実根をもたないときは, $c_1 = c_2 = 0$ でないならば (c_1, c_2) の極座標を $\sqrt{c_1^2 + c_2^2}, \theta)$ とすると, $c_1 \sin \beta x + c_2 \cos \beta x = \sqrt{c_1^2 + c_2^2} \sin(\beta x + \theta)$ となることから示される.)

'全微分形の微分方程式'の解法については §4.1 の終りに述べる.

3. 微分法（多変数の関数）

3.1 微分係数

1変数の関数 f の x における微分係数は

$$\lim_{h \to 0} \frac{f(x+h) - f(x)}{h} = f'(x)$$

によって定義した．いまこれを2変数の場合に拡張することを考えてみる．そのために，たとえば2変数 x, y の関数 f で，$f(x+h, y+k) - f(x, y)$ を $(x+h, y+k)$ と (x, y) の '差' で割るとするのであるがこの '差' は h, k の組だから，そもそもこれで割ることはできない．'差' の代りに距離 $\rho = \sqrt{h^2 + k^2}$ を用いることもいちおう考えられるが，それでは1変数のときの h は $|h|$ になってしまって，やはりよくない．むしろここでは，$f(x+h, y+h) - f(x, y)$ をなにかで割った極限という考えかたにとらわれずに，つぎのような見かたをする．1変数の関数 $f(x)$ が $x = x_0$ で微分可能であるための必要で十分な条件は，x_0 の近傍で

$$f(x) = f(x_0) + A(x - x_0) + (x - x_0)\varepsilon(x), \qquad \lim_{x \to x_0} \varepsilon(x) = 0$$

の形に書かれることであって，このとき $A = f'(x_0)$ となるのであった（定理2.2）．ここで $(x - x_0)\varepsilon(x)$ の代りに $|x - x_0|\varepsilon(x)$ としてもよいことは明らかである．これは x_0 の近傍で f が1次関数 $f(x_0) + f'(x_0)(x - x_0)$ で '近似' されることを示している．この考えを2変数の場合にあてはめるのである．すなわち，f が点 (x_0, y_0) の近傍で定義された関数であるとき

(3.1)　　$f(x, y) = f(x_0, y_0) + A(x - x_0) + B(y - y_0) + \rho\varepsilon(x, y)$,

　　　ここで　$\rho = \sqrt{(x - x_0)^2 + (y - y_0)^2}$,

　　　$\rho \to 0$　すなわち　$x \to x_0, y \to y_0$　のとき　$\varepsilon(x, y) \to 0$

となる $A, B \in \mathbf{R}$ が存在すること，いいかえると (x_0, y_0) の近傍で $f(x, y)$ を1次式 $f(x_0, y_0) + A(x - x_0) + B(y - y_0)$ で '近似' できるという条件を，1変数の場合の微分可能性に対応する条件であると理解すると，事情はたいへんよ

くなってくる．いま，(3.1) で $y=y_0$ とおくと
$$f(x, y_0) = f(x_0, y_0) + A(x-x_0) + |x-x_0|\varepsilon(x, y_0),$$
よって，
$$\frac{f(x, y_0) - f(x_0, y_0)}{x-x_0} = A \pm \varepsilon(x, y_0),$$
したがって，$x \to x_0$ のとき上の式の極限が存在して A となる：

(3.2) $$\lim_{x \to x_0} \frac{f(x, y_0) - f(x_0, y_0)}{x-x_0} = A.$$

同様に
$$\lim_{y \to y_0} \frac{f(x_0, y) - f(x_0, y_0)}{y-y_0} = B.$$

これらは $f(x, y)$ において y を y_0 に固定し x だけの関数 $x \mapsto f(x, y_0)$ を考えたとき，これが x_0 で微分可能，また x を x_0 に固定し y だけの関数 $y \mapsto f(x_0, y)$ を考えたとき，y_0 で微分可能であることを示している．一般に，$f(x, y)$ において y を y_0 に固定してできる x だけの関数 $x \mapsto f(x, y_0)$ が x_0 で微分可能であるとき，すなわち，(3.2) の左辺が有限な極限をもつとき，f は (x_0, y_0) で x について**偏微分可能**であるといい，その極限（有限でなくてもよい）を (x_0, y_0) における f の x についての**偏微分係数**といって

$$f_x(x_0, y_0), \; D_x f(x_0, y_0), \; \frac{\partial f}{\partial x}\bigg|_{\substack{x=x_0 \\ y=y_0}}, \quad \frac{\partial f}{\partial x}(x_0, y_0)$$

などで表わす．同様に y についての偏微分可能性，偏微分係数を定義し

$$f_y(x_0, y_0), \quad D_y f(x_0, y_0), \quad \frac{\partial f}{\partial y}\bigg|_{\substack{x=x_0 \\ y=y_0}}, \quad \frac{\partial f}{\partial y}(x_0, y_0)$$

などで表わす．これに対して (3.1) の条件が成り立つとき，f は (x_0, y_0) で**全微分可能**または**ただ微分可能**であるという．したがって，f が (x_0, y_0) で微分可能であるときは，f は x についても y についても偏微分可能であって，(x_0, y_0) の近傍で

(3.3) $$f(x, y) = f(x_0, y_0) + f_x(x_0, y_0)(x-x_0) + f_y(x_0, y_0)(y-y_0)$$
$$+ \rho \varepsilon(x, y),$$
$$\lim_{\rho \to 0} \varepsilon(x, y) = 0$$

と書ける．

注意 $\varepsilon(x,y)$ は＊近傍 $U^*(x_0, y_0)$ で定義されていればよいのであったが1変数のときに注意したように，$\varepsilon(x_0, y_0) = 0$ と定義しておくことができる．こうすることによって (3.3) は (x_0, y_0) の近傍で成り立ち，ε は (x_0, y_0) で連続となる．合成写像の微分について論ずるときこの注意が必要になるのは，1変数のときと同様であるが，いちいちは述べない．

x, y のどちらについても偏微分可能になるからといって，つぎの例が示すように，微分可能になるとは限らないのである．

例1 $f(x, y) = \sqrt{|xy|}$ を $(0, 0)$ で考えると，

$$\frac{f(x, 0) - f(0, 0)}{x - 0} = \frac{0 - 0}{x} = 0 \to 0 \quad (x \to 0),$$

よって $f_x(0, 0) = 0$，同様に $f_y(0, 0) = 0$．ところが，もしも f が $(0, 0)$ で微分可能ならば (3.3) により

$$\frac{f(x, y)}{\rho} \to 0 \quad (\rho \to 0)$$

すなわち，

$$\frac{\sqrt{|xy|}}{\sqrt{x^2 + y^2}} \to 0 \quad (x \to 0, y \to 0)$$

のはずであるが，$x = y > 0$ のとき

$$\frac{\sqrt{|xy|}}{\sqrt{x^2 + y^2}} = \frac{x}{\sqrt{2x^2}} = \frac{1}{\sqrt{2}}$$

となり矛盾がでる．よって，f は $(0, 0)$ で x, y のどちらについても偏微分可能であるが，微分可能ではない．

f が (x_0, y_0) で微分可能のときはその点で連続になることが，(3.3) から明らかである．

偏微分係数を求める計算は，もともとが1変数についての微分係数なのであるから，1変数の場合の計算の規則がそのままあてはまる．たとえば，f, g が (x_0, y_0) で x についての偏微分可能で $\alpha \in \boldsymbol{R}$ ならば

$$D_x(f+g)(x_0, y_0) = D_x f(x_0, y_0) + D_x g(x_0, y_0),$$
$$D_x(\alpha f)(x_0, y_0) = \alpha D_x f(x_0, y_0).$$

開集合で f が定義されていて，その各点で x について偏微分可能であるとき，各点に x についての偏微分係数を対応させて得られる関数
$$f_x : (x, y) \mapsto f_x(x, y)$$
を x についての**偏導関数**という．y についても同じように定める．たとえば，
$$f(x, y) = x^2 + y^2$$
のとき，
$$f_x : (x, y) \mapsto 2x, \qquad f_y : (x, y) \mapsto 2y.$$

f_x を $\dfrac{\partial f}{\partial x}$, $\partial f/\partial x$, $\dfrac{\partial}{\partial x} f(x)$ などとも表わす．前の $f_x(x_0, y_0)$, $\dfrac{\partial f}{\partial x}(x_0, y_0)$ の記法は，関数 f_x, $\dfrac{\partial f}{\partial x}$ の (x_0, y_0) における値の意味と一致する．偏導関数を求めることを偏微分するという．

定義域の各点で微分可能，または偏微分可能のとき，ただ微分可能，偏微分可能という．

微分可能になるための十分条件として，つぎの定理がよく知られている．

定理 3.1 (x_0, y_0) の近傍で f が定義されていて，x, y のどちらについても偏微分可能であって，(x_0, y_0) で偏導関数 f_x, f_y が連続ならば，(x_0, y_0) で f は微分可能である．

証明 1変数の場合の平均値の定理によって

$$(3.4) \quad f(x, y) - f(x_0, y_0) = f(x, y) - f(x, y_0) + f(x, y_0) - f(x_0, y_0)$$
$$= (y - y_0) f_y(x, y_1) + (x - x_0) f_x(x_1, y_0),$$

ここで x_1 は x と x_0 の間の数，y_1 は y と y_0 の間の数である．x_1, y_1 は x, y の関数であるから，

$$\varepsilon_1(x, y) = f_x(x_1, y_0) - f_x(x_0, y_0), \qquad \varepsilon_2(x, y) = f_y(x, y_1) - f_y(x_0, y_0)$$

とおくことができて，$x \to x_0$, $y \to y_0$ のとき $x_1 \to x_0$, $y_1 \to y_0$, f_x, f_y は (x_0, y_0) で連続であるから $\varepsilon_1(x, y) \to 0$, $\varepsilon_2(x, y) \to 0$ となる．(3.4) から

$$f(x, y) = f(x_0, y_0) + f_x(x_0, y_0)(x - x_0) + f_y(x_0, y_0)(y - y_0)$$
$$+ (x - x_0)\varepsilon_1(x, y) + (y - y_0)\varepsilon_2(x, y)$$
$$= f(x_0, y_0) + f_x(x_0, y_0)(x - x_0) + f_y(x_0, y_0)(y - y_0)$$

$$+\rho\Big(\frac{x-x_0}{\rho}\varepsilon_1(x,y)+\frac{y-y_0}{\rho}\varepsilon_2(x,y)\Big),$$

$\rho=\sqrt{(x-x_0)^2+(y-y_0)^2}$ だから $|x-x_0|/\rho\leq 1, |y-y_0|/\rho\leq 1$，よって，

$$\varepsilon(x,y)=\frac{x-x_0}{\rho}\varepsilon_1(x,y)+\frac{y-y_0}{\rho}\varepsilon_2(x,y)$$

とおけば，$x\to x_0, y\to y_0$ のとき $\varepsilon(x,y)\to 0$ となり，微分可能の条件 (3.1) がみたされる.

注意 1 上の証明では，(3.4) で，x, y のそれぞれについて平均値の定理と，f_x, f_y の連続性を用いたが，一方，たとえば x については，(x_0, y_0) で偏微分可能であるだけでよい．（y については (x_0, y_0) の近傍で偏微分可能で f_y が (x_0, y_0) で連続．）それは，(3.4) で $f(x, y_0)-f(x_0, y_0)=(x-x_0)f_x(x_1, y_0)$ を使わなくても (3.4) に $f(x, y_0)-f(x_0, y_0)=(x-x_0)f_x(x_0, y_0)+(x-x_0)\varepsilon(x)$ $(\lim_{x\to x_0}\varepsilon(x)=0)$ を代入すればよいからである.

注意 2 以上述べたことは変数が二つより多くても全く同様である.

f は (x_0, y_0) で微分可能であるとする.

(3.5) $\quad z=f(x_0, y_0)+(x-x_0)f_x(x_0, y_0)+(y-y_0)f_y(x_0, y_0)$

をみたす点 (x, y, z) は $\boldsymbol{R}^3$ の平面であって，曲面

(3.6) $\quad z=f(x, y)$

と点 $(x_0, y_0, f(x_0, y_0))$ を共有する．なお，xy 平面上の点 (x, y) と (x_0, y_0) との距離 ρ を小さくとるとき，(x, y) に対する曲面 (3.6) 上の点と平面 (3.5) 上の点との距離 $\rho\varepsilon(x, y)$ は ρ よりも高位の無限小になっている．この 1 次式 (3.5) の表わす平面を，曲面 (3.6) の点 $(x_0, y_0, f(x_0, y_0))$ における接平面という．平面 $z=ax+by+c$ の接平面は，つねにその平面自身である．(x_0, y_0) をとおり xy 平面に垂直な任意の平面 γ と曲面 (3.6)，平面 (3.5) との交わり c, l を考えると，γ 上で l は c の $(x_0, y_0, f(x_0, y_0))$ における接線になっている.

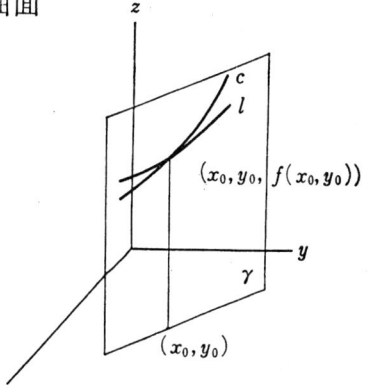

定理 3.2 （合成関数）$f(x, y)$ は (x_0, y_0) で微分可能，$x=\varphi(t), y=\psi(t)$ は t_0 で微分可能，$x_0=\varphi(t_0), y_0=\psi(t_0)$ であるとき，合成関数

$$\phi(t)=f(\varphi(t),\psi(t))$$

も t_0 において微分可能であって

(3.7) $$\phi'(t_0)=f_x(x_0,y_0)\varphi'(t_0)+f_y(x_0,y_0)\psi'(t_0)$$

が成り立つ.

証明 t_0 のある近傍をとれば $(\varphi(t),\psi(t))$ が (x_0,y_0) の与えられた近傍に含まれるから，そこで $\phi(t)$ が定まることは明らかである.

$\varphi(t)=\varphi(t_0)+(t-t_0)\varphi'(t_0)+|t-t_0|\varepsilon_1(t),\, t\to t_0$ のとき $\varepsilon_1(t)\to 0$,

$\psi(t)=\psi(t_0)+(t-t_0)\psi'(t_0)+|t-t_0|\varepsilon_2(t),\, t\to t_0$ のとき $\varepsilon_2(t)\to 0$,

$f(x,y)=f(x_0,y_0)+(x-x_0)f_x(x_0,y_0)+(y-y_0)f_y(x_0,y_0)+\rho\varepsilon(x,y)$,

$\rho=\sqrt{(x-x_0)^2+(y-y_0)^2},\, \rho\to 0$ のとき $\varepsilon(x,y)\to 0$,

よって

$$\begin{aligned}\phi(t)&=f(\varphi(t),\psi(t))\\&=f(\varphi(t_0),\psi(t_0))+(\varphi(t)-\varphi(t_0))f_x(x_0,y_0)\\&\quad+(\psi(t)-\psi(t_0))f_y(x_0,y_0)\\&\quad+\sqrt{(\varphi(t)-\varphi(t_0))^2+(\psi(t)-\psi(t_0))^2}\,\varepsilon(\varphi(t),\psi(t))\\&=\phi(t_0)+(t-t_0)(\varphi'(t_0)f_x(x_0,y_0)+\psi'(t_0)f_y(x_0,y_0))\\&\quad+|t-t_0|(\varepsilon_1(t)f_x(x_0,y_0)+\varepsilon_2(t)f_y(x_0,y_0))\\&\quad+|t-t_0|\sqrt{\left(\frac{\varphi(t)-\varphi(t_0)}{t-t_0}\right)^2+\left(\frac{\psi(t)-\psi(t_0)}{t-t_0}\right)^2}\,\varepsilon(\varphi(t),\psi(t)),\end{aligned}$$

$$\begin{aligned}\eta(t)&=\varepsilon_1(t)f_x(x_0,y_0)+\varepsilon_2(t)f_y(x_0,y_0)\\&\quad+\sqrt{\left(\frac{\varphi(t)-\varphi(t_0)}{t-t_0}\right)^2+\left(\frac{\psi(t)-\psi(t_0)}{t-t_0}\right)^2}\,\varepsilon(\varphi(t),\psi(t))\end{aligned}$$

とおくと，$t\to t_0$ のとき $(\varphi(t)-\varphi(t_0))/(t-t_0)\to\varphi'(t_0)$, $(\psi(t)-\psi(t_0))/(t-t_0)\to\psi'(t_0), \varphi(t)\to\varphi(t_0), \psi(t)\to\psi(t_0)$ だから $\eta(t)\to 0$ となり

$$\phi(t)=\phi(t_0)+(t-t_0)(\varphi'(t_0)f_x(x_0,y_0)+\psi'(t_0)f_y(x_0,y_0))+|t-t_0|\eta(t),$$

よって，ϕ は t_0 で微分可能で (3.7) が成り立つ.

(3.7) はまたシンボリカルに

$$\frac{df}{dt}=\frac{\partial f}{\partial x}\frac{dx}{dt}+\frac{\partial f}{\partial y}\frac{dy}{dt}$$

の形に書くことができる.

注意 これも変数がいくつあっても全く同じことである. たとえば, $f(x,y,z)$ が上に述べたのと同様の条件をみたしていれば,

$$\frac{df}{dt} = \frac{\partial f}{\partial x}\frac{dx}{dt} + \frac{\partial f}{\partial y}\frac{dy}{dt} + \frac{\partial f}{\partial z}\frac{dz}{dt}.$$

また, $x=\varphi(s,t)$, $y=\psi(s,t)$ のときも同様である. s で偏微分するとき, t を t_0 に固定して考えればよいから, 上の場合と同じ規則が適用される. したがって,

$$\phi(s,t) = f(\varphi(s,t), \psi(s,t))$$

とおくとき,

$$\phi_s(s,t) = f_x(\varphi(s,t), \psi(s,t))\varphi_s(s,t) + f_y(\varphi(s,t), \psi(s,t))\psi_s(s,t).$$

この場合も変数の数が多くても同様である. 計算はこみいっているように見えるけれども, よく理解すればなんでもない.

例 2
$$x = r\cos\theta, \quad y = r\sin\theta$$

とすると (r,θ) は (x,y) の極座標である. $f(x,y)$ が微分可能な関数であるとき

$$\frac{\partial x}{\partial r} = \cos\theta, \quad \frac{\partial y}{\partial r} = \sin\theta, \quad \frac{\partial x}{\partial \theta} = -r\sin\theta, \quad \frac{\partial y}{\partial \theta} = r\cos\theta$$

だから

$$\frac{\partial}{\partial r} f(r\cos\theta, r\sin\theta)$$
$$= f_x(r\cos\theta, r\sin\theta)\cos\theta + f_y(r\cos\theta, r\sin\theta)\sin\theta,$$
$$\frac{\partial}{\partial \theta} f(r\cos\theta, r\sin\theta)$$
$$= -f_x(r\cos\theta, r\sin\theta)r\sin\theta + f_y(r\cos\theta, r\sin\theta)r\cos\theta.$$

つぎの定理は, 合成関数の微分法と, 1変数の平均値の定理からすぐに得られる.

定理 3.3 (2変数の平均値の定理) $f(x,y)$ が 2点 (x_1, y_1), (x_2, y_2) を結ぶ線分 $\{(x,y): x = x_1 + t(x_2 - x_1), y = y_1 + t(y_2 - y_1), 0 \leq t \leq 1\}$ を含む開集合で微分可能ならば,

(3.8) $\quad f(x_2, y_2) - f(x_1, y_1) = f_x(\xi, \eta)(x_2 - x_1) + f_y(\xi, \eta)(y_2 - y_1),$
$$\xi = x_1 + \theta(x_2 - x_1), \quad \eta = y_1 + \theta(y_2 - y_1)$$

をみたす $\theta\,(0<\theta<1)$ がある.

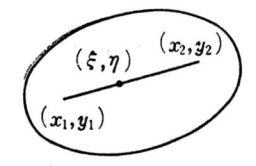

証明 $g(t)=f(x_1+t(x_2-x_1), y_1+t(y_2-y_1))$
$$(0\leq t\leq 1)$$

とすると, g は連続で定理 3.2 により

$$g'(t)=f_x(x_1+t(x_2-x_1), y_1+t(y_2-y_1))(x_2-x_1)$$
$$+f_y(x_1+t(x_2-x_1), y_1+t(y_2-y_1))(y_2-y_1),$$

したがって, 平均値の定理によって $\theta\,(0<\theta<1)$ があって

$$g(1)-g(0)=g'(\theta)$$

となり, これを書きなおせば (3.8) が得られる.

注意 変数がいくつあっても同じことである. たとえば, 変数が三つあるとき, (3.8) に代わる式は

$$f(x_2, y_2, z_2)-f(x_1, y_1, z_1)$$
$$=f_x(\xi, \eta, \zeta)(x_2-x_1)+f_y(\xi, \eta, \zeta)(y_2-y_1)+f_z(\xi, \eta, \zeta)(z_2-z_1).$$

さて, f_x あるいは f_y が点 (x_0, y_0) で, ふたたび x についての偏微分係数をもつとする. もちろんこのとき f_x, f_y は (x_0, y_0) の十分近くで定義されていなければならない. '(x_0, y_0) の十分近くで' という意味は, '(x_0, y_0) のある近傍で' ということで, 煩雑をさけるためこれからもしばしばこのようにいう. そこでこれら x についての偏微分係数をそれぞれ

$$f_{xx}(x_0, y_0), \quad \left.\frac{\partial^2 f}{\partial x^2}\right|_{\substack{x=x_0 \\ y=y_0}}, \quad \frac{\partial^2 f}{\partial x^2}(x_0, y_0),$$

$$f_{yx}(x_0, y_0), \quad \left.\frac{\partial^2 f}{\partial x \partial y}\right|_{\substack{x=x_0 \\ y=y_0}}, \quad \frac{\partial^2 f}{\partial x \partial y}(x_0, y_0)$$

などで表わす. y についての f_x, f_y の偏微分係数も同様に, $f_{xy}(x_0, y_0)$, $f_{yy}(x_0, y_0)$ などで表わし, これらを f の (x_0, y_0) における第2次偏微分係数という. 開集合の各点 (x, y) で $f_{xx}(x, y)$ が有限であるとき, この開集合上で関数

$$f_{xx}:(x, y)\mapsto f_{xx}(x, y)$$

が定まる. f_{yx}, f_{xy}, f_{yy} も同じように定め, これらを f の第2次偏導関数という. これらはまた

$$\frac{\partial^2 f}{\partial x^2}, \quad (\partial^2 f/\partial x^2), \quad \frac{\partial^2 f}{\partial x \partial y}, \quad \frac{\partial^2 f}{\partial y \partial x}, \quad \frac{\partial^2 f}{\partial y^2}, \quad (\partial^2 f/\partial y^2)$$

のようにも表わされる.

例 3
$$f(x, y) = x^3 + xy^2$$

とすると

$$f_x(x, y) = 3x^2 + y^2, \quad f_y(x, y) = 2xy,$$
$$f_{xx}(x, y) = 6x, \quad f_{yx}(x, y) = 2y, \quad f_{xy}(x, y) = 2y, \quad f_{yy}(x, y) = 2x.$$

例 4 $(x, y) \neq (0, 0)$ のとき $f(x, y) = xy(x^2 - y^2)/(x^2 + y^2)$, $f(0, 0) = 0$ とすると, $(x, y) \neq (0, 0)$ のとき

$$f_x(x, y) = y \frac{x^2 - y^2}{x^2 + y^2} + xy \frac{2x(x^2 + y^2) - 2x(x^2 - y^2)}{(x^2 + y^2)^2}$$
$$= y \frac{x^2 - y^2}{x^2 + y^2} + \frac{4x^2 y^3}{(x^2 + y^2)^2},$$
$$f_y(x, y) = x \frac{x^2 - y^2}{x^2 + y^2} - \frac{4x^3 y^2}{(x^2 + y^2)^2},$$

$f(x, 0) = 0$, $f(0, y) = 0$ だから $f_x(0, 0) = 0$, $f_y(0, 0) = 0$, よって $f_x(0, y) = -y$, $f_y(x, 0) = x$ から

$$f_{xy}(0, 0) = -1, \quad f_{yx}(0, 0) = 1$$

となる.

f_{xy} と f_{yx} は定義のしかたが異なるから, 一般に $f_{xy} = f_{yx}$ かどうかはわからない. 例3では $f_{xy} = f_{yx}$ であったが, 例4では $f_{xy}(0, 0) \neq f_{yx}(0, 0)$ であった. けれども適当な条件があれば $f_{xy}(x, y)$ と $f_{yx}(x, y)$ とは等しくなり, しかも実際に応用されるのはその場合が多い. このための細かい条件が昔からいろいろ知られているが, ここでは応用に便利なヤング (Young) の定理を証明しておこう.

定理 3.4 (ヤング) (f_{xy}, f_{yx} が点 (x_0, y_0) の十分近くで定義されていて) 点 (x_0, y_0) で f_{xy}, f_{yx} が連続ならば,

$$f_{xy}(x_0, y_0) = f_{yx}(x_0, y_0).$$

証明 $\varDelta = (f(x_0 + h, y_0 + h) - f(x_0 + h, y_0)) - (f(x_0, y_0 + h) - f(x_0, y_0))$ とする. $h > 0$ は $[x_0, x_0 + h] \times [y_0, y_0 + h]$ が f_{xy}, f_{yx} が存在する (x_0, y_0) の近傍

に含まれるようにとる．関数 $x \mapsto f(x, y_0+h) - f(x, y_0)$ に平均値の定理を使って
$$\Delta = h(f_x(x_0+\theta h, y_0+h) - f_x(x_0+\theta h, y_0)) \quad (0<\theta<1).$$
つぎに，$y \mapsto f_x(x_0+\theta h, y)$ に平均値の定理を使って
$$\Delta = h^2 f_{xy}(x_0+\theta h, y_0+\theta' h) \quad (0<\theta'<1),$$
ところが，この Δ を
$$\Delta = (f(x_0+h, y_0+h) - f(x_0, y_0+h)) - (f(x_0+h, y_0) - f(x_0, y_0))$$
として，x, y の順序を入れ替え同じ議論をすると，
$$\Delta = h^2 f_{yx}(x_0+\theta_1' h, y_0+\theta_1 h) \quad (0<\theta_1, \theta_1'<1).$$
したがって，
$$f_{xy}(x_0+\theta h, y_0+\theta' h) = f_{yx}(x_0+\theta_1' h, y_0+\theta_1 h)$$
となる．f_{xy}, f_{yx} は (x_0, y_0) で連続だから，$h \to 0$ とすると $(x_0+\theta h, y_0+\theta' h) \to (x_0, y_0)$, $(x_0+\theta_1' h, y_0+\theta_1 h) \to (x_0, y_0)$ となり，左辺は $f_{xy}(x_0, y_0)$ に，右辺は $f_{yx}(x_0, y_0)$ に近づき
$$f_{xy}(x_0, y_0) = f_{yx}(x_0, y_0)$$
が成り立つのである．

例5 $(x, y) \neq (0, 0)$ のとき
$$\frac{\partial}{\partial x} \frac{x}{x^2+y^2} = \frac{x^2+y^2-2x^2}{(x^2+y^2)^2} = -\frac{x^2-y^2}{(x^2+y^2)^2},$$
$$\frac{\partial}{\partial y} \frac{x}{x^2+y^2} = -\frac{2xy}{(x^2+y^2)^2},$$
$$\frac{\partial^2}{\partial y \partial x} \frac{x}{x^2+y^2} = \frac{\partial}{\partial y}\left(-\frac{x^2-y^2}{(x^2+y^2)^2}\right)$$
$$= -\frac{-2y(x^2+y^2)^2 - (x^2-y^2) 2(x^2+y^2) 2y}{(x^2+y^2)^4}$$
$$= \frac{2y((x^2+y^2) + 2(x^2-y^2))}{(x^2+y^2)^3} = \frac{2y(3x^2-y^2)}{(x^2+y^2)^3},$$
$\dfrac{\partial^2}{\partial x \partial y} \dfrac{x}{x^2+y^2}$ も連続だから $\dfrac{\partial^2}{\partial x \partial y} \dfrac{x}{x^2+y^2} = \dfrac{2y(3x^2-y^2)}{(x^2+y^2)^3}$,
$$\frac{\partial^2}{\partial x^2} \frac{x}{x^2+y^2} = \frac{\partial}{\partial x}\left(-\frac{x^2-y^2}{(x^2+y^2)^2}\right)$$

3.1 微分係数

$$= -\frac{2x(x^2+y^2)^2 - (x^2-y^2)2(x^2+y^2)2x}{(x^2+y^2)^4}$$

$$= \frac{2x(-(x^2+y^2)+2(x^2-y^2))}{(x^2+y^2)^3} = \frac{2x(x^2-3y^2)}{(x^2+y^2)^3},$$

$$\frac{\partial^2}{\partial y^2}\frac{x}{x^2+y^2} = \frac{\partial}{\partial y}\left(-\frac{2xy}{(x^2+y^2)^2}\right)$$

$$= -\frac{2x(x^2+y^2)^2 - 2xy \cdot 2(x^2+y^2)2y}{(x^2+y^2)^4}$$

$$= \frac{2x(-(x^2+y^2)+4y^2)}{(x^2+y^2)^3} = \frac{2x(-x^2+3y^2)}{(x^2+y^2)^3}.$$

よって,

$$\frac{\partial^2}{\partial x^2}\frac{x}{x^2+y^2} + \frac{\partial^2}{\partial y^2}\frac{x}{x^2+y^2} = 0.$$

変数が三つ以上の場合,また3次以上の偏導関数も同様に定義される.

例6 $f(x, y, z) = (x^2+y^2+z^2)^{-1/2}\ ((x, y, z) \neq (0, 0, 0))$ とする.

$$f_x(x, y, z) = -x(x^2+y^2+z^2)^{-3/2}$$

$$f_{xy}(x, y, z) = 3xy(x^2+y^2+z^2)^{-5/2}$$

$$f_{xyz}(x, y, z) = -15xyz(x^2+y^2+z^2)^{-7/2},$$

$$f_{xx}(x, y, z) = -(x^2+y^2+z^2)^{-3/2} + 3x^2(x^2+y^2+z^2)^{-5/2}$$

$$= (2x^2-y^2-z^2)(x^2+y^2+z^2)^{-5/2},$$

$$f_{yy}(x, y, z) = (2y^2-z^2-x^2)(x^2+y^2+z^2)^{-5/2},$$

$$f_{zz}(x, y, z) = (2z^2-x^2-y^2)(x^2+y^2+z^2)^{-5/2},$$

したがって,$f_{xx}+f_{yy}+f_{zz}=0$ となる.

一般に,2次の偏導関数のある n 変数の関数 $f(x_1, \cdots, x_n)$ に対して $\Delta f = \partial^2 f/\partial x_1^2 + \partial^2 f/\partial x_2^2 + \cdots + \partial^2 f/\partial x_n^2$ とおき,作用素 $\Delta : f \mapsto \Delta f$ を**ラプラシアン**という.また,$\Delta f = 0$ をみたす関数 f を**調和関数**という.例5,例6の関数はそれぞれ $\boldsymbol{R}^2 \setminus \{(0,0)\}$ および $\boldsymbol{R}^3 \setminus \{(0,0,0)\}$ 上の調和関数である.

一般に開集合 $D \subset \boldsymbol{R}^p$ で定義された関数が連続であって,すべての変数について偏微分可能で偏導関数が連続であるとき,たとえば2変数なら f, f_x, f_y が連続のとき f を D 上で C^1 級の関数という.なお,第2次の偏導関数が

すべて連続のとき，たとえば 2 変数なら $f_{xx}, f_{xy}, f_{yx}, f_{yy}$ が連続のとき，f を D 上の C^2 級の関数という．以下同様にして C^n 級の関数を定める．すなわち，D において第 n 次までの偏導関数がすべて存在して連続であるとき，その関数は C^n 級であるといわれる．C^0 級の関数とは連続関数であるとする．D 上の C^n 級の関数の全体を $C^n(D)$ と書くと，明らかに

$$C^0(D) \supset C^1(D) \supset \cdots \supset C^n(D) \supset \cdots.$$

すべての $C^n(D)$ $(n \in \mathbf{N})$ に属する関数，すなわち何回でも偏微分可能で，偏導関数がすべて連続となるものを C^∞ 級の関数といい，その全体を $C^\infty(D)$ と書く．すなわち，

$$C^\infty(D) = \bigcap_{n=0}^{\infty} C^n(D).$$

p 変数の多項式で表わされる関数は $C^\infty(\mathbf{R}^p)$ に属する．1 変数の場合には定義域は開集合でもまた前に述べたように (§2.1) 区間でもよい．多項式，e^x, sin, cos は $C^\infty(\mathbf{R})$ に属し，$\log \in C^\infty((0, \infty))$ である．有理関数も C^∞ 級である．ただし，定義域は分母が 0 になる点を除く．e^{x+y^2} なども C^∞ 級である．定理 3.1 により，C^1 級の関数は微分可能である．C^n 級の関数については，第 n 次までの偏導関数は，その偏微分の順序にかかわらないことを注意しよう (定理 3.4)．したがって，2 変数 x, y の関数 f および 3 変数 x, y, z の関数 g が C^n 級ならば，第 n 次偏導関数はそれぞれ

$$\frac{\partial^n f}{\partial x^r \partial y^s} \quad (r+s=n), \qquad \frac{\partial^n g}{\partial x^r \partial y^s \partial z^t} \quad (r+s+t=n) \, (0 \leq r, s, t \in \mathbf{Z})$$

の形に書かれる．変数の多いときも同様である．

問 1 $f(x, y), g(x, y)$ を $D \subset \mathbf{R}^2$ で C^2 級の関数で，$\partial f/\partial x = -\partial g/\partial y$, $\partial f/\partial y = \partial g/\partial x$ が成り立つとき，$\partial^2 f/\partial x^2 + \partial^2 f/\partial y^2 = \partial^2 g/\partial x^2 + \partial^2 g/\partial y^2 = 0$ となることを示せ．

問 2 つぎの関数 f について，$f_x, f_y, f_{xx}, f_{xy}, f_{yx}, f_{yy}$ を求めよ．
 (1) $f(x, y) = e^{x+y^2}$, (2) $f(x, y) = \log\sqrt{x^2+y^2}$.

問 3 $\mathbf{R}^2$ の開区間で f は偏微分可能で，偏導関数が恒等的に $0 : f_x = f_y = 0$ ならば f は定数であることを証明せよ．(f は C^1 級だから微分可能となり定

理 3.3 が適用される).

3.2 テイラーの定理

テイラーの定理は，多変数についても，1変数の場合になおして証明することができる．それを見とおしよくする目的もあり，またそれ自身重要でもあるので，ここで微分という概念にふれておこう．

さきに，1変数の関数 $y=f(x)$ に対して

$$\frac{dy}{dx}=f'(x), \qquad \frac{d^2y}{dx^2}=f''(x)$$

と書いたが，この場合 $dy/dx, d^2y/dx^2$ は分数ではなくて，一つのまとまったものと考えてきた．これらの dy, dx, d^2y, dx^2 などつまりは d に固有の意味をもたせて，dy を dx で割ったものが $f'(x)$ となるような合理化がつぎのようにしてできる．x における変数の増分 $\varDelta x$ に対する $y(=f(x))$ の増分

$$\varDelta y=f(x+\varDelta x)-f(x)$$

は f が x で微分可能のとき

$$f'(x)\varDelta x+\varDelta x\varepsilon(\varDelta x) \qquad (\varDelta x\to 0 \text{ のとき } \varepsilon(\varDelta x)\to 0)$$

と書けるが，これは $\varDelta x$ に比例して小さくなる部分と $\varDelta x$ より高い order で小さくなる部分の和になっている．高位の無限小を無視して考えると，重要なのは $\varDelta x$ に比例する初めの部分である．この部分を $dy, df(x)$ で表わす:

$$(*) \qquad df(x)=f'(x)\varDelta x.$$

開集合 $D\subset\mathbf{R}$ で微分可能であるような f に対して df は二つの変数 $x\in D$ と $\varDelta x\in\mathbf{R}$ の関数であると考えられる:

$$df:(x,\varDelta x)\mapsto f'(x)\varDelta x.$$

この df を f の**微分**というのである．とくに $x\in D$ に x を対応させる関数を x と書くと $(x)'=1$ であるから $(*)$ において $dx=1\varDelta x$，よって $\varDelta x=dx$ と書いてもよい．また，$f:x\mapsto f(x)$ であるがこれを x のほかに $\varDelta x$ をつけ加えた2変数の関数 $f:(x,\varDelta x)\mapsto f(x)$ と見ることにすれば

$$f':(x,\varDelta x)\mapsto f'(x)$$

である．そうすれば df は f' と dx の積であるし，f' は df と dx の商と考えられる．

一般に $D \times \boldsymbol{R}$ 上の（第1変数に関して偏微分可能な）関数 $g:(x,\Delta x) \mapsto g(x,\Delta x)$ に対して，同じく $D \times \boldsymbol{R}$ 上の関数 $dg:(x,\Delta x) \mapsto g_x(x,\Delta x)\Delta x$ すなわち $dg=g_x dx$ を対応させる写像が d であるということもできる．したがって，f が D で2回微分可能のとき

$$d^2 f = d(df) : (x,\Delta x) \mapsto f_{xx}(x,\Delta x)\Delta x \Delta x = f''(x)(\Delta x)^2$$

だから

$$d^2 f = f''(dx)^2, \quad (\ ) \text{ を略して } f'' dx^2$$

となる．以下同様に f が D で n 回微分可能のとき

(3.9) $$d^n f = f^{(n)} dx^n$$

となる．$d^n f$ を f の **n 次の微分**という．f, g が D で微分可能，$\alpha \in \boldsymbol{R}$ のとき

$$d(f+g) = df + dg, \qquad d(\alpha f) = \alpha df,$$
$$d(fg) = df \cdot g + f \cdot dg,$$

f, g が D で n 回微分可能のとき

$$d^n(f+g) = d^n f + d^n g, \qquad d^n(\alpha f) = \alpha d^n f$$

は容易にたしかめられる．

また合成関数の微分は（適当な条件のもとに）$\dfrac{d}{dt} f \circ g(t) \bigr/ = f'(g(t))g'(t)$ であるから

$$d(f \circ g) = (f' \circ g) g' dt$$

となる．よって，$d(f \circ g)(t,\Delta t) = (f' \circ g)(t) g'(t) \Delta t$ であって，これは $df(x,\Delta x) = f'(x)\Delta x$ の x に $g(t)$, Δx に $g'(t)\Delta t$ を代入したものになる．

(3.9) を用いてテイラーの定理はつぎのように書かれる．

f は a を含む $\boldsymbol{R}$ の区間で C^n 級の関数であって，$a+h$ もその区間に含まれるとき，適当な $\theta (0<\theta<1)$ に対し

(3.10) $$f(a+h) = f(a) + \frac{df(a,h)}{1!} + \frac{d^2 f(a,h)}{2!}$$

$$+\cdots+\frac{d^{n-1}f(a,h)}{(n-1)!}+\frac{d^n f(a+\theta h, h)}{n!}.$$

変数の多い場合にも，この考えをおしすすめることができる．f は開集合 $D\subset \boldsymbol{R}^2$ 上の偏微分可能な関数であるとしよう．$(x,y)\in D$ のとき $f(x+h, y+k)-f(x,y)$ は h, k が小さいときに，h, k の1次式 $f_x(x,y)h+f_y(x,y)k$ で近似されるから，1変数の場合と同様に $(x,y)\in D, (h,k)\in \boldsymbol{R}^2$ に対して

$$df(x,y,h,k)=f_x(x,y)h+f_y(x,y)k$$

と定義すれば，$D\times \boldsymbol{R}^2$ 上の関数 df が定まる．前と同様に一般に $D\times \boldsymbol{R}^2$ 上の(第1，第2変数に関して偏微分可能な)関数 g に対して，$D\times \boldsymbol{R}^2$ 上の関数

$$dg: (x,y,h,k)\mapsto g_x(x,y,h,k)h+g_y(x,y,h,k)k$$

を対応させる写像を d とすれば，$D\times \boldsymbol{R}^2$ 上の関数

$$x: (x,y,h,k)\mapsto x, \qquad y: (x,y,h,k)\mapsto y$$

に対して

$$dx: (x,y,h,k)\mapsto h, \qquad dy: (x,y,h,k)\mapsto k$$

となるから，前と同様に D 上の関数は $D\times \boldsymbol{R}^2$ 上の関数と見ることにして

(3.11) $$df=f_x dx+f_y dy$$

となる．一般に $D\times \boldsymbol{R}^2$ 上の(第1，第2変数に関して偏微分可能な)関数 g, h があるとき

$$d(g+h)=(g+h)_x dx+(g+h)_y dy=g_x dx+h_x dx+g_y dy+h_y dy$$
$$=dg+dh,$$
$$d(gh)=(gh)_x dx+(gh)_y dy=(g_x h+gh_x)dx+(g_y h+gh_y)dy$$
$$=(dg)h+g(dh),$$
$$d(\alpha g)=(\alpha g)_x dx+(\alpha g)_y dy=\alpha(g_x dx+g_y dy)=\alpha dg \qquad (\alpha \in \boldsymbol{R})$$

となる．よって，f が D で C^2 級ならば，これと (3.11) から

$$d^2 f=d(df)=d(f_x dx+f_y dy)=d(f_x dx)+d(f_y dy)$$
$$=df_x dx+f_x d(dx)+df_y dy+f_y d(dy)=(f_{xx}dx+f_{xy}dy)dx$$
$$+(f_{yx}dx+f_{yy}dy)dy=f_{xx}dx^2+2f_{xy}dxdy+f_{yy}dy^2$$

となり，f が D で C^n 級ならば

$$(3.12) \quad d^n f = \sum_{j=0}^{n} \binom{n}{j} \frac{\partial^n f}{\partial x^{n-j} \partial y^j} dx^{n-j} dy^j$$

となる. $d^n f : D \times \mathbf{R}^2 \to \mathbf{R}$ を f の n 次の微分という.

つぎに $f(x,y), \varphi(t), \psi(t)$ が C^n 級で, 合成関数 $\phi(t) = f(\varphi(t), \psi(t))$ がつくられる場合を考えよう. 合成関数の微分法によって

$$\phi'(t) = f_x(\varphi(t), \psi(t))\varphi'(t) + f_y(\varphi(t), \psi(t))\psi'(t),$$

このことをくりかえせば

$$\phi''(t) = (f_{xx}(\varphi(t), \psi(t))\varphi'(t) + f_{xy}(\varphi(t), \psi(t))\psi'(t))\varphi'(t)$$
$$+ (f_{yx}(\varphi(t), \psi(t))\varphi'(t) + f_{yy}(\varphi(t), \psi(t))\psi'(t))\psi'(t)$$
$$= f_{xx}(\varphi(t), \psi(t))\varphi'(t)^2 + 2f_{xy}(\varphi(t), \psi(t))\varphi'(t)\psi'(t)$$
$$+ f_{yy}(\varphi(t), \psi(t))\psi(t)^2,$$

$$\phi^{(n)}(t) = \sum_{j=0}^{n} \binom{n}{j} \frac{\partial^n f}{\partial x^{n-j} \partial y^j}(\varphi(t), \psi(t))\varphi'(t)^{n-j}\psi'(t)^j.$$

よって,

$$(3.13) \quad d^n f(\varphi(t), \psi(t), \varphi'(t)\Delta t, \psi'(t)\Delta t) = \phi^{(n)}(t)\Delta t^n = d^n \phi(t, \Delta t),$$

すなわち, $d^n \phi(t, \Delta t)$ は $d^n f(x, y, \Delta x, \Delta y)$ に $x = \varphi(t), y = \psi(t), \Delta x = \varphi'(t)\Delta t, \Delta y = \psi'(t)\Delta t$ を代入したものになるのである.

さて, $f(x,y)$ は点 (x_0, y_0) のある近傍で C^n 級の関数であるとする. h, k を $\{(x_0 + ht, y_0 + kt) : 0 \leq t \leq 1\}$ がその近傍に含まれるように固定し

$$(3.14) \quad \phi(t) = f(x_0 + ht, y_0 + kt) \quad (0 \leq t \leq 1)$$

とおけば, (3.10) により ((3.10) の f を ϕ, a を 0, h を t として)

$$(3.15) \quad \phi(t) = \phi(0) + \frac{d\phi(0,t)}{1!} + \frac{d^2\phi(0,t)}{2!} + \cdots + \frac{d^{n-1}\phi(0,t)}{(n-1)!}$$
$$+ \frac{d^n\phi(\theta t, t)}{n!} \quad (0 < \theta < 1),$$

(3.13) により

$$(3.16) \quad d^m \phi(0, t) = d^m f(x_0, y_0, ht, kt),$$

$t = 1$ として (3.14), (3.16) を (3.15) に代入すれば

$$(3.17) \quad f(x_0 + h, y_0 + k) = f(x_0, y_0) + \frac{df(x_0, y_0, h, k)}{1!}$$

$$+\frac{d^2 f(x_0, y_0, h, k)}{2!}+\cdots+\frac{d^{n-1} f(x_0, y_0, h, k)}{(n-1)!}$$

$$+\frac{d^n f(x_0+\theta h, y_0+\theta k, h, k)}{n!} \qquad (0<\theta<1)$$

が得られる. すなわち,

定理 3.5 (2変数のテイラーの定理) $f(x, y)$ が点 (x_0, y_0) の十分近くで C^n 級の関数であるとき, h, k が十分小さければ適当な θ に対して (3.17) が成り立つ. 最後の項は

$$\frac{1}{n!} d^n f(x_0, y_0, h, k) + \varepsilon(h, k) \rho^n \qquad (\rho=\sqrt{h^2+k^2}),$$

$$\rho \to 0 \text{ のとき } \varepsilon(h, k) \to 0$$

と書かれる.

$n=2$ とすれば

$$(3.18) \quad f(x_0+h, y_0+k) = f(x_0, y_0) + f_x(x_0, y_0) h + f_y(x_0, y_0) k$$

$$+\frac{1}{2}(f_{xx}(x_0, y_0) h^2 + 2 f_{xy}(x_0, y_0) hk$$

$$+ f_{yy}(x_0, y_0) k^2) + \varepsilon(h, k) \rho^2,$$

$$\rho=\sqrt{h^2+k^2}, \rho \to 0 \text{ のとき } \varepsilon(h, k) \to 0.$$

問 1 $f(x, y)=ax^2+2hxy+by^2+2gx+2fy+c$ にテイラーの定理を適用せよ.

3.3 陰関数, 逆関数

縮小写像の原理を用いて陰関数の存在定理を証明してみよう.

定理 3.6 (陰関数の存在定理) 点 $(x_0, y_0) \in \boldsymbol{R}^2$ の近傍 U で C^1 級の関数 $f(x, y)$ が

$$f_y(x_0, y_0) \neq 0, \qquad f(x_0, y_0)=0$$

をみたすならば, x_0 のある近傍で定義された C^1 級の関数 $y=g(x)$ があって

$$(3.19) \qquad f(x, g(x))=0, \qquad g(x_0)=y_0$$

を成り立たせる. また, (3.19) をみたす連続な g は x_0 のある近傍で一つし

かない．

証明 f_y は連続であるから $(x, y) \in U$ を (x_0, y_0) に近くとることにより $f_y(x, y)$ を $f_y(x_0, y_0)$ にいくらでも近くできる．したがって，$k(0<k<1)$ をきめたとき適当な $b>0$ をとれば

(3.20) $\quad |x-x_0| \leqq b, |y-y_0| \leqq b \Rightarrow$
$$|f_y(x, y) - f_y(x_0, y_0)| \leqq |f_y(x_0, y_0)|k.$$

このとき，$(x, y) \in U$ であるように b が選ばれていなければならないのは，もちろんである．

$|x-x_0| \leqq b, |y-y_0| \leqq b$ をみたす (x, y) に対して
$$T(x, y) = y - f(x, y)/f_y(x_0, y_0)$$
とすると，平均値の定理により

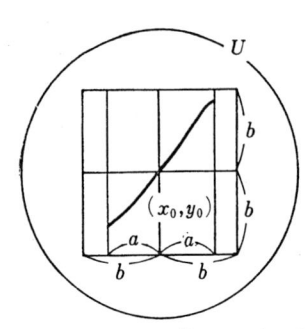

$$|T(x, y_1) - T(x, y_2)| \leqq \left| y_1 - y_2 - \frac{f(x, y_1) - f(x, y_2)}{f_y(x_0, y_0)} \right|$$

$$= \left| y_1 - y_2 - \frac{f_y(x, \xi)(y_1 - y_2)}{f_y(x_0, y_0)} \right| \quad (\xi \text{ は } y_1 \text{ と } y_2 \text{ の間の数})$$

$$= \left| (y_1 - y_2) \frac{f_y(x_0, y_0) - f_y(x, \xi)}{f_y(x_0, y_0)} \right| \leqq k|y_1 - y_2|$$

となる．'$T(x, y) = y \Leftrightarrow f(x, y) = 0$' であるから定理 1.34, 系の X を $[x_0-b, x_0+b]$，Y を $\boldsymbol{R}$，f を T としてみれば，$a(0<a \leqq b)$ と連続な $g: [x_0-a, x_0+a] \to [y_0-b, y_0+b]$ があって (3.19) をみたし，また (3.19) をみたす連続な g は x_0 のある近傍でただ一とおりである ($x(|x-x_0| \leqq a)$ に対して $f(x, y) = 0$ となる $y(|x-y_0| \leqq b)$ は $g(x)$ に限ることを注意しておく)．

あとは g が $[x_0-a, x_0+a]$ で微分可能で g' が連続であることを示せばよい．これは g の連続性を用いてつぎのように証明することができる．$x, x+h \in [x_0-a, x_0+a]$ として，2変数の平均値の定理(定理 3.3)を用いると，$\theta(0<\theta<1)$ があって

$$f(x+h, g(x+h)) - f(x, g(x))$$

$$= f_x(x+\theta h, g(x)+\theta(g(x+h)-g(x)))h$$
$$+ f_y(x+\theta h, g(x)+\theta(g(x+h)-g(x)))(g(x+h)-g(x)),$$

左辺は 0 であるから，(3.20) により f_y は $|x-x_0|\leqq a, |y-y_0|\leqq b$ のとき 0 にならないことに注意すると

$$\frac{g(x+h)-g(x)}{h} = -\frac{f_x(x+\theta h, g(x)+\theta(g(x+h)-g(x)))}{f_y(x+\theta h, g(x)+\theta(g(x+h)-g(x)))},$$

$h \to 0$ とすれば $g(x+h) \to g(x)$ であって f_x, f_y ともに連続であるから右辺は

$$\to -\frac{f_x(x, g(x))}{f_y(x, g(x))},$$

したがって，

(3.21) $$g'(x) = -\frac{f_x(x, g(x))}{f_y(x, g(x))},$$

この右辺は x の連続関数だから g は C^1 級の関数である．

注意 1 g の微分可能性がわかった上は $g'(x)$ を求めるには合成関数の微分法によればよい．すなわち，$f(x, g(x))=0$ の両辺を微分して

$$f_x(x, g(x)) + f_y(x, g(x))g'(x) = 0,$$

これから (3.21) が導かれる．

f が C^2 級であれば g も C^2 級であることは (3.21) からすぐに示される．実際，(3.21) により (途中 $(x), (x, g(x))$ を略して書けば)，

$$g''(x) = \frac{-(f_{xx}+f_{xy}g')f_y + f_x(f_{yx}+f_{yy}g')}{f_y^2}$$
$$= \frac{-f_{xx}f_y + f_{xy}f_x + f_xf_{xy} - f_x^2 f_{yy}/f_y}{f_y^2}$$
$$= \frac{-f_{xx}f_y^2 + 2f_{xy}f_xf_y - f_{yy}f_x^2}{f_y^3}(x, g(x))$$

となり，f が C^2 級で g が連続なことにより，これは連続である．

系 (逆関数の存在定理) $x \mapsto f(x)$ が $x_0 \in \mathbf{R}$ の近傍で定義された C^1 級の関数で $f'(x_0) \neq 0$ ならば，$y_0 = f(x_0)$ の近傍で定義された C^1 級の関数 $x = g(y)$ があって，

$$y = f(g(y)), \qquad g(y_0) = x_0$$

を成り立たせる．このような g は一意である．

証明 $$F(x, y) = y - f(x)$$

とおけば, F は (x_0, y_0) の近傍で C^1 級であって

$$F_x(x_0, y_0) = -f'(x_0) \neq 0, \qquad F(x_0, y_0) = 0.$$

したがって, 定理によりこの系が成り立つ.

注意 2 上の定理にせよ, その系にせよ, 存在の保証された関数の値は逐次近似法でいくらでも詳しく算出していくことができる. これら存在の保証された関数をそれぞれ与えられた方程式 $f(x, y) = 0$ や関数 $f(x)$ から定められた局所的陰関数および局所的逆関数という.

$D \subset \mathbf{R}^2$ が開集合で, $D_1 = \{x \, ; \, \exists y : (x, y) \in D\}$ とするとき各 $x \in D_1$ について $D_x = \{y : (x, y) \in D\}$ が区間であるとする. f は D 上の C^1 級の関数で $f_y(x, y) \neq 0$ のとき, 各 $x \in D_1$ について $f(x, y) = 0$ となる y はたかだか一つしかないことが平均値の定理によってわかる. よって x に, $f(x, y) = 0$ となる y を (それがあるとき) 対応させれば D_1 の部分集合 D_2 上の関数 $y = g(x)$ が一意に定まる. 定理 3.6 により D_2 は開集合で g は C^1 級, $g'(x) = -f_x(x, g(x))/f_y(x, g(x))$ となる. f の定義域 D に初めに述べたような条件がない一般の場合は $f_y(x, y) \neq 0$ であっても陰関数は全体としては一意に定まることにならない.

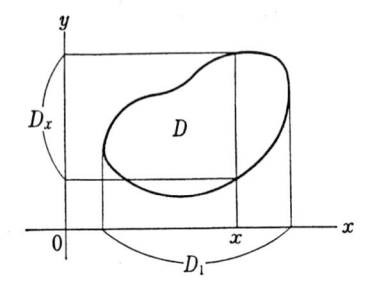

例 1 $x^2 + y^2 = 1$ のとき $y = \pm\sqrt{1-x^2} \, (-1 \leq x \leq 1)$ である. $f(x, y) = x^2 + y^2 - 1$ とおくと $f_y = 2y$. これは $y \neq 0$ のとき 0 にならない. よって, f の定義域を $y = 0$ のときを除いて $y > 0$ と $y < 0$ に分けて考えれば, $f(x, y) = 0$ の陰関数は $-1 < x < 1$ で一意に定まり, $y = \sqrt{1-x^2}$ と $y = -\sqrt{1-x^2}$ である. どちらについても $dy/dx = -(2x)/(2y) = -x/y$.

注意 3 上の定理の証明に用いられた方法のすぐれている点の一つは, 逐次近似法ができることのほかに, もっと一般の場合をも扱うことができることである.

たとえば, 点 $(x_0, y_0, z_0) \in \mathbf{R}^3$ の近傍で C^1 級の関数 f が

$$f(x_0, y_0, z_0) = 0, \qquad f_z(x_0, y_0, z_0) \neq 0$$

であるとしよう. この場合も同様にして, (x_0, y_0) の近傍で C^1 級の関数 $z = g(x, y)$ がただ一つあって

$$f(x, y, g(x, y)) = 0, \qquad g(x_0, y_0) = z_0$$

を成り立たせることが示される. また,

$$g_x(x, y) = -\frac{f_x(x, y, g(x, y))}{f_z(x, y, g(x, y))}, \qquad g_y(x, y) = -\frac{f_y(x, y, g(x, y))}{f_z(x, y, g(x, y))}$$

も成り立つ.

3.3 陰関数,逆関数

問1 これをたしかめよ.

2変数の関数についての陰関数の存在定理の証明法をまねると,つぎの定理を証明することができる.

定理 3.7 $f(t,x,y)$, $g(t,x,y)$ はどちらも $(t_0,x_0,y_0) \in \boldsymbol{R}^3$ の近傍で C^1 級の関数であって

$$(3.22) \qquad f(t_0,x_0,y_0)=0, \qquad g(t_0,x_0,y_0)=0,$$
$$(3.23) \qquad (f_xg_y-f_yg_x)(t_0,x_0,y_0) \neq 0$$

が成り立つとする.このとき t_0 の近傍で定義された C^1 級の関数 $x=\varphi(t)$, $y=\psi(t)$ がただひととおり存在して

$$f(t,\varphi(t),\psi(t))=0, \qquad g(t,\varphi(t),\psi(t))=0, \qquad x_0=\varphi(t_0), \qquad y_0=\psi(t_0)$$

を成り立たせる.

証明 これを取扱うに当って前の陰関数の存在定理との類似点を探ることにより,手掛りが得られる.

$\boldsymbol{z}=(x,y)$ を $\boldsymbol{z}_0=(x_0,y_0)$ の近傍の点として,$f(t,x,y),g(t,x,y)$ の代りに $f(t,\boldsymbol{z}),g(t,\boldsymbol{z})$ と書くことにし

$$\boldsymbol{h}:(t,\boldsymbol{z}) \to (f(t,\boldsymbol{z}),g(t,\boldsymbol{z})) \in \boldsymbol{R}^2$$

を考えるのである.このとき (3.22) は

$$(3.24) \qquad \boldsymbol{h}(t_0,\boldsymbol{z}_0)=0$$

と表わされる.いま,

$$(3.25) \qquad L=\begin{pmatrix} f_x(t_0,\boldsymbol{z}_0) & f_y(t_0,\boldsymbol{z}_0) \\ g_x(t_0,\boldsymbol{z}_0) & g_y(t_0,\boldsymbol{z}_0) \end{pmatrix}$$

とすると,L は $\boldsymbol{R}^2 \to \boldsymbol{R}^2$ の線形写像で (3.23) は

$$\mathrm{Det}\, L \neq 0$$

と書ける.よって,線形写像 L^{-1} がある(§1.8 参照).

さて,$(t_0,\boldsymbol{z}_0)$ の近傍から $\boldsymbol{R}^2$ への写像 T を

$$T(t,\boldsymbol{z})=\boldsymbol{z}-L^{-1}(\boldsymbol{h}(t,\boldsymbol{z}))$$

と定める.(3.24) によって $T(t_0,\boldsymbol{z}_0)=\boldsymbol{z}_0$,また,

$$T(t,\boldsymbol{z}_1)-T(t,\boldsymbol{z}_2)=\boldsymbol{z}_1-L^{-1}(\boldsymbol{h}(t,\boldsymbol{z}_1))-\boldsymbol{z}_2+L^{-1}(\boldsymbol{h}(t,\boldsymbol{z}_2))$$
$$=L^{-1}(L(\boldsymbol{z}_1-\boldsymbol{z}_2)-(\boldsymbol{h}(t,\boldsymbol{z}_1)-\boldsymbol{h}(t,\boldsymbol{z}_2))),$$

よって(§1.8 の (1.61) により) $z_1 \neq z_2$ のとき,

$$\frac{\|T(t,z_1)-T(t,z_2)\|}{\|z_1-z_2\|} \leq \|L^{-1}\| \frac{\|L(z_1-z_2)-(h(t,z_1)-h(t,z_2))\|}{\|z_1-z_2\|}.$$

したがって,

(3.26) $$\lim_{\substack{t\to t_0 \\ z_1\to z_0 \\ z_2\to z_0 \\ z_1\neq z_2}} \frac{\|L(z_1-z_2)-(h(t,z_1)-h(t,z_2))\|}{\|z_1-z_2\|}=0$$

が証明されれば, (t_0, z_0) のある近傍で

$$\exists k: 0\leq k<1, \|T(t,z_1)-T(t,z_2)\|\leq k\|z_1-z_2\|$$

となり, 定理 1.34 の系により, t_0 のある近傍で

$$T(t,\phi(t))=\phi(t) \quad \text{すなわち} \quad h(t,\phi(t))=0, \phi(t_0)=z_0$$

となる連続な写像 $\phi=(\varphi,\psi)$ がただ一つあることになって, 定理の証明がほぼ (φ, ψ が C^1 級であることを残し) 終る. さて, (3.26) を証明しよう.
$z_1=(x_1,y_1), z_2=(x_2,y_2)$ とすると (3.25) により

$$L(z_1-z_2)=L\begin{pmatrix}x_1-x_2\\y_1-y_2\end{pmatrix}=\begin{pmatrix}f_x(t_0,x_0,y_0)(x_1-x_2)+f_y(t_0,x_0,y_0)(y_1-y_2)\\g_x(t_0,x_0,y_0)(x_1-x_2)+g_y(t_0,x_0,y_0)(y_1-y_2)\end{pmatrix}$$

であって, また2変数の平均値の定理(定理 3.3)を用いると,

$$h(t,z_1)-h(t,z_2)=\begin{pmatrix}f(t,x_1,y_1)-f(t,x_2,y_2)\\g(t,x_1,y_1)-g(t,x_2,y_2)\end{pmatrix}$$
$$=\begin{pmatrix}f_x(t,\xi,\eta)(x_1-x_2)+f_y(t,\xi,\eta)(y_1-y_2)\\g_x(t,\xi',\eta')(x_1-x_2)+g_y(t,\xi',\eta')(y_1-y_2)\end{pmatrix},$$

ξ,ξ' は x_1 と x_2 の間にある数, η,η' は y_1 と y_2 の間にある数である. よって, (3.26) の左辺の分子の $\|\ \|$ の中は

$$\begin{pmatrix}(f_x(t_0,x_0,y_0)-f_x(t,\xi,\eta))(x_1-x_2)\\ \quad +(f_y(t_0,x_0,y_0)-f_y(t,\xi,\eta))(y_1-y_2)\\ (g_x(t_0,x_0,y_0)-g_x(t,\xi',\eta'))(x_1-x_2)\\ \quad +(g_y(t_0,x_0,y_0)-g_y(t,\xi',\eta'))(y_1-y_2)\end{pmatrix}$$

となる. $x_1,x_2\to x_0, y_1,y_2\to y_0$ のとき, $\xi,\xi'\to x_0, \eta,\eta'\to y_0$ となり, さらに $t\to t_0$ ならば f_x, f_y, g_x, g_y の連続性によって

$$\varepsilon_1=f_x(t_0,x_0,y_0)-f_x(t,\xi,\eta)\to 0, \quad \varepsilon_2=f_y(t_0,x_0,y_0)-f_y(t,\xi,\eta)\to 0,$$
$$\varepsilon_1'=g_x(t_0,x_0,y_0)-g_x(t,\xi',\eta')\to 0, \quad \varepsilon_2'=g_y(t_0,x_0,y_0)-g_y(t,\xi',\eta')\to 0$$

であるから,

$$\|L(z_1-z_2)-(h(t,z_1)-h(t,z_2))\|^2 = \left\|\begin{pmatrix}\varepsilon_1(x_1-x_2)+\varepsilon_2(y_1-y_2)\\ \varepsilon_1{}'(x_1-x_2)+\varepsilon_2{}'(y_1-y_2)\end{pmatrix}\right\|^2$$

$$= (\varepsilon_1(x_1-x_2)+\varepsilon_2(y_1-y_2))^2+(\varepsilon_1{}'(x_1-x_2)+\varepsilon_2{}'(y_1-y_2))^2$$

$$= (\varepsilon_1{}^2+\varepsilon_1{}'^2)(x_1-x_2)^2+(\varepsilon_2{}^2+\varepsilon_2{}'^2)(y_1-y_2)^2$$
$$\quad +2(\varepsilon_1\varepsilon_2+\varepsilon_1{}'\varepsilon_2{}')(x_1-x_2)(y_1-y_2)$$

$$\leq (\varepsilon_1{}^2+\varepsilon_1{}'^2)(x_1-x_2)^2+(\varepsilon_2{}^2+\varepsilon_2{}'^2)(y_1-y_2)^2$$
$$\quad +|\varepsilon_1\varepsilon_2+\varepsilon_1{}'\varepsilon_2{}'|((x_1-x_2)^2+(y_1-y_2)^2),$$

これを $\|z_1-z_2\|^2=(x_1-x_2)^2+(y_1-y_2)^2$ で割れば

$$(x_1-x_2)^2/\|z_1-z_2\|^2 \leq 1, \qquad (y_1-y_2)^2/\|z_1-z_2\|^2 \leq 1$$

だから,

$$\|L(z_1-z_2)-(h(t,z_1)-h(t,z_2))\|^2/\|z_1-z_2\|^2$$
$$\leq \varepsilon_1{}^2+\varepsilon_1{}'^2+\varepsilon_2{}^2+\varepsilon_2{}'^2+|\varepsilon_1\varepsilon_2+\varepsilon_1{}'\varepsilon_2{}'| \to 0,$$

これで (3.26) が証明されたことになる.

よく証明をみると,ここまでは f,g の t に関する偏微分可能性は用いられていない.f,g が t について偏微分可能で偏導関数が連続であるという仮定を用いるときは,2変数の関数のときにならって,陰関数 φ,ψ は C^1 級になることを示すことができる.t を t_0 の十分近くの点とすれば,$\varphi,\psi,f_x,f_y,g_x,g_y$ の連続性と (3.23) により $(f_xg_y-f_yg_x)(t,\varphi(t),\psi(t))\neq 0$.3変数の平均値の定理(定理 3.3 の注意)により

$$f(t+h,\varphi(t+h),\psi(t+h))-f(t,\varphi(t),\psi(t))$$
$$=f_t(\xi,\eta,\rho)h+f_x(\xi,\eta,\rho)(\varphi(t+h)-\varphi(t))$$
$$\quad +f_y(\xi,\eta,\rho)(\psi(t+h)-\psi(t)),$$

ここで,ξ,η,ρ はそれぞれ t と $t+h, \varphi(t)$ と $\varphi(t+h), \psi(t)$ と $\psi(t+h)$ の間の数である.この左辺は 0 だから $h\neq 0$ のとき

(3.27) $\quad f_x(\xi,\eta,\rho)(\varphi(t+h)-\varphi(t))/h$
$$\quad +f_y(\xi,\eta,\rho)(\psi(t+h)-\psi(t))/h = -f_t(\xi,\eta,\rho),$$

同様にして

(3.28) $\quad g_x(\xi', \eta', \rho')(\varphi(t+h)-\varphi(t))/h$
$\quad\quad\quad +g_y(\xi', \eta', \rho')(\psi(t+h)-\psi(t))/h=-g_t(\xi', \eta', \rho')$

で，ξ', η', ρ' はそれぞれ t と $t+h$，$\varphi(t)$ と $\varphi(t+h)$，$\psi(t)$ と $\psi(t+h)$ の間の数である．φ, ψ が連続だから $h\to 0$ のとき，$\xi, \xi'\to t$，$\eta, \eta'\to \varphi(t)$，$\rho, \rho'\to \psi(t)$，よって (3.23) と f_x, f_y, g_x, g_y の連続性により，h が十分小さいとき

$$f_x(\xi, \eta, \rho)g_y(\xi', \eta', \rho')-f_y(\xi, \eta, \rho)g_x(\xi', \eta', \rho')\neq 0$$

が成り立つ．よって (3.27)，(3.28) を解いて

$$\frac{\varphi(t+h)-\varphi(t)}{h}=-\frac{f_t(\xi, \eta, \rho)g_y(\xi', \eta', \rho')-f_y(\xi, \eta, \rho)g_t(\xi', \eta', \rho')}{f_x(\xi, \eta, \rho)g_y(\xi', \eta', \rho')-f_y(\xi, \eta, \rho)g_x(\xi', \eta', \rho')},$$

$$\frac{\psi(t+h)-\psi(t)}{h}=-\frac{f_x(\xi, \eta, \rho)g_t(\xi', \eta', \rho')-f_t(\xi, \eta, \rho)g_x(\xi', \eta', \rho')}{f_x(\xi, \eta, \rho)g_y(\xi', \eta', \rho')-f_y(\xi, \eta, \rho)g_x(\xi', \eta', \rho')},$$

ここで，$h\to 0$ としてみれば

(3.29) $\quad\begin{cases} \varphi'(t)=-\dfrac{f_t g_y - f_y g_t}{f_x g_y - f_y g_x}(t, \varphi(t), \psi(t)), \\ \psi'(t)=-\dfrac{f_x g_t - f_t g_x}{f_x g_y - f_y g_x}(t, \varphi(t), \psi(t)) \end{cases}$

が得られる．

　上の定理において t を実変数でなく，たとえば $\boldsymbol{R}^2$ の中のある近傍を動く変数としても，証明の本質は変らない．$\boldsymbol{R}^p$ ばかりでなく，もっと一般に距離空間で置換えることも適当な条件のもとではできるのである．しかし，陰関数の微分可能性に関する性質を問題にするためには，$\boldsymbol{R}^p$ の中の近傍ぐらいには制限しておかねばならない．また，2 変数の関数で示したように，この定理はつぎの逆写像についての存在定理を含む．

定理 3.8 点 (x_0, y_0) の近傍で C^1 級の関数

$$u=f(x, y), \quad v=g(x, y)$$

が

$$f_x(x_0, y_0)g_y(x_0, y_0)-f_y(x_0, y_0)g_x(x_0, y_0)\neq 0$$

をみたすならば，$(u_0, v_0)=(f(x_0, y_0), g(x_0, y_0))$ のある近傍で定義された C^1 級の関数

3.3 陰関数，逆関数

$$x = \varphi(u, v), \qquad y = \psi(u, v)$$

があって

$$x_0 = \varphi(u_0, v_0), \qquad y_0 = \psi(u_0, v_0),$$
$$u = f(\varphi(u, v), \psi(u, v)), \qquad v = g(\varphi(u, v), \psi(u, v))$$

を成り立たせる．このような φ, ψ はひととおりである．

　証明は $F(u, v, x, y) = u - f(x, y)$, $G(u, v, x, y) = v - g(x, y)$ とおいて定理3.7 (t を (u, v) と考えた場合)を適用すればよい．なおこのとき偏導関数は

$$\varphi_u = g_y/\Delta, \qquad \varphi_v = -f_y/\Delta, \qquad \psi_u = -g_x/\Delta, \qquad \psi_v = f_x/\Delta,$$

ただし，$\Delta = f_x g_y - f_y g_x$ とする．

問 2 以上のことを詳しく証明せよ．

$u = f(x, y)$, $v = g(x, y)$ が C^1 級のとき

$$\begin{pmatrix} f_x & f_y \\ g_x & g_y \end{pmatrix}$$

を f, g または u, v の x, y に関する**関数行列**またはヤコビ(Jacobi)**行列**といい，関数

$$f_x g_y - f_y g_x$$

を**関数行列式**，**ヤコビ行列式**または**ヤコビアン**(Jacobian)といって

$$\mathrm{Det}\begin{pmatrix} f_x & f_y \\ g_x & g_y \end{pmatrix}, \quad \begin{vmatrix} f_x & f_y \\ g_x & g_y \end{vmatrix}, \quad \frac{\partial(f, g)}{\partial(x, y)}, \quad \frac{\partial(u, v)}{\partial(x, y)}, \quad \partial(f, g)/\partial(x, y)$$

などと書く．これはこの (x, y) における値

$$\mathrm{Det}\begin{pmatrix} f_x(x, y) & f_y(x, y) \\ g_x(x, y) & g_y(x, y) \end{pmatrix} = \begin{vmatrix} f_x(x, y) & f_y(x, y) \\ g_x(x, g) & g_y(x, y) \end{vmatrix}$$
$$= (f_x g_y - f_y g_x)(x, y)$$

によって表わすこともあり，(x, y) における値を

$$\left.\frac{\partial(f, y)}{\partial(x, y)}\right|_{(x, y)}, \quad \left.\frac{\partial(u, v)}{\partial(x, y)}\right|_{(x, y)}$$

とも書く．

　定理 3.8 からつぎの系が導かれる．

系 $D \subset \boldsymbol{R}^2$ は開集合，$f(x, y), g(x, y)$ は D で C^1 級であってヤコビアン

$\partial(f,g)/\partial(x,y)$ が 0 にならないならば，任意の開集合 $U \subset D$ の像 $\{(f(x,y), g(x,y)) : (x,y) \in U\}$ は開集合になる．

問 3 これを証明せよ．

注意 $D \subset \mathbf{R}^2$ は開集合で，$T: D \to \mathbf{R}^2$ は $T(x,y) = (f(x,y), g(x,y))$, f, g は C^1 級の関数であるとき，T は C^1 級の写像であるという．このとき f, g の x, y に関するヤコビアン $f_x g_y - f_y g_x$ を T のヤコビアンともいい J_T とも書く． D 上でヤコビアンが 0 にならないとき $(x_0, y_0) \in D$ とすると，定理 3.8 により $T(x_0, y_0)$ のある近傍 U で C^1 級の写像 $S: U \to D$ があって，$(u,v) \in U$ のとき $T \circ S(u,v) = (u,v)$, $S \circ T(x_0, y_0) = (x_0, y_0)$ となり，S のヤコビアンは $1/(f_x g_y - f_y g_x)$ となる．これは 0 にならないから上の系により，U の S による像は (x_0, y_0) を含む開集合である．これを V とする．$T: V \to U$ は全単射となり $(x,y) \in V$ に対して $S \circ T(x,y) = (x,y)$ となる．S は $T: V \to U$ の逆写像である．

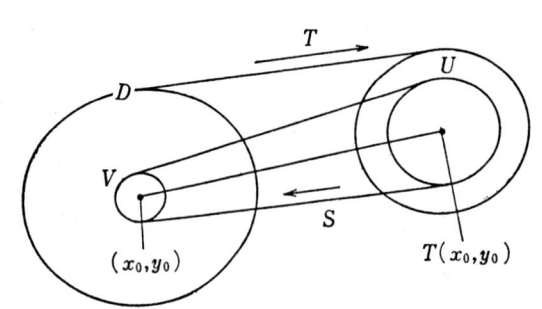

例 2 平面における極座標変換
$$x = r\cos\theta, \qquad y = r\sin\theta$$
において，x, y の r, θ に関するヤコビアンは
$$\Delta = \begin{vmatrix} \dfrac{\partial x}{\partial r} & \dfrac{\partial x}{\partial \theta} \\ \dfrac{\partial y}{\partial r} & \dfrac{\partial y}{\partial \theta} \end{vmatrix} = \begin{vmatrix} \cos\theta & -r\sin\theta \\ \sin\theta & r\cos\theta \end{vmatrix} = r\cos^2\theta + r\sin^2\theta = r$$
となる．よって，$r \neq 0$ のときヤコビアンは 0 にならない．$r \neq 0$ である各点 (r, θ) の近傍では逆写像が一意に定まり

$$\frac{\partial r}{\partial x} = \frac{\dfrac{\partial y}{\partial \theta}}{\Delta} = \frac{r\cos\theta}{r} = \cos\theta = \frac{x}{\sqrt{x^2+y^2}},$$

$$\frac{\partial r}{\partial y} = \frac{-\dfrac{\partial x}{\partial \theta}}{\Delta} = \frac{r\sin\theta}{r} = \sin\theta = \frac{y}{\sqrt{x^2+y^2}},$$

$$\frac{\partial \theta}{\partial x} = \frac{-\dfrac{\partial y}{\partial r}}{\Delta} = \frac{-\sin\theta}{r} = \frac{-y}{x^2+y^2},$$

$$\frac{\partial \theta}{\partial y} = \frac{\dfrac{\partial x}{\partial r}}{\Delta} = \frac{\cos\theta}{r} = \frac{x}{x^2+y^2}.$$

$(r,\theta) \mapsto (r\cos\theta, r\sin\theta)$ を $(0,\infty)\times(\theta_0,\theta_0+2\pi)$ $\to \boldsymbol{R}^2 \smallsetminus \{(r\cos\theta_0, r\sin\theta_0) : r \geqq 0\}$ の写像と見れば,全体での逆写像が定まり C^1 級となる.

例 3 $u^2+v^2+x^2+y^2=a, \quad uv+xy=b$
によって定められる陰関数 $x=\varphi(u,v)$, $y=\psi(u,v)$ の偏導関数を求めてみよう.

$$f(u,v,x,y) = u^2+v^2+x^2+y^2-a,$$
$$g(u,v,x,y) = uv+xy-b$$

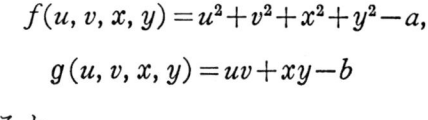

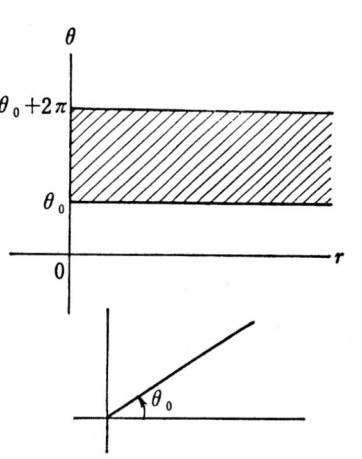

とすると,

$$(f_x g_y - f_y g_x)(u,v,x,y) = 2xx - 2yy = 2(x^2-y^2),$$
$$(f_u g_y - f_y g_u)(u,v,x,y) = 2ux - 2yv = 2(ux-vy),$$
$$(f_x g_u - f_u g_x)(u,v,x,y) = 2xv - 2uy = 2(vx-uy),$$

(3.29) によって $x^2-y^2 \neq 0$ のとき

$$\varphi_u(u,v) = -\frac{ux-vy}{x^2-y^2}, \qquad \varphi_v(u,v) = -\frac{vx-uy}{x^2-y^2},$$
$$\psi_u(u,v) = -\frac{vx-uy}{x^2-y^2}, \qquad \psi_v(u,v) = -\frac{ux-vy}{x^2-y^2}.$$

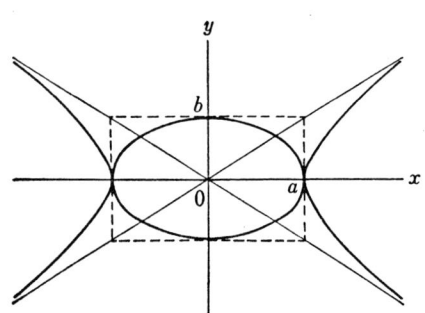

例 4 楕円または双曲線

(3.30) $\quad \dfrac{x^2}{a^2} \pm \dfrac{y^2}{b^2} = 1 \qquad (a,b>0)$

について調べてみる.

$$f(x,y) = \frac{x^2}{a^2} \pm \frac{y^2}{b^2} - 1$$

とおくと

$$f_y(x,y) = \pm \frac{2}{b^2} y$$

だから (3.30) 上の点 (x_0, y_0) $(y_0 \neq 0)$ の近傍で C^1 級の陰関数 g が定まる.

$$f(x, g(x)) = \frac{x^2}{a^2} \pm \frac{(g(x))^2}{b^2} - 1 = 0$$

だからこれを x で微分して

$$\frac{2x}{a^2} \pm \frac{2g(x)}{b^2} g'(x) = 0,$$

よって，

$$g'(x) = \mp \frac{b^2}{a^2} \frac{x}{g(x)}.$$

したがって，(3.30) 上の点 (x_0, y_0) $(y_0 \neq 0)$ を通る (3.30) の接線は

$$y - y_0 = \mp \frac{b^2}{a^2} \frac{x_0}{g(x_0)} (x - x_0),$$

これから

$$\frac{y_0 y}{b^2} - \frac{y_0^2}{b^2} = \mp \frac{x_0 x}{a^2} \pm \frac{x_0^2}{a^2},$$

また $x_0^2/a^2 \pm y_0^2/b^2 = 1$ であるから $x_0 x/a^2 \pm y_0 y/b^2 = 1$ が得られる．（この式は $y_0 = 0$ のときにも (x_0, y_0) を通る (3.30) の接線となっている．）

問 4 $T: \boldsymbol{R}^2 \to \boldsymbol{R}^2$ を $T(x, y) = (e^x \cos y, e^x \sin y)$ とするとき，T は各点の近傍で逆をもつことを示せ．

問 5 $T: \boldsymbol{R}^2 \to \boldsymbol{R}^2$ を $T(x, y) = (x^2 - y^2, 2xy)$ とするとき，T の逆写像について調べよ．

3.4 関数関係，極大極小

$U \subset \boldsymbol{R}^2$ は開集合，$g_j: U \to \boldsymbol{R}$ $(j = 1, 2, \cdots, n)$ は C^1 級とする．$A \subset U$ で，$g_1(A) \times \cdots \times g_n(A)$ を含む $\boldsymbol{R}^n$ の開集合 D で定義された C^1 級の関数 F があって，$\{y : F(y) = 0\}$ には内点がなく

$$x \in A \quad \text{のとき} \quad F(g_1(x), \cdots, g_n(x)) = 0$$

が成り立つならば，F は A で $g_1, \cdots, g_n$ の間の (C^1 級) 関数関係を与えるといい，$g_1, \cdots, g_n$ は A で (C^1 級) 関数的に従属である，あるいは (C^1 級) 関数関係があるといわれる．このような F がないとき，$g_1, \cdots, g_n$ は A で (C^1 級) 関数的に独立である，あるいは (C^1 級) 関数関係がないという．

たとえば，$\mathbf{R}^3$ で $g_1(x,y,z)=x+y+z$, $g_2(x,y,z)=xy+yz+zx$, $g_3(x,y,z)=x^2+y^2+z^2$ とすれば，

$$(g_1(x,y,z))^2-2g_2(x,y,z)-g_3(x,y,z)$$
$$=(x+y+z)^2-2(xy+yz+zx)-(x^2+y^2+z^2)=0$$

だから，g_1, g_2, g_3 は $\mathbf{R}^3$ で関数関係があり，

$$F(u,v,w)=u^2-2v-w$$

が，$\mathbf{R}^3$ で g_1, g_2, g_3 の関数関係を与える．

定理 3.9 $f(x,y), g(x,y)$ は開集合 $U\subset\mathbf{R}^2$ 上の C^1 級の関数であるとする．f, g が U で (C^1 級) 関数関係があれば，U でヤコビアンは 0 となる:

(3.31) $$\frac{\partial(f,g)}{\partial(x,y)}=0.$$

逆に f_x, f_y, g_x, g_y のうちの少なくとも一つが点 $(x_0, y_0)\in U$ で 0 にならないとき U で (3.31) が成り立つならば，f, g は (x_0, y_0) のある近傍で (C^1 級) 関数関係がある．

証明 f, g が U で C^1 級関数関係があれば，$\exists D\subset\mathbf{R}^2$, 開集合, $f(U)\times g(U)\subset D$, $\exists F: D\to\mathbf{R}$, C^1 級, $\{(u,v): F(u,v)=0\}$ は内点をもたない，

$$(x,y)\in U \Rightarrow F(f(x,y), g(x,y))=0.$$

もしも $(x_0, y_0)\in U$ で $\left.\dfrac{\partial(f,g)}{\partial(x,y)}\right|_{(x_0,y_0)}\neq 0$ ならば，(x_0, y_0) のある近傍 $V\subset U$ で $\partial(f,g)/\partial(x,y)$ は 0 とならないから，定理 3.8 の系により (f, g) による V の像は開集合で，その F による像は $\{0\}$ となり，F の条件に反する．$(x_0, y_0)\in U$ は任意であるから U で $\partial(f,g)/\partial(x,y)=0$ となる．（ここで F が C^1 級という仮定は使っていないことを注意しよう．）

逆に $(x_0, y_0)\in U$, $f_x(x_0, y_0)\neq 0$, U で (3.31) が成り立つとする．（こう仮定しても一般性は失われない．）

$$u_0=f(x_0, y_0), \quad F(x, y, u)=f(x, y)-u$$

とすると，

$$F(x_0, y_0, u_0)=0, \quad F_x(x_0, y_0, u_0)=f_x(x_0, y_0)\neq 0$$

だから陰関数定理 (定理 3.6 注意 3) によって，(y_0, u_0) の近傍 V と C^1 級の

関数 $\varphi: V \to \boldsymbol{R}$ が一つだけあって
$$F(\varphi(y,u), y, u) = 0, \qquad \varphi(y_0, u_0) = x_0$$
となる．定理 3.6 の証明の中で注意したように，(x, y, u) が (x_0, y_0, u_0) の十分近くにあって $F(x, y, u) = 0$ ならば $x = \varphi(y, u)$ となる．したがって，(x, y) が (x_0, y_0) の十分近くにあるとき，$f(x, y)$ の値も u_0 の十分近くにあって $F(x, y, f(x, y)) = 0$ だから，$\varphi(y, f(x, y)) = x$ となる．また，
$$\varphi_y(y, u) = -F_y(\varphi(y, u), y, u)/F_x(\varphi(y, u), y, u)$$
$$= -f_y(\varphi(y, u), y)/f_x(\varphi(y, u), y)$$
であるから
$$G(y, u) = g(\varphi(y, u), y)$$
とおくと，(x_0, y_0) の十分近くで
$$G(y, f(x, y)) = g(\varphi(y, f(x, y)), y) = g(x, y).$$
また，
$$G_y(y, u) = g_x(\varphi(y, u), y)\varphi_y(y, u) + g_y(\varphi(y, u), y)$$
$$= \frac{\partial(f, g)}{\partial(x, y)}\bigg|_{(\varphi(y,u),y)} / f_x(\varphi(y, u), y) = 0,$$
よって，G は y を含まないから $G(y, u) = G(u)$ として
$$H(u, v) = v - G(u)$$
とする．H は C^1 級であって (x_0, y_0) のある近傍で
$$H(f(x, y), g(x, y)) = g(x, y) - G(f(x, y))$$
$$= g(x, y) - G(y, f(x, y)) = 0,$$
また H の形から明らかに $\{(u, v): H(u, v) = 0\}$ は内点をもたない．よって，H は f, g の間の関数関係を与える．

たとえば，$f(x, y) = x^2 - y^2, g(x, y) = 2xy$ は $\boldsymbol{R}^2$ のどんな開集合でも関数関係がない．なぜならば，
$$\frac{\partial(f, g)}{\partial(x, y)} = \begin{vmatrix} 2x & -2y \\ 2y & 2x \end{vmatrix} = 4(x^2 + y^2)$$
は原点 $(0, 0)$ においてだけ 0 となり，したがってどんな開集合でもそのすべての点で 0 となることはないからである．

1変数の場合の極大，極小の定義は，2変数，3変数の場合，あるいはさらに一般の距離空間上の関数についてもそのままあてはまる．すなわち S を距離空間とするとき，$x_0 \in S$ のある近傍 $U(x_0)$ で実数値関数 f が定義されていて
$$x \in U(x_0) \Rightarrow f(x) \leq f(x_0)$$
のとき，f は x_0 で**極大値**（$f(x_0)$）をとる，あるいは**極大**になるという．また，とくに
$$x \in U^*(x_0) \Rightarrow f(x) < f(x_0)$$
のとき**強い意味の極大**という．不等号の向きを反対にして**極小**，**強い意味の極小**の定義とする．x_0 で f が極大または極小となるとき，f は x_0 で**極値**をとるという．

いま，2変数の関数 $f(x, y)$ が (x_0, y_0) で極大になるとする．すなわち，(x_0, y_0) の近傍 $U(x_0, y_0)$ で f が定義されていて
$$(x, y) \in U(x_0, y_0) \Rightarrow f(x, y) \leq f(x_0, y_0).$$
このとき，$\exists \delta > 0 : x_0 - \delta < x < x_0 + \delta \Rightarrow (x, y_0) \in U(x_0, y_0)$，よって $f(x, y_0) \leq f(x_0, y_0)$，したがって $x \mapsto f(x, y_0)$ は x_0 で極大となる関数である．よって，$f_x(x_0, y_0)$ が存在するときは定理 2.7 により $f_x(x_0, y_0) = 0$．同様に，$f_y(x_0, y_0)$ が存在すれば $f_y(x_0, y_0) = 0$ となる．極小についても同様である．よって，つぎの定理が得られる．

定理 3.10 $f(x, y)$ が (x_0, y_0) で偏微分係数があって，極大または極小となるとき，

(3.32) $$f_x(x_0, y_0) = f_y(x_0, y_0) = 0$$

となる．変数の数が ≥ 3 の場合についても同様である．

したがって，$f(x, y)$ が開集合 $U \subset \mathbf{R}^2$ で偏微分係数があるとき，極値をとる点を求めるには，(3.32) をみたす点 (x_0, y_0) のなかから探せばよい．

例 1 $f(x, y) = x^2 + y^2$ のときは $f_x(x, y) = 2x, f_y(x, y) = 2y$ だから (3.32) をみたす (x_0, y_0) は $(0, 0)$ に限るが，$f(x, y) \geq 0$，$f(0, 0) = 0$ だから，点 $(0, 0)$ で f は極小になり，他に極値をとる点はない．（これは上の判定法をまつまでもなく明らかであるが．）

例 2 $f(x,y)=x^2-y^2$ のとき $f_x(x,y)=2x, f_y(x,y)=-2y$ だから (3.32) をみたす (x_0,y_0) は $(0,0)$ に限るが, $f(0,0)=0, \varepsilon>0$ とすると $f(\varepsilon,0)=\varepsilon^2>0, f(0,\varepsilon)=-\varepsilon^2<0$ だから f は $(0,0)$ で極大にも極小にもならない. したがって, この f は極値をもたない.

さて, (3.32) が成り立っているとして極値についての判定をするために, まず補題を用意しよう.

補題 $g(x,y)=ax^2+2bxy+cy^2, \Delta=b^2-ac\,(a,b,c\in\mathbf{R})$ とする. このとき,

1) $\Delta<0, a>0, (x,y)\neq(0,0)$ ならば $g(x,y)>0$,
2) $\Delta<0, a<0, (x,y)\neq(0,0)$ ならば $g(x,y)<0$,
3) $\Delta>0$ ならば $g(x,y)$ は正にも負にもなる.

証明 $ag(x,y)=(ax+by)^2+(ac-b^2)y^2=(ax+by)^2-\Delta y^2$ だから $\Delta<0$ のとき $a\neq 0$ であって, $y\neq 0$ でも, $y=0, x\neq 0$ でも $ag(x,y)>0$, よって 1), 2) が成り立つ. $\Delta>0$ のとき, $g(1,0)=a, g(b,-a)=ab^2-2ab^2+ca^2=-a(b^2-ac)=-a\Delta$, よって $a\neq 0$ ならば $g(x,y)$ は正にも負にもなる. $c\neq 0$ のときも同様に g は正にも負にもなる. $a=c=0$ のとき $b\neq 0$ であって, $g(1,1)=2b, g(1,-1)=-2b$ だから, このときも $g(x,y)$ は正にも負にもなり 3) が成り立つ.

定理 3.11 $f(x,y)$ は点 (x_0,y_0) の近傍で C^2 級の関数であって
$$f_x(x_0,y_0)=f_y(x_0,y_0)=0$$
が成り立つとする.
$$\Delta=(f_{xy}{}^2-f_{xx}f_{yy})(x_0,y_0)$$
とおくとき,

1) $\Delta<0, f_{xx}(x_0,y_0)<0$ ならば f は (x_0,y_0) で強い意味で極大となり,
2) $\Delta<0, f_{xx}(x_0,y_0)>0$ ならば f は (x_0,y_0) で強い意味で極小となり,
3) $\Delta>0$ ならば f は (x_0,y_0) で極値をとらない.

証明 テイラーの定理(定理 3.5)により
$$f(x_0+h,y_0+k)-f(x_0,y_0)=f_x(x_0,y_0)h+f_y(x_0,y_0)k$$

$$+\frac{1}{2}(f_{xx}(x_0,y_0)h^2+2f_{xy}(x_0,y_0)hk+f_{yy}(x_0,y_0)k^2)$$
$$+\rho^2\varepsilon(h,k),$$
$$\rho=\sqrt{h^2+k^2},\qquad \varepsilon(h,k)\to 0\qquad (\rho\to 0),$$

仮定によりこの右辺の第1項と第2項は0である.
$$a=f_{xx}(x_0,y_0),\qquad b=f_{xy}(x_0,y_0),\qquad c=f_{yy}(x_0,y_0),$$
$$g(x,y)=\frac{1}{2}(ax^2+2bxy+cy^2)$$

とすると, $\varDelta=b^2-ac$ で

(3.33) $\qquad f(x_0+h,y_0+k)-f(x_0,y_0)=g(h,k)+\rho^2\varepsilon(h,k)$
$$=\rho^2\Bigl(g\Bigl(\frac{h}{\rho},\frac{k}{\rho}\Bigr)+\varepsilon(h,k)\Bigr)$$

となる. g は連続で $C=\{(x,y):x^2+y^2=1\}$ はコンパクトだから, C で g は最大値, 最小値をとる(定理 1.23). 補題により $\varDelta<0,\ a>0$ のとき C で $g(x,y)>0$ だから $m=\min\limits_{x^2+y^2=1}g(x,y)>0$, よって $g(h/\rho,k/\rho)\geqq m$, したがって (h,k) を $(0,0)$ に近くとって $|\varepsilon(h,k)|<m$ とすれば (3.33) は正になる. よって, (x_0,y_0) の*近傍で $f(x,y)>f(x_0,y_0)$ となり 2) が成り立つ. 1) も同様に示される. ($-f$ を考えて 2) を用いてもよい.) $\varDelta>0$ のときは補題により, $\exists (h_1,k_1),(h_2,k_2)\in \boldsymbol{R}^2:g(h_1,k_1)>0,g(h_2,k_2)<0$. いま, $|\varepsilon(h_1/d,k_1/d)|<g(h_1,k_1)/(h_1^2+k_1^2)$ となるように大きい d をとって $(h,k)=(h_1/d,k_1/d)$ とすれば (3.33) で
$$g(h,k)+\rho^2\varepsilon(h,k)=g(h_1/d,k_1/d)+(h_1^2+k_1^2)/d^2\varepsilon(h_1/d,k_1/d)$$
$$=g(h_1,k_1)/d^2+(h_1^2+k_1^2)/d^2\varepsilon(h_1/d,k_1/d)>0$$

したがって, (x_0,y_0) のどんな近傍にも $f(x,y)>f(x_0,y_0)$ を成り立たせる (x,y) がある. 同様に (h_2,k_2) からは (x_0,y_0) のどんな近傍にも $f(x,y)<f(x_0,y_0)$ となる (x,y) があることが示される. よって 3) が成り立つ.

前の例1のとき, $f_{xx}(x,y)=2>0,f_{xy}(x,y)=0,f_{yy}(x,y)=2$ だから $\varDelta=-4<0$, これは定理の 2) の場合である. 例2のとき $f_{xx}(x,y)=2>0,f_{xy}(x,y)=0,f_{yy}(x,y)=-2$ だから $\varDelta=4>0$, これは 3) の場合である.

例 3 $f(x,y) = xy + 1/x + 1/y$ は $(1,1)$ で極小となり，他に極値はないことがつぎのように示される．

$$f_x(x,y) = y - 1/x^2, \qquad f_y(x,y) = x - 1/y^2,$$

$$f_{xx}(x,y) = 2/x^3, \qquad f_{xy}(x,y) = f_{yx}(x,y) = 1, \qquad f_{yy}(x,y) = 2/y^3,$$

定理 3.10 により，f が (x,y) で極値をとれば

$$f_x(x,y) = y - 1/x^2 = 0, \qquad f_y(x,y) = x - 1/y^2 = 0,$$

よって $y = 1/x^2, x = 1/y^2 = x^4$，よって $0 = x^4 - x = x(x^3 - 1) = x(x-1)(x^2 + x + 1) = x(x-1)((x+1/2)^2 + 3/4)$，$x \neq 0$ だから $x = 1, y = 1$ となり $(1,1)$ のほかに極値をとる点はない．

$$f_{xx}(1,1) = 2 > 0, \qquad f_{xy}(1,1) = 1, \qquad f_{yy}(1,1) = 2$$

だから $\Delta = 1^2 - 2 \cdot 2 = -3 < 0$，したがって定理 3.11, 2) により f は $(1,1)$ で強い意味で極小となる．

問 1 $x^2 + xy + y^4$ の極値を求めよ．

つぎに，g が $\boldsymbol{R}^2$ の開集合上の C^1 級の関数であって，その各点で $g_y(x,y) \neq 0$ であるとき，$g(x,y) = 0$ によって定まる C^1 級の陰関数（定理 3.6 参照）$y = \varphi(x)$ が極値をとるための必要条件を求めてみよう．$g(x, \varphi(x)) = 0$ であるからこの両辺を微分して

$$(3.34) \qquad g_x(x, \varphi(x)) + g_y(x, \varphi(x)) \varphi'(x) = 0,$$

φ が x_0 で極値をとるならば $\varphi'(x_0) = 0$ であるから

$$g_x(x_0, \varphi(x_0)) = 0$$

となる．さらに g が C^2 級の関数であるときは定理 3.6 注意 1 によって φ も C^2 級になる．したがって，(3.34) を再び微分すれば

$$g_{xx}(x, \varphi(x)) + 2 g_{xy}(x, \varphi(x)) \varphi'(x) + g_{yy}(x, \varphi(x)) \varphi'(x)^2$$
$$+ g_y(x, \varphi(x)) \varphi''(x) = 0$$

が得られる．$\varphi'(x_0) = 0$ であるから

$$g_{xx}(x_0, \varphi(x_0)) + g_y(x_0, \varphi(x_0)) \varphi''(x_0) = 0,$$

$g_y(x_0, \varphi(x_0)) \neq 0$ だから，

$$\varphi''(x_0) = -\frac{g_{xx}(x_0, \varphi(x_0))}{g_y(x_0, \varphi(x_0))}$$

となり，定理 2.13 によってこれの正負に従い，φ は x_0 で強い意味で極小または極大となる．これらのことを定理の形で述べるとつぎのようになる．

定理 3.12 g は $\boldsymbol{R}^2$ の開集合上の C^1 級の関数であって，その各点で $g_y(x, y) \neq 0$ とする．$g(x, y) = 0$ によって定まる C^1 級の陰関数 $y = \varphi(x)$ が $x = x_0$ で極値 y_0 をとるための必要条件は

(3.35) $$g(x_0, y_0) = 0, \qquad g_x(x_0, y_0) = 0$$

が成り立つことである．さらに，g が C^2 級であって (3.35) をみたし，陰関数 φ が $y_0 = \varphi(x_0)$ をみたせば，

$$g_{xx}(x_0, y_0) g_y(x_0, y_0) > 0 \quad \text{または} \quad < 0$$

に従って φ は x_0 で強い意味で極大または極小になる．

例 4 $f(x, y) = x^2 + y^2 - 2x = 0$ によって定まる陰関数の極値を求めてみよう．

$$f_x(x, y) = 2x - 2, \qquad f_y(x, y) = 2y,$$

$f_y(x, y) = 0$ となるのは $y = 0$ のときだけであるから，$f(x, y) = 0$, $y \neq 0$ をみたす点 (x, y) の近傍で陰関数 $y = g(x)$ が定まる．（詳しくは $f(x_0, y_0) = 0$, $y_0 \neq 0$ のとき x_0 の近傍で $y_0 = g(x_0)$ となる陰関数 $y = g(x)$ が定まるの意．）

$$f_x(x, y) = 2x - 2 = 0 \quad \text{を解いて} \quad x = 1,$$
$$f(1, y) = 1 + y^2 - 2 = 0 \quad \text{を解いて} \quad y = \pm 1.$$

$f_{xx}(x, y) = 2$ だから $f_{xx}(1, 1) f_y(1, 1) = 4 > 0$, $f_{xx}(1, -1) f_y(1, -1) = -4 < 0$. よって，$x = 1$ で一つの陰関数は強い意味の極大値 1 をとり，一つの陰関数は強い意味の極小値 -1 をとる．

$(x_0, y_0) \in S \subset \boldsymbol{R}^2$ とし，$U(x_0, y_0)$ を (x_0, y_0) のある近傍とするとき，f が $U(x_0, y_0) \cap S$ を含む集合で定義されていて，f が $U(x_0, y_0) \cap S$ 上の関数と考えて (x_0, y_0) で極大のとき，すなわち，

$$(x, y) \in U(x_0, y_0) \cap S \Rightarrow f(x, y) \leq f(x_0, y_0)$$

が成り立つとき，f は**集合 S の上で**点 $(\boldsymbol{x_0, y_0})$ **で極大になる**という．S が条件 P をみたす点全体の集合であるとき，**条件 P のもとにおいて** f は $(\boldsymbol{x_0, y_0})$ **で極大になる**という．'S の上で' あるいは '条件 P のもとにおいて' の極小，

極値,強い意味での極値なども同じように定義される.

f, φ は $(x_0, y_0) \in \mathbf{R}^2$ の近傍で C^1 級で $\varphi(x_0, y_0) = 0$, $\varphi_y(x_0, y_0) \neq 0$ とする. 条件 $\varphi(x, y) = 0$ のもとで f が (x_0, y_0) で極値をとるならば, (x_0, y_0) の近傍 $U(x_0, y_0)$ があって

(3.36) $\quad \varphi(x, y) = 0, (x, y) \in U(x_0, y_0) \Rightarrow$
$$f(x, y) \leq f(x_0, y_0) (\text{または } f(x, y) \geq f(x_0, y_0)),$$

となる. 定理 3.6 により x_0 の近傍で C^1 級の関数 $y = g(x)$ があって

$$\varphi(x, g(x)) = 0, \qquad g(x_0) = y_0, \qquad g'(x) = -\varphi_x(x, g(x)) / \varphi_y(x, g(x))$$

となるから,

$$\phi(x) = f(x, g(x))$$

とおくと (3.36) により x_0 の近傍で $\phi(x) \leq \phi(x_0)$ (または $\phi(x) \geq \phi(x_0)$) となり ϕ は x_0 で極値をとる. よって, $\phi'(x_0) = 0$,

$$\phi'(x) = f_x(x, g(x)) + f_y(x, g(x)) g'(x)$$
$$= f_x(x, g(x)) - f_y(x, g(x)) \varphi_x(x, g(x)) / \varphi_y(x, g(x))$$

だから, これに $x = x_0$ を代入したものが 0 となる. よって,

$$\lambda_0 = f_y(x_0, y_0) / \varphi_y(x_0, y_0)$$

とおくと

(3.37) $\quad f_x(x_0, y_0) = \lambda_0 \varphi_x(x_0, y_0), \qquad f_y(x_0, y_0) = \lambda_0 \varphi_y(x_0, y_0)$

となる. この形は x, y について対称であるから $\varphi_y(x_0, y_0) \neq 0$ の代りに $\varphi_x(x_0, y_0) \neq 0$ としてもよい. よって, つぎの定理が得られる.

定理 3.13 f, φ は $(x_0, y_0) \in \mathbf{R}^2$ の近傍で C^1 級であって $\varphi(x_0, y_0) = 0$, $\varphi_x(x_0, y_0), \varphi_y(x_0, y_0)$ の少なくとも一つは 0 でないとする. 条件 $\varphi(x, y) = 0$ のもとで f が (x_0, y_0) で極値をとるならば, (3.37) をみたす λ_0 が存在する.

$$h(x, y, \lambda) = f(x, y) - \lambda \varphi(x, y)$$

とすると

$$h_x(x_0, y_0, \lambda_0) = f_x(x_0, y_0) - \lambda_0 \varphi_x(x_0, y_0) = 0,$$
$$h_y(x_0, y_0, \lambda_0) = f_y(x_0, y_0) - \lambda_0 \varphi_y(x_0, y_0) = 0,$$
$$h_\lambda(x_0, y_0, \lambda_0) = \varphi(x_0, y_0) = 0$$

となる.これは h が (x_0, y_0, λ_0) で極値をとる必要条件であった(定理3.10).
これからつぎのことがわかる.

$D \subset \boldsymbol{R}^2$ が開集合, $f, \varphi : D \to \boldsymbol{R}$ は C^1 級で, $\varphi(x, y) = 0$ となる各 (x, y) で φ の偏微分係数の少なくとも一つが0でないとき,条件 $\varphi(x, y) = 0$ のもとで f が極値をとる点 (x, y) を見つけるには, x, y, λ についての連立方程式

$$\begin{cases} f_x(x, y) = \lambda \varphi_x(x, y), \\ f_y(x, y) = \lambda \varphi_y(x, y), \\ \varphi(x, y) = 0 \end{cases}$$

の解の中から探せばよい.この変数 λ を**ラグランジュ**(Lagrange)**の(未定)乗数**といい,極値を求めるこの方法をラグランジュの(未定)乗数法という.

例5 $\varphi(x, y) = x^2 + y^2 - 1 = 0$ の条件のもとで $f(x, y) = xy$ の最大値,最小値を求めてみよう. f はコンパクトな集合 $\{(x, y) : \varphi(x, y) = 0\}$ 上の連続関数だから最大値,最小値は存在し,これらは条件 $\varphi(x, y) = 0$ のもとでの f の極値のはずである.

$$\varphi_x(x, y) = 2x, \quad \varphi_y(x, y) = 2y, \quad f_x(x, y) = y, \quad f_y(x, y) = x$$

だから

$$y = \lambda 2x, \quad x = \lambda 2y, \quad x^2 + y^2 - 1 = 0$$

を解いて,

$$x = 2^2 \lambda^2 x, \quad x \neq 0 \text{ から } \lambda = \pm 1/2, \quad y = \pm x, \quad x^2 + x^2 = 1,$$
$$x = \pm 1/\sqrt{2}, \quad y = \pm 1/\sqrt{2}, \quad \text{このとき} \quad xy = \pm 1/2,$$

よって最大値は $1/2$, 最小値は $-1/2$ である.

問2 定理3.13は $\boldsymbol{R}^2$ を $\boldsymbol{R}^3$ としても同様のことが成り立つ.このことをたしかめよ.

問3 単位球面 $x^2 + y^2 + z^2 = 1$ 上で $x + y + z$ の最大値,最小値を求めよ.

問4 周が一定の3角形のうち面積の最大なものを求めよ.(3辺を x, y, z, 周を $2s$, 面積を S とすると $S^2 = s(s-x)(s-y)(s-z)$ であることを用いる.)

この章を終るに当って,ノルム空間における写像の微分係数についてふれて

おく．

$x_0 \in \boldsymbol{R}$ の近傍で定義された関数 f が x_0 で微分可能であるとは，定数 a があって，x_0 の近くの x に対し

(3.38) $$f(x)-f(x_0)-a(x-x_0)=\varepsilon(x)$$

とおくと

$$\lim_{x \to x_0}\frac{\varepsilon(x)}{x-x_0}=0$$

が成り立つことであった．この a が $f'(x_0)$ である．(3.38) の $a(x-x_0)$ は $x-x_0$ に比例する部分であり，いいかえれば $\boldsymbol{R} \to \boldsymbol{R}$ の線形写像である．このことに注意すると，上の'定数 a があって…'の代りに'線形写像 $L: \boldsymbol{R} \to \boldsymbol{R}$ があって

$$f(x)-f(x_0)-L(x-x_0)=\varepsilon(x)$$

…'という形に述べられる．

微分可能性をこの形に定式化しておく利点の一つは，数値関数ばかりでなく，一般の写像についても拡張が自然にいくことにある．このことからも，定義の述べかたや，用いられる記号というものが予想外に重大な意義をもつものであるということを知るべきであろう．

f が $(x_0, y_0) \in \boldsymbol{R}^2$ の近傍で定義された関数であるとき，f が (x_0, y_0) で微分可能であるとは，$\exists A, B \in \boldsymbol{R}$:

(3.39) $$f(x,y)-f(x_0,y_0)-A(x-x_0)-B(y-y_0)=\varepsilon(x,y),$$

$$\frac{\varepsilon(x,y)}{\|(x,y)-(x_0,y_0)\|} \to 0, \quad (\|(x,y)-(x_0,y_0)\|=\|(x-x_0, y-y_0)\|$$
$$=\sqrt{(x-x_0)^2+(y-y_0)^2} \to 0)$$

であるが，$\boldsymbol{R}^2 \to \boldsymbol{R}$ の線形写像

$$L: (h,k) \mapsto Ah+Bk$$

をとれば，(3.38) は

$$f(x,y)-f(x_0,y_0)-L(x-x_0, y-y_0)=\varepsilon(x,y)$$

と書換えられる．

E, E_1 はノルム空間，$U \subset E_1$ は開集合，$f: U \to E$ とする．f が $x \in U$ で

3.4 関数関係, 極大極小

微分可能であるとは, 連続線形写像

$$L: E_1 \to E$$

があって

(3.40) $$f(x+h) - f(x) - Lh = \alpha(h)$$

とおくと

$$\frac{\alpha(h)}{\|h\|} \to 0 \qquad (h \to 0)$$

が成り立つことである. このときの L を f の x における**微分係数**といい

$$f'(x), \quad Df(x)$$

と書くのである. ここでいう微分係数とは単なる数値ではなくて写像(線形)であることに注意しよう.

すでに述べたようにこの定義で $E_1 = E = \boldsymbol{R}$ のときは, 比例定数が $f'(x)$ であるような線形写像 $\boldsymbol{R} \to \boldsymbol{R}$ になるのであった.

§3.1 で微分可能性は2変数の関数についてしか述べなかったが, この定義によれば, もちろん3変数, n 変数について定義されたわけである.

つぎの性質は定義から容易に導かれる.

1) f が x で微分可能のとき, f の x における微分係数は一意に定まる.
2) f が x で微分可能ならば連続である.
3) $f: E_1 \to E$ が連続な線形写像ならば, 各 $x \in E_1$ で $f'(x) = f$ となる.
4) f が定値 $f(x) = y_0 \in E$ ならば $f'(x) = 0$ (各 $x \in E_1$ に $0 \in E$ を対応させる線形写像).
5) $f, g: U \to E$ が $x \in U$ で微分可能, $\lambda \in \boldsymbol{R}$ ならば $f+g, \lambda f$ は x で微分可能で $(f+g)'(x) = f'(x) + g'(x), (\lambda f)'(x) = \lambda f'(x)$.

また, 合成写像の微分についても実関数と同様の定理が成り立つ.

実数値関数の場合に重要な役割を果した平均値の定理は, この場合には成り立たない. たとえば, $f: [a, b] \to \boldsymbol{R}^2$ が各点で微分可能でも

$$\frac{f(b) - f(a)}{b - a} = f'(x), \qquad a \leq x \leq b$$

をみたす x は存在するとは限らない. 実際, $f: \boldsymbol{R} \to \boldsymbol{R}^2$ を

$$f(x) = (x(x-1), x^2(x-1))$$

とすると，

$$f'(x) = (2x-1, 3x^2-2x), \qquad f(0) = f(1) = (0,0) = 0$$

であるが，$f'(x)$ の第1座標が0となるのは $x=1/2$，第2座標が0となるのは $x=0, 2/3$ であって，$f'(x)=0$ となる x は存在しない．

けれども，平均値の定理から導かれる

$$[a,b] \text{ で } \|f'(x)\| \leq M \Rightarrow \|f(b)-f(a)\| \leq M|b-a|$$

に相当する定理は一般の場合にも成り立つのである．

f が U で微分可能，すなわち U の各点で微分可能のとき，$x \in U$ に $f'(x)$ を対応させる写像 f' を f の導関数という．E_1 から E への連続線形写像全体から成る集合を $L(E_1, E)$ とするとき，$f': U \to L(E_1, E)$ となる．$L(E_1, E)$ はノルム空間となるのであって，f' が連続のとき f は C^1 級であるという．また，f' が U で微分可能のとき，

$$f'' = (f')' : U \to L(E_1, L(E_1, E))$$

が定まり，$f''', f^{(n)}$ についても同様に定義ができるのである．陰関数，逆関数の存在なども，この一般の場合にも，縮小写像の原理を用いて証明することができる(たとえば Lang: Analysis I 参照)．

4. 積分法(1変数の関数)

4.1 積 分 法

区間で定義された連続関数には原始関数がある．このことは，すでに§2.3 (定理 2.21)で証明してある．有限閉区間 $[a,b]$ で連続な関数 f の原始関数を F とすると，すべての $x\in[a,b]$ に対して $F'(x)=f(x)$ であるから，平均値の定理によって

$$(\forall a',b': a\leqq a'<b'\leqq b),$$
$$\exists c: F(b')-F(a')=(b'-a')f(c), \quad a'<c<b'.$$

いま，区間 $[a,b]$ を分点 $P=\{x_j\}, (a=x_0<x_1<x_2<\cdots<x_n=b)$ で n 個の小区間 $I_j=[x_{j-1},x_j]$ $(j=1,\cdots,n)$ に分けて，このおのおのを上の $[a',b']$ と見れば

$$\exists c_j: F(x_j)-F(x_{j-1})=(x_j-x_{j-1})f(c_j), \quad x_{j-1}<c_j<x_j \quad (j=1,2,\cdots,n)$$

となる．一方，任意の $\xi_j\in I_j$ をとってつぎのような和をつくる．

$$S=\sum_{j=1}^{n} f(\xi_j)(x_j-x_{j-1}).$$

S は分点 P のとりかたと，分点でできる小区間のおのおのの中からとる ξ_j の選びかたによってきまる．そこで

$$\sum_{j=1}^{n}(F(x_j)-F(x_{j-1}))=F(b)-F(a)$$

に注意すると

$$(4.1) \quad F(b)-F(a)-S=\sum_{j=1}^{n}(F(x_j)-F(x_{j-1}))-\sum_{j=1}^{n}f(\xi_j)(x_j-x_{j-1})$$

$$=\sum_{j=1}^{n}(x_j-x_{j-1})(f(c_j)-f(\xi_j))$$

が成り立ち，f が $[a,b]$ で一様に連続なこと(定理 1.11)：

$$\forall\varepsilon>0, \exists\delta>0: |c-\xi|<\delta \Rightarrow |f(c)-f(\xi)|<\varepsilon$$

から，分割の小区間の最大幅 $\delta(P)=\max_{1\leqq j\leqq n}(x_j-x_{j-1})$ を δ より小さくとれば

(4.1) により

$$|F(b)-F(a)-S| \leq \sum_{j=1}^{n}(x_j-x_{j-1})|f(c_j)-f(\xi_j)| < \varepsilon \sum_{j=1}^{n}(x_j-x_{j-1})$$
$$=\varepsilon(b-a)$$

となる．いいかえると $F(b)-F(a)$ は和 S によっていくらでも近似できる．すなわち，S は分割のしかたやそれぞれの ξ_j の選びかたに無関係に，分割の幅 $\delta(P)$ さえ小さくしていけば，一定の値——原始関数の区間の両端における値の差 $F(b)-F(a)$ ——に近づくことが証明されたのである．S が $F(b)-F(a)$ に近づくことを極限の記号を用いて

$$\lim_{\delta(P)\to 0} S = F(b)-F(a)$$

と書く．F, G が f の原始関数であるとき，$F(b)-F(a)$ も $G(b)-G(a)$ も同じ和で近似されるから $F(b)-F(a)=G(b)-G(a)$ となる．これはまた原始関数は定数の差を除いて一意であることからもわかる．上の意味の極限値を

$$\int_a^b f(x)dx \quad \text{または略して} \quad \int_a^b f$$

と書いて，f の区間 $[a,b]$ における**定積分**または**積分**といい，a を積分区間の下端（左端），b を上端（右端）という．

このことにつぎのような幾何学的意味を与えることができる．和 S は，$f(\xi_j)>0$ なら左図の斜線の部分の面積，$f(\xi_j)<0$ なら左図の斜線部分の面積に $-$（マイナス）をつけたもの，それらの和である．よって $f(x)\geq 0$ のとき $\int_a^b f(x)dx$ は $\{(x,y): a\leq x\leq b, 0\leq y\leq f(x)\}$ の面積と考えられる．（面積について詳しくは §6.1 で述べる．）

定積分 $\int_a^b f(x)dx$ は f, a, b で定まる．よって，これを $\int_a^b f(t)dt$ と書いても同じことである．$a<x\leq b$ のとき，

$$(4.2) \qquad \int_a^x f(t)\,dt = F(x) - F(a)$$

である. $\int_a^a f(t)\,dt = 0$ とすると，$a=x$ のときも (4.2) は成り立つ．よって，

$$(4.3) \qquad \frac{d}{dx}\int_a^x f(t)\,dt = \frac{d}{dx}(F(x)-F(a)) = f(x),$$

また，

$$\frac{d}{dx}\int_x^b f(t)\,dt = \frac{d}{dx}(F(b)-F(x)) = -f(x)$$

となる．

積分を積分区間の上端の関数と考えるとき，すなわち，関数

$$x \longmapsto \int_a^x f(t)\,dt$$

を f の**不定積分**という．これは (4.3) により f の原始関数の一つである．また，f の任意の原始関数を表わす記号として

$$\int f(x)\,dx \quad \text{または} \quad \int f$$

を用い，これを f の不定積分ともいう(§2.3)．不定積分という用語は，この両方に用いられる．$\int_a^x f(t)\,dt$ は $\int_a^x f(x)\,dx$ と書いても同じである．

リーマン(Riemann)は関数が連続でないばあいにもあてはまるような積分の定義を与えた．すなわち，区間 $[a,b]$ で有界な関数 f に対してつくった，さきのような和 S が，分割のしかたや点のとりかたによらず，分割の幅さえ小さくしていけば一定の値に近づくときに，f は $[a,b]$ で積分可能であるといったのである．よって，連続な関数は彼の意味で積分可能であるが，連続でなくてもたとえば単調であれば積分可能であることが示される．そればかりでなくいっそう詳しい理論も展開できるが，われわれはこれにはこれ以上深入りしない(リーマン積分については 三村征雄：「微分積分学」(岩波書店)参照).

例 1 区間 $[0,1]$ で f は連続であるとする．$[0,1]$ を n 等分すると

$$\left[0, \frac{1}{n}\right], \left[\frac{1}{n}, \frac{2}{n}\right], \cdots, \left[\frac{n-1}{n}, \frac{n}{n}\right],$$

$$\lim_{n\to\infty}\sum_{j=1}^n \frac{1}{n}f\left(\frac{j}{n}\right)=\lim_{n\to\infty}\frac{f\left(\frac{1}{n}\right)+f\left(\frac{2}{n}\right)+\cdots+f\left(\frac{n}{n}\right)}{n}=\int_0^1 f(x)\,dx.$$

分割した区間の幅さえ小さくしていけば，分割のしかた，区間の中の点のとりかたによらないのだから，その一つの方法として，区間を n 等分し，点を右端にとって，$n\to\infty$ とした極限をとることができるのである．もちろん，点を左端にとってもよい．

たとえば，$f(x)=\sqrt{x}$ とすると

$$\lim_{n\to\infty}\frac{1}{n}\left(\sqrt{\frac{1}{n}}+\sqrt{\frac{2}{n}}+\cdots+\sqrt{\frac{n}{n}}\right)=\int_0^1\sqrt{x}\,dx=\left[\frac{2}{3}x^{3/2}\right]_0^1=\frac{2}{3},$$

ここで記号 $[F(x)]_a^b$ は $F(b)-F(a)$ を表わすものである．

例 2 $[a,b]$ で定数 1 の関数の積分は和の極限によれば $[a,b]$ の分点を $\{x_j\}$ とするとき

$$\int_a^b 1\,dx=\lim\sum_{j=1}^n(x_j-x_{j-1})=\lim(b-a)=b-a.$$

また，$[a,b]$ 上の関数 x の積分は

$$\int_a^b x\,dx=\lim\sum x_{j-1}(x_j-x_{j-1})=\lim\sum x_j(x_j-x_{j-1}),$$

$$\sum x_{j-1}(x_j-x_{j-1})+\sum x_j(x_j-x_{j-1})$$
$$=x_0(x_1-x_0)+x_1(x_2-x_1)+\cdots+x_{n-1}(x_n-x_{n-1})$$
$$\quad+x_1(x_1-x_0)+x_2(x_2-x_1)+\cdots+x_n(x_n-x_{n-1})$$
$$=-x_0^2+x_n^2=b^2-a^2,$$

よって，

$$\int_a^b x\,dx=\frac{b^2-a^2}{2}.$$

これらは原始関数のほうから，$x'=1,\ (x^2/2)'=x$ だから

$$\int_a^b 1\,dx=[x]_a^b=b-a,\qquad \int_a^b x\,dx=\left[\frac{x^2}{2}\right]_a^b=\frac{1}{2}(b^2-a^2)$$

としても得られる．

定積分の性質は原始関数を用いると，導関数の性質に帰せられる．

(I) f, g を $[a, b]$ で連続な関数であるとし，$\alpha, \beta \in \mathbf{R}$ とすると

(4.4) $\quad \int_a^b (\alpha f + \beta g)(x) dx = \alpha \int_a^b f(x) dx + \beta \int_a^b g(x) dx \quad$ (線形性).

証明 f, g の原始関数をそれぞれ F, G とすれば
$$(\alpha F + \beta G)' = \alpha F' + \beta G' = \alpha f + \beta g,$$
よって，
$$\int_a^b (\alpha f + \beta g)(x) dx = [(\alpha F + \beta G)(x)]_a^b$$
$$= \alpha F(b) + \beta G(b) - (\alpha F(a) + \beta G(a))$$
$$= \alpha (F(b) - F(a)) + \beta (G(b) - G(a))$$
$$= \alpha \int_a^b f(x) dx + \beta \int_a^b g(x) dx.$$

(4.4) において $\alpha = 1, \beta = 1$ とすれば，
$$\int_a^b (f(x) + g(x)) dx = \int_a^b f(x) dx + \int_a^b g(x) dx,$$
$\beta = 0$ とすれば，
$$\int_a^b \alpha f(x) dx = \alpha \int_a^b f(x) dx.$$

また，(4.4) を繰返し用いて，f_j が $[a, b]$ で連続のとき
$$\int_a^b \sum_{j=1}^n \alpha_j f_j(x) dx = \sum_{j=1}^n \alpha_j \int_a^b f_j(x) dx,$$
よって，多項式については
$$\int_a^b \left(\sum_{j=0}^n c_j x^j \right) dx = \sum_{j=0}^n c_j \int_a^b x^j dx = \sum_{j=0}^n c_j \left[\frac{x^{j+1}}{j+1} \right]_a^b = \sum_{j=0}^n \frac{c_j}{j+1} (b^{j+1} - a^{j+1}).$$

(II) $[a, b]$ で f は連続で $f(x) \geqq 0$ のとき $\int_a^b f(x) dx \geqq 0.$

証明 f の原始関数を F とすると平均値の定理によって
$$\int_a^b f(x) dx = F(b) - F(a) = (b - a) F'(\xi) = (b - a) f(\xi) \geqq 0 \quad (a < \xi < b).$$

$[a, b]$ で f, g が連続で $f(x) \geqq g(x)$ のとき，$f - g$ に上のことを用いれば，$\int_a^b (f - g) \geqq 0$, このことと (I) によって

$$\int_a^b f(x)dx \geqq \int_a^b g(x)dx \qquad \text{(単調性)}$$

が得られる．さらに，$[a,b]$ で f は連続で $m \leqq f(x) \leqq M$ ならば，

$$\int_a^b m\,dx \leqq \int_a^b f(x)dx \leqq \int_a^b M\,dx,$$

よって，

(4.5) $\quad m(b-a) \leqq \int_a^b f(x)dx \leqq M(b-a), \qquad m \leqq \dfrac{\int_a^b f(x)dx}{b-a} \leqq M$

が成り立つ．

また，$-|f(x)| \leqq f(x) \leqq |f(x)|$ から

$$-\int_a^b |f(x)|dx \leqq \int_a^b f(x)dx \leqq \int_a^b |f(x)|dx,$$

よって，

(4.6) $\qquad \left|\int_a^b f(x)dx\right| \leqq \int_a^b |f(x)|dx.$

(4.5) はつぎのようにしても得られる．$f(x)$ の原始関数を $F(x)$ とすれば平均値の定理によって $F(b)-F(a)=(b-a)F'(\xi)=(b-a)f(\xi), a<\xi<b$ となるような ξ がある．よって，$\int_a^b f(x)dx/(b-a)=f(\xi)$．これから (4.5) が得られる．$\int_a^b f(x)dx/(b-a)$ を f の $[a,b]$ における平均値といい，$\int_a^b f(x)dx/(b-a)=f(\xi)(a<\xi<b)$ を積分学平均値の定理(第一)ともいう．

(Ⅲ) $a<c<b$ であって $[a,b]$ で f が連続ならば，

(4.7) $\qquad \int_a^b f(x)dx = \int_a^c f(x)dx + \int_c^b f(x)dx$

(区間に関する加法性)．

証明 $[a,b]$ における f の原始関数を F とすると

$$\int_a^b f(x)dx = F(b)-F(a), \qquad \int_a^c f(x)dx = F(c)-F(a),$$

$$\int_c^b f(x)dx = F(b)-F(c),$$

よって，(4.7) が成り立つ．

a, b, c の順序に関係なく (4.7) が成り立つようにするために, $[a, b]\,(a<b)$ で f が連続のとき

$$\int_b^a f(x)\,dx = -\int_a^b f(x)\,dx$$

と定める. こうすると a, b, c を含む区間で f が連続ならば (4.7) はつねに成り立つ. それは f の原始関数の一つを F とすると

$$a<b \text{ のとき } \int_a^b f(x)\,dx = F(b)-F(a),$$

$$a=b \text{ のとき } \int_a^b f(x)\,dx = 0 = F(b)-F(a),$$

$$a>b \text{ のとき } \int_a^b f(x)\,dx = -\int_b^a f(x)\,dx$$
$$= -(F(a)-F(b)) = F(b)-F(a),$$

よって,前の証明がそのまま一般の場合の証明となるからである. (4.7) は対称な形に

$$\int_a^b f + \int_b^c f + \int_c^a f = 0$$

とも書ける. また (4.3) は $a<x$ でなくてもつねに成り立つ.

(II) の単調性はこのように拡張したものについては成り立たない. 以下の等式はよいが,不等式の場合は (II) から導かれる性質であるから注意を要する.

(II) からつぎのような精密化が得られる.

(II′) $[a, b]$ で f は連続で $f(x) \geqq 0$ であって, $\exists c \in [a, b],\ f(c)>0$ ならば $\int_a^b f(x)\,dx > 0.$

証明 まず $a<c<b$ として証明する. $f(c)>0$ であるから, $\varepsilon = f(c)/2$ に対して $\exists \delta>0 : |x-c|<\delta \Rightarrow f(c)-\varepsilon < f(x) < f(c)+\varepsilon$, よって $f(c)/2 < f(x)$. ここで $a \leqq c-\delta < c < c+\delta \leqq b$ となるように δ をとっておくことができる. (II), (III) により

$$\int_a^b f(x)\,dx = \int_a^{c-\delta} f + \int_{c-\delta}^{c+\delta} f + \int_{c+\delta}^b f \geqq \int_{c-\delta}^{c+\delta} f$$

$$\geq \frac{f(c)}{2}((c+\delta)-(c-\delta))=f(c)\delta>0.$$

$a=c$ のときも $b=c$ のときも同様に証明される．または，f が a で正ならば a の近くの c で正になるから，いま証明したことによってこのときも成り立つことになる．

これから f が $[a,b]$ で連続のとき

$$\int_a^b |f(x)|dx=0 \quad \text{ならば} \quad [a,b] \text{ で } f(x)=0,$$
(4.8) $$\int_a^b f^2(x)dx=0 \quad \text{ならば} \quad [a,b] \text{ で } f(x)=0$$

となることはすぐに導かれる．

問 1 このことを証明せよ．

f は区間 I 上の連続関数であるとする．区間 $[a,b]\subset I$ に対して

(4.9) $$F([a,b])=\int_a^b f(x)dx$$

と定めると，F は区間の集合 $\{[a,b]\subset I\}$ で定義された関数となる．(II), (III) により

(4.10) $$\inf_{a\leq x\leq b} f(x)(b-a)\leq F([a,b])\leq \sup_{a\leq x\leq b} f(x)(b-a),$$

(4.11) $$F([a,c])+F([c,b])=F([a,b]) \quad (a<c<b)$$

が成り立つが，逆にこの二つの性質は積分を決定するのである．すなわち，$F:\{[a,b]\subset I\}\to \mathbf{R}$ が (4.10), (4.11) をみたせば (4.9) が成り立つことがつぎのように示される．f の $[a,b]$ における一様連続性によって

$$\forall \varepsilon>0, \exists \delta>0 : x,x'\in[a,b], |x-x'|<\delta \Rightarrow |f(x)-f(x')|<\varepsilon.$$

$[a,b]$ を分点 $\{x_j\}$ で分けてその小区間 $[x_{j-1},x_j]$ の最大幅が δ より小さくなるようにする．

$$m_j=\inf_{x_{j-1}\leq x\leq x_j} f(x), \quad M_j=\sup_{x_{j-1}\leq x\leq x_j} f(x)$$

とすれば，$\exists \xi_j, \xi_j' \in [x_{j-1}, x_j] : m_j=f(\xi_j), M_j=f(\xi_j')$ だから $|\xi_j-\xi_j'|<\delta$ により $0\leq M_j-m_j<\varepsilon$ となる．

$$\left|F([a,b])-\int_a^b f(x)dx\right| = \left|\sum_{j=1}^n F([x_{j-1},x_j]) - \sum_{j=1}^n \int_{x_{j-1}}^{x_j} f(x)dx\right|$$

$$\leq \sum_{j=1}^n \left|F([x_{j-1},x_j]) - \int_{x_{j-1}}^{x_j} f(x)dx\right|$$

であって

$$m_j(x_j-x_{j-1}) \leq F([x_{j-1},x_j]) \leq M_j(x_j-x_{j-1}),$$

$$m_j(x_j-x_{j-1}) \leq \int_{x_{j-1}}^{x_j} f(x)dx \leq M_j(x_j-x_{j-1})$$

だから

$$\left|F([x_{j-1},x_j])-\int_{x_{j-1}}^{x_j} f(x)dx\right| \leq (M_j-m_j)(x_j-x_{j-1}) < \varepsilon(x_j-x_{j-1}),$$

よって,

$$\left|F([a,b])-\int_a^b f(x)dx\right| < \varepsilon \sum_{j=1}^n (x_j-x_{j-1}) = \varepsilon(b-a),$$

$\varepsilon>0$ は任意だから (4.9) が成り立つ.

不定積分がわかっているときは定積分はただちに得られる.

例 3 $n \in \mathbf{Z}$, $n \neq 0$ のとき

$$\int_0^{2\pi} \sin nx\, dx = \left[-\frac{\cos nx}{n}\right]_0^{2\pi} = -\frac{1}{n}(1-1) = 0,$$

$$\int_0^{2\pi} \cos nx\, dx = \left[\frac{\sin nx}{n}\right]_0^{2\pi} = 0.$$

これを用いると, $m, n \in \mathbf{N}$ のとき

$$\int_0^{2\pi} \sin mx \sin nx\, dx = -\frac{1}{2}\int_0^{2\pi}(\cos(m+n)x - \cos(m-n)x)dx$$

$$= \begin{cases} 0 & (m \neq n), \\ \pi & (m = n). \end{cases}$$

$$\int_0^{2\pi} \cos mx \cos nx\, dx = \frac{1}{2}\int_0^{2\pi}(\cos(m+n)x + \cos(m-n)x)dx$$

$$= \begin{cases} 0 & (m \neq n), \\ \pi & (m = n), \end{cases}$$

$$\int_0^{2\pi} \sin mx \cos nx\, dx = \frac{1}{2}\int_0^{2\pi}(\sin(m+n)x + \sin(m-n)x)dx = 0.$$

例 4 $S_n = \int_0^{\pi/2} \sin^n x \, dx$ とすると §2.7 例5により

$$(4.12) \quad S_n = \frac{1}{n}[-\sin^{n-1}x \cos x]_0^{\pi/2} + \frac{n-1}{n}\int_0^{\pi/2} \sin^{n-2}x \, dx$$

$$= \frac{n-1}{n} S_{n-2} \quad (n \geq 2)$$

となる．

$$S_0 = \int_0^{\pi/2} 1 \, dx = \frac{\pi}{2}, \qquad S_1 = \int_0^{\pi/2} \sin x \, dx = [-\cos x]_0^{\pi/2} = 1$$

だから，

$$S_{2m} = \frac{1}{2} \frac{3}{4} \cdots \frac{2m-1}{2m} \frac{\pi}{2}, \qquad S_{2m+1} = \frac{2}{3} \frac{4}{5} \cdots \frac{2m}{2m+1},$$

よって，

$$(4.13) \quad \frac{S_{2m}}{S_{2m+1}} = \frac{1 \cdot 3 \cdot 3 \cdot 5 \cdots (2m-1)(2m+1)}{2 \cdot 2 \cdot 4 \cdot 4 \cdots (2m)(2m)} \frac{\pi}{2}$$

$$= \frac{(3 \cdot 5 \cdots (2m-1))^2 (2m+1)}{(2 \cdot 4 \cdots (2m))^2} \frac{\pi}{2}$$

$$= \frac{((2m)!)^2 (2m+1)}{(m! 2^m)^4} \frac{\pi}{2}.$$

$[0, \pi/2]$ において $0 \leq \sin x \leq 1$，よって $0 \leq \sin^{2m+1} x \leq \sin^{2m} x \leq \sin^{2m-1} x$（$(0, \pi/2)$ では等号はいらない）だから，

$$0 < S_{2m+1} < S_{2m} < S_{2m-1},$$

したがって，(4.12) により

$$1 < \frac{S_{2m}}{S_{2m+1}} < \frac{S_{2m-1}}{S_{2m+1}} = \frac{S_{2m-1}}{\frac{2m}{2m+1} S_{2m-1}} = \frac{2m+1}{2m} = 1 + \frac{1}{2m} \to 1 \quad (m \to \infty).$$

よって，(4.13) の左辺は $\to 1 \, (m \to \infty)$ となり右辺もそうで

$$\frac{\pi}{2} = \lim_{m \to \infty} \frac{(m! 2^m)^4}{((2m)!)^2 (2m+1)},$$

$$\sqrt{\pi} = \lim_{m \to \infty} \frac{(m! 2^m)^2}{(2m)!} \sqrt{\frac{2}{2m+1}} = \lim_{m \to \infty} \frac{(m!)^2 2^{2m}}{(2m)! \sqrt{m}},$$

これをウォリス(Wallis)の公式という．

不定積分について §2.7 で述べた部分積分，置換積分の公式は，定積分についてはつぎのようになる．

(Ⅳ) $f, g \in C^1([a,b])$ ($C^1([a,b])$ は区間 $[a,b]$ 上の C^1 級の関数の集合)のとき

$$\int_a^b f'(x)g(x)dx = [f(x)g(x)]_a^b - \int_a^b f(x)g'(x)dx.$$

これは不定積分についての公式(定理 2.24, 2))において $x=b$ としたものから $x=a$ としたものを引けば得られる．

例 5 $\displaystyle\int_1^2 x\log x\,dx = \left[\frac{x^2}{2}\log x\right]_1^2 - \int_1^2 \frac{x^2}{2}\frac{1}{x}dx = 2\log 2 - \left[\frac{x^2}{4}\right]_1^2$

$\displaystyle\qquad = 2\log 2 - \left(1 - \frac{1}{4}\right) = 2\log 2 - \frac{3}{4}.$

(Ⅴ) f は区間 $[a,b]$ で連続，g は α, β を両端とする区間で C^1 級で $g(\alpha)=a$, $g(\beta)=b$ のとき，

$$\int_a^b f(x)dx = \int_\alpha^\beta f(g(t))g'(t)dt$$

が成り立つ．ただし，右辺の f は必要があれば定義域を $[a,b]$ の外まで連続であるように(たとえば，$x<a$ のとき $f(x)=f(a)$, $x>b$ のとき $f(x)=f(b)$ のように)拡張しておくものとする．そうすれば $\int f(x)dx = F(x)$ は不定積分についての公式(定理 2.24, 3)) により $F(g(t)) = \int f(g(t))g'(t)dt$ だから

$$\int_a^b f(x)dx = F(b) - F(a) = F(g(\beta)) - F(g(\alpha)) = \int_\alpha^\beta f(g(t))g'(t)dt$$

となる．よって，右辺の値は f の拡張のしかたによらない一定の値(左辺)になるのである．拡張は合成関数 $f\circ g$ が考えられるようにするためであったから，g が単調ならばその必要はなくなる．

例 6 $\displaystyle\int_1^2 \frac{1}{x+\sqrt{x}}dx$ は $x=t^2$ ($t>0$) とおくと $\dfrac{dx}{dt}=2t$ だから

$\displaystyle\int_1^2 \frac{1}{x+\sqrt{x}}dx = \int_1^{\sqrt{2}} \frac{2t}{t^2+t}dt = \int_1^{\sqrt{2}} \frac{2}{t+1}dt = [2\log(t+1)]_1^{\sqrt{2}}$

$$=2(\log(\sqrt{2}+1)-\log 2)=2\log\frac{\sqrt{2}+1}{2}.$$

例 7 $\int_0^a \sqrt{a^2-x^2}\,dx\,(a>0)$ を求めよう（§2.7 例6 では部分積分によった）． $x=a\sin t\ (0\leq t\leq \pi/2)$ とおくと $dx/dt=a\cos t$,

$$\int_0^a \sqrt{a^2-x^2}\,dx = \int_0^{\pi/2} \sqrt{a^2-a^2\sin^2 t}\,a\cos t\,dt = a^2\int_0^{\pi/2}\cos^2 t\,dt$$

$$=a^2\int_0^{\pi/2}\frac{1+\cos 2t}{2}\,dt = a^2\left[\frac{t}{2}+\frac{\sin 2t}{4}\right]_0^{\pi/2} = \frac{\pi}{4}a^2.$$

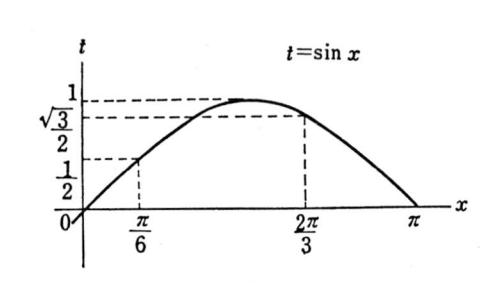

例 8 $\int_{\pi/6}^{2\pi/3}\frac{\cos x}{\sin^2 x}\,dx$ を求めるのに $\sin x = t$ とおくと，t から x は一意にきまらない．$dt/dx = \cos x$ は $x=\pi/2$ で 0 となる．けれどもこの場合，与えられた式を公式の右辺と見れば（g は単調である必要はなく），

$$\int_{\pi/6}^{2\pi/3}\frac{\cos x}{\sin^2 x}\,dx = \int_{1/2}^{\sqrt{3}/2}\frac{1}{t^2}\,dt = \left[-\frac{1}{t}\right]_{1/2}^{\sqrt{3}/2} = -\frac{2}{\sqrt{3}}+2 = 2-\frac{2}{3}\sqrt{3}.$$

直接不定積分により

$$\int_{\pi/6}^{2\pi/3}\frac{\cos x}{\sin^2 x}\,dx = \left[-\frac{1}{\sin x}\right]_{\pi/6}^{2\pi/3} = -\frac{1}{\sin\frac{2\pi}{3}}+\frac{1}{\sin\frac{\pi}{6}}$$

$$= -\frac{1}{\frac{\sqrt{3}}{2}}+\frac{1}{\frac{1}{2}} = 2-\frac{2}{3}\sqrt{3}$$

とすることもできる．

定理 4.1 f, g が区間 $[a,b]$ 上の連続関数であるとき，

(4.14) $\quad \int_a^b f^2(x)\,dx \int_a^b g^2(x)\,dx \geq \left(\int_a^b fg(x)\,dx\right)^2.$ （シュワルツの不等式）

証明 $\lambda \in \mathbf{R}$ とするとき $(\lambda f+g)^2(x) \geq 0$, （II）により

$$\int_a^b (\lambda f+g)^2(x)\,dx \geq 0.$$

(I) によって

$$\lambda^2 \int_a^b f^2(x)dx + 2\lambda \int_a^b fg(x)dx + \int_a^b g^2(x)dx \geq 0.$$

$\int_a^b f^2(x)dx = A$, $\int_a^b fg(x)dx = B$, $\int_a^b g^2(x)dx = C$ とおくと, $A \geq 0$, $A\lambda^2 + 2B\lambda + C \geq 0$. $A \neq 0$ のときこの左辺は λ に関する2次式であって, 実数値 λ が何であっても0または正であり,

$$A\lambda^2 + 2B\lambda + C = A\left(\lambda + \frac{B}{A}\right)^2 - \frac{B^2}{A} + C$$

だから, $\lambda = -B/A$ で最小値に到達し, そこでも0または正, よって $-B^2/A + C \geq 0$, $AC \geq B^2$, よって (4.14) が成り立つ. また, $A = 0$ のとき (4.8) により $[a,b]$ で $f(x) = 0$ だから (4.14) は両辺とも0となり等号で成り立つ.

定理 4.2 $[a,b]$ で連続な関数の列 (f_n) が f に一様収束しているとき, $\lim_{n\to\infty} \int_a^b f_n(x)dx = \int_a^b f(x)dx$. なお, $[a,b]$ で $\left(\int_a^x f_n(t)dt\right)$ は $\int_a^x f(t)dt$ に一様収束する.

証明 $\forall \varepsilon > 0, \exists n_0 : n > n_0, x \in [a,b] \Rightarrow |f_n(x) - f(x)| < \varepsilon$. このとき f も連続(定理1.13)で, (4.6) によって

$$\left|\int_a^x f_n(t)dt - \int_a^x f(t)dt\right| = \left|\int_a^x (f_n(t) - f(t))dt\right|$$

$$\leq \int_a^x |f_n(t) - f(t)|dt \leq \varepsilon(x-a) \leq \varepsilon(b-a),$$

よって, $[a,b]$ で $\left(\int_a^x f_n(t)dt\right)$ は $\int_a^x f(t)dt$ に一様収束する.

系 $F_n \in C^1([a,b])$ $(n=1,2,\cdots)$ であって, $[a,b]$ の1点 x_0 で $(F_n(x_0))$ は収束し, $[a,b]$ で (F_n') は f に一様収束するとする. このとき, (F_n) は $[a,b]$ で一様収束し, $F_n(x) \to F(x)$ とすると $[a,b]$ で $F'(x) = f(x)$ となる.

証明 F_n' を定理の f_n と考えれば, $[a,b]$ で $F_n(x) - F_n(a) = \int_a^x F_n'(t)dt$ は $\int_a^x f(t)dt$ に一様収束する. よって, $F_n(x) = (F_n(x) - F_n(a)) - (F_n(x_0) - F_n(a)) + F_n(x_0)$ は $[a,b]$ で一様収束し, その極限は, $F(x) = \int_a^x f(t)dt$

$$-\int_a^{x_0} f(t)\,dt + \lim_{n\to\infty} F_n(x_0), \quad \text{よって,} \quad F'(x) = f(x) \text{ となる.}$$

積分記号下の微分について, つぎの定理が成り立つ.

定理 4.3 $f(t,x)$ ($a \leq t \leq b, c \leq x \leq d$) は各 x を固定すると t に関し連続で, 各 t を固定したとき x の関数として微分可能で, $f_x : (t,x) \mapsto \dfrac{d}{dx} f(t,x)$ は連続であるとする.

$$g(x) = \int_a^b f(t,x)\,dt$$

とすると g は微分可能で

$$g'(x) = \int_a^b f_x(t,x)\,dt.$$

(偏微分係数は定義域の内点でしか定義しなかった(§3.1)が, ここでは f_x は $[a,b] \times [c,d]$ 上の関数である).

証明
$$\frac{g(x+h)-g(x)}{h} - \int_a^b f_x(t,x)\,dt$$
$$= \int_a^b \left(\frac{f(t,x+h)-f(t,x)}{h} - f_x(t,x) \right) dt,$$

平均値の定理により, 各 t に対して ξ が x と $x+h$ の間にあって

$$\frac{f(t,x+h)-f(t,x)}{h} = f_x(t,\xi).$$

$f_x(t,x)$ は $[a,b] \times [c,d]$ で一様に連続であるから(定理 1.23, 1.29),

$$\forall \varepsilon > 0, \exists \delta > 0 : |h| < \delta \Rightarrow |f_x(t,\xi) - f_x(t,x)| < \varepsilon,$$

よって, このとき,

$$\left| \frac{g(x+h)-g(x)}{h} - \int_a^b f_x(t,x)\,dt \right| \leq \int_a^b |f_x(t,\xi) - f_x(t,x)|\,dt \leq \varepsilon(b-a)$$

となり結論が得られる.

問 2 $\displaystyle \lim_{n\to\infty} \left(\frac{1}{\sqrt{n^2+1^2}} + \frac{1}{\sqrt{n^2+2^2}} + \cdots + \frac{1}{\sqrt{n^2+n^2}} \right)$ を求めよ.

問 3 つぎの定積分を求めよ.

$$\int_0^{\pi/2} x\sin^2 x\,dx, \quad \int_{-1}^1 xe^x\,dx, \quad \int_{-\pi}^{\pi} \sin^2 x \cos^2 x\,dx, \quad \int_1^n \log x\,dx.$$

問 4 f が $[0,1]$ で連続で, $n=0,1,2,\cdots$ について $\int_0^1 f(x)x^n dx=0$ ならば, 恒等的に $f(x)=0$ となることを証明せよ. (ワイエルシュトラスの定理 (定理 2.23) を用い, f を多項式 P で近似し $\int_0^1 f^2(x)dx = \int_0^1 f(f-P)(x)dx$ を考える.)

問 5 $\lim_{n\to\infty} \dfrac{n}{(n!)^{1/n}} = e$ を証明せよ.

$(\log 1 + \log 2 + \cdots + \log(n-1) \leq \int_1^n \log x\, dx \leq \log 2 + \cdots + \log n$ から $(n-1)! \leq n^n e^{-n+1} \leq n!$ を導く.)

問 6
$$\int_0^1 x^4(1-x)^4/(1+x^2)\,dx = \frac{22}{7} - \pi$$

を示せ. 22/7 は古くから知られた π の近似値である. なお, この式から

$$\frac{1}{2}\int_0^1 x^4(1-x)^4 dx < \frac{22}{7} - \pi < \int_0^1 x^4(1-x)^4 dx$$

によって, よりよい π の近似値を求めよ.

問 7 $f(x,y)$ は $\mathbf{R}^2$ で連続な関数とする.

$$F(x,y) = \int_a^x \left(\int_b^y f(s,t)\,dt \right) ds$$

とすれば

(4.15) $\qquad\qquad\qquad F_{xy} = f$

であって, 逆に (4.15) が成り立てば

$$\int_a^x \left(\int_b^y f(s,t)\,dt \right) ds = F(x,y) - F(a,y) - F(x,b) + F(a,b)$$

であることを証明せよ.

f,g を $\mathbf{R}^2$ の開区間 (無限区間でもよい) I 上の連続関数とする.

(4.16) $\qquad\qquad\qquad F_x = f, \quad F_y = g$

となる $F: I \to \mathbf{R}$ が存在して f_y, g_x が連続ならば, 定理 3.4 により

(4.17) $\qquad\qquad\qquad f_y = g_x$

であるが, 逆に (4.17) が成り立ってこれらが連続ならば, (4.16) をみたす F が定数の差を除いて一意に定まることが示される. 実際, $(x_0, y_0) \in I$ を任

意に定め，
$$F(x,y)=\int_{x_0}^{x}f(x,y)dx+\int_{y_0}^{y}g(x_0,y)dy$$
とすれば，(4.3) により $F_x=f$ となり，定理 4.3 により
$$\frac{\partial}{\partial y}\int_{x_0}^{x}f(x,y)dx=\int_{x_0}^{x}f_y(x,y)dx$$
だから，(4.17) と (4.3) により
$$F_y(x,y)=\int_{x_0}^{x}g_x(x,y)dx+g(x_0,y)=g(x,y)$$
となり，一意性は §3.1 問 3 から示される．

ここで，これを用いた微分方程式の解法を述べておこう．

(4.18) $$F(x,y)+G(x,y)y'=0$$

において，F,G は $\mathbf{R}^2$ の開区間 I 上で連続，さらに，F_y, G_x も連続であって

(4.19) $$F_y=G_x$$

が成り立つとき，(4.18) を**全微分形の微分方程式**という．このとき，$(x_0, y_0) \in I$ をとり

(4.20) $$u(x,y)=\int_{x_0}^{x}F(x,y)dx+\int_{y_0}^{y}G(x_0,y)dy$$

とすれば，
$$u_x=F, \qquad u_y=G$$
となる．(4.18) の解 $y=f(x)$ は
$$F(x,f(x))+G(x,f(x))f'(x)=0,$$
したがって，

(4.21) $$u_x(x,f(x))+u_y(x,f(x))f'(x)=0$$

をみたすから $\phi(x)=u(x,f(x))$ とすると $\phi'(x)=0$，よって $\phi(x)=c$，したがって，
$$u(x,f(x))=c \qquad (c \text{ は定数})$$
となる．逆に $y=f(x)$ が $u(x,y)=c$ をみたせば (4.21) が成り立ち，これは (4.18) の解になる．よって，(4.19) をみたす (4.18) の解は (4.20) の右辺

例 9 $3x^2y+y^3+(x^3+3xy^2)y'=0$ を解く.

$$\frac{\partial}{\partial y}(3x^2y+y^3)=3x^2+3y^2, \qquad \frac{\partial}{\partial x}(x^3+3xy^2)=3x^2+3y^2,$$

$$u(x,y)=\int_0^x (3x^2y+y^3)dx=x^3y+xy^3,$$

よって, 解は

$$x^3y+xy^3=c.$$

微分方程式

(4.22) $$F(x,y)+G(x,y)y'=0$$

が全微分形でないとき, これに関数 $H(x,y)(\neq 0)$ を掛けて得られる

(4.23) $$H(x,y)F(x,y)+H(x,y)G(x,y)y'=0$$

が全微分形になるならば, $H(x,y)$ を (4.22) の **積分因子** という. このとき,

$$\frac{\partial}{\partial y}(H(x,y)F(x,y))=\frac{\partial}{\partial x}(H(x,y)G(x,y)),$$

すなわち,

$$H_y F+HF_y=H_x G+HG_x,$$

もしも, H が x だけの関数ならば $H(F_y-G_x)=H'G$, $G(x,y)\neq 0$ のとき

(4.24) $$\frac{H'}{H}=\frac{F_y-G_x}{G}$$

である.

例 10 $(5x^2+2xy^2+3)+x^2yy'=0$ を解く.

$$\frac{\partial}{\partial y}(5x^2+2xy^2+3)=4xy, \qquad \frac{\partial}{\partial x}(x^2y)=2xy$$

だから (4.24) は $H'/H=2xy/(x^2y)=2/x$ となるが, これは $\log H=2\log x$, $H=x^2$ によってみたされる. 与えられた式から $x\neq 0$,

$$x^2(5x^2+2xy^2+3)+x^4yy'=0$$

を解けばよい.

$$\frac{\partial}{\partial y}(x^2(5x^2+2xy^2+3))=4x^3y, \qquad \frac{\partial}{\partial x}(x^4y)=4x^3y,$$

$$u(x,y)=\int_0^x x^2(5x^2+2xy^2+3)dx=x^5+\frac{x^4}{2}y^2+x^3=c,$$

よって，解は

$$y=\pm\frac{\sqrt{2(c-x^5-x^3)}}{x^2}.$$

問 8
$$(5x^2+4xy+1)+(x^2+1)y'=0,$$
$$y+\log x-xy'=0$$

を積分因子を見つけて解け．

注意　これらは §2.8 の1階線形微分方程式としても解ける．また1階線形微分方程式が積分因子の方法で解けるのである．

問 9　1階線形微分方程式 $y'=P(x)y+Q(x)$ を積分因子によって解け．

4.2　広義の積分

いままでは積分を有限閉区間で連続な関数(したがって，有界な関数)に限って考えた．f が $[a,b]$ で連続で $f(x)\geqq 0$ のとき，積分 $\int_a^b f(x)dx$ は幾何学的には $\{(x,y): a\leqq x\leqq b, 0\leqq y\leqq f(x)\}$ の面積であった．さて，たとえば，

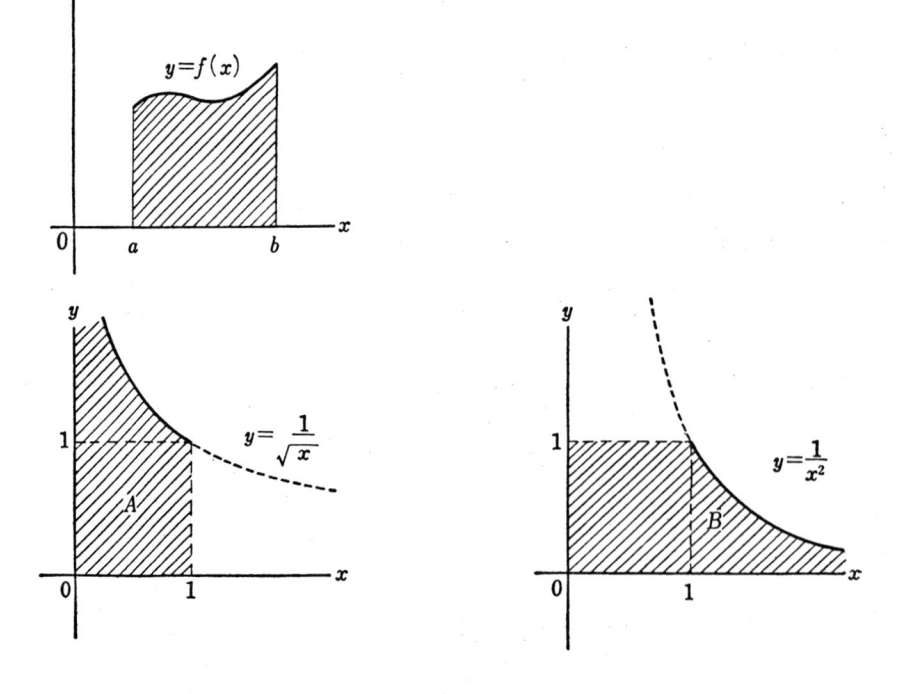

4.2 広義の積分

$$x \mapsto 1/\sqrt{x} \qquad (0 < x \leq 1)$$

は有界ではない．このとき，

$$A = \{(x, y) : 0 < x \leq 1, 0 \leq y \leq 1/\sqrt{x}\} \subset \mathbf{R}^2$$

の面積はどう定義したらよいであろうか．これは，逆関数

$$x \mapsto 1/x^2 \qquad (1 \leq x)$$

によって

$$B = \{(x, y) : x \geq 1, 0 \leq y \leq 1/x^2\}$$

とすると，

$$B \cup \{(x, y) : 0 \leq x \leq 1, 0 \leq y \leq 1\}$$

の面積とも考えられる．このいずれの場合も，関数は有限閉区間で連続な関数ではない．もともと $\varepsilon > 0$ をどんなに小さくとっても $[\varepsilon, 1]$ での $1/\sqrt{x}$ の積分は存在するから

$$\lim_{\varepsilon \to 0} \int_\varepsilon^1 \frac{1}{\sqrt{x}} dx$$

があるとき，この値を $\int_0^1 \frac{1}{\sqrt{x}} dx$ と定め，同様に，

$$\lim_{a \to \infty} \int_1^a \frac{1}{x^2} dx$$

があるとき，この値を $\int_1^\infty \frac{1}{x^2} dx$ と定めるのが自然であろう．これらを計算すると，

$$\int_\varepsilon^1 \frac{1}{\sqrt{x}} dx = \frac{1}{1 - \frac{1}{2}} [x^{1-1/2}]_\varepsilon^1 = 2[x^{1/2}]_\varepsilon^1 = 2(1 - \varepsilon^{1/2}) \to 2 \qquad (\varepsilon \to 0),$$

$$\int_1^a \frac{1}{x^2} dx = \left[-\frac{1}{x}\right]_1^a = -\frac{1}{a} + 1 \to 1 \qquad (a \to \infty),$$

これを A, B の面積とするのである．一般に $[a, b) (b < \infty)$ で f が連続のとき，

$$\int_a^b f(x) dx = \lim_{\varepsilon \to 0} \int_a^{b-\varepsilon} f(x) dx$$

と定める．すなわち右辺の極限があるとき，その値をもって左辺の積分の定義

とする．同様に，$(a, b]$ $(a>-\infty)$ で f が連続のとき

$$\int_a^b f(x)\,dx = \lim_{\varepsilon \to 0} \int_{a+\varepsilon}^b f(x)\,dx,$$

$[a, \infty)$ で f が連続のとき

$$\int_a^\infty f(x)\,dx = \lim_{b \to \infty} \int_a^b f(x)\,dx,$$

$(-\infty, b]$ で f が連続のとき

$$\int_{-\infty}^b f(x)\,dx = \lim_{a \to -\infty} \int_a^b f(x)\,dx$$

と定める．いずれも右辺の極限があるとき，その値を左辺の積分の定義とするのである．また，(a, b) で f が連続ならば $a<c<b$ となる任意の c をとって (a, b) を $(a, c]$ と $[c, b)$ とに分け

$$\int_a^b f(x)\,dx = \int_a^c f(x)\,dx + \int_c^b f(x)\,dx$$

と定める，すなわち右辺が定まるときその値を左辺の定義とするのである．この場合問題となるのは，ある c に対して上の積分が存在するとき，$a<d<b$ をみたす任意の d をとったときも $\int_a^d f(x)\,dx + \int_d^b f(x)\,dx$ が定まって，上の $\int_a^b f(x)\,dx$ に一致するかということである．このことが成り立つことを示そう．$a<a+\varepsilon<c, d<b-\eta<b$ とすると

$$\int_{a+\varepsilon}^d f = \int_{a+\varepsilon}^c f + \int_c^d f \to \int_a^c f + \int_c^d f \quad (\varepsilon \to 0),$$

よって，$\quad \int_a^d f = \int_a^c f + \int_c^d f,$

$$\int_d^{b-\eta} f = \int_c^{b-\eta} f - \int_c^d f \to \int_c^b f - \int_c^d f \quad (\varepsilon \to 0),$$

よって，$\quad \int_d^b f = \int_c^b f - \int_c^d f,$

したがって，

$$\int_a^d f + \int_d^b f = \int_a^c f + \int_c^b f$$

4.2 広義の積分

となる．ここで $\int_a^c f$, $\int_c^b f$ がともに $+\infty$ のとき $\int_a^b f = +\infty$, ともに $-\infty$ のとき $\int_a^b f = -\infty$, 一方が $+\infty$ 他方が有限ならば $\int_a^b f = +\infty$, 一方が $-\infty$ 他方が有限なら $\int_a^b f = -\infty$ と定めるが, 一方が $+\infty$, 他方が $-\infty$ のときは積分 $\int_a^b f$ は定義されない．(a, b) が無限区間 $(-\infty, a)$, (a, ∞), $(-\infty, \infty)$ の場合も同様である．また, 区間から有限個の点を除いたところで連続な関数 (有限個の点では関数が定義されていないか, 不連続であるとする) は, その点で区間を分け, おのおのの (開) 区間での積分の和として積分が定義できる．(おのおのの区間で積分があって, それらが $+\infty$ と $-\infty$ を両方含むことがなければ積分が定まる)．たとえば,

$$\int_{-1}^1 \frac{1}{\sqrt{|x|}} dx = \int_{-1}^0 \frac{1}{\sqrt{|x|}} dx + \int_0^1 \frac{1}{\sqrt{|x|}} dx = \lim_{\varepsilon \to 0} \int_{-1}^{-\varepsilon} \frac{1}{\sqrt{|x|}} dx + \lim_{\eta \to 0} \int_\eta^1 \frac{1}{\sqrt{x}} dx = 4$$

となる．この ε と η は同じではなく, 独立に 0 に収束させなくてはならない．たとえば, $\int_{-1}^1 \frac{1}{x} dx$ は

$$\int_{-1}^0 \frac{1}{x} dx = -\infty, \quad \int_0^1 \frac{1}{x} dx = \infty$$

となって, この積分はないが

$$\lim_{\varepsilon \to 0} \left(\int_{-1}^{-\varepsilon} \frac{1}{x} dx + \int_\varepsilon^1 \frac{1}{x} dx \right) = 0$$

となる．このように $\varepsilon = \eta$ として $\varepsilon \to 0$ としたときの極限値をコーシーの主値 (積分) という．これも数学的には深い意味のあるものであるが, この問題にはこれ以上立入らない．以上述べた積分を**広義の積分**といい, その値が有限のとき積分は**収束する**または**積分可能**であるという．収束しないときは**発散する**という．

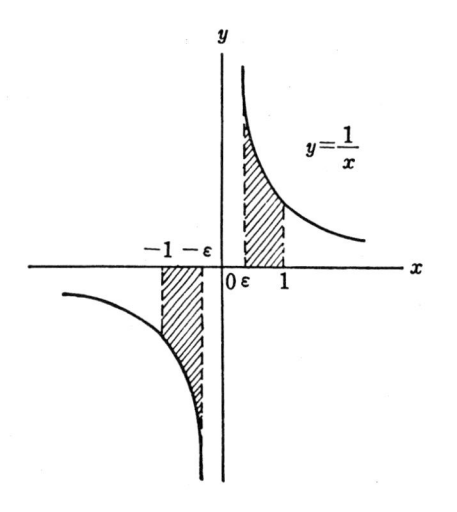

問 1 f が $[a,b]$ で連続のとき，f の (a,b) への制限を $f_1 = f|(a,b)$ とすると，f_1 は (a,b) で広義の積分可能で $\int_a^b f_1(x)dx = \int_a^b f(x)dx$ となることを示せ．

広義の積分についても積分が収束しているとき，線形性，単調性，加法性（§4.1 の（Ｉ），（Ⅱ），（Ⅲ）の性質）の成り立つことは容易に証明される．

問 2 これを証明せよ．

例 1 初めの例より少し一般に，$\int_0^1 \frac{1}{x^\alpha}dx$, $\int_1^\infty \frac{1}{x^\alpha}dx$ を考えよう．$1/x^\alpha$ の原始関数は $\alpha \neq 1$ のとき $x^{1-\alpha}/(1-\alpha)$, $\alpha = 1$ のとき $\log x$ である．

$$\int_\varepsilon^1 \frac{1}{x^\alpha}dx = \begin{cases} \frac{1}{1-\alpha}[x^{1-\alpha}]_\varepsilon^1 = \begin{cases} \frac{1}{1-\alpha}(1-\varepsilon^{1-\alpha}) \to \frac{1}{1-\alpha} & (\alpha<1), \\ \frac{1}{\alpha-1}\left(\frac{1}{\varepsilon^{\alpha-1}}-1\right) \to +\infty & (\alpha>1), \end{cases} \\ [\log x]_\varepsilon^1 = -\log\varepsilon = \log\frac{1}{\varepsilon} \to +\infty & (\alpha=1), \quad (\varepsilon \to 0), \end{cases}$$

よって，

$$\int_0^1 \frac{1}{x^\alpha}dx = \begin{cases} \frac{1}{1-\alpha} & (\alpha<1), \\ +\infty & (\alpha \geq 1), \end{cases}$$

$$\int_1^b \frac{1}{x^\alpha}dx = \begin{cases} \frac{1}{1-\alpha}[x^{1-\alpha}]_1^b = \begin{cases} \frac{1}{1-\alpha}(b^{1-\alpha}-1) \to +\infty & (\alpha<1), \\ \frac{1}{\alpha-1}\left(1-\frac{1}{b^{\alpha-1}}\right) \to \frac{1}{\alpha-1} & (\alpha>1), \end{cases} \\ [\log x]_1^b = \log b \to +\infty & (\alpha=1), \quad (b \to \infty), \end{cases}$$

よって，

$$\int_1^\infty \frac{1}{x^\alpha}dx = \begin{cases} +\infty & (\alpha \leq 1), \\ \frac{1}{\alpha-1} & (\alpha>1), \end{cases}$$

すなわち，$\int_0^1 \frac{1}{x^\alpha}dx$ は $\alpha<1$ のとき収束し，積分の値は $\frac{1}{1-\alpha}$, $\alpha \geq 1$ のとき発散し，積分の値は $+\infty$, $\int_1^\infty \frac{1}{x^\alpha}dx$ は $\alpha>1$ のとき収束し，積分の値は

$\dfrac{1}{\alpha-1}$, $\alpha \leq 1$ のとき発散し積分の値は $+\infty$ である.

積分の収束, 発散を代表的な場合である半開区間 $[a, b)$ (b は $+\infty$ でもよい) での積分について調べよう.

定理 4.4 f, g が $[a, b)$ で連続で $0 \leq f(x) \leq g(x)$ であるとき $\int_a^b g(x)dx$ が収束すれば $\int_a^b f(x)dx$ も収束する.

証明 $f(x) \geq 0$ だから $\beta \mapsto \int_a^\beta f(x)dx$ $(a < \beta < b)$ は単調増加関数となり, $\beta \to b$ のときの極限 $\int_a^b f(x)dx$ がある.

$$0 \leq \int_a^\beta f(x)dx \leq \int_a^\beta g(x)dx \leq \int_a^b g(x)dx$$

だから $0 \leq \int_a^b f(x)dx \leq \int_a^b g(x)dx < +\infty$.

注意 $[a, b)$ で f が連続で $f(x) \geq 0$ のとき $\int_a^b f(x)dx$ は収束, または発散して値は $+\infty$ であることも示された. 定理の対偶をとれば f, g が $[a, b)$ で連続で $0 \leq f(x) \leq g(x)$ のとき $\int_a^b f(x)dx$ が発散すれば $\int_a^b g(x)dx$ も発散する.

この定理によって, 積分が収束する関数を用いて, 別の関数の収束, 発散を判定することができる.

例 2 $\int_0^\infty \dfrac{1}{1+x^2+x^4}dx$ を調べよう.

$0 \leq \dfrac{1}{1+x^2+x^4} \leq \dfrac{1}{x^4}$ で例 1 により $\int_1^\infty \dfrac{1}{x^4}dx$ は収束, よって $\int_1^\infty \dfrac{1}{1+x^2+x^4}dx$ は収束, よって $\int_0^\infty \dfrac{1}{1+x^2+x^4}dx = \int_0^1 \dfrac{1}{1+x^2+x^4}dx + \int_1^\infty \dfrac{1}{1+x^2+x^4}dx$ は収束である.

例 3 $\int_0^1 \dfrac{1}{\sqrt{1-x^2}}dx$ を調べよう.

$$\dfrac{1}{\sqrt{1-x^2}} = \dfrac{1}{\sqrt{(1+x)(1-x)}} \leq \dfrac{1}{\sqrt{1-x}} \qquad (0 \leq x < 1),$$

$$\int_0^{1-\varepsilon} \dfrac{1}{\sqrt{1-x}}dx = \int_1^\varepsilon -\dfrac{1}{\sqrt{t}}dt \qquad \left(1-x=t \text{ とおくと } \dfrac{dx}{dt} = -1\right)$$

$$= \int_\varepsilon^1 \dfrac{1}{\sqrt{t}}dt,$$

これは例1により $\varepsilon \to 0$ のとき収束，よって $\int_0^1 \dfrac{1}{\sqrt{1-x^2}}dx$ は収束する．

例4 $\int_0^\infty \dfrac{dx}{1+x^2}$ を求めよう．

$$\int_0^b \frac{dx}{1+x^2} = [\arctan x]_0^b = \arctan b \to \frac{\pi}{2} \quad (b \to \infty),$$

よって，

$$\int_0^\infty \frac{dx}{1+x^2} = \frac{\pi}{2}.$$

これを

$$\int_0^\infty \frac{dx}{1+x^2} = [\arctan x]_0^\infty = \frac{\pi}{2} - 0 = \frac{\pi}{2}$$

のように略記してもよい．あるいは，

$$\int_0^\infty \frac{dx}{1+x^2} = \int_0^{\pi/2} \frac{1}{1+\tan^2 t}\frac{1}{\cos^2 t}dt = \int_0^{\pi/2} 1 dt = \frac{\pi}{2}$$

$$\left(x = \tan t, \frac{dx}{dt} = \frac{1}{\cos^2 t}\right)$$

としてもよい．

例5 $\int_0^1 x\log x\, dx$ を求めよう．

$$\int_\varepsilon^1 x\log x\, dx = \left[\frac{x^2}{2}\log x\right]_\varepsilon^1 - \int_\varepsilon^1 \frac{x^2}{2}\frac{1}{x}dx = \left[\frac{x^2}{2}\log x\right]_\varepsilon^1 - \left[\frac{x^2}{4}\right]_\varepsilon^1$$

$$= 0 - \frac{\varepsilon^2}{2}\log\varepsilon - \left(\frac{1}{4} - \frac{\varepsilon^2}{4}\right) \to -\frac{1}{4} \quad (\varepsilon \to 0),$$

よって，

$$\int_0^1 x\log x\, dx = \frac{1}{4}.$$

これを

$$\int_0^1 x\log x\, dx = \left[\frac{x^2}{2}\log x\right]_0^1 - \int_0^1 \frac{x}{2}dx = 0 - \left[\frac{x^2}{4}\right]_0^1 = -\frac{1}{4}$$

のように略記してもよい．ただし，収束に気をつけてやること．

関数の値が0または正であるという条件がないときは，収束の判定にはつぎのことが使われる．

関数 f に対して関数 f^+, f^- を

(4.25) $\quad f^+(x)=\dfrac{1}{2}(|f(x)|+f(x)), \qquad f^-(x)=\dfrac{1}{2}(|f(x)|-f(x))$

と定めると

$$f^+=f\vee 0, \qquad f^-=-(f\wedge 0)$$

となる(§1.5 問3). よって, f が連続ならば f^+, f^- も連続である. $f(x)\leqq|f(x)|$, $-f(x)\leqq|f(x)|$ だから (4.25) から

(4.26) $\quad 0\leqq f^+(x)\leqq|f(x)|, \qquad 0\leqq f^-(x)\leqq|f(x)|, \qquad f^+-f^-=f$

となる.

さて $[a, b)$ で f が連続のとき $\int_a^b|f(x)|dx$ が収束ならば, (4.26) と定理 4.4 により $\int_a^b f^+(x)dx, \int_a^b f^-(x)dx$ も収束, よって $\int_a^b f(x)dx$ も収束で $\int_a^b f^+(x)dx - \int_a^b f^-(x)dx$ と等しい. すなわち,

定理 4.5 f が $[a, b)$ で連続な関数であるとき, $\int_a^b|f(x)|dx$ が収束すれば $\int_a^b f(x)dx$ も収束する.

定理 4.4 と定理 4.5 からつぎの系がすぐ得られる.

系 f が有限区間 $[a, b)$ で連続で有界な関数ならば, $\int_a^b f(x)dx$ は収束する.

定理 4.4, 4.5 と例 1 からつぎの定理が得られる.

定理 4.6 f が $(a, b]$ で連続な関数であって, $\exists c>0, \exists \alpha>-1 : |f(x)|\leqq c(x-a)^\alpha$ ならば $\int_a^b f(x)dx$ は収束する. また, f が $[a, \infty)$ で連続な関数であって, $\exists c>0, \exists \alpha>1 : |f(x)|\leqq c/x^\alpha$ ならば $\int_a^\infty f(x)dx$ は収束する.

問 3 この定理を証明せよ.

例 6 $\int_0^1 \sin\dfrac{1}{x}dx, \int_{-1}^1 \sin\dfrac{1}{x}dx$ は収束する (定理 4.5 系).

$\int_0^1 \dfrac{1}{x^2}\sin\dfrac{1}{x}dx$ は $\int_\varepsilon^1 \dfrac{1}{x^2}\sin\dfrac{1}{x}dx=\left[\cos\dfrac{1}{x}\right]_\varepsilon^1=\cos 1-\cos\dfrac{1}{\varepsilon}$ の $\varepsilon\to 0$ のときの極限はないから, この積分はない. $\left(y=\dfrac{1}{x^2}\sin\dfrac{1}{x} \text{ のグラフを書いてみよ.}\right)$

$\int_1^\infty \dfrac{1}{x^\alpha} \sin \dfrac{1}{x} dx$ は $\left|\dfrac{1}{x^\alpha}\sin\dfrac{1}{x}\right| \leq \dfrac{1}{x^\alpha}$ だから $\alpha>1$ のとき収束する．

定理 4.7 $[a,b)$ ($b=\infty$ でもよい) で f が連続であるとき，$\int_a^b f(x)dx$ が収束するための必要十分条件は，

$$\forall \varepsilon>0,\ \exists c: a<c<b,\ x,x' \in (c,b) \Rightarrow \left|\int_x^{x'} f(x)dx\right|<\varepsilon$$

が成り立つことである．

証明 $x \in (a,b)$ に対して $\int_a^x f(x)dx=F(x)$ とすると $\int_a^b f(x)dx$ の収束は，$x\to b$ のときの $F(x)$ の収束であって，$\left|\int_x^{x'} f(x)dx\right|=|F(x')-F(x)|$ であるから，コーシーの収束条件(§1.4 問 18)によって定理が成り立つ．

例 7 $\int_0^\infty \dfrac{\sin x}{x}dx$ は収束するが $\int_0^\infty \left|\dfrac{\sin x}{x}\right|dx$ は収束しないことを示そう．$0<a<b$ のとき，

$$\left|\int_a^b \dfrac{\sin x}{x}dx\right| = \left[-\dfrac{\cos x}{x}\right]_a^b - \int_a^b \dfrac{\cos x}{x^2}dx \leq \dfrac{1}{b}+\dfrac{1}{a}+\int_a^b \dfrac{1}{x^2}dx$$

$$= \dfrac{1}{b}+\dfrac{1}{a}+\left[-\dfrac{1}{x}\right]_a^b = \dfrac{1}{b}+\dfrac{1}{a}-\left(\dfrac{1}{b}-\dfrac{1}{a}\right)=\dfrac{2}{a} \to 0$$

$$(a\to\infty),$$

よって，$\forall \varepsilon>0$ に対して $x',x'>2/\varepsilon \Rightarrow \left|\int_x^{x'}\dfrac{\sin x}{x}dx\right|<2/(2/\varepsilon)=\varepsilon$ となり定理 4.7 によって $\int_0^\infty \dfrac{\sin x}{x}dx$ は収束する．一方，

$$\int_{n\pi}^{(n+1)\pi}\left|\dfrac{\sin x}{x}\right|dx \geq \int_{n\pi}^{(n+1)\pi}\dfrac{|\sin x|}{(n+1)\pi}dx = \dfrac{1}{(n+1)\pi}\int_0^\pi \sin x\, dx$$

$$= \dfrac{1}{(n+1)\pi}[-\cos x]_0^\pi = \dfrac{2}{(n+1)\pi}$$

から

$$\int_0^{n\pi}\left|\dfrac{\sin x}{x}\right|dx \geq \dfrac{2}{\pi}\left(1+\dfrac{1}{2}+\dfrac{1}{3}+\cdots+\dfrac{1}{n}\right) \to \infty \quad (n\to\infty) \quad (§2.4\ \text{例}\ 4)$$

だから

$$\int_0^\infty \left|\dfrac{\sin x}{x}\right|dx = \infty$$

となる.

系 f は $[a, \infty)$ で単調減少な連続関数であって $f(x) \geqq 0$ であるとする.
このとき,

$$\int_a^\infty f(x)\,dx < \infty \Rightarrow xf(x) \to 0 \quad (x \to \infty).$$

証明　$\forall \varepsilon > 0, \exists c > a, c > 0 : x/2 > c \Rightarrow \left|\int_{x/2}^x f(x)\,dx\right| < \dfrac{\varepsilon}{2}.$

ところが, $\displaystyle\int_{x/2}^x f(x)\,dx \geqq \dfrac{x}{2}f(x)$ だから $x > 2c \Rightarrow 0 \leqq xf(x) < \varepsilon.$

注意　逆は成り立たない. たとえば $f(x) = \dfrac{1}{x \log x} \; (x \geqq 2)$ とすると $\displaystyle\int_2^\infty \dfrac{1}{x \log x}\,dx$
$= \lim_{b \to \infty}[\log(\log x)]_2^b = \infty$ であるが $xf(x) = \dfrac{1}{\log x} \to 0 \; (x \to \infty)$ となる.

問 4　$\displaystyle\int_2^\infty \dfrac{1}{x^2-1}\,dx, \; \int_0^1 \dfrac{1}{1-x}\,dx, \; \int_0^1 \dfrac{1}{1-x^2}\,dx, \; \int_1^\infty \sin\dfrac{1}{x}\,dx$ を求めよ.

問 5　$\displaystyle\int_0^1 \dfrac{\log x}{\sqrt{x}}\,dx, \; \int_0^1 \dfrac{1}{\sqrt{\sin x}}\,dx$ は収束することを示せ(定理 4.6 を用いる).

広義の積分についても(定理4.3のような)積分記号下の微分についてつぎの定理が成り立つ.

定理 4.8　$f(t, x)$ は $I = (a, b) \times (c, d) \; (-\infty \leqq a < b \leqq \infty, -\infty \leqq c < d \leqq \infty)$ 上の関数で, 各 x を固定すると t に関して連続で, x について偏微分可能で $\partial f/\partial x\,(t, x)$ は I で連続であるとする. また (a, b) 上の連続関数 $\varphi(t)$ があって $|\partial f/\partial x(t, x)| \leqq \varphi(t) \; ((t, x) \in I)$ で, $\displaystyle\int_a^b \varphi(t)\,dt$ は収束する. 各 x について $\displaystyle\int_a^b f(t, x)\,dt$ は収束するとし,

$$g(x) = \int_a^b f(t, x)\,dt$$

とすると,

(4.27) $$g'(x) = \int_a^b \dfrac{\partial f}{\partial x}(t, x)\,dt$$

となる.

証明　定理の仮定と定理 4.4, 4.5 によって (4.27) の右辺は収束する.

(4.28)
$$\left|\frac{g(x+h)-g(x)}{h}-\int_a^b \frac{\partial f}{\partial x}(t,x)dt\right|$$
$$=\left|\int_a^b \left(\frac{f(t,x+h)-f(t,x)}{h}-\frac{\partial f}{\partial x}(t,x)\right)dt\right|,$$

平均値の定理によって，各 t に対して c_t が x と $x+h$ の間にあって

(4.29)
$$\frac{f(t,x+h)-f(t,x)}{h}=\frac{\partial f}{\partial x}(t,c_t).$$

$\varphi(t)\geqq 0$ で $\int_a^b \varphi(t)dt$ が収束だから

$$\forall \varepsilon>0, \exists a',b': a<a'<b'<b, \int_a^{a'}\varphi(t)dt<\varepsilon, \int_{b'}^b \varphi(t)dt<\varepsilon.$$

x を固定し，$c<c'<x<d'<d$ となる c',d' をとれば，$\partial f/\partial x(t,x)$ は $[a',b']\times[c',d']$ で一様に連続だから，

$$\exists \delta>0(\delta<d'-x, \delta<x-c'): t\in[a',b'], |h|<\delta$$
$$\Rightarrow \left|\frac{\partial f}{\partial x}(t,c_t)-\frac{\partial f}{\partial x}(t,x)\right|<\varepsilon/(b'-a').$$

x と h を固定しても，c_t は t の関数であるが，(4.29) により $\partial f/\partial x(t,c_t)$ は (a,b) 上の連続関数である．

$|h|<\delta$ のとき (4.28) は

$$\leqq \int_{a'}^{b'}\left|\frac{\partial f}{\partial x}(t,c_t)-\frac{\partial f}{\partial x}(t,x)\right|dt+\int_a^{a'}\left|\frac{\partial f}{\partial x}(t,c_t)\right|dt+\int_a^{a'}\left|\frac{\partial f}{\partial x}(t,x)\right|dt$$
$$+\int_{b'}^b \left|\frac{\partial f}{\partial x}(t,c_t)\right|dt+\int_{b'}^b \left|\frac{\partial f}{\partial x}(t,x)\right|dt<\varepsilon/(b'-a')(b'-a')$$
$$+2\int_a^{a'}\varphi(t)dt+2\int_{b'}^b \varphi(t)dt\leqq \varepsilon+2\varepsilon+2\varepsilon=5\varepsilon,$$

よって，(4.27) は成り立つ．

例 8 ガンマ関数．$x>0$ に対して

$$\Gamma(x)=\int_0^\infty t^{x-1}e^{-t}dt$$

とする．$(0,\infty)$ で $t\mapsto t^{x-1}e^{-t}$ は連続，$(0,1]$ で $0<t^{x-1}e^{-t}<t^{x-1}$，$[1,\infty)$ で $0<t^{x-1}e^{-t}=t^{x+1}/e^t\cdot 1/t^2$ で $t^{x+1}/e^t\to 0(t\to\infty)$ だから $\exists c>0: |t^{x+1}/e^t|<c$，よって定理 4.6 により $\int_0^\infty t^{x-1}e^{-t}dt$ は収束し，$\Gamma:(0,\infty)\to(0,\infty)$ が定まる．

4.2 広義の積分

この関数 Γ を**ガンマ関数**という.

$$\frac{\partial}{\partial x} t^{x-1} e^{-t} = \log t \, t^{x-1} e^{-t},$$

$$\frac{\partial^2}{\partial x^2} t^{x-1} e^{-t} = (\log t)^2 t^{x-1} e^{-t},$$

$$\cdots\cdots\cdots\cdots\cdots\cdots\cdots\cdots\cdots\cdots\cdots\cdots\cdots,$$

$$\frac{\partial^n}{\partial x^n} t^{x-1} e^{-t} = (\log t)^n t^{x-1} e^{-t},$$

よって,

$$f_n(t, x) = \frac{\partial^n}{\partial x^n} t^{x-1} e^{-t} \qquad (n=0, 1, 2, \cdots)$$

とおくと, $f_n(t, x)$ は $t>0$, $x>0$ で2変数の関数として連続である.

$0<t\leq 1$, $0<x_1\leq x$ のとき,

$$|f_n(t, x)| = |\log t|^n t^{x-1} e^{-t} \leq |\log t|^n t^{x_1-1} e^{-t}$$

$$\leq |\log t|^n t^{x_1-1} = |\log t|^n t^{x_1/2} t^{x_1/2-1},$$

$$|\log t|^n t^{x_1/2} \to 0 \qquad (t \to 0)$$

だから, $\exists c_1 : |f_n(t, x)| \leq c_1 t^{x_1/2-1}$ となる. 定理 4.6 により, $x>0$ のとき $\int_0^1 f_n(t, x) dt$, $\int_0^1 t^{x_1/2-1} dt$ は収束し, 定理 4.8 により,

$$(4.30) \qquad \frac{d}{dx} \int_0^1 f_n(t, x) dt = \int_0^1 \frac{\partial f_n}{\partial x}(t, x) dt.$$

また, $1\leq t$, $0<x\leq x_2$ のとき

$$|f_n(t, x)| = (\log t)^n t^{x-1} e^{-t} \leq (\log t)^n t^{x_2-1} e^{-t} = \frac{(\log t)^n t^{x_2+1}}{e^t} \frac{1}{t^2},$$

$$\frac{(\log t)^n t^{x_2+1}}{e^t} \to 0 \qquad (t \to \infty)$$

だから, $\exists c_2 : |f_n(t, x)| \leq c_2/t^2$ となる. 定理 4.6 によって $x>0$ のとき $\int_1^\infty f_n(t, x) dt$, $\int_1^\infty 1/t^2 dt$ は収束し, 定理 4.8 により,

$$(4.31) \qquad \frac{d}{dx} \int_1^\infty f_n(t, x) dt = \int_1^\infty \frac{\partial f_n}{\partial x}(t, x) dt.$$

(4.30), (4.31) によって

$$\frac{d}{dx}\int_0^\infty f_n(t,x)dt = \int_0^\infty \frac{\partial f_n}{\partial x}(t,x)dt = \int_0^\infty f_{n+1}(t,x)dt.$$

$\Gamma(x) = \int_0^\infty f_0(t,x)dt$ だから,

$$\Gamma'(x) = \int_0^\infty f_1(t,x)dt, \quad \Gamma''(x) = \int_0^\infty f_2(t,x)dt, \cdots,$$

$$\Gamma^{(n)}(x) = \int_0^\infty f_n(t,x)dt,$$

よって,

(4.32) $$\Gamma^{(n)}(x) = \int_0^\infty (\log t)^n t^{x-1} e^{-t} dt$$

となり, Γ は $(0, \infty)$ 上の C^∞ 級の関数である.

$0 < a < b$ のとき, 部分積分によって

$$\int_a^b t^{x-1}e^{-t}dt = \left[\frac{t^x e^{-t}}{x}\right]_a^b + \int_a^b \frac{t^x e^{-t}}{x}dt,$$

$a \to 0$, $b \to \infty$ とすると $\Gamma(x) = \Gamma(x+1)/x$, よって,

(4.33) $$\Gamma(x+1) = x\Gamma(x).$$

また,

$$\int_a^b e^{-t}dt = [-e^{-t}]_a^b \to 1 \quad (a \to 0, b \to \infty)$$

から $\Gamma(1) = 1$, よって,

(4.34) $$\Gamma(n) = (n-1)! \quad (n \in \mathbf{N}).$$

$x > 0$, $a > 0$ とするとき,

$$\int_0^\infty e^{-at}t^{x-1}dt = \int_0^\infty e^{-s}\left(\frac{s}{a}\right)^{x-1}\frac{1}{a}ds \quad \left(at = s, \frac{dt}{ds} = \frac{1}{a}\right)$$

$$= \frac{1}{a^x}\int_0^\infty e^{-s}s^{x-1}ds = \frac{\Gamma(x)}{a^x}$$

となる.

(4.32) によって $\Gamma^{(2n)}(x) > 0$, とくに $\Gamma''(x) > 0$, よって Γ' は強い意味で単調増加である. もしも, いつでも $\Gamma'(x) > 0$, または $\Gamma'(x) < 0$ ならば Γ

4.2 広義の積分

は強い意味で単調のはずであるが，(4.34) により $\Gamma(1)=\Gamma(2)=1$ だから，そうではない．よって，$\exists x_0>0: \Gamma'(x_0)=0$ となり，$0<x<x_0$ のとき $\Gamma'(x)<0$, $x>x_0$ のとき $\Gamma'(x)>0$. よって，Γ は $(0, x_0]$ で強い意味で単調減少，$[x_0, \infty)$ で強い意味で単調増加となり，したがって x_0 で極小となる．また，(4.34) により $x\to\infty$ のとき $\Gamma(x)\to\infty$, (4.33) により $\Gamma(x)=\Gamma(x+1)/x$, $x\to 0$ のとき $\Gamma(x+1)\to\Gamma(1)=1$ だから $\Gamma(x)\to\infty$ となる．$\Gamma''(x)>0$ により Γ のグラフは凸で図のようになる．

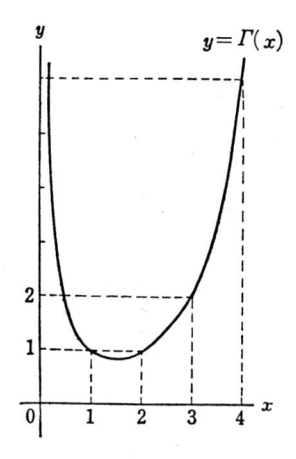

問 6 $\alpha>0, \beta>0$ のとき，$B(\alpha,\beta)=\int_0^1 x^{\alpha-1}(1-x)^{\beta-1}dx$ は収束することを証明せよ．($B(\alpha,\beta)$ をベータ関数という．) $\alpha,\beta\in \mathbf{N}$ のとき $B(\alpha,\beta)=(\alpha-1)!(\beta-1)!/(\alpha+\beta-1)!$ となることを証明せよ．

5. 級　　　数

5.1 級　　　数

三つの数 a, b, c を加えるには，つぎのようにいろいろなやりかたがある．

$$(a+b)+c, \quad a+(b+c), \quad (a+c)+b, \quad a+(c+b),$$
$$(b+c)+a, \quad b+(c+a), \quad (b+a)+c, \quad b+(a+c),$$
$$(c+a)+b, \quad c+(a+b), \quad (c+b)+a, \quad c+(b+a).$$

これらの結果は，加法の交換法則，結合法則によって皆同じになる．それが $a+b+c$ であった．一般に n 個の場合でも同様のことがいえる．ところがこの数が有限個ではなくて，無限に多くの数であるとき，それを加えることをどのように定義したらよいかは自明ではない．なるべくならば有限個の数を加える場合の法則が保存されるように，また特別の場合として有限個の場合を含んでいるように定めたい．無限個の数といってもいろいろあるが最小限の無限は，数に番号をつけて表わすことができるもの，つまり数列である．

いま，数列 (a_n) が与えられたとする．その項を一つずつ加えていったのではいつまでたってもきりがない．そこで数をたすという演算からはなれて

$$(5.1) \qquad a_1 + a_2 + \cdots + a_n + \cdots$$

と書いたものをまず考える．これは a_1 に a_2 をたして，それに a_3 をたし，…というような意味を初めからは考えないのである．要するに形式的なものである．(5.1) を**級数**，または**無限級数**といい，a_1 を初項，a_2 を第 2 項，a_n を第 n 項という．級数 (5.1) を

$$\sum_{n=1}^{\infty} a_n, \quad \sum_{n} a_n, \quad \sum a_n$$

とも書く．これは $a_1 + \sum_{n=2}^{\infty} a_n$ というように書いてもよい．また，$a_2 + a_3 + \cdots$ は $\sum_{n=2}^{\infty} a_n$ または $\sum_{n=1}^{\infty} a_{1+n}$ とも書かれる．a_3 から始まるものについても同様，$\sum_{n=0}^{\infty} a_n$ もよく用いられる．また，$\sum_{n=1}^{\infty} a_{mn}$ は $a_{m1} + a_{m2} + \cdots$ を表わす．なお，級数

$1+(-1)+1+(-1)+\cdots$ を $1-1+1-1+\cdots$ のようにも書く.

級数 $\sum_{n=1}^{\infty} a_n$ から

$$A_1 = a_1,$$
$$A_2 = A_1 + a_2 = a_1 + a_2,$$
$$A_3 = A_2 + a_3 = a_1 + a_2 + a_3,$$
$$\cdots\cdots\cdots\cdots\cdots\cdots,$$
$$A_n = A_{n-1} + a_n = a_1 + a_2 + \cdots + a_n,$$
$$\cdots\cdots\cdots\cdots\cdots\cdots$$

とおくと, 数列 (A_n) が得られる. A_n を $\sum a_n$ の第 n 項までの**部分和**という. 数列 (A_n) が極限をもつとき, $\lim_{n\to\infty} A_n = A$ を級数 $\sum a_n$ の和という. $\sum a_n$ の和があって, その和が有限であるとき, すなわち (A_n) が収束するとき, 級数 $\sum a_n$ は**収束する**といい, $\sum a_n$ が収束しないときは, **発散する**という. よって, $\sum a_n$ が発散するとは数列 (A_n) が発散することと同じ, この場合和が $+\infty$ または $-\infty$ となるか, 和がないかである. この定義のしかたは広義の積分の場合に似ている. すなわち, f が $[1, \infty)$ で連続のとき $\int_1^\infty f(x)dx$ を $\lim_{x\to\infty} \int_1^x f(x)dx$ と定めたのである. $\sum a_n$ が収束して和が A であるとき, $\sum a_n$ は A に収束するともいう. また和が $+\infty$ $(-\infty)$ のとき $+\infty$ $(-\infty)$ に発散するともいう.

例1 与えられた数列 (A_n) を部分和とする級数をつくることができる:
$$A_1 + (A_2 - A_1) + \cdots + (A_n - A_{n-1}) + \cdots.$$
たとえば, $A_n = 1/n \to 0$ $(n \to \infty)$ に対して
$$1 + \left(\frac{1}{2} - \frac{1}{1}\right) + \cdots + \left(\frac{1}{n} - \frac{1}{n-1}\right) + \cdots = 1 + \sum_{n=2}^{\infty} \frac{-1}{n(n-1)}.$$
この級数は収束し, 和は 0 である. またたとえば, $A_n = \log(n+1) \to +\infty$ $(n \to \infty)$ に対して
$$\log 2 + \sum_{n=2}^{\infty} (\log(n+1) - \log n) = \sum_{n=1}^{\infty} \log\left(1 + \frac{1}{n}\right),$$
この級数は発散し, 和は $+\infty$ であるが, $\log(1+1/n) \to 0$ $(n \to \infty)$ であること

に注意しよう．

級数 $\sum a_n$ が収束する場合，その和を A とすると，部分和 A_n は A に収束するから $a_n = A_n - A_{n-1} \to A - A = 0$ $(n\to\infty)$ となる．すなわち，

定理 5.1 級数 $\sum a_n$ が収束するとき，$\lim_{n\to\infty} a_n = 0$ となる．

よって，$\lim_{n\to\infty} a_n = 0$ は $\sum a_n$ が収束するための必要条件である．けれども，これが十分条件でないことを上の例は示している．

(A_n) が収束するための必要で十分な条件は，これが基本列であることである．すなわち，
$$\forall \varepsilon > 0, \exists n_0 : m, n > n_0 \Rightarrow |A_m - A_n| < \varepsilon.$$
いま，$m > n$ として $m = n + p$ と書くと，これは

(5.2) $\quad \forall \varepsilon > 0, \exists n_0 : m > n_0, p \in \mathbf{N} \Rightarrow |a_{n+1} + \cdots + a_{n+p}| < \varepsilon$

となる．すなわち，

定理 5.2 級数 $\sum a_n$ が収束するための必要十分条件は (5.2) が成り立つことである．

これからつぎのことがわかる．級数が収束するか発散するかは，初めの方の項には無関係であって，初めに有限個をどのようにつけても，とっても，変えても同じことである．初めの有限個を除いたすべての n について成り立つような条件を，**ほとんどすべての** n について成り立つという．このいいかたを用いると，たとえば数列 (a_n) が l に収束することは，"任意の $\varepsilon > 0$ に対してほとんどすべての $n \in \mathbf{N}$ が $|a_n - l| < \varepsilon$ を成り立たせる" という形に述べられる． 'ほとんどすべての' は '十分大きなすべての' と同じ意味である．関数の極限でいうと，'ある点の十分近では' というのに似る．

定理 5.3 二つの級数 $\sum_{n=1}^{\infty} a_n, \sum_{n=1}^{\infty} b_n$ が収束して，和がそれぞれ A, B であるとき，級数 $\sum_{n=1}^{\infty} (\alpha a_n + \beta b_n)$ も収束して和は $\alpha A + \beta B$ となる．

証明 $\sum_{n=1}^{m} (\alpha a_n + \beta b_n) = \alpha \sum_{n=1}^{m} a_n + \beta \sum_{n=1}^{m} b_n \to \alpha A + \beta B \quad (m \to \infty).$

$\sum a_n, \sum b_n$ が収束してもしなくても，$\sum (\alpha a_n + \beta b_n)$ をそれらの1次結合という．

a を初項，r を公比とする**等比級数**とは

$$a+ar+ar^2+\cdots$$

をいう．$a=0$ のとき各項が 0 となり，0 に収束する．よって，以下 $a\neq 0$ とする．部分和を

$$A_n=a+ar+\cdots+ar^{n-1}$$

とすると

$$rA_n=ar+ar^2+\cdots+ar^n$$

だから

$$(1-r)A_n=a-ar^n,$$

$r\neq 1$ のとき，

$$A_n=\frac{a}{1-r}-\frac{a}{1-r}r^n$$

となる．よって，$|r|<1$ のとき，

$$\left|A_n-\frac{a}{1-r}\right|=\left|\frac{a}{1-r}\right||r|^n\to 0 \quad (n\to\infty),$$

すなわち，$\lim_{n\to\infty}A_n=a/(1-r)$ となり $\sum_{n=1}^{\infty}ar^{n-1}$ は収束し，和は $a/(1-r)$ となる．$|r|\geqq 1$ のときは $|ar^{n-1}|=|a||r|^{n-1}\geqq |a|>0$ で，$ar^{n-1}\to 0$ $(n\to\infty)$ とならないから $\sum ar^{n-1}$ は発散する．よって，つぎの定理が証明された．

定理 5.4 等比級数 $\sum_{n=1}^{\infty}ar^{n-1}(a\neq 0)$ は，$|r|<1$ のとき収束し和は $a/(1-r)$ となり，$|r|\geqq 1$ のとき発散する．

解析学のなかで等比級数は予想外に重要な働きをしている．たとえば，すでにわれわれは縮小写像の原理の証明のなかでこれを用いた(§1.7)．

級数 $\sum a_n$ の和が A であることをしばしば

$$\sum a_n=A$$

と書くことがあるが，それは級数 $\sum a_n$ が A に等しいというのではなくて，級数 $\sum a_n$ の和が A に等しいことを便宜的に表わしたのである．

たとえば，$|x|<1$ のとき $1+x+x^2+\cdots=1/(1-x)$，これは $|x|<1$ のとき左辺の級数が収束して，その和が $1/(1-x)$ となることを意味する．左辺は級数，右辺は $1/(1-x)$ という式あるいは関数の値である．

$a_n \geqq 0$ $(n=1, 2, \cdots)$ であるような級数 $\sum a_n$ を**正項級数**という．このとき部分和の列 (A_n) は

$$A_1 \leqq A_2 \leqq \cdots \leqq A_n \leqq \cdots$$

をみたすから，(A_n) が収束するための条件はこれが（上に）有界となることである．よって，$\sum a_n$ は和が $+\infty$ か，そうでなければ収束する．

$\sum a_n, \sum b_n$ が正項級数であって，$a_n \geqq b_n$ $(n=1, 2, \cdots)$ であるとする．それぞれの部分和を A_n, B_n とすると，$A_n \geqq B_n$ となる．$\sum a_n$ が収束して和が A なら $A \geqq B_n$ だから $\sum b_n$ も収束して和 B は A をこえない：$A \geqq B$．すなわち，

定理 5.5 $\sum a_n, \sum b_n$ が正項級数であって，$a_n \geqq b_n$ $(n=1, 2, \cdots)$ であるとき，$\sum a_n$ が A に収束すれば，$\sum b_n$ も収束し，和は A をこえない．

対偶をとってみると $\sum b_n$ が発散すれば $\sum a_n$ も発散することになる．また，$a_n \geqq b_n$ の代りに $ca_n \geqq b_n$ となる $c>0$ があるとしても同様のことが成り立つ．

注意 $a_n \geqq b_n$ などはほとんどすべての n について成り立っていれば収束，発散については同じようにいえる．ただし，$A \geqq B$ はいえない．これから先は，このような注意はいちいちしない．

このことから，つぎのような正項級数の収束，発散の判定法が得られる．

定理 5.6 $\sum a_n, \sum b_n$ は正項級数であるとする．$\lim\limits_{n\to\infty} a_n/b_n$ が収束するとき，$\sum b_n$ が収束すれば $\sum a_n$ も収束する．また，$\lim a_n/b_n$ があって $\lim a_n/b_n > 0$ のとき，$\sum b_n$ が発散すれば $\sum a_n$ も発散する．したがって，$\lim a_n/b_n$ が収束し，$\lim a_n/b_n \neq 0$ ならば $\sum a_n$ と $\sum b_n$ とはともに収束，またはともに発散する．

証明 $\lim a_n/b_n$ が収束するとき，$\exists M : \lim a_n/b_n < M < \infty$，よって，ほとんどすべての n について $a_n/b_n < M$，したがって $\sum b_n$ が収束すれば $\sum a_n$ も収束する．また，$\lim a_n/b_n > 0$ のとき $\exists m : \lim a_n/b_n > m > 0$，よってほとんどすべての n について $a_n/b_n > m$，したがって $\sum b_n$ が発散すれば $\sum a_n$ も発散する．

例 2 $\sum \log\left(1+\dfrac{1}{n}\right)$ は発散する(例 1). 一方,

$$\lim_{n\to\infty}\frac{\log\left(1+\dfrac{1}{n}\right)}{\dfrac{1}{n}}=\lim_{h\to 0}\frac{\log(1+h)-\log 1}{h}=\frac{d}{dx}\log x\bigg|_{x=1}$$

$$=1 \quad (\neq 0, \neq \infty),$$

よって,調和級数 $\sum 1/n$ も発散する.(これは §2.4 例 4 からも明らかである.)

例 3 $\sum 1/(n(n+1))$ は収束する(例 1). これから $\sum 1/n^2$ が収束することは上の方法でわかる. また,正項級数

$$\sum \frac{1}{an^2+bn+c} \quad (a>0,\ b^2-4ac<0)$$

も $(an^2+bn+c)/n^2 \to a$ $(\neq 0, \neq \infty)$ $(n\to\infty)$ だから収束する.

定理 5.7 (コーシーの判定条件) 正項級数 $\sum a_n$ は $\lim\limits_{n\to\infty}\sqrt[n]{a_n}$ が存在するとき,

$$\lim \sqrt[n]{a_n} < 1 \quad \text{ならば収束},$$
$$\lim \sqrt[n]{a_n} > 1 \quad \text{ならば発散},$$
$$\lim \sqrt[n]{a_n} = 1 \quad \text{ならば不明},$$

また,$\lim\limits_{n\to\infty} a_{n+1}/a_n$ が存在するとき,

$$\lim a_{n+1}/a_n < 1 \quad \text{ならば収束},$$
$$\lim a_{n+1}/a_n > 1 \quad \text{ならば発散},$$
$$\lim a_{n+1}/a_n = 1 \quad \text{ならば不明}$$

である.

証明 $\lim \sqrt[n]{a_n}=\lambda<1$ とする.$\exists \varepsilon>0: \lambda+\varepsilon<1,\ \exists n_0: n>n_0 \Rightarrow \sqrt[n]{a_n}<\lambda+\varepsilon$, よって $a_n<(\lambda+\varepsilon)^n$ で,$\sum(\lambda+\varepsilon)^n$ は収束する等比級数だから $\sum a_n$ も収束する.

$\lim \sqrt[n]{a_n}=\lambda>1$ とする.$\exists n_0: n>n_0 \Rightarrow \sqrt[n]{a_n}>1$, よって $a_n>1$, したがって $\sum a_n$ は収束の必要条件 $a_n\to 0$ $(n\to\infty)$ をみたさないから発散する.

例 2,例 3 により $\sum 1/n$ は発散し,$\sum 1/n^2$ は収束するが $\sqrt[n]{\dfrac{1}{n}}\to 1$, $\sqrt[n]{\dfrac{1}{n^2}}\to 1$

($\S 1.4$ 例5) である.

$\lim a_{n+1}/a_n = \lambda < 1$ とする. $\exists \varepsilon > 0 : \lambda + \varepsilon < 1, \exists n_0 : n > n_0 \Rightarrow a_{n+1}/a_n < \lambda + \varepsilon$,

$$a_{n_0+2} < (\lambda+\varepsilon) a_{n_0+1},$$
$$a_{n_0+3} < (\lambda+\varepsilon) a_{n_0+2} < (\lambda+\varepsilon)^2 a_{n_0+1},$$
$$\cdots\cdots\cdots\cdots\cdots\cdots\cdots\cdots\cdots\cdots,$$
$$a_{n_0+n} < (\lambda+\varepsilon)^{n-1} a_{n_0+1},$$

よって, $\sum a_n$ は公比 $\lambda+\varepsilon$ ($0<\lambda+\varepsilon<1$) の等比級数より小さい項からできているから収束である.

$\lim a_{n+1}/a_n = \lambda > 1$ とする. $\exists n_0 : n > n_0 \Rightarrow a_{n+1}/a_n > 1, a_{n+1} > a_n$, よって $\sum a_n$ は収束するための必要条件 $a_n \to 0$ ($n \to \infty$) をみたさないから $\sum a_n$ は発散する.

$\lim a_{n+1}/a_n = 1$ のとき不明であることは, さきの $\lim \sqrt[n]{a_n} = 1$ の場合の例でわかる.

例 4 $\sum \dfrac{1}{n!}$ は $\dfrac{1/(n+1)!}{1/n!} = \dfrac{1}{n+1} \to 0 < 1$ だから収束する.

例 5 $\sum nr^{n-1} (r>0)$ は $\dfrac{(n+1)r^n}{nr^{n-1}} = \dfrac{n+1}{n} r \to r$ だから, $r<1$ のとき収束, $r>1$ のとき発散する. $r=1$ のとき発散することは直接わかる.

定理 5.8 (積分による判定法) $f(x)$ が $x \geq 1$ で単調に減少する正の連続関数であるとき,

$$\int_1^\infty f(x)dx \text{ は収束する} \iff \sum_{n=1}^\infty f(n) \text{ は収束する}.$$

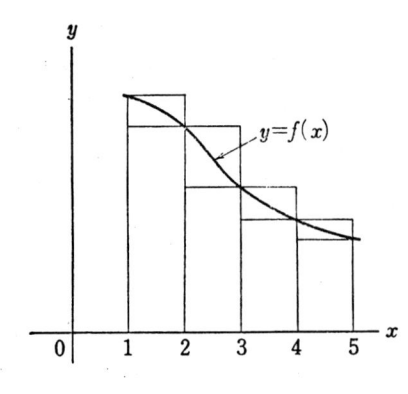

証明 f の単調性により, $n \leq x \leq n+1$ のとき $f(n) \geq f(x) \geq f(n+1)$ だから

$$f(n) \geq \int_n^{n+1} f(x)dx \geq f(n+1),$$

よって,

$$\sum_{n=1}^m f(n) \geq \int_1^{m+1} f(x)dx \geq \sum_{n=2}^{m+1} f(n).$$

$m \to \infty$ のときの極限を考えて, 左半分の不

等式から，$\sum f(n)$ が収束すれば $\int_1^\infty f(x)dx$ も収束，右半分の不等式から $\int_1^\infty f(x)dx$ が収束すれば $\sum f(n)$ も収束する.

注意 $f(x)$ が $x \geq k$ $(k \in \mathbf{Z})$ で同様の関数であるとき，
$$\int_k^\infty f(x)dx \text{ は収束する} \Longleftrightarrow \sum_{n=k}^\infty f(n) \text{ は収束する.}$$

例 6 $\sum_{n=1}^\infty \frac{1}{n}$, $\sum_{n=2}^\infty \frac{1}{n\log n}$, $\sum_{n=3}^\infty \frac{1}{n\log n \log\log n}$ は発散する. $f(x)=1/x$ は $x \geq 1$ で単調減少な正の連続関数で
$$\int_1^\infty f(x)dx = \int_1^\infty \frac{1}{x}dx = \lim_{b\to\infty}[\log x]_1^b = \infty$$
だから $\sum 1/n$ も発散する（これは例2にすでに示した）. 同様に，
$$\int_2^\infty \frac{1}{x\log x}dx = \lim_{b\to\infty}[\log\log x]_2^b = \infty,$$
$$\int_3^\infty \frac{1}{x\log x \log\log x}dx = \lim_{b\to\infty}[\log\log\log x]_3^b = \infty$$
から $\sum_{n=2}^\infty \frac{1}{n\log n}$, $\sum_{n=3}^\infty \frac{1}{n\log n \log\log n}$ の発散がわかる. $n > e^e$ のとき $\frac{1}{n} > \frac{1}{n\log n} > \frac{1}{n\log n \log\log n}$ であるから，このようにして，ゆっくり発散する級数が得られる.

例 7 $\sum_{n=1}^\infty \frac{1}{n^\alpha}$ $(\alpha > 1)$ は収束する. $f(x) = 1/x^\alpha$ は $x \geq 1$ で単調減少な正の連続関数で
$$\int_1^\infty f(x)dx = \int_1^\infty \frac{1}{x^\alpha}dx = \lim_{b\to\infty}\left[\frac{x^{1-\alpha}}{1-\alpha}\right]_1^b = \frac{1}{1-\alpha}\lim_{b\to\infty}b^{1-\alpha} - \frac{1}{1-\alpha}$$
$$= \frac{1}{\alpha-1}$$
だから $\sum 1/n^\alpha$ $(\alpha > 1)$ は収束する.

級数 $\sum a_n$ は $\sum |a_n|$ が収束するとき**絶対収束**するという. 収束する正項級数は明らかに絶対収束する.

$\sum |a_n|$ が収束するときコーシーの収束条件 (5.2) によって
$$\forall \varepsilon > 0, \exists n_0 : n > n_0, p \in \mathbf{N} \Rightarrow |a_{n+1}| + \cdots + |a_{n+p}| < \varepsilon,$$

したがって $|a_{n+1}+\cdots+a_{n+p}| \leq |a_{n+1}|+\cdots+|a_{n+p}| < \varepsilon$ となるから $\sum a_n$ も収束する. すなわち, 絶対収束する級数は収束する. このことはまたつぎのようにも証明される. (関数の場合にならい (p. 261))

$$a_n{}^+ = \max\{a_n, 0\}, \qquad a_n{}^- = \max\{-a_n, 0\} = (-a_n)^+$$

とすると

$$0 \leq a_n{}^+ \leq |a_n|, \quad 0 \leq a_n{}^- \leq |a_n|, \quad a_n = a_n{}^+ - a_n{}^-, \quad |a_n| = a_n{}^+ + a_n{}^-$$

となる. よって, $\sum |a_n|$ が収束するとき $\sum a_n{}^+$, $\sum a_n{}^-$ も収束し(定理 5.5), したがって $\sum a_n = \sum (a_n{}^+ - a_n{}^-)$ も収束する(定理 5.3).

逆に収束級数は絶対収束するかというと, そうではないことがつぎの定理で示される.

定理 5.9 $a_1 \geq a_2 \geq \cdots \to 0$ であれば

$$a_1 + (-a_2) + a_3 + (-a_4) + \cdots + (-1)^{n+1} a_n + \cdots$$

は収束する.

証明 第 n 項までの部分和を A_n で表わせば,

$$A_{2n} = A_{2n-2} + (a_{2n-1} - a_{2n}) \geq A_{2n-2},$$
$$A_{2n} = a_1 - (a_2 - a_3) - (a_4 - a_5) - \cdots - (a_{2n-2} - a_{2n-1}) - a_{2n} \leq a_1$$

だから (A_{2n}) は単調増加で上に有界である. よって, 有限な極限

$$\lim_{n \to \infty} A_{2n} = A$$

が存在する. また, $A_{2n+1} = A_{2n} + a_{2n+1}$ だから

$$\lim_{n \to \infty} A_{2n+1} = A$$

となり, したがって $\lim_{n \to \infty} A_n = A$ となる.

このように項が交互に正(または0)負(または0)であるような級数を**交番級数**という.

問 1 $|a_1| \geq |a_2| \geq \cdots \to 0$ である交番級数 $\sum a_n$ は収束し, 和を A とすると $|A| \leq |a_1|$ であることを証明せよ.

いま, $a_n = 1/n$ とすれば $1 - 1/2 + 1/3 - \cdots$ はいまの定理により収束するが, 調和級数 $1 + 1/2 + 1/3 + \cdots$ は発散するのであった. $1 - 1/2 + 1/3 - \cdots$ のように

絶対収束しない収束級数を**条件収束**級数という．

定理 5.10 $\sum a_n$ が条件収束級数であるとき，$\sum a_n^+$ と $\sum a_n^-$ は $+\infty$ に発散する．

証明 もしも，$\sum a_n^+$, $\sum a_n^-$ がともに収束すれば，$\sum |a_n| = \sum (a_n^+ + a_n^-)$ も収束するから，$\sum a_n^+$, $\sum a_n^-$ の少なくとも一方は収束しない．また，もしも $\sum a_n^+$ が収束すれば $\sum a_n^- = \sum (a_n^+ - a_n)$ も収束し，同様に $\sum a_n^-$ が収束すれば $\sum a_n^+ = \sum (a_n + a_n^-)$ も収束するから，$\sum a_n^+$ も $\sum a_n^-$ も収束しない．これらは正項級数であるから和は $+\infty$ である．

条件収束級数はリーマンが示したように，項の順序を変えて並べることにより，任意の値を和とするようにも，また和をもたないようにもすることができる．証明はむずかしくはないがここでは述べない．ここで項の順序を並べ換えるといったのはつぎの意味である．$N = \{1, 2, \cdots\}$ から N への全単射を φ とするとき級数

$$a_{\varphi(1)} + a_{\varphi(2)} + \cdots$$

は $\sum a_n$ を並べ換えたものであるという．そうすると，絶対収束のときにはつぎの定理が成り立つ．

定理 5.11 絶対収束級数はどのように並べ換えても絶対収束し，和は変らない．

証明 まず $\sum a_n$ が収束する正項級数（したがって，絶対収束）である場合について証明しよう．$\sum a_n$ の和を A とし，φ を N から N への全単射とする．$\{\varphi(1), \cdots, \varphi(n)\} \subset N$ だから $\max_{1 \leq j \leq n} \varphi(j) = M(n)$ とすると $\{\varphi(1), \cdots, \varphi(n)\} \subset \{1, 2, \cdots, M(n)\}$. よって，

$$a_{\varphi(1)} + \cdots + a_{\varphi(n)} \leq \sum_{j=1}^{M(n)} a_j \leq A,$$

したがって，級数

(5.3) $$a_{\varphi(1)} + a_{\varphi(2)} + \cdots$$

は収束し，和 A' は A をこえない：$A' \leq A$. つぎに全単射 $\varphi^{-1}: N \to N$ によって (5.3) を並べ換えれば $\sum a_n$ が得られるから，いま証明したことによって $A \leq A'$, よって，$A = A'$ となる．これで収束する正項級数は並べ換えて

も収束し,和は変らないことが示された.一般の場合は,$a_n = a_n^+ - a_n^-$ と書けて $0 \leq a_n^+ \leq |a_n|$, $0 \leq a_n^- \leq |a_n|$ だから $\sum a_n^+$, $\sum a_n^-$ は収束する正項級数である.よって,$\varphi : \mathbf{N} \to \mathbf{N}$ が全単射であるとき,$\sum a_{\varphi(n)}^+$, $\sum a_{\varphi(n)}^-$ は収束して和は $\sum a_n^+$, $\sum a_n^-$ の和 α, β に等しい.

$$a_{\varphi(n)} = a_{\varphi(n)}^+ - a_{\varphi(n)}^-, \qquad |a_{\varphi(n)}| = a_{\varphi(n)}^+ + a_{\varphi(n)}^-$$

だから $\sum a_{\varphi(n)}$ は絶対収束し,和は $\alpha - \beta$ となる.$\sum a_n = \sum(a_n^+ - a_n^-)$ の和も $\alpha - \beta$ である.

1次結合をつくる演算を行うには,級数が収束するだけでよかった.絶対収束する級数では,さらに積を考えることができるのである.

級数 $\sum a_n$, $\sum b_n$ の両方から一つずつ項をとり,その積をつくることを,もれなく一度だけ行なったものを項とする級数を考える.

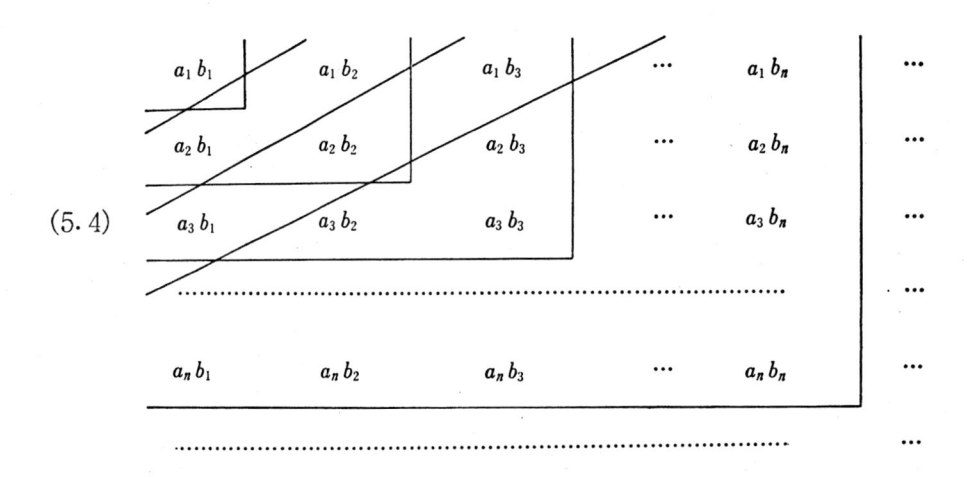

(5.4)

$$\begin{array}{cccccc}
a_1 b_1 & a_1 b_2 & a_1 b_3 & \cdots & a_1 b_n & \cdots \\
a_2 b_1 & a_2 b_2 & a_2 b_3 & \cdots & a_2 b_n & \cdots \\
a_3 b_1 & a_3 b_2 & a_3 b_3 & \cdots & a_3 b_n & \cdots \\
\vdots & \vdots & \vdots & & \vdots & \\
a_n b_1 & a_n b_2 & a_n b_3 & \cdots & a_n b_n & \cdots \\
\vdots & & & & &
\end{array}$$

とすると,$a_i b_j$ はもれなく一度だけでてくる.これを項とする数列をつくるのにその方法はいろいろあるが,感覚的で厳密さを失わない方法の一つとして

$$\underbrace{a_1 b_1}_{\text{添数の和が}2} + \underbrace{a_2 b_1 + a_1 b_2}_{\text{添数の和が}3} + \underbrace{a_3 b_1 + a_2 b_2 + a_1 b_3}_{\text{添数の和が}4} + \cdots$$

または

(5.5) $\quad a_1 b_1 + a_2 b_1 + a_2 b_2 + a_1 b_2 + a_3 b_1 + a_3 b_2 + a_3 b_3 + a_2 b_3 + a_1 b_3 + \cdots$
$\qquad + a_n b_1 + a_n b_2 + \cdots + a_n b_n + a_{n-1} b_n + \cdots + a_1 b_n + \cdots$

のように並べられる.(初めのは (5.4) で3角形にとり,あとのは正方形にとって並べている.) 条件収束のときには並べかたを指定しない限り和を論ずる

ことはできないが，絶対収束級数ならば都合のよい一つの並べかたの和をもって和とすることができるわけである．いま，$\sum a_n$, $\sum b_n$ は絶対収束であるとして和をそれぞれ A, B とする．$\sum |a_n|=\alpha$, $\sum |b_n|=\beta$ とし，$|a_i b_j|$ をもれなく一度だけとってある方法で並べてできた級数を $\sum |a_i b_j|$ とする．$\sum |a_i b_j|$ の初めの n 項に現われる i, j の最大のものを $M(n)$ とすると $\{1, 2, \cdots, M(n)\}$ のなかに，初めから n 項までに現われる番号 i, j はすべて含まれる．よって，$\sum |a_i b_j|$ の第 n 項までの部分和を $S(n)$ とすると

$$S(n) \leqq \sum_{i=1}^{M(n)} |a_i| \sum_{j=1}^{M(n)} |b_j| \leqq \alpha\beta,$$

したがって，$\sum |a_i b_j|$ は収束する．ある並べかたをした $\sum a_i b_j$ が絶対収束するのだから，並べかたによらない和が定まる．よって，この和を C とする．いま，(5.5) の第 n 項までの部分和を C_n とすると，その並べかたからわかるとおり

$$C_1 = a_1 b_1,$$
$$C_{2^2} = a_1 b_1 + a_2 b_1 + a_2 b_2 + a_1 b_2 = (a_1+a_2)(b_1+b_2),$$
$$\cdots\cdots\cdots\cdots,$$
$$C_{n^2} = \sum_{i=1}^{n} a_i \sum_{j=1}^{n} b_j,$$
$$\cdots\cdots\cdots\cdots,$$
$$C = \lim_{n\to\infty} C_n = \lim_{n\to\infty} C_{n^2}$$

よって，

$$C = \lim_{n\to\infty} C_{n^2} = \lim_{n\to\infty} \left(\sum_{i=1}^{n} a_i \sum_{j=1}^{n} b_j \right) = AB.$$

以上のことからつぎの定理が得られる．

定理 5.12 級数 $\sum a_n$, $\sum b_n$ がともに絶対収束であるとき，その和をそれぞれ A, B とすれば，$\sum a_n$, $\sum b_n$ から一つずつ項 a_i, b_j をとり，その積 $a_i b_j$ を i, j の組合せをもれなく一度だけとって任意の順序に並べて得られる級数 $\sum a_i b_j$ は絶対収束し，その和は AB に等しい．

例 8 $|x|<1$ のとき，

$$\frac{1}{1-x}=1+x+x^2+\cdots,$$

よって,

$$\frac{1}{(1-x)^2}=1+x+x+x^2+x^2+x^2+\cdots$$
$$=1+2x+3x^2+\cdots+nx^{n-1}+\cdots,$$

また,

$$\frac{1}{(1+x)^3}=1+(1+2)x+(1+2+3)x^2+\cdots$$
$$=1+\frac{2\cdot 3}{2}x+\frac{3\cdot 4}{2}x^2+\frac{4\cdot 5}{2}x^3+\cdots+\frac{n(n+1)}{2}x^{n-1}+\cdots.$$

問 2 つぎの級数の和を求めよ.

$$\sum_{n=1}^{\infty}\frac{1}{n(n+1)},\qquad \sum_{n=1}^{\infty}\frac{1}{4^n}(2^n-1).$$

問 3 $\sum a_n$ は収束する正項級数で, (b_n) が有界数列ならば $\sum a_n b_n$ は収束することを証明せよ.

問 4 $\sum a_n^2, \sum b_n^2$ が収束するとき, $\sum a_n b_n$ は絶対収束することを証明せよ.

問 5 $\sum a_n\, (a_n\geqq 0)$ が収束するとき $\sum a_n^2$ も収束することを示せ. $a_n\geqq 0$ と限らないときは, $\sum a_n$ が収束でも $\sum a_n^2$ が発散することもある. その例をあげよ.

問 6 $\sum a_n^2$ が収束すれば $\sum |a_n|/n$ も収束することを示せ(問4を用いる).

問 7 $\displaystyle\sum_{n=1}^{\infty}\frac{(\log n)^\beta}{n^\alpha},\quad \sum_{n=2}^{\infty}\frac{1}{n(\log n)^\alpha},\quad \sum_{n=3}^{\infty}\frac{1}{n\log n(\log\log n)^\alpha}$

$(\alpha>1, \beta>0)$ は収束することを示せ.

問 8 つぎの級数の収束発散を調べよ.

$$\sum\frac{n+1}{n^3+1},\quad \sum\frac{n!}{n^n},\quad \sum\frac{a^n}{n^n},\quad \sum\frac{a^n}{n!},\quad \sum\frac{(-1)^n}{\sqrt{n}},\quad \sum\frac{(-1)^n}{\sqrt[n]{n}}.$$

問 9 $\sum a_n$ は発散する正項級数であるとき, $\sum a_n/(1+a_n)$ は発散し, $\sum a_n/(1+n^2 a_n)$ は収束し, $\sum a_n/(1+n a_n), \sum a_n/(1+a_n^2)$ は収束することも発散することもある. これを証明せよ.

5.2 関数項級数

共通の定義域をもつ関数の列 (f_n) が与えられているとき，定義域に属する x を定めると，数列 $(f_n(x))$ ができ，したがってこれを項とする級数 $\sum f_n(x)$ ができる．$\sum f_n$ または $\sum f_n(x)$ を**関数項級数**という．集合 A の各元 x に対し $\sum f_n(x)$ が収束するとき，$\sum f_n(x)$ は A で**収束する**という．このときその和を x に対応させると A 上の関数ができる．これを f とするとき，$\sum f_n(x)$ は A で $f(x)$ に収束するという．これは各 $x \in A$ について $\sum f_n(x) = f(x)$ と同じことである．§5.1 の例の $|x|<1$ のとき

$$\frac{1}{1-x} = 1 + x + x^2 + \cdots + x^n + \cdots$$

は上に述べたような意味に見ることもできる．すなわち，右辺は関数項級数であって，$|x|<1$ で（詳しくは $\{x : |x|<1\}$ で）$1/(1-x)$ に収束するのである．

$\sum f_n(x)$ が収束するとは，部分和 $S_n(x) = \sum_{j=1}^{n} f_j(x)$ の列 $(S_n(x))$ が収束することであるが，これが A で一様収束するとき，級数 $\sum f_n(x)$ は A で**一様収束する**という．和を $f(x)$ とすると，$\sum f_n(x)$ は A で $f(x)$ に一様収束するという．したがって，関数列 $(S_n(x))$ の一様収束に関する性質は，級数 $\sum f_n(x)$ の一様収束に関する性質にいいなおすことができるわけである．たとえば，$\sum f_n(x)$ が A で一様収束するための条件は（定理 1.12 により）

$$\forall \varepsilon > 0, \exists n_0 \in \mathbf{N} : m, n > n_0, x \in A \Rightarrow |S_m(x) - S_n(x)| < \varepsilon,$$

すなわち，

(5.6) $$\forall \varepsilon > 0, \exists n_0 \in \mathbf{N} : m \geqq n \geqq n_0, x \in A \Rightarrow \left| \sum_{j=n}^{m} f_j(x) \right| < \varepsilon$$

である．

また，$f_n(x)$ が A で連続で $\sum f_n(x)$ が A で一様収束するとき和を $f(x)$ とすると，部分和 $(S_n(x))$ が連続で $f(x)$ はその一様収束の極限だから連続である（定理 1.13）．

定理 2.20，定理 4.2 は級数の形に述べ換えるとつぎのようになる．

$[a, b]$ で $F_n{}'=f_n$ であって $\sum f_n(x)$ が $f(x)$ に一様収束し,1点 $x_0 \in [a, b]$ で $\sum F_n(x_0)$ が収束していれば,$\sum F_n(x)$ は $[a, b]$ で一様収束し,その和を $F(x)$ とすると $F'=f$ となる.すなわち,$[a, b]$ で

$$\left(\sum F_n(x)\right)' = \sum F_n{}'(x).$$

$[a, b]$ で連続な関数から成る級数 $\sum f_n(x)$ が $f(x)$ に一様収束しているとき,$[a, b]$ で $\sum \int_a^x f_n(t)dt$ は $\int_a^x f(t)dt$ に一様収束する.ここで,$x=b$ のときは

$$\int_a^b \sum f_n(x)\,dx = \sum \int_a^b f_n(x)\,dx$$

である.

問 1 これらはほとんど明らかであるが,証明してみよ.

これらは適当な条件のもとで,級数の和として表わされる関数を微分(積分)するには,各項の導関数(積分)を項とする級数の和を求めればよいことを示している.このように級数の各項を微分(積分)したものを項とする級数を,初めの級数を**項別に微分(積分)**して得られる級数という.それで,上の定理を**項別微分(積分)の定理**という.

問 2 $f(x) = \sum 1/(x^2+n^2)$ の導関数 f' は項別微分によって求めることができることを示せ.

$\sum |f_n(x)|$ が各 $x \in A$ に対して収束するとき,$\sum f_n(x)$ は A で**絶対収束**するという.

$\sum |f_n(x)|$ が A で一様収束するとき,$\sum f_n(x)$ は A で**一様に絶対収束**するという.つぎの定理は粗雑だがよく用いられる.

定理 5.13 (ワイエルシュトラス) 集合 A 上の関数 f_n が有界:$|f_n(x)| \leq M_n$ $(n=1, 2, \cdots)$ で $\sum M_n$ が収束すれば,級数 $\sum f_n(x)$ は A で一様に絶対収束する.

証明 $\forall \varepsilon > 0,\ \exists n_0 \in N : m \geq n \geq n_0 \Rightarrow \left|\sum_{j=n}^m M_j\right| < \varepsilon$,よって,$x \in A$ のとき $\sum_{j=n}^m |f_j(x)| \leq \sum_{j=n}^m M_j < \varepsilon$,したがって $\sum |f_j(x)|$ は A で一様収束する.

例 1 $\sum \sin n^2 x / n^2$ は一様に絶対収束する.実際 $|\sin n^2 x/n^2| \leq 1/n^2$ であって

$\sum 1/n^2$ は収束するからである.したがって,$f(x)=\sum \sin n^2 x/n^2$ は連続関数となる.これを項別に微分してみる,すなわち各項の導関数を項とする級数をつくると $\sum \cos n^2 x$ となる.これは $x=0$ のとき収束しないことは明らかである.この $f(x)$ は微分可能であるかどうか($x=0$ でさえも)知られていないようである.

$\sum f_n(x)$ が A で一様に絶対収束するとき,明らかに一様収束((5.6) から)であって,絶対収束であるが,逆は成り立たない.たとえば,$0 \le x < 1$ で $\sum_{n=1}^{\infty} \frac{(-x)^n}{n}$ は一様収束であって絶対収束であるが,一様に絶対収束ではない.実際,$0 \le x < 1$ のとき

$$\sum \left|\frac{(-x)^n}{n}\right| = \sum \frac{x^n}{n} \le \sum x^n$$

だから $\sum (-x)^n/n$ は各 x で絶対収束し,§5.1 問1により,

$$\left|\sum_{j=n}^{m} \frac{(-x)^j}{n}\right| \le \frac{x^n}{n} \le \frac{1}{n}$$

だから (5.6) により一様収束する.けれども,$\sum 1/n$ は収束しないから

$$\exists \varepsilon > 0, \forall n \in \mathbf{N}, \exists p \in \mathbf{N} : \frac{1}{n} + \frac{1}{n+1} + \cdots + \frac{1}{n+p} > \varepsilon.$$

この n, p を固定したとき $x \to 1$ とすれば $x^{n+p} \to 1$ だから

$$\exists x \in [0, 1) : x^{n+p} > \frac{1}{2},$$

よって,

$$\frac{x^n}{n} + \cdots + \frac{x^{n+p}}{n+p} \ge x^{n+p} \left(\frac{1}{n} + \cdots + \frac{1}{n+p}\right) > \frac{\varepsilon}{2},$$

すなわち,

$$\exists \varepsilon > 0, \forall n \in \mathbf{N}, \exists p \in \mathbf{N}, \exists x \in [0, 1) : \sum_{j=n}^{n+p} \left|\frac{(-x)^j}{j}\right| > \frac{\varepsilon}{2}$$

となり,$\sum \left|\frac{(-x)^j}{j}\right|$ は $[0, 1)$ で一様収束しない.

また,$f_n(x)$ が A 上の有界関数であって $\|f_n\| = \sup_{x \in A} |f_n(x)|$ とおくとき $\sum \|f_n\|$ が収束すれば,$\sum f_n(x)$ は一様に絶対収束する(定理 5.13)が,逆は成り立たない.たとえば,$f_n(1/n) = 1/n ; x \in [0, 1], x \ne 1/n$ のとき $f_n(x) = 0$

と定めれば $\sum f_n(x)$ は $[0,1]$ で一様に絶対収束するが, $\sum \|f_n\| = \sum 1/n$ は収束しない.

問 3 これを証明し,同様な性質をもつ連続関数の列 (f_n) をつくれ.

問 4 $\sum_{n=1}^{\infty} \dfrac{(-1)^{n-1}}{x^2+n}$ は R で一様収束するが,どの x に対しても絶対収束しないことをたしかめよ.

問 5
$$f_n(x) = \begin{cases} 0 & \left(0 < x < \dfrac{1}{n+1}\right), \\ \sin^2 \dfrac{\pi}{x} & \left(\dfrac{1}{n+1} \leqq x \leqq \dfrac{1}{n}\right), \\ 0 & \left(\dfrac{1}{n} < x\right) \end{cases}$$

とすると,$\lim f_n(x)$ は連続関数に収束するが一様収束ではない.$\sum f_n(x)$ はすべての $x > 0$ に対して絶対収束であるが一様収束ではない.これをたしかめよ.

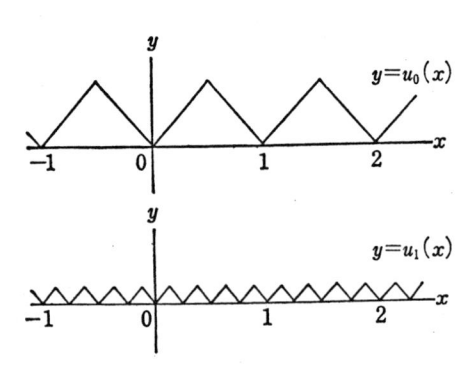

一様収束する級数を使って,R のすべての点で微分可能でない連続関数 f を,つぎのようにつくることができる.

$u_0(x)$ を $x \in R$ とそれに最も近い整数との差の絶対値とする.グラフは図のような折れ線となり,各線分のかたむきは 1 または -1 である.u_0 は周期 1 の連続関数である:$x \in R, s \in Z \Rightarrow u_0(x) = u_0(x+s)$. u_j を

$$u_j(x) = u_0(4^j x)/4^j \quad (j=1,2,\cdots)$$

によって定めると,u_j は周期 $1/4^j$ の連続関数で,グラフは各区間 $[s/(2 \cdot 4^j), (s+1)/(2 \cdot 4^j)]$ ($s \in Z$) で線分となり,各区間で u_j は $y = \pm x + c$ の形の 1 次関数と一致する.さて,

$$\sum_{j=0}^{\infty} u_j(x)$$

は,$|u_j(x)| \leqq 1/(2 \cdot 4^j)$ で,$\sum 1/(2 \cdot 4^j)$ は収束する等比級数だから,定理 5.13

により一様に絶対収束する．よって，和

$$f(x) = \sum_{j=0}^{\infty} u_j(x)$$

は連続となる．つぎに任意の $x_0 \in \mathbf{R}$ が与えられたとき，f は x_0 で微分可能でないことを示そう．

$$\exists s_n : \frac{s_n}{2 \cdot 4^n} \leq x_0 < \frac{s_n+1}{2 \cdot 4^n} \quad (n=1,2,\cdots),$$

$I_n = [s_n/(2 \cdot 4^n), (s_n+1)/(2 \cdot 4^n)]$ とすると $I_0 \supset I_1 \supset \cdots \supset I_n \supset I_{n+1} \supset \cdots$, $I_n \ni x_0$, $\exists x_n \in I_n : |x_n - x_0| = |I_n|/2 = 1/4^{n+1}$. 明らかに $n \to \infty$ のとき $x_n \to x_0$. また，

$$(5.7) \qquad \frac{f(x_n) - f(x_0)}{x_n - x_0} = \sum_{j=0}^{\infty} \frac{u_j(x_n) - u_j(x_0)}{x_n - x_0}.$$

$j > n$ ならば $1/4^{n+1}$ は u_j の周期 $1/4^j$ の整数倍だから $u_j(x_n) = u_j(x_0)$ で，j に対する (5.7) の級数の項は 0 である．一方，$j \leq n$ ならば I_n は I_j に含まれるから u_j は I_n で1次関数に一致し，j に対する (5.7) の級数の項は

$$\frac{u_j(x_n) - u_j(x_0)}{x_n - x_0} = \pm 1 \quad (j=0,1,2,\cdots,n).$$

よって，

$$\frac{f(x_n) - f(x_0)}{x_n - x_0} = \sum_{j=0}^{n} (\pm 1),$$

したがって，これは n が偶数ならば奇数，n が奇数ならば偶数となって，$n \to \infty$ のとき有限の値に収束することはできない．よって，f は x_0 で微分可能ではない．

5.3 巾級数

関数項の級数 $\sum_{n=0}^{\infty} f_n(x)$ において $f_n(x) = a_n(x-x_0)^n$ (定義域は $\mathbf{R}, a_n \in \mathbf{R}$) とするとき，この級数

$$\sum_{n=0}^{\infty} f_n(x) = \sum_{n=0}^{\infty} a_n(x-x_0)^n$$

を(x_0 を中心とする)巾級数という．とくに $x_0 = 0$ のとき

$$(5.8) \qquad \sum_{n=0}^{\infty} a_n x^n$$

となる．$\dfrac{1}{1-x}=\sum_{n=0}^{\infty} x^n$ はもっとも簡単な巾級数の一つである．巾級数の収束，発散を調べるには，(5.8) についてだけやれば十分である．(5.8) は $x=0$ のとき明らかに収束する．いま，$x_1 \neq 0$ で収束したとすると $a_n x_1{}^n \to 0\ (n \to \infty)$ であるから

$$\exists M : |a_n x_1{}^n| \leqq M \qquad (n=0,1,2,\cdots).$$

$|x|<|x_1|$ のとき $|a_n x^n|=|a_n x_1{}^n (x/x_1)^n| \leqq M|x/x_1|^n$ となり，右辺は公比の絶対値が 1 より小さい等比級数の項だから $\sum a_n x^n$ は絶対収束する．したがって，収束するような x の絶対値のなるべく大きい所が問題になる．よって，$\sum a_n x^n$ を収束させるような x の絶対値の上限を ρ としよう．$0 \leqq \rho \leqq +\infty$ となるが，$\rho=0$ とは，0 以外のどんな x に対しても収束しないことを意味する．0 以外のある x で収束すれば $\rho>0$ となる．

いま，$0<\rho \leqq +\infty$ とする．$|x|<\rho$ をみたす任意の x に対して，ρ が上限であるということから $\exists x_1 : |x|<|x_1|<\rho$, $\sum a_n x_1{}^n$ が収束，したがって上に示したことにより $\sum a_n x^n$ は絶対収束する．とくに，$\rho=+\infty$ のときは，すべての x に対して (5.8) は絶対収束する．$|x|>\rho$ のときは (5.8) は発散し，したがって $\sum |a_n x^n|$ は $+\infty$ に発散する．

ρ は (5.8) が収束するような x の絶対値の上限であるばかりでなく，絶対収束するような x の絶対値の上限でもある．なぜならば，絶対収束する x の上限を ρ' とすると，上に示したように $|x|<\rho$ のとき (5.8) は絶対収束であるから $\rho \leqq \rho'$ となり，逆向きの不等式は明らかだからである．

なお，$\rho_1 < \rho$ を任意に固定すると $|x| \leqq \rho_1 < \rho$ をみたす x に対して (5.8) は一様収束する．なぜならば，$\rho_1 < |x_1| < \rho$ となる x_1 をとって固定すると，$\sum a_n x_1{}^n$ は収束するから $|a_n x_1{}^n| \leqq M$ となる M があり，$|x| \leqq \rho_1$ のとき

$$|a_n x^n| \leqq \left| a_n x_1{}^n \left(\frac{x}{x_1}\right)^n \right| \leqq M \left|\frac{x}{x_1}\right|^n \leqq M \left|\frac{\rho_1}{x_1}\right|^n,$$

この右辺は x を含んでいなくて，これを項とする級数は収束するから定理 5.13

により，$\sum a_n x^n$ は $|x| \leqq \rho_1$ で一様に収束する．このように，$\rho_1 < \rho$ となる任意の ρ_1 に対して $|x| \leqq \rho_1$ で一様収束することを $|x| < \rho$ で**広義一様収束**，または**局所一様収束**，または**内部一様収束**するという．以上のことを定理としてまとめておく．

定理 5.14 巾級数 $\sum_{n=0}^{\infty} a_n x^n$ に対して $0 \leqq \rho \leqq +\infty$ である ρ が一つ定まり，$|x| < \rho$ において $\sum a_n x^n$ は絶対収束，しかも広義一様収束し，$|x| > \rho$ のとき $\sum a_n x^n$ は発散する．

ρ をこの巾級数の**収束半径**という．

注意 $\sum a_n (x - x_0)^n$ に対しては $|x - x_0| < \rho$ のとき絶対収束，しかも広義一様収束し，$|x - x_0| > \rho$ のとき発散するような $\rho(0 \leqq \rho \leqq +\infty)$ がある．

収束半径を求めるには，絶対収束する範囲を考えればよいから，正項級数の収束の判定条件が用いられる．

例 1
$$\sum \frac{x^n}{n!}$$

は比の判定法(定理 5.7)により

$$\left| \frac{\dfrac{x^{n+1}}{(n+1)!}}{\dfrac{x^n}{n!}} \right| = \frac{|x|}{n+1} \to 0 < 1$$

だから，x がなんであっても収束する．すなわち，収束半径 $\rho = +\infty$．

例 2
$$\sum \frac{1}{n^\alpha} x^n$$

は

$$\left| \frac{\dfrac{1}{(n+1)^\alpha} x^{n+1}}{\dfrac{1}{n^\alpha} x^n} \right| = \left(\frac{n}{n+1} \right)^\alpha |x| \to |x|$$

だから $|x| < 1$ のとき収束，$|x| > 1$ のとき発散，よって $\rho = 1$ である．

例 3
$$\sum n! x^n$$

は

$$\left| \frac{(n+1)! x^{n+1}}{n! x^n} \right| = (n+1)|x| \to \infty \qquad (x \neq 0)$$

だから $\rho=0$ である.

例 4 $\sum_{n=0}^{\infty} \binom{\alpha}{n} x^n$ $\left(\text{ただし } \binom{\alpha}{n} = \frac{\alpha(\alpha-1)\cdots(\alpha-n+1)}{n!}, \binom{\alpha}{0} = 1\right)$

は, α が 0 または正の整数のときは第 $(\alpha+2)$ 項以後が 0 となり, したがって $\rho=+\infty$, その他の場合は $n\to\infty$ のとき,

$$\left|\frac{\binom{\alpha}{n+1} x^{n+1}}{\binom{\alpha}{n} x^n}\right| = \left|\frac{\frac{\alpha(\alpha-1)\cdots(\alpha-n)}{(n+1)!} x}{\frac{\alpha(\alpha-1)\cdots(\alpha-n+1)}{n!}}\right| = \left|\frac{\alpha-n}{n+1} x\right| \to |x|,$$

よって, $|x|<1$ のとき収束, $|x|>1$ のとき発散, したがって $\rho=1$ である.

定理 5.15 $\sum a_n x^n$ の収束半径 ρ は

$$\lim_{n\to\infty} \left|\frac{a_{n+1}}{a_n}\right| = l \quad \text{ならば} \quad \rho = \frac{1}{l},$$

$$\lim_{n\to\infty} \sqrt[n]{|a_n|} = l \quad \text{ならば} \quad \rho = \frac{1}{l},$$

ただし, $l=0$ のとき $\rho=\infty$, $l=\infty$ のとき $\rho=0$.

証明 $\lim\left|\frac{a_{n+1}}{a_n}\right| = l$ ならば $x \neq 0$ のとき $\lim\left|\frac{a_{n+1} x^{n+1}}{a_n x^n}\right| = l|x|$ (ただし, $l=\infty$ ならば ∞) となる. コーシーの比による判定条件 (定理 5.7) により, $0<l<\infty$ ならば $\sum a_n x^n$ は $l|x|<1$ すなわち $|x|<1/l$ のとき収束し, $l|x|>1$ すなわち $|x|>1/l$ のとき発散するから $\rho=1/l$, $l=0$ のときはすべての x について $l|x|<1$ だから $\rho=\infty$, $l=\infty$ のときは $x\neq 0$ ならば $\lim\left|\frac{a_{n+1} x^{n+1}}{a_n x^n}\right| = \infty > 1$ だから $\rho=0$ となる.

$\lim \sqrt[n]{|a_n|} = l$ ならば, $\lim \sqrt[n]{|a_n x^n|} = l|x|$ だからコーシーの判定条件 (定理 5.7) により上と同様のことが成り立つ.

注意 この後半は '上極限' を使って収束半径を定めるコーシー・アダマール (Cauchy-Hadamard) の定理の特別の場合である. コーシーの判定条件 (定理 5.7) の証明の初めのところをよく見ると, 条件 $\lim \sqrt[n]{a_n} < 1$ または $\lim \sqrt[n]{a_n} > 1$ を全部使っているわけではなくて, $\exists h < 1, \exists n_0 : n > n_0 \Rightarrow \sqrt[n]{a_n} < h$ または $\forall n_0, \exists n > n_0 : \sqrt[n]{a_n} \geq 1$ ということが使われているのである. このことから極限 $\lim \sqrt[n]{|a_n|}$ がなくても $(|a_n|)$ から収束半径は求められるのである.

問 1 つぎの巾級数の収束半径を求めよ.

5.3 巾級数

$$\sum n^n x^n, \quad \sum \frac{x^n}{n^n}, \quad \sum \frac{(2n)!}{(n!)^2} x^n, \quad \sum \frac{x^n}{2^n}, \quad \sum n^2 x^n, \quad \sum \frac{\sin n^2}{n^n} x^n,$$

$$\sum \frac{n!}{n^n} x^n, \quad \sum (\log n) x^n, \quad \sum \frac{2^n}{(2n+1)!} x^n.$$

巾級数 $\sum a_n x^n$ の収束半径を ρ $(\rho>0)$ とする. $|x|<\rho$ に対して $\sum a_n x^n$ の和を対応させる関数を f とすると

$$f(x) = \sum a_n x^n \qquad (|x|<\rho)$$

と書ける. $|x_1|<\rho$ のとき $|x_1|<\rho_1<\rho$ をみたす ρ_1 があって $|x|<\rho_1$ で連続な部分和 $\sum_{j=0}^{n} a_j x^j$ が和 $\sum_{n=0}^{\infty} a_n x^n$ に一様収束するから, $f(x)$ は $|x|<\rho_1$ で連続, したがって x_1 で連続となる. $x_1(|x_1|<\rho)$ は任意であったから, $f(x)$ は $|x|<\rho$ で連続となる. さらに f は $|x|<\rho$ で微分可能であって, 導関数も巾級数で表わされることを示そう. そのために, $\sum a_n x^n$ を項別に微分して得られる級数

$$(5.9) \qquad \sum_{n=1}^{\infty} n a_n x^{n-1}$$

を考える. (5.9) とこの各項に x をかけて得られる

$$\sum n a_n x^n$$

とは明らかに同じ収束半径をもっている. この収束半径を ρ' としよう. $|na_n x^n| \geq |a_n x^n|$ だから $\sum n a_n x^n$ が絶対収束する x に対しては $\sum a_n x^n$ も絶対収束する. よって, $\rho' \leq \rho$ である. したがって, $|x|<\rho$ をみたす任意の x について (5.9) が収束することを示せば $\rho'=\rho$ が示される. いま, $|x|<\rho$ となる x を固定する. $|x|<|x_1|<\rho$ となる x_1 をとると $\sum a_n x_1^n$ は収束するから $\lim a_n x_1^n = 0$ となり $|a_n x_1^n| \leq M$ $(n=1, 2, \cdots)$ となる. よって,

$$|na_n x^{n-1}| = \left| na_n x_1^n \frac{1}{x_1} \left(\frac{x}{x_1}\right)^{n-1} \right| = n|a_n x_1^n| \frac{1}{|x_1|} \left|\frac{x}{x_1}\right|^{n-1} \leq \frac{M}{|x_1|} n \left|\frac{x}{x_1}\right|^{n-1},$$

$\left|\dfrac{x}{x_1}\right|<1$ だから $\sum n \left|\dfrac{x}{x_1}\right|^{n-1}$ は §5.1 例5により収束し, したがって, (5.9) は収束する. これで $\rho'=\rho$ が示された. すなわち, 巾級数は項別に微分することによって収束半径が変らない (これは $\rho=0$ のときも明らかである). いま, $|x|<\rho$ において $g(x) = \sum n a_n x^{n-1}$ とすると, 定理 5.14 によりこの級数は広

義の一様収束であるから項別微分の定理(§5.2)により $f'(x)=g(x)$ となる．(微分は局所的な性質であるから，広義の一様収束をしていれば各 $x\,(|x|<\rho)$ を固定し $\rho_1<\rho$ を $|x|<\rho_1$ となるようにとり，$|x|\leqq\rho_1$ で項別微分の定理を適用すればよい．) 以上をまとめてつぎの定理が得られる．

定理 5.16 収束半径 $\rho(>0)$ をもつ巾級数 $\sum_{n=0}^{\infty}a_nx^n$ の和によって表わされる関数 $f(x)=\sum a_nx^n$ は，$|x|<\rho$ で微分可能であって，その導関数 $f'(x)$ は，もとの巾級数を項別微分して得られる巾級数 $\sum_{n=1}^{\infty}na_nx^{n-1}$ の和である．

$$f'(x)=\sum_{n=1}^{\infty}na_nx^{n-1} \qquad (|x|<\rho).$$

なお，この巾級数の収束半径も ρ である．

したがってまた，$\sum na_nx^{n-1}$ を項別微分して得られる巾級数

$$\sum_{n=2}^{\infty}n(n-1)a_nx^{n-2}$$

の収束半径も ρ で，$|x|<\rho$ でこの和が $f''(x)$ となる．以下同様に，$f(x)$ は $|x|<\rho$ で何回でも微分可能で，$f^{(n)}(x)$ は $\sum a_nx^n$ を n 回項別微分して得られる，収束半径 ρ の巾級数の和で表わされる．

例 5 $|x|<1$ のとき，

$$\frac{1}{1-x}=1+x+x^2+\cdots+x^n+\cdots,$$

この両辺を微分して(右辺を項別微分して)

$$\frac{1}{(1-x)^2}=1+2x+3x^2+\cdots+nx^{n-1}+\cdots$$

となる．(これは前に(§5.1 例8)積によっても得られたものである．)

問 2 この式の両辺を微分してみよ．

$\sum_{n=0}^{\infty}a_nx^n$ を項別に積分(不定積分)するとき，定数項が問題になるが，各項の積分

$$\int_0^x a_nt^ndt=\frac{a_n}{n+1}x^{n+1}$$

をとれば $\sum_{n=0}^{\infty}\frac{a_n}{n+1}x^{n+1}$ が得られる．

系 $\sum_{n=0}^{\infty} a_n x^n$ の収束半径が ρ であるとき,項別に積分して得られる級数

(5.10) $$\sum_{n=0}^{\infty} \frac{a_n}{n+1} x^{n+1}$$

も収束半径は ρ であって,$|x|<\rho$ で

$$f(x) = \sum_{n=0}^{\infty} a_n x^n, \qquad F(x) = \sum_{n=0}^{\infty} \frac{a_n}{n+1} x^{n+1}$$

とすると

$$F'(x) = f(x), \qquad F(x) = \int_0^x f(t)\,dt,$$

すなわち,

$$\int_0^x f(t)\,dt = \sum_{n=0}^{\infty} \frac{a_n}{n+1} x^{n+1}$$

となる.

証明 (5.10) を項別微分すれば $\sum_{n=0}^{\infty} a_n x^n$ となるから,定理から明らかに (5.10) の収束半径は ρ であって,$F'(x) = f(x)$ となり,$F(0) = 0$ だから $\int_0^x f(t)\,dt = F(x) - F(0) = F(x)$ となる.

例 6 $|x|<1$ のとき,

(5.11) $$\frac{1}{1+x} = 1 - x + x^2 - x^3 + \cdots + (-1)^n x^n + \cdots,$$

これを積分して

(5.12) $$\log(1+x) = \int_0^x \frac{1}{1+t}\,dt = \sum_{n=0}^{\infty} \frac{(-1)^n}{n+1} x^{n+1} = \sum_{n=1}^{\infty} \frac{(-1)^{n-1}}{n} x^n,$$

また,$|x|<1$ のとき,

$$\frac{1}{1+x^2} = 1 - x^2 + x^4 - \cdots + (-1)^n x^{2n} + \cdots,$$

これを積分して

(5.13) $$\arctan x = \int_0^x \frac{1}{1+t^2}\,dt = x - \frac{1}{3} x^3 + \frac{1}{5} x^5$$
$$- \cdots + (-1)^n \frac{1}{2n+1} x^{2n+1} + \cdots.$$

$\sum a_n x^n$ の収束半径が ρ であるとき，$|x|=\rho$ となる x に対しては $\sum a_n x^n$ は収束することも発散することもある．たとえば (5.11) の級数も (5.12) の級数も収束半径は 1 であるが，$x=1$ のとき (5.11) の級数は発散するが，(5.12) の級数は収束する．$x=-1$ ではどちらも発散する．これに関してアーベル(Abel)の連続定理がある．

定理 5.17 （アーベルの連続定理） 収束半径 $\rho(>0)$ の巾級数 $\sum a_n x^n$ が $|x_1|=\rho$ となる x_1 で収束すれば，$|x|<\rho$ のとき $f(x)=\sum a_n x^n$ とおくと，$\lim_{x\to x_1} f(x)$ が存在して

(5.14) $$\lim_{x\to x_1} f(x) = \sum a_n x_1{}^n.$$

証明 $x=x_1 y$ とおくと $\sum a_n x^n = \sum a_n x_1{}^n y^n$ は $|y|<1$ のとき収束し $|y|>1$ のとき発散するから，$\rho=1, x_1=1$ として証明すればよい．$\sum a_n$ が収束するから，

$$\forall \varepsilon > 0, \exists n_0 : n_1 > n_0, n=0,1,2,\cdots \Rightarrow \left|\sum_{j=n_1}^{n_1+n} a_j\right| < \varepsilon.$$

いま，n_1 を固定して $\delta_n = \sum_{j=n_1}^{n_1+n} a_j$ とおくと $|\delta_n|<\varepsilon$ であって，$0\leq x \leq 1$ のとき $x^n \geq x^{n+1}$ だから

$$\left|\sum_{j=n_1}^{n_1+n} a_j x^j\right| = \left|\delta_0 x^{n_1} + \sum_{j=1}^{n} (\delta_j - \delta_{j-1}) x^{n_1+j}\right|$$
$$= \left|\sum_{j=0}^{n} \delta_j x^{n_1+j} - \sum_{j=0}^{n-1} \delta_j x^{n_1+j+1}\right| = \left|\sum_{j=0}^{n-1} \delta_j (x^{n_1+j} - x^{n_1+j+1}) + \delta_n x^{n_1+n}\right|$$
$$\leq \varepsilon \left(\sum_{j=0}^{n-1} |x^{n_1+j} - x^{n_1+j+1}| + |x^{n_1+n}|\right) = \varepsilon \left(\sum_{j=0}^{n-1} (x^{n_1+j} - x^{n_1+j+1}) + x^{n_1+n}\right)$$
$$= \varepsilon x^{n_1} \leq \varepsilon.$$

したがって，$\sum a_n x^n$ は $0\leq x \leq 1$ で一様収束する(§5.2 (5.6))から，和は連続となる．よって，$\lim_{x\to 1} f(x) = \sum_{n=0}^{\infty} a_n$.

注意 (5.14) の右辺が収束すれば左辺が収束するのであって，左辺が収束しても右辺が収束するとは限らない．たとえば (5.11) で $x\to 1$ のとき左辺は $1/2$ に収束するが，$x=1$ のとき右辺は収束しない．(5.12) の級数は $x=1$ で収束するから定理により，左辺の $x\to 1$ の極限をとって

$$\log 2 = 1 - \frac{1}{2} + \frac{1}{3} - \frac{1}{4} + \cdots$$

が成り立つ．$\log(1+x)$ は $x > -1$ で定義されている．

問3 (5.13) とアーベルの連続定理を用いて

$$1 - \frac{1}{3} + \frac{1}{5} - \cdots$$

の和を求めよ．

5.4 関数の展開

　巾級数の和として表わされる関数は，収束半径を ρ とするとき $|x| < \rho$ で連続であって微分可能であるばかりではなく，その導関数は項別に微分して得られる巾級数で表わされ，それは同じ収束半径をもつ．したがってまた何回でも微分可能で，n 次の導関数は，初めの巾級数の各項の n 次導関数を項とする巾級数の和であった．同じ収束半径をもつことはいうまでもない．

　さて，つぎに与えられた関数を巾級数で表わすことを考えるのであるが，それにはいま述べたことにより，初めから制限がある．すなわち，必要条件としてある開区間で何回でも微分可能でなければならない．実際にでもいわゆる初等関数とよばれるものは，そういう性質をもっている．

　f が x_0 のある近傍で与えられた関数で，この近傍で何回でも微分可能，すなわち C^∞ 級とする．いまこの近傍で $f(x)$ が x_0 を中心とする巾級数の和

$$f(x) = \sum_{n=0}^{\infty} a_n (x - x_0)^n$$

と表わされたとする．このように表わすことを $f(x)$ を($x = x_0$ において，x_0 を中心として，または x_0 の近傍で)巾級数に展開するという．このとき，

$f(x_0) = a_0,$

$f'(x) = a_1 + 2a_2(x - x_0) + 3a_3(x - x_0)^2 + \cdots, \qquad f'(x_0) = a_1,$

$f''(x) = 2a_2 + 3 \cdot 2 a_3 (x - x_0) + \cdots, \qquad f''(x_0) = 2a_2,$

$\cdots\cdots\cdots\cdots\cdots\cdots\cdots\cdots\cdots\cdots\cdots\cdots\cdots\cdots\cdots\cdots\cdots\cdots\cdots\cdots\cdots\cdots\cdots,$

$f^{(n)}(x) = n! a_n + (n+1)n \cdots 2 a_{n+1}(x - x_0) + \cdots, \qquad f^{(n)}(x_0) = n! a_n,$

よって，
$$a_n = \frac{1}{n!} f^{(n)}(x_0) \quad (n=0,1,\cdots) \quad (0!=1 \text{ とする}).$$

したがって，巾級数に展開できるとすると，その展開は一意に定まる：

(5.15) $$\sum_{n=0}^{\infty} \frac{1}{n!} f^{(n)}(x_0)(x-x_0)^n.$$

けれども，x_0 の近傍で C^∞ 級の関数 f に対して (5.15) が f の巾級数展開である，すなわち (5.15) の和が $f(x)$ であるというのではない．たとえば §2.6 例 8 の関数は $x_0=0$ とすれば，(5.15) の各項はすべて 0 となりその和は $\boldsymbol{R}$ でつねに 0 となる関数になってしまう．

つぎに，(5.15) の和が $f(x)$ となるような例をあげよう．(5.15) が正の収束半径 ρ をもつことを示し，その和を

$$g(x) = \sum_{n=0}^{\infty} \frac{1}{n!} f^{(n)}(x_0)(x-x_0)^n$$

とすると $|x-x_0|<\rho$ で $f(x)=g(x)$ となることを示せば，$f(x)$ が $|x-x_0|<\rho$ で巾級数に展開できたことになる．

例 1 $f(x)=e^x$, $x_0=0$ とする．

$$\frac{1}{n!} f^{(n)}(x_0) = \frac{1}{n!} e^0 = \frac{1}{n!}$$

で $\sum_{n=0}^{\infty} \frac{1}{n!} x^n$ の収束半径は ∞（§5.3 例 1）だから $\boldsymbol{R}$ で

$$g(x) = \sum_{n=0}^{\infty} \frac{1}{n!} x^n$$

とおく．定理 5.16 により

$$g'(x) = \sum_{n=1}^{\infty} \frac{1}{n!} n x^{n-1} = \sum_{n=1}^{\infty} \frac{1}{(n-1)!} x^{n-1} = g(x)$$

となる．$e^x \neq 0$ だから

$$\left(\frac{g(x)}{e^x}\right)' = \frac{g'(x)e^x - g(x)(e^x)'}{e^{2x}} = \frac{g(x)e^x - g(x)e^x}{e^{2x}} = 0,$$

よって，$g(x)/e^x$ は定数となり，$x=0$ とすると $g(0)/e^0 = 1$ だから $g(x)=e^x$ となる．これで

$$\tag{5.16} e^x = \sum_{n=0}^{\infty} \frac{1}{n!} x^n$$

が示された．

注意 ある区間で $g'(x) = g(x)$ であって，その区間の1点 x_0 で $g(x_0) = 0$ ならば $g(x)$ はつねに 0 となる．これは定理 2.12 から明らかであるが，上の方法で $g(x)/e^x$ を考えて容易に証明される．

問 1 これを上の方法で証明せよ．

例 2 $\alpha \in \mathbf{R}$, $f(x) = (1+x)^\alpha$ とする．

$$f^{(n)}(x) = \alpha(\alpha-1)\cdots(\alpha-n+1)(1+x)^{\alpha-n},$$

よって，

$$\frac{1}{n!} f^{(n)}(0) = \frac{1}{n!} \alpha(\alpha-1)\cdots(\alpha-n+1) = \binom{\alpha}{n}.$$

$\sum_{n=0}^{\infty} \binom{\alpha}{n} x^n$ は §5.3 例 4 により α が 0 または正の整数でなければ，収束半径は 1 である．$|x|<1$ において

$$g(x) = \sum_{n=0}^{\infty} \binom{\alpha}{n} x^n$$

とすると，ここで $f(x) \neq 0$ だから

$$\left(\frac{g(x)}{f(x)}\right)' = \frac{g'(x)(1+x)^\alpha - \alpha(1+x)^{\alpha-1} g(x)}{(1+x)^{2\alpha}} = \frac{g'(x)(1+x) - \alpha g(x)}{(1+x)^{\alpha+1}},$$

ところが $g'(x) = \sum_{n=1}^{\infty} \binom{\alpha}{n} n x^{n-1} = \sum_{n=0}^{\infty} (n+1) \binom{\alpha}{n+1} x^n$ だから $xg'(x) = \sum_{n=0}^{\infty} n \binom{\alpha}{n} x^n$ となり

$$g'(x)(1+x) - \alpha g(x) = \sum_{n=0}^{\infty} \left((n+1)\binom{\alpha}{n+1} + n\binom{\alpha}{n} - \alpha\binom{\alpha}{n} \right) x^n$$

$$= \sum \left(\frac{\alpha(\alpha-1)\cdots(\alpha-n)}{n!} + \frac{(n-\alpha)\alpha(\alpha-1)\cdots(\alpha-n+1)}{n!} \right) x^n = 0,$$

よって，$(g(x)/f(x))' = 0$ となり，$g(x)/f(x)$ は定数で $g(0)/f(0) = 1$ だから $g(x) = f(x)$，したがって $|x|<1$ で

$$(1+x)^\alpha = \sum_{n=0}^{\infty} \binom{\alpha}{n} x^n$$

が示された．これを **2項級数** という．たとえば，

$$(1+x)^{-1/2} = \sum_{n=0}^{\infty} \binom{-1/2}{n} x^n$$

$$= 1 + \left(-\frac{1}{2}\right)x + \frac{1}{2!}\left(-\frac{1}{2}\right)\left(-\frac{1}{2}-1\right)x^2 + \cdots$$

$$+ \frac{1}{n!}\left(-\frac{1}{2}\right)\left(-\frac{1}{2}-1\right)\cdots\left(-\frac{1}{2}-n+1\right)x^n + \cdots$$

$$= 1 - \frac{1}{2}x + \frac{1}{2!}\frac{1\cdot 3}{2^2}x^2 + \cdots + \frac{(-1)^n}{n!}\frac{1\cdot 3 \cdots (2n-1)}{2^n}x^n + \cdots.$$

関数の展開にもう一つの代表的なつぎの方法がある．

x_0 の近傍 $U_r(x_0)$ で $f(x)$ が何回でも微分可能であるとする．テイラーの定理(定理 2.22)によって

$$f(x) = f(x_0) + \frac{f'(x_0)}{1!}(x-x_0) + \frac{f''(x_0)}{2!}(x-x_0)^2$$

$$+ \cdots + \frac{f^{(n)}(x_0)}{n!}(x-x_0)^n + R_n,$$

$$R_n = \frac{f^{(n+1)}(\xi)}{(n+1)!}(x-x_0)^{n+1} \quad (\xi \text{ は } x \text{ と } x_0 \text{ の間のある数})$$

と書ける．(ξ は x にも n によっても変る．)

$f(x)$ が $|x-x_0|<r$ で

(5.17) $$f(x) = \sum_{n=0}^{\infty} \frac{f^{(n)}(x_0)}{n!}(x-x_0)^n$$

に展開されるための必要十分条件は

$$|x-x_0|<r \quad \text{のとき} \quad |R_n| \to 0 \quad (n \to \infty)$$

である．

$f(x)$ と (5.17) の級数の $(n+1)$ 項までの和との差が R_n だから，R_n を剰余というが，それぞれの場合に都合のよいいろいろな形の剰余をいろいろな人が求めている．ここではそれに関心をもたない．

$f(x)$ が (5.17) のように展開されるとき，このように表わすことを**テイラー展開**ともいう．((5.17) の級数は当然 (5.15) と同じである．)

例1の場合 §2.6 例5でも述べたとおり，

$$|R_n| = \left|\frac{e^\xi}{(n+1)!}x^{n+1}\right| \leq \frac{e^{|x|}|x|^{n+1}}{(n+1)!} \to 0 \qquad (n\to\infty)$$

となる．(5.16) は §2.6 例5の第1式と同じものである．

例 3 §2.6 例5のあとの式を書きなおせば

$$\sin x = \sum_{n=0}^{\infty} \frac{(-1)^n}{(2n+1)!} x^{2n+1},$$

$$\cos x = \sum_{n=0}^{\infty} \frac{(-1)^n}{(2n)!} x^{2n}.$$

例2の場合の展開，また $|x|<1$ のとき $\log(1+x)$ の展開(§5.3, (5.12))もこの方法によることもできるが，前の方が簡単である．

例 4 $\arcsin x = \displaystyle\int_0^x \frac{dt}{\sqrt{1-t^2}}$, 例2の $(1+x)^{-1/2}$ の展開において $x=-t^2$ とおけば，

$$(5.18) \qquad \frac{1}{\sqrt{1-t^2}} = (1-t^2)^{-1/2} = \sum_{n=0}^{\infty} \frac{1\cdot 3\cdot 5\cdots(2n-1)}{n!\,2^n} t^{2n},$$

定理 5.16, 系により項別積分して

$$\arcsin x = \sum_{n=0}^{\infty} \frac{1\cdot 3\cdot 5\cdots(2n-1)}{n!\,2^n(2n+1)} x^{2n+1} \qquad (|x|<1).$$

例 5 $\qquad \dfrac{1}{1-x} = 1+x+x^2+\cdots \qquad (|x|<1)$

と §5.3 (5.12) をかけて

$$\frac{\log(1+x)}{1-x} = x + \left(1-\frac{1}{2}\right)x^2 + \left(1-\frac{1}{2}+\frac{1}{3}\right)x^3 + \cdots$$
$$+ \left(1-\frac{1}{2}+\frac{1}{3}-\cdots+(-1)^{n-1}\frac{1}{n}\right)x^n + \cdots \qquad (|x|<1)$$

という展開もできる．

例 6 $\dfrac{Ax+B}{x^2+2px+q}$ の巾級数展開を考えよう．

1) 分母が因数分解できて $(x-\alpha)(x-\beta)$ $(\alpha\neq\beta)$ となれば

$$\frac{Ax+B}{x^2+2px+q} = \frac{Ax+B}{(x-\alpha)(x-\beta)} = \frac{A_1}{x-\alpha} + \frac{B_1}{x-\beta},$$

$1/(x-\alpha)$ は α 以外の点を中心として展開できる．$\alpha\neq 0$ ならば原点を中心として

$$\frac{1}{x-\alpha} = -\frac{1}{\alpha}\frac{1}{1-\frac{x}{\alpha}} = -\frac{1}{\alpha}\left(1+\frac{x}{\alpha}+\frac{x^2}{\alpha^2}+\cdots\right)$$

$$= -\frac{1}{\alpha} - \frac{x}{\alpha^2} - \cdots - \frac{x^n}{\alpha^{n+1}} - \cdots \qquad (|x|<|\alpha|),$$

$\gamma \neq \alpha$ を中心にすれば

$$\frac{1}{x-\alpha} = \frac{1}{x-\gamma-(\alpha-\gamma)} = -\frac{1}{\alpha-\gamma}\frac{1}{1-\frac{x-\gamma}{\alpha-\gamma}}$$

として $|x-\gamma|<|\alpha-\gamma|$ のところでいまと同じような展開ができる.

 2) 分母が $(x-\alpha)^2$ となるとき,

$$\frac{Ax+B}{x^2+2px+q} = \frac{Ax+B}{(x-\alpha)^2} = \frac{A_1}{(x-\alpha)^2}+\frac{B_1}{x-\alpha},$$

$1/(x-\alpha)^2$ は $1/(x-\alpha)$ の展開を項別に微分して得られる.

 3) 分母が因数分解できないとき $(x+p)^2+r^2$ $(r\neq 0)$ の形となる.

$$\frac{Ax+B}{x^2+2px+q} = \frac{Ax+B}{(x+p)^2+r^2} = \frac{A(x+p)+B'}{(x+p)^2+r^2},$$

$$\frac{1}{(x+p)^2+r^2} = \frac{1}{r^2}\frac{1}{1+\left(\frac{x+p}{r}\right)^2},$$

これは $|x+p|<|r|$ で展開できる.それに $(x+p)$ をかければ $(x+p)/((x+p)^2+r^2)$ の展開が得られる.$-p$ 以外の点を中心としても展開できる.

 このように微分したり,積分したり,かけ算を使ったりしていろいろな展開式が得られるのである.

 問 2 $e^x = \sum_{n=0}^{\infty}\frac{1}{n!}x^n$ と級数の乗法(定理 5.12)から,$e^x e^y = e^{x+y}$ を導け.

 問 3 $(1-x)^{-3/2}$ を巾級数に展開せよ.

 問 4 $\left(\dfrac{1+x}{1-x}\right)^2$ を巾級数に展開せよ.

 問 5 $|x|<1$ のとき

$$\frac{1}{2}\log\frac{1+x}{1-x} = x+\frac{x^3}{3}+\cdots+\frac{x^{2n+1}}{2n+1}+\cdots$$

を証明せよ.

問 6 $\int_0^1 \dfrac{1}{x}\log\dfrac{1+x}{1-x}dx$ を級数の和で表わせ．（問5を用いる．）

問 7 $\int_0^x \arcsin t\,dt$ を $x=0$ において巾級数に展開せよ．（例4から項別積分による．）

例 7 $|x|<\pi/2$ のとき (5.18) において $t=\sin x$ とおけば，

$$\frac{1}{\cos x}=1+\frac{1}{2}\sin^2 x+\frac{1\cdot 3}{2\cdot 4}\sin^4 x+\cdots+\frac{1\cdot 3\cdots(2n-1)}{2\cdot 4\cdots(2n)}\sin^{2n} x+\cdots,$$

よって，

$$\tan x=\sin x+\frac{1}{2}\sin^3 x+\frac{1\cdot 3}{2\cdot 4}\sin^5 x+\cdots+\frac{1\cdot 3\cdots(2n-1)}{2\cdot 4\cdots(2n)}\sin^{2n+1} x+\cdots.$$

問 8 $(1+x)^{1/2}$ を展開し，その x を $-\sin^2 x$ とすることによって $|x|<\pi/2$ のときの $\cos x$ の展開

$$\cos x=1-\frac{1}{2}\sin^2 x-\frac{1}{2\cdot 4}\sin^4 x-\cdots$$

の一般項を求めよ．

6. 積分法（多変数の関数）

6.1 積　分　法

多変数の関数についても，積分を定義することができる．

f が $\boldsymbol{R}$ の区間 $I_0=[a_0, b_0]$ 上の連続関数であるときは，区間 $I=[a,b]\subset I_0$ に対して

$$\Phi(I) = \int_a^b f(x)\,dx$$

と定めると

$$\inf_{x\in I} f(x)|I| \leq \Phi(I) \leq \sup_{x\in I} f(x)|I|$$

であり，I をその一つの内点 c で $I_1=[a,c]$, $I_2=[c,b]$ に分ければ，

$$\Phi(I) = \Phi(I_1) + \Phi(I_2)$$

が成り立つ．また，この二つの性質をもつ Φ は一意に定まるのであった（§4.1, p.244）．

ここでは 2 変数関数についても，この二つの性質を重要視していくことにしよう．

f が $\boldsymbol{R}^2$ の区間 $I_0=[a_0,b_0]\times[c_0,d_0]$ で連続であるとき I_0 に含まれる区間 $I=[a,b]\times[c,d]$ に対して $\Phi(I)$ が定まり，

1°　　　　$$\inf_{(x,y)\in I} f(x,y)|I| \leq \Phi(I) \leq \sup_{(x,y)\in I} f(x,y)|I|$$

（ここで $|I|$ は I の面積 $(b-a)(d-c)$ である．）

をみたし，また

2°　I が内点を共有しない二つの閉区間 I_1 と I_2 の和集合であるときは

$$\Phi(I) = \Phi(I_1) + \Phi(I_2)$$

をみたすものとすると，あとで示すように関数 Φ は f によってひととおりに

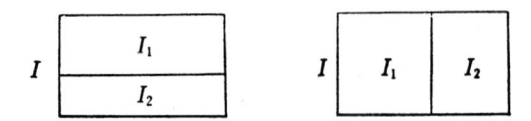

6.1 積分法

きまる．これを手がかりとして f の I 上の積分を定義しようというのである．
このような関数 $\emptyset$ のつくりかたはいろいろある．それを述べる前に，区間を有限個の区間に分けることについて準備しておこう．

ここではただ区間といえば，$\boldsymbol{R}^2$ の有限閉区間であるとしておく．

$I=[a,b]\times[c,d]$, $a=x_0<x_1<\cdots<x_m=b$, $c=y_0<y_1<\cdots<y_n=d$, $I_{ij}=[x_{i-1},x_i]\times[y_{j-1},y_j]$ であるとき，I を I_{ij} の和として表わすこと：
$$I=\bigcup_{ij}I_{ij}$$
を I の格子状分割という．また，
$$I=\bigcup_{j=1}^{n}I_j$$
であって，$\{I_1,\cdots,I_n\}$ はどの二つも内点を共有しないとき，これを $\bigcup$ の代りに $\sum$ や $+$ を用いて
$$I=I_1+I_2+\cdots+I_n \quad \text{または} \quad I=\sum_{j=1}^{n}I_j$$
と書き，I の分割という．格子状分割は明らかに分割であるから
$$I=\sum_{ij}I_{ij}$$
と表わされる．区間 I の二つの分割
$$I=\sum_{j=1}^{n}I_j, \qquad I=\sum_{j=1}^{m}I_j'$$
があって，$\forall j\in\{1,2,\cdots,m\}$, $\exists k\in\{1,\cdots,n\}: I_j'\subset I_k$ であるとき，$\sum_{j=1}^{m}I_j'$ は $\sum_{j=1}^{n}I_j$ の細分であるという．分割 $I=\sum_{j=1}^{n}I_j$ に対して $I_j=[a_j,b_j]\times[c_j,d_j]$ として $\{a_1,\cdots,a_n,b_1,\cdots,b_n\}$ を $[a,b]$ の分点とし，$\{c_1,\cdots,c_n,d_1,\cdots,d_n\}$ を $[c,d]$ の分点とする格子状分割をつくれば，それは明らかに初めの分割の細分である．また，I の二つの格子状分割があるとき，それらの $[a,b]$ の分点の和集合を $[a,b]$ の分点とし，$[c,d]$ の分点の和集合を $[c,d]$ の分点とする格子状分割は，明らかに初めの両方の分割の細分である．したがってまた，I の二つの分割があるとき，両

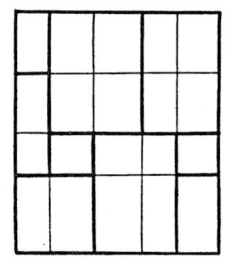

方に共通の細分をつくることができる．

I の分割 $P: I=\sum_{j=1}^{n} I_j$ に対して

$$\delta(P) = \max_{1 \leq j \leq n} (\operatorname{diam} I_j)$$

とする．$I_j=[a_j, b_j]\times[c_j, d_j]$ ならば $\operatorname{diam} I_j=\sqrt{(b_j-a_j)^2+(d_j-c_j)^2}$ であるが，P' が P の細分のときは明らかに $\delta(P') \leq \delta(P)$．

命題 1 Φ が集合 $A \subset \boldsymbol{R}^2$ に含まれる区間の全体 $\{I \subset A\}$ で定義された関数で

(6.1) $\qquad I=I_1+I_2$ のとき $\Phi(I)=\Phi(I_1)+\Phi(I_2)$

をみたすならば，

(6.2) $\qquad I=\sum_{j=1}^{n} I_j \Rightarrow \Phi(I)=\sum_{j=1}^{n} \Phi(I_j)$.

このような関数（(6.1) したがって (6.2) をみたす関数）を(有限)**加法的区間関数**という．

証明 まず，$I=[a,b]\times[c,d]=\sum_{j=1}^{n} I_j$ が (a,b) または (c,d) に分点をもたない格子状分割ならば，(6.2) は数学的帰納法で容易に示される．したがって，格子状分割 $I=\sum_{\substack{1 \leq i \leq m \\ 1 \leq j \leq n}} I_{ij}$ に対しては $I=\sum_{i=1}^{m}\sum_{j=1}^{n} I_{ij}$ であるから

$$\Phi(I) = \sum_{i} \Phi(\sum_{j} I_{ij}) = \sum_{i}\sum_{j} \Phi(I_{ij}) = \sum_{ij} \Phi(I_{ij})$$

となる．一般の分割 $I=\sum_{j=1}^{n} I_j$ に対しては，その細分である格子状分割をつくり，その小区間を各 I_j に含まれるものでまとめて $I=\sum_{j=1}^{n}\sum_{k} I_{jk}$ とすれば，$I_j=\sum_{k} I_{jk}$ は I_j の格子状分割であるから，いま証明したことにより

$$\Phi(I) = \sum_{j=1}^{n}\sum_{k} \Phi(I_{jk}) = \sum_{j=1}^{n} \Phi(I_j)$$

が成り立つ．

例 1 区間 $I=[a,b]\times[c,d]$ に対してその面積 $|I|=(b-a)(d-c)$ を対応させると，加法的区間関数となる．たとえば $I_1=[a,\xi]\times[c,d]$，$I_2=[\xi,b]\times[c,d]$ のとき，$I_1+I_2=[a,b]\times[c,d]$ で

$$|I_1+I_2| = (b-a)(d-c),$$
$$|I_1|+|I_2| = (\xi-a)(d-c)+(b-\xi)(d-c) = (b-a)(d-c),$$

$I_1=[a,b]\times[c,\eta]$, $I_2=[a,b]\times[\eta,d]$ のときも同様である.

例 2 $g:\boldsymbol{R}\to\boldsymbol{R}$, $h:\boldsymbol{R}\to\boldsymbol{R}$ のとき

$$I=[a,b]\times[c,d] \mapsto (g(b)-g(a))(h(d)-h(c))$$

とすると, これも加法的区間関数となることが, 例1と全く同様にたしかめられる. 例1の面積は, この $g:x\mapsto x$, $h:x\mapsto x$ の特別の場合である.

例 3 F を $A\subset\boldsymbol{R}^2$ 上の関数とする. 区間 $I=[a,b]\times[c,d]\subset A$ に対して

$$\varPhi(I) = F(a,c)+F(b,d)-F(a,d)-F(b,c)$$

と定めると, (6.1) の成り立つことが容易にたしかめられるから (6.2) も成り立つのである. F が C^2 級の関数であれば, $f=F_{xy}$ とすると,

$$\begin{aligned}
\varPhi(I) &= (F(b,d)-F(b,c))-(F(a,d)-F(a,c))\\
&= [F(x,d)-F(x,c)]_a^b\\
&= (b-a)(F_x(\xi,d)-F_x(\xi,c)) \quad (a<\xi<b)\\
&= (b-a)(d-c)F_{xy}(\xi,\eta) \quad (c<\eta<d)\\
&= |I|f(\xi,\eta) \quad ((\xi,\eta)\in I),
\end{aligned}$$

よって, $\varPhi$ は $1°, 2°$ をみたす.

さて, $A\subset\boldsymbol{R}^2$ で連続な関数 f に対して, 初めに述べた $1°, 2°$ を成り立たせるような区間関数 $\varPhi$ があったとしよう. $I=[a,b]\times[c,d]\subset A$ 上での f の一様連続性(定理 1.23, 1.29)によれば

$$\forall\varepsilon>0, \exists\delta>0 : (x,y),(x',y')\in I, d((x,y),(x',y'))<\delta$$
$$\Rightarrow |f(x,y)-f(x',y')|<\varepsilon,$$

したがって I の分割 $\mathrm{P}: I=\sum_j I_j$ を $\delta(\mathrm{P})<\delta$ となるようにしておけば, おのおのの小区間 I_j に対して

$$(x_j,y_j)\in I_j, (x_j',y_j')\in I_j \Rightarrow |f(x_j,y_j)-f(x_j',y_j')|<\varepsilon,$$

したがって $\max f(I_j)-f(x_j,y_j)<\varepsilon$, $\min f(I_j)-f(x_j,y_j)>-\varepsilon$ が $(x_j,y_j)\in I_j$ に対して成り立つ. 一方命題1によって,

$$\varPhi(I) = \sum_{j=1}^{n} \varPhi(I_j) \leqq \sum_{j=1}^{n} |I_j| \max f(I_j),$$

また,

$$\varPhi(I) \geqq \sum_{j=1}^{n} |I_j| \min f(I_j).$$

いま, おのおのの I_j から任意に点 (x_j, y_j) をとって和

$$\sum_P = \sum_j |I_j| f(x_j, y_j)$$

をつくると, これは P だけできまるのではなく I_j から選ぶ点 (x_j, y_j) にもよるから, 一般には無数にあるわけであるが, それにもかかわらず

$$\varPhi(I) - \sum_P = \sum (\varPhi(I_j) - |I_j| f(x_j, y_j)) \leqq \sum |I_j| (\max f(I_j) - f(x_j, y_j)) < \varepsilon \sum |I_j| = \varepsilon |I|,$$

同様に

$$\varPhi(I) - \sum_P \geqq \sum |I_j| (\min f(I_j) - f(x_j, y_j)) > -\varepsilon \sum |I_j| = -\varepsilon |I|,$$

これらから

$$|\varPhi(I) - \sum_P| < \varepsilon |I|$$

が得られるのである. $|I|$ は ε に無関係であるから, P という分割において $\delta(P)$ さえ小さくしていけば, P のつくりかたや, そのときの小区間から選ぶ点のとりかたに無関係に和 $\sum_P$ は一定の値 $\varPhi(I)$ にいくらでも近づく. このことを1変数のときと同じように, 極限の記号によって

(6.3) $$\lim_{\delta(P) \to 0} \sum_P = \varPhi(I)$$

と書くことにする. この極限を

$$\iint_I f(x, y) dx dy$$

で表わして I 上の f の(定)積分というのである. $\sum_P$ のつくりかたは $\varPhi(I)$ に無関係であるから, 上のことは, $\varPhi(I)$ が 1°, 2° の二つの性質からひととおりに定められることをも示している. したがって, 1°, 2° の性質をもつような $\varPhi$ が何らかの方法でつくられるならば

$$\sum_P = \sum f(x_j, y_j) |I_j|$$

には上に述べたような極限 $\iint_I f(x,y)dxdy$ があって，それが $\varPhi(I)$ にほかならないことになる．

そのような $\varPhi$ のつくりかたにはいろいろあるがつぎに述べるのはその一つである．$\boldsymbol{R}^2$ の有限閉区間 $I=[a,b]\times[c,d]$ で連続な関数 f において，x を固定すると $y\mapsto f(x,y)$ はの連続関数だからその $[c,d]$ での積分は $\int_c^d f(x,y)dy$ と書かれる．関数

$$(6.4) \qquad x\mapsto \int_c^d f(x,y)dy$$

が連続ならば

$$(6.5) \qquad \int_a^b \left(\int_c^d f(x,y)dy\right)dx$$

が考えられる．(6.4) の連続性を示すには，f の一様連続性から

$$\forall \varepsilon>0, \exists \delta>0: (x,y),(x',y')\in I, |x-x'|<\delta, |y-y'|<\delta$$
$$\Rightarrow |f(x,y)-f(x',y')|<\varepsilon,$$

よって，$|x-x'|<\delta$ ならば (§4.1 (4.4), (4.6) によって)，

$$\left|\int_c^d f(x,y)dy - \int_c^d f(x',y)dy\right| \leq \int_c^d |f(x,y)-f(x',y)|dy < \varepsilon(d-c).$$

したがって (6.4) は連続となり (6.5) が定まるのである．これを I 上の $f(x,y)$ の **累次積分** といい，$\int_a^b dx \int_c^d f(x,y)dy$ とも書く．

これについてつぎの性質の成り立つことは1変数の積分の性質 (§4.1) から容易に導かれる．

f,g が $I=[a,b]\times[c,d]$ で連続であって，$\alpha, \beta \in \boldsymbol{R}$ のとき

$$(6.6) \qquad \int_a^b dx \int_c^d (\alpha f+\beta g)(x,y)dy$$
$$=\alpha \int_a^b dx \int_c^d f(x,y)dy + \beta \int_a^b dx \int_c^d g(x,y)dy,$$

なお，$f(x)\geq 0$ のとき $\int_a^b dx \int_c^d f(x,y)dy\geq 0$，したがって，

$$(6.7) \qquad f(x,y)\geq g(x,y)$$

ならば
$$\int_a^b dx \int_c^d f(x,y) dy \geqq \int_a^b dx \int_c^d g(x,y) dy,$$
また,
$$\int_a^b dx \int_c^d 1 dy = (b-a)(d-c) = |I|,$$
したがって,

(6.8) $\quad \min_{(x,y)\in I} f(x,y)|I| \leqq \int_a^b dx \int_c^d f(x,y) dy \leqq \max_{(x,y)\in I} f(x,y)|I|.$

問 1 これらのことをたしかめよ.

さて f が集合 $A \subset \mathbf{R}^2$ で連続のとき, 任意の区間 $I=[a,b]\times[c,d] \subset A$ に対して I 上の $f(x,y)$ の累次積分が定まる. この対応を Φ とする. すなわち,

(6.9) $\quad \Phi(I) = \int_a^b dx \int_c^d f(x,y) dy.$

いま, $a<\xi<b,\ c<\eta<d$ とすると
$$\Phi(I) = \int_a^\xi dx \int_c^d f(x,y) dy + \int_\xi^b dx \int_c^d f(x,y) dy$$
$$= \Phi([a,\xi]\times[c,d]) + \Phi([\xi,b]\times[c,d]),$$
$$\Phi(I) = \int_a^b dx \left(\int_c^\eta f(x,y) dy + \int_\eta^d f(x,y) dy \right)$$
$$= \int_a^b dx \int_c^\eta f(x,y) dy + \int_a^b dx \int_\eta^d f(x,y) dy$$
$$= \Phi([a,b]\times[c,\eta]) + \Phi([a,b]\times[\eta,d]),$$

よって, $I=I_1+I_2$ のとき $\Phi(I) = \Phi(I_1) + \Phi(I_2)$ となり $2°$ が成り立ち, したがって命題1によって (6.2) が成り立つ. $1°$ の成り立つことは (6.8) にすでに示されている.

これで f が $A \subset \mathbf{R}^2$ 上の連続関数であるとき, $1°, 2°$ をみたす区間 $I \subset A$ の関数 Φ がただひととおり存在し, (6.2), (6.3), (6.9) の成り立つことが示された. 初めに累次積分 $\int_c^d \left(\int_a^b f(x,y) dx \right) dy = \int_c^d dy \int_a^b f(x,y) dx$ を考えても同じことになるから, 累次積分は積分の順序によらず等しいこともわかる.

そうして $I=[a,b]\times[c,d]$ のとき

$$\iint_I f(x,y)\,dxdy = \Phi(I) = \int_a^b dx \int_c^d f(x,y)\,dy = \int_c^d dy \int_a^b f(x,y)\,dx$$

が成り立つ．したがって，(6.6), (6.7) から，I で連続な g と，$\alpha, \beta \in \boldsymbol{R}$ に対して

$$\iint_I (\alpha f + \beta g)(x,y)\,dxdy = \alpha \iint_I f(x,y)\,dxdy + \beta \iint_I g(x,y)\,dxdy,$$

また $f(x,y) \geqq g(x,y)$ ならば

$$\iint_I f(x,y)\,dxdy \geqq \iint_I g(x,y)\,dxdy$$

が成り立つ．

つぎに，f が区間で連続と限らない場合に積分の定義を拡張することを考えよう．そのために，少し準備をする．

f が $\boldsymbol{R}^2$ 上の関数であるとき $\{(x,y) : f(x,y) \neq 0\}$ の閉包を f の台という．f が連続で，有界な台をもつとする．そうすれば台はコンパクトな集合である(定理 1.29)．逆もいえる(定理 1.26)．台を含む有限閉区間 I をとると $(x,y) \notin I \Rightarrow f(x,y) = 0$ となる．$\Phi(I) = \iint_I f(x,y)\,dxdy$ の値はこのような I のとりかたによって変らない．実際，そのような I, I' に対して，それらを含む区間 I'' をとれば，I'' は I をその一つとするたかだか 9 個の区間に分割され，$I'' = I + \sum I_j$ とすると $\Phi(I_j) = 0$ だから $\Phi(I'') = \Phi(I) + \sum_j \Phi(I_j) = \Phi(I)$ となり，同様に $\Phi(I'') = \Phi(I')$ となり，結局 $\Phi(I) = \Phi(I')$ が成り立つ．よって，この値を f の $\boldsymbol{R}^2$ における**積分**と定め

(6.10) $$\iint_{\boldsymbol{R}^2} f(x,y)\,dxdy, \quad \iint f(x,y)\,dxdy, \quad \iint f$$

などで表わすことにする．

定義により

(6.11) $$\iint_{\boldsymbol{R}^2} f(x,y)\,dxdy = \int_{-\infty}^{\infty} \left(\int_{-\infty}^{\infty} f(x,y)\,dy \right) dx$$

である．右辺は $(-\infty, \infty)$ における積分の形に書かれているものの，ある有限区間の外では $f(x, y)$ は0となるのであるから，実質は有限区間での積分である．

命題 2 f, g は $\boldsymbol{R}^2$ 上の連続な関数でコンパクトな台をもつとする．$\alpha, \beta \in \boldsymbol{R}$ のとき

$$\iint \alpha f + \beta g = \alpha \int f + \beta \int g,$$

$f(x, y) \geqq g(x, y)$ のとき

$$\iint f \geqq \iint g,$$

したがって

$$\left|\iint f\right| \leqq \iint |f|.$$

証明 初めの二つは，f, g がその外で0となるような区間 I をとってみれば，I での積分の性質から直ちに導かれる．したがって，$-|f(x, y)| \leqq f(x, y) \leqq |f(x, y)|$ から $-\iint |f| \leqq \iint f \leqq \iint |f|$ となり，あとの式も得られる．

このような関数の積分を用いて，連続と限らない関数に積分の定義を拡張しようというのである．

コンパクトな集合 $K \subset \boldsymbol{R}^2$ に対して，つぎのような連続関数 h の全体 $H(K)$ を考える．

$h: \boldsymbol{R}^2 \to [0, 1]$, h はコンパクトな台をもち，$(x, y) \in K$ のとき $h(x, y) = 1$. K を内部に含むコンパクトな区間を I とすれば，ティーチェの定理（定理 1.32）の系によって，K で 1，I の内部の補集合 I^{ic} で 0 となる $H(K)$ に属する関数が存在するから $H(K) \neq \phi$ である．

命題 3 K, K_1, K_2 は $\boldsymbol{R}^2$ のコンパクトな集合であるとする．

1) $K_1 \subset K_2$, $h \in H(K_2) \Rightarrow h \in H(K_1)$,

2) $h_1 \in H(K_1)$, $h_2 \in H(K_2) \Rightarrow$
   $h_1 \vee h_2 \in H(K_1 \cup K_2)$, $h_1 h_2$, $h_1 \wedge h_2 \in H(K_1 \cap K_2)$,

3) $h_1 \in H(K)$ のとき，$0 < \lambda < 1$, $h = ((h_1 - \lambda) \vee 0)/(1 - \lambda)$ とすると $h \in H(K)$,

$h \leqq h_1$,

4) $U \supset K$ が開集合のとき，U に含まれるような台をもつ $h \in H(K)$ がある．

$((h_1 \vee h_2)(x, y) = \max \{h_1(x, y), h_2(x, y)\}$, $((h_1 \wedge h_2)(x, y) = \min \{h_1(x, y), h_2(x, y)\}$, $h \leqq h_1$ とは $(x, y) \in \mathbf{R}^2$ のとき $h(x, y) \leqq h_1(x, y)$ の意味，$h_1 - \lambda$ は $(h_1 - \lambda)(x, y) = h_1(x, y) - \lambda$，すなわち実数 λ で定数関数をも表わすと考える．）

証明 1), 2) は明らか，3) は容易にたしかめられる．$U \supset K$ が開集合のとき，K を内部に含むコンパクトな区間を I とすると，ティーチェの定理の系によって K で 1，$(U \cap I^i)^c$ で 0 となる $h_1 \in H(K)$ がある．$\{(x, y) : h_1(x, y) \geqq 1/2\}$ は U に含まれる閉集合（定理 1.21）だから $h = 2((h_1 - 1/2) \vee 0)$ とすると，h の台は U に含まれ，3) から $h \in H(K)$ である．よって 4) が成り立つ．

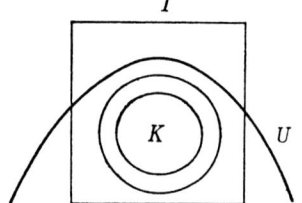

問 2 3) をたしかめよ．

集合 $N \subset \mathbf{R}^2$ が有界であって

(6.12) $$\forall \varepsilon > 0, \exists h \in H(\bar{N}) : \iint h < \varepsilon$$

をみたすとき，**無視できる**という．（ここで $\bar{N}$ は N の閉包，したがってコンパクトである．）

命題 4 1) N が無視できれば $\bar{N}$ も無視できる，

2) N が無視できて，$N_1 \subset N$ のときは N_1 も無視できる，

3) N_1, N_2 が無視できるときは $N_1 \cup N_2$ も無視できる．

証明 $\bar{\bar{N}} = \bar{N}$ であるから 1) は定義から明らかである．(6.12) が成り立つとき $N_1 \subset N$ ならば $\bar{N}_1 \subset \bar{N}$ だから命題 3, 1) により $h \in H(\bar{N}_1)$ となり N_1 は無視できる．よって 2) が成り立つ．3) は $\forall \varepsilon > 0, \exists h_1 \in H(\bar{N}_1), h_2 \in H(\bar{N}_2)$, $\iint h_1 < \varepsilon, \iint h_2 < \varepsilon$ とすると命題 3, 2) により $h = h_1 \vee h_2 \in H(\bar{N}_1 \cup \bar{N}_2) = H(\overline{N_1 \cup N_2})$ であって，命題 2 により $\iint h \leqq \iint h_1 + h_2 \leqq \iint h_1 + \iint h_2$

$<2\varepsilon$ となるからである.

命題 5 $g:[a,b]\to \mathbf{R}$ が連続のとき,g のグラフ $\{(x,y):x\in[a,b],y=g(x)\}$ は無視できる集合である.

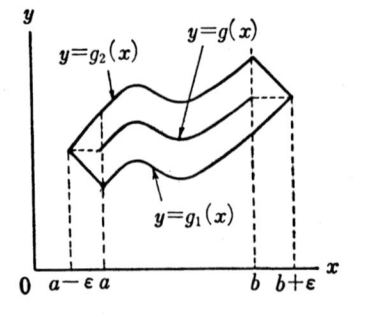

証明 任意の $\varepsilon>0$ を固定し,g_1, g_2 を

$[a,b]$ で $g_1(x)=g(x)-\varepsilon$,
$g_2(x)=g(x)+\varepsilon$,
$[a-\varepsilon,a]$ で $g_1(x)=g(a)-x+(a-\varepsilon), g_2(x)=g(a)+x-(a-\varepsilon)$,
$[b,b+\varepsilon]$ で $g_1(x)=g(b)+x-(b+\varepsilon), g_2(x)=g(b)-x+(b+\varepsilon)$

とする.g のグラフ上では 1,g_1, g_2 のグラフおよびこれで囲まれた部分の外部では 0 となる $\mathbf{R}^2\to[0,1]$ の連続関数が存在する(ティーチェの定理の系).それを h とすると

$$h\in H(\{(x,y):a\leq x\leq b, y=g(x)\})$$

で

$$\iint h=\int_{a-\varepsilon}^{b+\varepsilon}\left(\int_{-\infty}^{\infty}h(x,y)dy\right)dx\leq \int_{a-\varepsilon}^{b+\varepsilon}2\varepsilon dx=2\varepsilon(b-a+2\varepsilon),$$

よって,$\{(x,y):a\leq x\leq b, y=g(x)\}$ は無視できる.

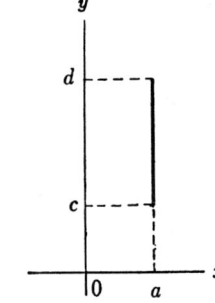

注意 $\{a\}\times[c,d]$ が無視できることも同様に示される.

さて,f は $\mathbf{R}^2$ 上の有界な関数であって,コンパクトな台をもち,無視できる集合を除き連続,すなわち,

$$\exists N\subset \mathbf{R}^2 : N \text{ は無視できる集合},$$
$$f \text{ は } \mathbf{R}^2\setminus N \text{ で連続}$$

であるとする.このような f については,その積分を定義することができるのである.

$h\in H(\bar{N})$ のとき $(1-h)f$ は明らかにコンパクトな台をもつ.これが連続であることを示そう.開集合 $\mathbf{R}^2\setminus\bar{N}$ で連続であることは明らかだから,いま $(x_1, y_1)\in \bar{N}$ とする.h が連続だから,

$$\forall \varepsilon>0, \exists \delta>0 : |x-x_1|<\delta, |y-y_1|<\delta \Rightarrow |h(x,y)-h(x_1,y_1)|<\varepsilon,$$

6.1 積 分 法

$h(x_1, y_1)=1$ だからこのとき $|1-h(x,y)|<\varepsilon$. ここで, $|f(x,y)|\leq M$ とすると,

$$|((1-h)f)(x,y)-((1-h)f)(x_1,y_1)|=|(1-h)(x,y)f(x,y)|\leq M\varepsilon,$$

よって, $(1-h)f$ は (x_1, y_1) で連続となり, したがって, $\boldsymbol{R}^2$ で連続となる. よって $\iint (1-h)f$ が定まる.

$h_1, h_2 \in H(\bar{N})$ のとき, 命題2によって

(6.13) $$\left|\iint (1-h_1)f-\iint (1-h_2)f\right|=\left|\iint (h_1-h_2)f\right|$$
$$\leq \iint |h_1-h_2||f|\leq M\iint |h_1-h_2|\leq M\iint (h_1+h_2)$$
$$=M\left(\iint h_1+\iint h_2\right)$$

が成り立つ.

N が無視できるから定義により $\varepsilon=1/n$ に対する (6.12) の h を h_n とすれば

(6.14) $$\exists h_n \in H(\bar{N}) : \iint h_n \to 0 \quad (n\to\infty)$$

がわかる. つぎに (6.14) をみたす (h_n) に対して数列 $\left(\iint (1-h_n)f\right)$ は (h_n) のとりかたによらない一定の極限に収束することを示そう. (6.13) により

$$\left|\iint (1-h_m)f-\iint (1-h_n)f\right|\leq M\left(\iint h_m+\iint h_n\right)\to 0 \quad (m,n\to\infty)$$

だから $\left(\iint (1-h_n)f\right)$ はコーシー列となり収束する. また,

$$h_{1n}\in H(\bar{N}),\ h_{2n}\in H(\bar{N}),\ \iint h_{1n}\to 0,\ \iint h_{2n}\to 0 \quad (n\to\infty)$$

のとき, $(h_{1n}), (h_{2n})$ を交互に並べて得られる列に対しても

$$\iint h_{11},\iint h_{21},\iint h_{12},\iint h_{22},\cdots\to 0$$

だから, いま証明したことによって

$$\iint (1-h_{11})f,\iint (1-h_{21})f,\iint (1-h_{12})f,\iint (1-h_{22})f,\cdots$$

も収束し，したがって，$\left(\iint (1-h_{1n})f\right)$ と $\left(\iint (1-h_{2n})f\right)$ のどちらもこの極限に収束する．よって，$\left(\iint (1-h_n)f\right)$ は (h_n) のとりかたによらず一定の極限に収束する．

この値は，N のとりかたにもよらない．それはつぎのように示される．N' も無視できる集合であって，f は $\boldsymbol{R}\setminus N'$ で連続であるとすると，$N\cup N'$ も無視できる(命題4の3))．そして $h_n\in H(\overline{N\cup N'})$，$\iint h_n\to 0$ $(n\to\infty)$ とすれば $h_n\in H(\bar{N})$ (命題3の1))だから，いま証明したことによって $\lim_{n\to\infty}\iint (1-h_n)f$ は，さきに述べた一定の極限に収束する．N を N' に変えても同様であるから，その極限は N のとりかたによらないことが示されたのである．

この値を f の($\boldsymbol{R}^2$ における)**積分**といって，これも (6.10) のように表わす．これが f が $\boldsymbol{R}^2$ で連続のときの拡張であることは，そのときは $h_n=0$ としてよいから明らかである．

命題 6 f は $\boldsymbol{R}^2$ 上の有界な関数：$|f(x,y)|\leqq M$ であって，コンパクトな台をもち，無視できる集合 N を除き連続であるとする．$h\in H(\bar{N})$ のとき，

$$\left|\iint (1-h)f - \iint f\right| \leqq M\iint h.$$

証明 (6.13) の h_1 を h，h_2 を (6.14) をみたすような h_n とすれば，

$$\left|\iint (1-h)f - \iint (1-h_n)f\right| \leqq M\left(\iint h + \iint h_n\right)$$

だから，$n\to\infty$ として上の式が得られる．

定理 6.1 $f,g:\boldsymbol{R}^2\to\boldsymbol{R}$ は有界であって，コンパクトな台をもち，無視できる集合を除き連続であるとする．

1) $\alpha,\beta\in\boldsymbol{R}$ ならば $\iint(\alpha f+\beta g)=\alpha\iint f+\beta\iint g$,

2) $f\geqq g$ ならば $\iint f\geqq\iint g$,

3) $\left|\iint f\right|\leqq\iint |f|$,

4) $\{(x,y): f(x,y) \neq g(x,y)\}$ が無視できる集合であれば $\iint f = \iint g$.

証明 N_1, N_2 を無視できる集合で, f, g はそれぞれ $\boldsymbol{R}^2 \setminus N_1, \boldsymbol{R}^2 \setminus N_2$ で連続であるとする. $N = N_1 \cup N_2$ とすると N も無視できて(命題4の3)), f, g は $\boldsymbol{R}^2 \setminus N$ で連続となる. $h_n \in H(\bar{N})$, $\iint h_n \to 0$ $(n \to \infty)$ とすると, $n \to \infty$ のとき

$$\iint (1-h_n) f \to \iint f, \quad \iint (1-h_n) g \to \iint g,$$

$$\iint (1-h_n)(\alpha f + \beta g) \to \iint (\alpha f + \beta g)$$

となる. 命題2により $\iint (1-h_n)(\alpha f + \beta g) = \alpha \iint (1-h_n) f + \beta \iint (1-h_n) g$ だから両辺の極限をとって $\iint (\alpha f + \beta g) = \alpha \iint f + \beta \iint g$ となる. $f \geq g$ のとき命題2によって $\iint (1-h_n) f \geq \iint (1-h_n) g$ だから $n \to \infty$ として $\iint f \geq \iint g$. 1), 2) から命題2で証明したと同様にして 3) が示される. 最後に $N' = \{(x,y) : f(x,y) \neq g(x,y)\}$ が無視できるとき, N を $N_1 \cup N_2 \cup N'$ にとっておけば $(1-h_n) f = (1-h_n) g$ だから $\iint (1-h_n) f = \iint (1-h_n) g$ の $n \to \infty$ の極限として $\iint f = \iint g$ が得られる.

さらに積分をつぎのような場合にも定義することができる. f は $S \subset \boldsymbol{R}^2$ 上の関数, $G \subset S$ は有界集合, その境界 ∂G は無視できる集合, f の G への制限 $f|G$ は有界, 無視できる集合を除いては連続であるとする. 関数 f とその定義域に含まれる集合 G に対して f_G を, $(x,y) \in G$ のとき $f_G(x,y) = f(x,y)$, $(x,y) \in \boldsymbol{R}^2 \setminus G$ のとき $f_G(x,y) = 0$ と定めることにする. 上のような f に対しては, f_G は有界であってコンパクトな台をもち, 無視できる集合を除いては連続だから $\iint f_G$ が定まる. この値を f の G における**積分**といって

$$\iint_G f(x,y) dx dy \quad 略して \quad \iint_G f$$

で表わす．つぎの系は定理 6.1 から直ちに出てくる．

系 $G \subset \boldsymbol{R}^2$ は有界集合で，その境界 ∂G は無視できる集合であるとする．また，f, g は G を含む集合で定義されていて，$f|G$, $g|G$ は有界で，無視できる集合を除けば連続であるとする．そのとき，つぎのことが成り立つ．

1) $\alpha, \beta \in \boldsymbol{R}$ ならば $\iint_G (\alpha f + \beta g) = \alpha \iint_G f + \beta \iint_G g$,

2) $(x, y) \in G$ のとき $f(x, y) \geq g(x, y)$ ならば，$\iint_G f \geq \iint_G g$,

3) $\left| \iint_G f \right| \leq \iint_G |f|$,

4) $\{(x, y) \in G : f(x, y) \neq g(x, y)\}$ が無視できる集合であれば

$$\iint_G f = \iint_G g.$$

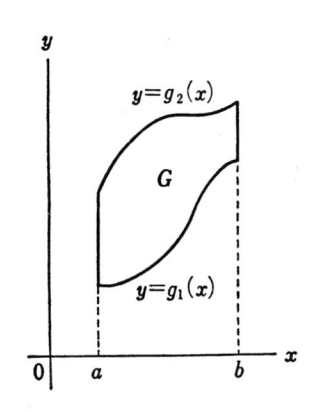

定理 6.2 区間 $[a, b]$ で g_1, g_2 は連続で $g_1(x) \leq g_2(x)$ が成り立つとき，

$$G = \{(x, y) : a \leq x \leq b, g_1(x) \leq y \leq g_2(x)\}$$

の境界 ∂G は無視できる．また，f が G で連続ならば

(6.15) $$\iint_G f(x, y) dx dy = \int_a^b \left(\int_{g_1(x)}^{g_2(x)} f(x, y) dy \right) dx.$$

証明 ∂G が無視できることは，命題 5 と注意と命題 4 の 3) から明らかである．f はコンパクトな集合 G で連続だから $|f(x, y)| \leq M$ とする．まず，

$$\varphi(x) = \int_{g_1(x)}^{g_2(x)} f(x, y) dy$$

が $[a, b]$ で連続となることを示そう．f は G で，g_1, g_2 は $[a, b]$ で一様連続であるから

$\forall \varepsilon > 0, \exists \delta > 0 : (x, y), (x', y) \in G, |x - x'| < \delta \Rightarrow$

$|f(x, y) - f(x', y)| < \varepsilon, |g_1(x) - g_1(x')| < \varepsilon, |g_2(x) - g_2(x')| < \varepsilon.$

よって，$x, x' \in [a, b], |x - x'| < \delta$ のとき，もしも $g_2(x) - g_1(x) < 2\varepsilon$ ならば

$g_2(x')-g_1(x')<4\varepsilon$ で, $|\varphi(x)-\varphi(x')|\leq\left|\int_{g_1(x)}^{g_2(x)}f(x,y)\,dy\right|+\left|\int_{g_1(x')}^{g_2(x')}f(x',y)\,dy\right|$
$\leq 2\varepsilon M+4\varepsilon M=6\varepsilon M$, また, $g_2(x)-g_1(x)\geq 2\varepsilon$ のとき $c_1=\max\{g_1(x),g_1(x')\}$, $d_1=\min\{g_2(x),g_2(x')\}$ とすると $c_1<d_1$ で

$$|\varphi(x)-\varphi(x')|=\left|\int_{g_1(x)}^{c_1}f(x,y)\,dy\right|+\left|\int_{d_1}^{g_2(x)}f(x,y)\,dy\right|$$
$$+\left|\int_{g_1(x')}^{c_1}f(x',y)\,dy\right|+\left|\int_{d_1}^{g_2(x')}f(x',y)\,dy\right|$$
$$+\left|\int_{c_1}^{d_1}(f(x,y)-f(x',y))\,dy\right|$$
$$\leq M(c_1-g_1(x)+g_2(x)-d_1+c_1-g_1(x')+g_2(x')-d_1)$$
$$+\int_{c_1}^{d_1}|f(x,y)-f(x',y)|\,dy\leq M2\varepsilon+\varepsilon(d_1-c_1)$$
$$\leq\varepsilon(2M+d-c),$$

ここで, $c=\min_{a\leq x\leq b}g_1(x)$, $d=\max_{a\leq x\leq b}g_2(x)$.

よって, φ は連続である. さて, $h_n\in H(\partial G)$, $\iint h_n\to 0$ $(n\to\infty)$ とすると ((6.11) を用い) (f_G は G の外で 0 と定めた f の拡張),

$$\left|\iint(1-h_n)f_G-\int_a^b\left(\int_{g_1(x)}^{g_2(x)}f(x,y)\,dy\right)dx\right|$$
$$=\left|\int_a^b\left(\int_c^d((1-h_n)f_G)(x,y)\,dy\right)dx-\int_a^b\left(\int_{g_1(x)}^{g_2(x)}f(x,y)\,dy\right)dx\right|$$
$$\leq\int_a^b\left|\int_{g_1(x)}^{g_2(x)}((1-h_n)f)(x,y)\,dy-\int_{g_1(x)}^{g_2(x)}f(x,y)\,dy\right|dx$$
$$\leq\int_a^b\left(\int_{g_1(x)}^{g_2(x)}|((1-h_n)f)(x,y)-f(x,y)|\,dy\right)dx$$
$$=\int_a^b\left(\int_{g_1(x)}^{g_2(x)}|(h_nf)(x,y)|\,dy\right)dx\leq\int_a^b\left(\int_{g_1(x)}^{g_2(x)}Mh_n(x,y)\,dy\right)dx$$
$$\leq M\iint h_n.$$

$n\to\infty$ とすれば $\left|\iint_G f-\int_a^b\left(\int_{g_1(x)}^{g_2(x)}f(x,y)\,dy\right)dx\right|\leq 0$ となり (6.15) が成り立つのである.

とくに, $g_1(x)=c$, $g_2(x)=d$ $(c<d)$ とすれば, $G=I=[a,b]\times[c,d]$ であ

って

$$\iint_I f(x,y)dxdy = \int_a^b \left(\int_c^d f(x,y)dy\right)dx$$

となり，この節の初めに述べた $\iint_I f(x,y)dxdy$ の定義と一致する．なお，とくに $f(x,y)=1$ のとき

$$\iint_I 1dxdy = (b-a)(d-c) = |I|$$

だから，この拡張として，一般に境界が無視できるような有界集合 G に対して

$$\iint_G 1\,dxdy$$

をその**面積**ということにし $|G|$ で表わす．また，G は面積があるという．

定理 6.1 の 4) により，開区間 $(a,b)\times(c,d)$ の面積も $(b-a)(d-c)$ である．

G_1, G_2 ともに面積がある有界集合ならば，$G_1\cup G_2, G_1\cap G_2, G_1\setminus G_2$ も，これらの境界は $\partial G_1\cup \partial G_2$ に含まれる(§1.6 (1.38))から，命題4により面積がある有界集合である．

G は面積がある有界集合であって，f が G 上の連続関数であれば，定理 6.1 の系により

$$\iint_G c\,dxdy = c|G|,$$

$|f(x,y)|\leq M$ のとき $\left|\iint_G f\right|\leq M|G|,$

よって，$|G|=0$ ならば $\iint_G f = 0$ となる．また，定理 6.2 の G の面積は

$$|G| = \iint_G 1dxdy = \int_a^b\left(\int_{g_1(x)}^{g_2(x)} 1dy\right)dx = \int_a^b (g_2(x)-g_1(x))dx$$

である(§4.1 参照)．

定理 6.3 G_1, G_2 は面積がある有界集合であって，$G_1{}^i \cap G_2{}^i = \phi$ のとき，$G_1\cup G_2$ も面積がある．なお，f が $G_1\cup G_2$ で有界，$G_1{}^i\cup G_2{}^i$ で連続のとき

(6.16) $$\iint_{G_1\cup G_2} f = \iint_{G_1} f + \iint_{G_2} f,$$

したがって，とくに $|G_1\cup G_2|=|G_1|+|G_2|$ が成り立つ．

証明 $G_1\cup G_2$ に面積があることはすでに述べた．$(G_1\cup G_2)\setminus(G_1{}^i\cup G_2{}^i)\subset \partial G_1\cup\partial G_2$ で，これは無視できる集合だから (6.16) の積分は定まり，その定義と定理 6.1 の 4) により

$$\iint_{G_1\cup G_2} f = \iint f_{G_1\cup G_2} = \iint f_{G_1{}^i\cup G_2{}^i},$$

$$\iint_{G_1} f = \iint f_{G_1} = \iint f_{G_1{}^i}, \qquad \iint_{G_2} f = \iint f_{G_2} = \iint f_{G_2{}^i}.$$

また，$f_{G_1{}^i\cup G_2{}^i}=f_{G_1{}^i}+f_{G_2{}^i}$ だから定理 6.1 の 1) により

$$\iint_{G_1\cup G_2} f = \iint f_{G_1{}^i\cup G_2{}^i} = \iint (f_{G_1{}^i}+f_{G_2{}^i}) = \iint f_{G_1{}^i}+\iint f_{G_2{}^i}$$

$$= \iint_{G_1} f + \iint_{G_2} f$$

となる．

定理 6.4 f は有界で面積がある集合 G 上の有界連続な関数とする．$(x,y)\notin G$ のとき $f(x,y)=0$ と定めて，f の定義域を $\boldsymbol{R}^2$ に拡張しておく．I を G を含む有限閉区間とし，I の分割 $\mathrm{P}:I=\sum_{j=1}^{n} I_j$ に対して $(\xi_j,\eta_j)\in I_j$ を任意にとって和

$$\sum_{\mathrm{P}} = \sum_j f(\xi_j,\eta_j)|I_j|$$

をつくれば，$\delta(\mathrm{P})=\max_{1\leq j\leq n}(\mathrm{diam}\,I_j)\to 0$ のとき $\sum_{\mathrm{P}}\to\iint_G f$ となる．すなわち，

$$\forall\varepsilon>0,\ \exists\delta>0:\delta(\mathrm{P})<\delta\Rightarrow\left|\iint_G f-\sum_{\mathrm{P}}\right|<\varepsilon.$$

証明 $|f(x,y)|\leq M$ とし，任意の $\varepsilon>0$ を固定する．G は面積があるから，$\exists h\in H(\partial G):\iint h<\varepsilon$．命題 6 により $\left|\iint(1-h)f-\iint f\right|\leq M\iint h$．よって，

(6.17) $$\left|\iint_I (1-h)f-\iint_G f\right|\leq M\varepsilon.$$

定理が, $G=I$ であるとき成り立つことはこの節の初めに述べたから, それを I 上の $(1-h)f$ と h に適用して

(6.18) $\quad \exists \delta_1>0 : \delta(P)<\delta_1 \Rightarrow \left|\sum_j ((1-h)f)(\xi_j,\eta_j)|I_j| - \iint_I (1-h)f\right|<\varepsilon,$

(6.19) $\quad \exists \delta_2>0 : \delta(P)<\delta_2 \Rightarrow \left|\sum_j h(\xi_j,\eta_j)|I_j| - \iint_I h\right|<\varepsilon.$

そこで, $\delta=\min\{\delta_1,\delta_2\}$ とすれば $\delta(P)<\delta$ であるとき (6.19) によって,

$$\left|\sum_j ((1-h)f)(\xi_j,\eta_j)|I_j| - \sum_j f(\xi_j,\eta_j)|I_j|\right|$$
$$\leq \left|\sum_j (-hf)(\xi_j,\eta_j)|I_j|\right|$$
$$\leq \sum_j Mh(\xi_j,\eta_j)|I_j| \leq M\left(\iint_I h + \varepsilon\right) \leq 2M\varepsilon,$$

これと (6.17), (6.18) によって

$$\left|\iint_G f - \sum_j f(\xi_j,\eta_j)|I_j|\right| < M\varepsilon + \varepsilon + 2M\varepsilon = (3M+1)\varepsilon.$$

よって, 定理は証明された.

注意 これからつぎのことが示される. G, G' は面積がある有界集合で $G' \subset G$, f は G で有界な連続関数で $f(x,y) \geq 0$ のとき, $\iint_{G'} f \leq \iint_G f.$

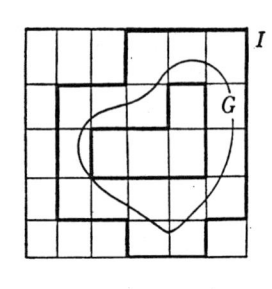

定理 6.5 G が $\boldsymbol{R}^2$ の有界集合であるとき, I を G を含む区間とし, I の分割 $P: I=\sum_{j=1}^n I_j$ に対して $\bar{S}(P), \underline{S}(P)$ をそれぞれ G と交わる I_j の面積の和, G 含まれる I_j の面積の和とする:
$$\bar{S}(P) = \sum_{I_j \cap G \neq \phi} |I_j|, \qquad \underline{S}(P) = \sum_{I_j \subset G} |I_j|.$$

1) G に面積があれば, $\underline{S}(P) \leq |G| \leq \bar{S}(P)$ で
$$\delta(P) \to 0 \text{ のとき } \bar{S}(P) \to |G|, \underline{S}(P) \to |G|,$$
となり,

2) 逆に

(6.20) $\qquad \forall \varepsilon>0, \exists P : \bar{S}(P) - \underline{S}(P) < \varepsilon$

が成り立つならば, G は面積がある.

3) G が無視できれば, $|G|=0$,

4) 逆に $|G|=0$ ならば G は無視できる,

5) $N \subset \mathbf{R}^2$ は

(6.21) $\quad \forall \varepsilon > 0, \exists J_j (j=1, \cdots, n): N \subset \bigcup_{j=1}^{n} J_j, \sum_{j=1}^{n} |J_j| < \varepsilon$

であるとき, 無視できる. ただし, J_j は'拡張した意味の区間' $\{(x, y): a \leqq x \leqq b, c \leqq y \leqq d\}$ $(a \leqq b, c \leqq d)$ の形の集合とする.

証明 1) は定理 6.4 から明らかである. G が無視できるならば $\partial G \subset \bar{G}$ も無視できるから G は面積があるが, 定理 6.1 により $|G| = \int_G 1 = \int_G 0 = 0$, よって 3) が成り立つ.

つぎに, $N \subset \mathbf{R}^2$ が (6.21) をみたすとする. J_j を内部に含む区間 J_j' を, J_j が区間のときは $|J_j'| < 2|J_j|$ となるように, そうでないときは, $|J_j'| < \varepsilon/n$ となるようにとる. これに対して

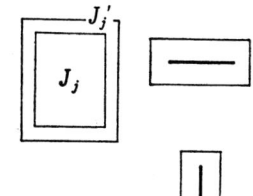

$\exists h_j \in H(J_j), J_j'$ の外では $h_j(x, y) = 0$,

よって, $h(x, y) = \max_{1 \leqq j \leqq n} h_j(x, y)$ とすると, $h \in H(\bar{N})$ で $h \leqq \sum_{j=1}^{n} h_j$ だから

$$\iint h \leqq \sum \iint h_j \leqq \sum |J_j'| \leqq 2 \sum |J_j| + \varepsilon/n \cdot n < 3\varepsilon.$$

よって, N は無視できる. これで 5) が示された.

$|G| = 0$ のときは 1) により $\sum_{I_j \cap G \neq \phi} |I_j| \to 0$ で $G \subset \sum_{I_j \cap G \neq \phi} I_j$ だから (6.21) が $N = G$ に対して成り立ち, 5) により G は無視できる. よって, 4) が示された. (6.20) が成り立つときは $\partial G \subset \sum_{I_j \cap G \neq \phi} I_j \setminus (\sum_{I_j \subset G} I_j)^i$ で $\partial G = N$ は (6.21) の条件をみたすから, ∂G は無視できることになり G は面積があることとなる. よって, 3) が成り立つ.

後に使うためにもう一つ定理を証明しておこう.

定理 6.6 G は $\mathbf{R}^2$ の有界で面積がある集合, f は G 上の有界な連続関数であるとする. $N \subset G$ が無視できるとき, 任意の $\varepsilon > 0$ に対して面積のあるコンパクトな集合 $K_1 \subset G^i \setminus \bar{N}$ があって, $K_1 \subset K \subset G$ をみたす面積のある集合

K に対して

$$\left|\iint_G f - \iint_K f\right| < \varepsilon$$

が成り立つ．とくに $f(x,y) \geqq 0$ のとき，$K \subset G^i \diagdown \bar{N}$ を面積があるコンパクト集合とすれば

$$\iint_G f = \sup_K \iint_K f$$

が成り立つ．

証明 G の境界は無視できるから，定理 6.5 の 3)，1) により，任意の $\varepsilon > 0$ に対して閉区間 $I_1, \cdots, I_n$ があって $\partial G \cup \bar{N} \subset \sum_{j=1}^{n} I_j$，$\sum_{j=1}^{n} |I_j| < \varepsilon$ となる．I_j を内部に含み面積がその 2 倍の開区間を I_j' とし，$K_1 = G \diagdown \bigcup_{j=1}^{n} I_j'$ とすれば，K_1 は $G^i \diagdown \bar{N}$ に含まれて，面積があるコンパクト集合となる．K が面積のある集合で $K_1 \subset K \subset G$ をみたすとすれば，$G \diagdown K \subset \bigcup_{j=1}^{n} I_j'$ であって，$|f(x,y)| \leqq M$ とすると，定理 6.3，定理 6.1 系により

$$\left|\int_G f - \int_K f\right| = \left|\int_{G \diagdown K} f\right| \leqq \int_{G \diagdown K} |f| \leqq |G \diagdown K| M$$
$$\leqq \left|\bigcup_{j=1}^{n} I_j'\right| M \leqq \sum_{j=1}^{n} |I_j'| M \leqq 2\varepsilon M$$

となる．$f(x,y) \geqq 0$ のとき $K \subset G$ に面積があれば $\iint_G f \geqq \iint_K f$ で，いま証明したことによって，面積のあるコンパクトな $K_1 \subset G^i \diagdown \bar{N}$ があって $\iint_G f - \varepsilon < \iint_{K_1} f$ だから $\iint_G f = \sup_K \iint_K f$ となる．

注意 したがって，(K_n) が G に含まれる面積のある集合の増大列：$K_1 \subset K_2 \subset \cdots$ であって，$G^i \diagdown \bar{N}$ に含まれ面積がある任意のコンパクト集合 K に対して $K \subset K_n$ となる K_n があれば，$\lim_{n \to \infty} \iint_{K_n} f = \iint_G f$ が（$f \geqq 0$ と限らないでも）成り立つ．

以上，2 変数について述べたと同様なことは，3 変数の関数についても述べられるのである．たとえば，A は xy 平面上の面積がある有界集合，f は A 上の有界な連続関数で $f(x,y) \geqq 0$ のとき，集合 $V = \{(x,y,z) : (x,y) \in A, 0 \leqq z \leqq f(x,y)\} \subset \boldsymbol{R}^3$ の体積 $|V|$ は

$$|V| = \iiint_V 1 = \iint_A f(x,y)\,dxdy$$

となる．

例 4 x 軸，y 軸，直線 $ax+by=1$ $(a,b>0)$ で囲まれた部分

$$A = \{(x,y) : 0 \leq x \leq 1/a, 0 \leq y \leq (1-ax)/b\}$$

上での

$$f(x,y) = 1 - ax - by$$

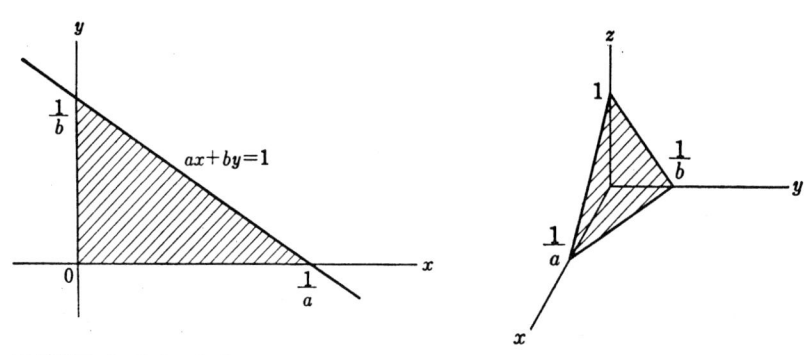

の積分は定理 6.2 により

$$\iint_A f(x,y)\,dxdy = \iint_A (1-ax-by)\,dxdy$$

$$= \int_0^{1/a} \left(\int_0^{(1-ax)/b} (1-ax-by)\,dy\right)dx$$

$$= \int_0^{1/a} \left[(1-ax)y - \frac{b}{2}y^2\right]_{y=0}^{y=(1-ax)/b} dx$$

$$= \int_0^{1/a} \left(\frac{1}{b}(1-ax)^2 - \frac{1}{2b}(1-ax)^2\right)dx = \int_0^{1/a} \frac{1}{2b}(1-ax)^2\,dx$$

$$= \left[\frac{-1}{6ab}(1-ax)^3\right]_0^{1/a} = \frac{1}{6ab}.$$

($[F(x)]_a^b = F(b) - F(a)$ と同様に，F が 2 変数の関数のとき $[F(x,y)]_{y=a}^{y=b}$ は $F(x,b) - F(x,a)$ を表わすものとする)．これは平面 $z = f(x,y)$，すなわち点 $(0,0,1)$ と直線 $ax+by=1$, $z=0$ を通る平面と，三つの平面 $x=0, y=0, z=0$ で囲まれた 3 角錐の体積である．

例 5 楕円体 $\{(x,y,z) : x^2/a^2 + y^2/b^2 + z^2/c^2 \leq 1\}$ $(a,b,c>0)$ の体積 V は

$A=\{(x,y): x^2/a^2+y^2/b^2 \leq 1\}$ とすれば，$x^2/a^2+y^2/b^2+z^2/c^2 \leq 1$ を解いて
$-c\sqrt{1-x^2/a^2-y^2/b^2} \leq z \leq c\sqrt{1-x^2/a^2-y^2/b^2}$ だから，

$$V = 2\iint_A c\sqrt{1-\frac{x^2}{a^2}-\frac{y^2}{b^2}}\,dxdy$$
$$= 8c\int_0^a \left(\int_0^{b/a\sqrt{a^2-x^2}} \frac{1}{b}\sqrt{\frac{b^2}{a^2}(a^2-x^2)-y^2}\,dy\right)dx$$
$$= \frac{8c}{b}\int_0^a \frac{\pi}{4}\frac{b^2}{a^2}(a^2-x^2)\,dx \qquad (\S 4.1\ 例7)$$
$$= \frac{2\pi bc}{a^2}\int_0^a (a^2-x^2)\,dx = \frac{2\pi bc}{a^2}\left[a^2x-\frac{x^3}{3}\right]_0^a$$
$$= \frac{2\pi bc}{a^2}\frac{2}{3}a^3 = \frac{4}{3}\pi abc.$$

例6 $y=f(x)$ は $[a,b]$ 上の連続関数であって，$f(x) \geq 0$ であるとき，$\{(x,y): a\leq x\leq b, 0\leq y\leq f(x)\}$ を x 軸のまわりに回転してできる立体

$$\{(x,y,z): a\leq x\leq b, -f(x)\leq y\leq f(x), -\sqrt{(f(x))^2-y^2}$$
$$\leq z \leq \sqrt{(f(x))^2-y^2}\}$$

の体積は

$$2\iint_{\{(x,y):a\leq x\leq b,-f(x)\leq y\leq f(x)\}} \sqrt{(f(x))^2-y^2}\,dxdy$$
$$= 2\int_a^b \left(\int_{-f(x)}^{f(x)} \sqrt{(f(x))^2-y^2}\,dy\right)dx = 2\int_a^b \frac{1}{2}\pi(f(x))^2\,dx$$
$$= \pi\int_a^b (f(x))^2\,dx$$

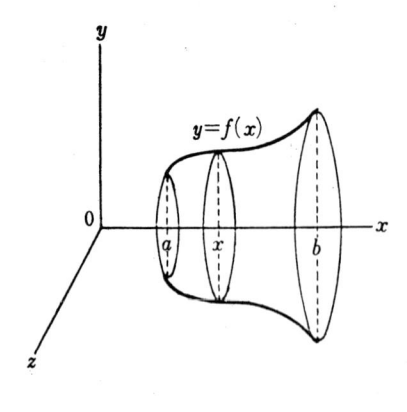

となる．これは x における x 軸に垂直な平面による切り口の円 $\{(y,z): -f(x)\leq y\leq f(x), -\sqrt{(f(x))^2-y^2}\leq z\leq \sqrt{(f(x))^2-y^2}\}$ の面積 $\pi(f(x))^2$ の $[a,b]$ 上の積分にほかならない．一般に適当な条件のもとに，有界集合 $V\subset \boldsymbol{R}^3$ の体積 $|V|$ は，$[a,b]\times \boldsymbol{R}^2 \supset V$ とし，$x\in[a,b]$ における V の切り口 $\{(y,z):$

$(x,y,z) \in V\}$ の面積を $V(x)$ とすると $|V| = \int_a^b V(x)dx$ となるのである.

問3 円 $x^2+(y-b)^2 \leq a^2$ $(0<a<b)$ が x 軸のまわりに1回転してできる回転体の体積を求めよ.

6.2 2変数の関数の積分変数の変換

積分変数の変換を2変数の場合について述べるために，まずつぎの補題を証明する.

補題 $D \subset \boldsymbol{R}^2$ は開集合であって，$T: D \rightarrow \boldsymbol{R}^2$ は C^1 級の写像，$(0,0) \in D$, $T(0,0)=(0,0)$ であって，T のヤコビアンは $(0,0)$ で0でないとする. このとき T は $(0,0)$ のある近傍で
$$T = B \circ Q \circ P$$
と書ける. ここで，P, Q は $(0,0)$ のある近傍で定義された $\boldsymbol{R}^2$ への C^1 級の写像で，$P(0,0)=Q(0,0)=(0,0)$ が成り立ち，P は第2座標を，Q は第1座標を変えない写像，B は恒等写像または座標を入れ換えるだけの写像：$B(x,y)=(y,x)$ とする.

証明 $T(x,y) = (f(x,y), g(x,y))$ とする.

$f_x(0,0) \neq 0$ のとき $P(x,y)=(f(x,y),y)$ と定めると P のヤコビアンは $(0,0)$ で
$$\begin{vmatrix} f_x(0,0) & f_y(0,0) \\ 0 & 1 \end{vmatrix} = f_x(0,0) \neq 0$$
だから，定理 3.8 のあとの注意により，$(0,0)$ の近傍 U, V と C^1 級の写像 $S: U \rightarrow V$ があって，$(x,y) \in V$ のとき $S \circ P(x,y)=(x,y), S(0,0)=(0,0)$ となる. $(x,y) \in U$ に対して $Q(x,y)=(x,g(S(x,y)))$ とすれば，$(x,y) \in V$ に対して
$$Q \circ P(x,y) = Q(f(x,y),y) = (f(x,y), g(S \circ P(x,y)))$$
$$= (f(x,y), g(x,y)) = T(x,y),$$
よって，B を恒等写像とすればよい.

$f_x(0,0)=0$ のときヤコビアンは $(f_xg_y-f_yg_x)(0,0) \neq 0$ だから $g_x(0,0) \neq 0$

となる．$P(x,y) = (g(x,y), y)$ とすると，P の $(0,0)$ におけるヤコビアンは
$$\begin{vmatrix} g_x(0,0) & g_y(0,0) \\ 0 & 1 \end{vmatrix} = g_x(0,0) \neq 0$$
だから，前と同様に，$(0,0)$ の近傍 U, V と，C^1 級の写像 $S: U \to V$ があって，$(x,y) \in V$ のとき $S \circ P(x,y) = (x,y)$, $S(0,0) = (0,0)$ となる．$(x,y) \in U$ に対し $Q(x,y) = (x, f(S(x,y)))$ とすれば，$(x,y) \in V$ に対して
$$Q \circ P(x,y) = Q(g(x,y), y) = (g(x,y), f(x,y)),$$
よって，$B(x,y) = (y,x)$ とすれば，
$$B \circ Q \circ P(x,y) = (f(x,y), g(x,y)) = T(x,y)$$
となる．

（実は同様のことは $\mathbf{R}^p$ でもいえるのである．すなわち，同様の条件のもとで，T は $0 \in \mathbf{R}^p$ のある近傍で，一つの座標だけを変える p 個の写像と，たかだか二つの座標を入れ換えるだけの p 個の写像の合成として表わされることが示されるのである．）

定理 6.7 $D \subset \mathbf{R}^2$ は開集合，$T: D \to \mathbf{R}^2$ は C^1 級の単射で，ヤコビアン J_T は 0 にならないとする：すなわち $J_T(u,v) \neq 0$．また $f: \mathbf{R}^2 \to \mathbf{R}$ は連続であって $T(D)$ に含まれるコンパクトな台をもつとする．そのときは

(6.22) $$\iint f(x,y) dx dy = \iint f(T(u,v)) |J_T(u,v)| du dv$$

が成り立つ．

注意 T が単射だから $T(D)$ で T^{-1} があり，ヤコビアンが 0 にならないから，定理 3.8 と系により $T(D)$ は開集合で T^{-1} は連続となる．よって，f の台の T^{-1} による像はコンパクトで，(6.22) の右辺の $\iint$ の中の関数は，$(u,v) \in D$ についてしか定義されていないが，$(u,v) \notin D$ のとき値は 0 と考えれば，関数は連続であって D に含まれるコンパクトな台をもつ．

この定理は $\mathbf{R}^2$ の代りに $\mathbf{R}$ としたときも成り立つ（$J_T = T'$）ことを注意しておく．1 変数の場合については §4.1 に述べてあるが，T の増加減少に従って $T'(u)$ が正負となり，積分範囲が $\int_{-\infty}^{\infty}, \int_{\infty}^{-\infty}$ となるのであったから $|T'(u)|$ として $\int_{-\infty}^{\infty}$ とすれば同じことである．

証明 1) T が第 2 座標を変えない写像であるとき，累次積分と 1 変数の場合の積分変数変換の公式によって (6.22) が成り立つ．実際，$T(u,v)$

$=(t(u,v),v)$ とすれば $J_T(u,v)=(t_u\cdot 1-t_v\cdot 0)(u,v)=t_u(u,v)$ であって (6.22) の右辺は

$$\iint f(T(u,v))|t_u(u,v)|dudv=\int_{-\infty}^{\infty}\left(\int_{-\infty}^{\infty}f(t(u,u),v)|t_u(u,v)|du\right)dv$$
$$=\int_{-\infty}^{\infty}\left(\int_{-\infty}^{\infty}f(x,v)dx\right)dv$$
$$=\iint f(x,y)dxdy$$

となる．

2) T が第1座標を変えない写像であるときも同様である．

3) T が二つの座標を入れ換えるだけの写像であるとき，$T(u,v)=(v,u)$ だから $J_T(u,v)=0\cdot 0-1\cdot 1=-1$ であって，累次積分の順序を入れ換えても同じだから (6.22) の右辺は

$$\iint f(T(u,v))dudv=\iint f(v,u)dudv=\int_{-\infty}^{\infty}\left(\int_{-\infty}^{\infty}f(v,u)dv\right)du$$
$$=\iint f(x,y)dxdy$$

となる．

4) $T:(u,v)\mapsto(u+a,v+b)$ であるとき $J_T(u,v)=1\cdot 1-0\cdot 0=1$ で明らかに (6.22) は成り立つ．

5) $T=T_2\circ T_1$ であって T_1,T_2 については定理の結論が成り立つとき T についても (6.22) が成り立つことを示そう．$T_1(u,v)=(\varphi_1(u,v),\psi_1(u,v))$, $T_2(s,t)=(\varphi_2(s,t),\psi_2(s,t))$ とすると，$T(u,v)=(\varphi_2(\varphi_1(u,v),\psi_1(u,v)),\psi_2(\varphi_1(u,v),\psi_1(u,v)))$ のヤコビアンは(略記すれば)，

$$J_T=(\varphi_{2s}\varphi_{1u}+\varphi_{2t}\psi_{1u})(\psi_{2s}\varphi_{1v}+\psi_{2t}\psi_{1v})-(\varphi_{2s}\varphi_{1v}+\varphi_{2t}\psi_{1v})(\psi_{2s}\varphi_{1u}+\psi_{2t}\psi_{1u})$$
$$=\varphi_{2s}\psi_{2t}\varphi_{1u}\psi_{1v}+\varphi_{2t}\psi_{2s}\psi_{1u}\varphi_{1v}-\varphi_{2s}\psi_{2t}\varphi_{1v}\psi_{1u}-\varphi_{2t}\psi_{2s}\varphi_{1u}\psi_{1v}$$
$$=(\varphi_{2s}\psi_{2t}-\varphi_{2t}\psi_{2s})(\varphi_{1u}\psi_{1v}-\varphi_{1v}\psi_{1u})$$

で，T_1,T_2 のヤコビアンの積であって

$$\iint f(x,y)dxdy=\iint f(T_2(s,t))|J_{T_2}(s,t)|dsdt$$

$$= \iint f(T_2(T_1(u,v))|J_{T_2}(T_1(u,v))||J_{T_1}(u,v)|dudv$$

$$= \iint f(T(u,v))|J_T(u,v)|dudv$$

となる.

6) 任意の $(a,b) \in D$ を固定する. $\{(x,y)-(a,b) : (x,y) \in D\}$ 上の写像 $(x,y) \mapsto T((x,y)+(a,b))-T(a,b)$ に補題を用いると, この写像は $(0,0)$ のある近傍で $B \circ Q \circ P$ と書ける. よって,

$$T_1(x,y) = B \circ Q \circ P((x,y)-(a,b))+T(a,b)$$

とすると, (a,b) のある近傍で

$$T(x,y) = T_1(x,y)$$

となり, f の台が $T(a,b)$ のある近傍に含まれていれば 1)~5) により T_1, したがって T について (6.22) が成り立つ. 以上のことから, $T(D)$ の各点に, 適当な近傍 V をとると台が V に含まれるような f であるかぎりは (6.22) が成り立つようにできることが示された.

さて, f_0 をコンパクトな台 $K \subset T(D)$ をもつ $\boldsymbol{R}^2$ 上の連続関数とする. いま示したように, 各 $(x,y) \in K$ に対して, (x,y) を中心とする半径 $r(x,y)$ の開円 $V(x,y)$ があって, 台がこれに含まれるような f については (6.22) が成り立つ. K はコンパクトであって, 各 $(x,y) \in K$ を中心とする半径 $r(x,y)/2$ の開円の全体が K をおおうから, その中に有限部分被覆がある. その K をおおう有限個の開円を $W_1, \cdots, W_j$ とし, W_i の中心を中心とし2倍の半径の開円を V_i とする. 台が V_i に含まれるような f については (6.22) が成り立つのであった. 各 i に対して, 台が V_i に含まれ W_i 上で $\varphi_i(x,y)=1$ となる $\boldsymbol{R}^2$ 上の連続関数 φ_i がある (定理 1.32, 系). $\psi_1 = \varphi_1$, $2 \leq i \leq j$ のとき $\psi_i = (1-\varphi_1)(1-\varphi_2) \cdots (1-\varphi_{i-1})\varphi_i$ とすると,

$$\psi_1 = \varphi_1 = 1 - (1-\varphi_1),$$

$$\psi_2 = (1-\varphi_1)\varphi_2 = (1-\varphi_1) - (1-\varphi_1)(1-\varphi_2),$$

$$\psi_3 = (1-\varphi_1)(1-\varphi_2)\varphi_3 = (1-\varphi_1)(1-\varphi_2) - (1-\varphi_1)(1-\varphi_2)(1-\varphi_3),$$

....

だから
$$\psi_1+\psi_2+\cdots+\psi_J = 1-(1-\varphi_1)(1-\varphi_2)\cdots(1-\varphi_J)$$
となる. K の各点で右辺の積の少なくとも一つの因子は 0 だから, $(x, y)\in K$ のとき $(\psi_1+\psi_2+\cdots+\psi_J)(x, y) = 1$. $\psi_i f_0$ の台は V_i に含まれるから $\psi_i f_0 = f$ について (6.22) が成り立ち, したがって $f_0 = \sum_{i=1}^{J} \psi_i f_0$ についても (6.22) が成り立つ. これで定理の証明が終った.

定理 6.8 $D\subset \mathbf{R}^2$ は開集合, $T: D\to \mathbf{R}^2$ は C^1 級の単射で, ヤコビアン J_T は 0 にならないとする. また, $K\subset D$ はコンパクト, $T(K)$ には面積があり, f は $T(K)$ で有界で, 無視できる集合を除き連続であるとする. このとき,

$$(6.23) \quad \iint_{T(K)} f(x, y)\,dxdy = \iint_{K} f(T(u, v))|J_T(u, v)|\,dudv.$$

とくに $f=1$ とすれば

$$|T(K)| = \iint_K |J_T(u, v)|\,dudv$$

となる.

証明 T が単射であることと, $J_T(u, v)\neq 0$ であることから, 定理 3.8 とその系により, $T(D)$ は開集合で, その上で T^{-1} は連続となる. よって, $T(\partial K) = \partial T(K)$ となる. 前節の記号 H を用いると, 前節の命題 3 の 4) により, 台が $T(D)$ に含まれるような $h_1\in H(T(K))$ がある. f は $T(K)\setminus N$ ($\bar{N}\subset T(K)$ は無視できるとする) で連続であるとする. $T(K)$ は面積があるから $\forall \varepsilon>0, \exists h_2\in H(\partial T(K)\cup \bar{N})$, $\iint h_2<\varepsilon$. $h=h_1 h_2$ とすると $h\in H(\partial T(K)\cup \bar{N})$, $\iint h<\varepsilon$ で, h の台は $T(D)$ に含まれる. 定理 6.7 により

$$(6.24) \quad \iint (1-h)f = \iint ((1-h)f)(T(u, v))|J_T(u, v)|\,dudv,$$

ただし, $\iint$ の中の関数は定義されていないところでは 0 として拡張しておくものとする ((6.25), (6.26) などについても). $|f(x, y)|\le M$ とすると, §6.1 命題 6 により

$$(6.25) \quad \left|\iint_{T(K)} f - \iint (1-h)f\right| \le M\iint h \le M\varepsilon,$$

T が C^1 級で J_T が D で 0 にならなくて，$h_1 \circ T$ の台は $h \circ T$ の台を含み，D に含まれるコンパクト集合だから，そこで $|J_T(u,v)| \ge M_1 > 0$ とすれば定理 6.7 により

$$(6.26) \quad \iint h = \iint h(T(u,v))|J_T(u,v)|dudv \ge M_1 \iint h(T(u,v))dudv,$$

よって，

$$\iint h \circ T \le \frac{\varepsilon}{M_1}.$$

$h \circ T \in H(\partial K \cup T^{-1}(\bar{N}))$ で ε は任意で M_1 は ε によらないから，K も面積があって，$f \circ T$ は無視できる集合を除いて連続となり，K で $|J_T(u,v)| \le M_2$ とすれば，前と同様に §6.1 命題 6 によって

$$(6.27) \quad \left|\iint_K f(T(u,v))|J_T(u,v)|dudv - \iint (1-h(T(u,v)))f(T(u,v))|J_T(u,v)|dudv\right|$$
$$\le MM_2 \iint h \circ T \le \frac{MM_2}{M_1}\varepsilon.$$

(6.24), (6.25), (6.27) により

$$\left|\iint_{T(K)} f - \iint_K f(T(u,v))|J_T(u,v)|dudv\right| \le M\varepsilon + \frac{MM_2}{M_1}\varepsilon$$
$$= M\left(1 + \frac{M_2}{M_1}\right)\varepsilon,$$

ε は任意であって M, M_1, M_2 は ε によらないから，(6.23) が成り立つ．

注意 T^{-1} が T と同様の写像だから，$T(K)$ に面積があるとしても，K に面積があるとしても同じことである．

例1 T は $\boldsymbol{R}^2$ の線形写像 $\begin{pmatrix} a & b \\ c & d \end{pmatrix}$ であって $ad - bc \ne 0$ とする．$K \subset \boldsymbol{R}^2$ はコンパクトで面積があり，f は $T(K)$ で連続とすると，$|J_T(u,v)| = \begin{vmatrix} a & b \\ c & d \end{vmatrix} = ad - bc$ であって

$$\iint_{T(K)} f(x,y)dxdy = |ad-bc| \iint_K f(T(u,v))dudv.$$

とくに $f=1$ とすれば $|T(K)|=|ad-bc||K|$.

例 2 $T: \mathbf{R}^2 \to \mathbf{R}^2\ ((u,v) \mapsto (u+a, v+b))$ とする. $K \subset \mathbf{R}^2$ はコンパクトで面積があり, f は $T(K)$ で連続とすると, $J_T(u,v) = \begin{vmatrix} 1 & 0 \\ 0 & 1 \end{vmatrix} = 1$ となり,

$$\iint_{T(K)} f(x,y)\,dxdy = \iint_K f(u+a, v+b)\,dudv,$$

とくに $f=1$ とすれば $|T(K)| = |K|$.

例 3 $T: \{(r,\theta): r \geqq 0, \theta \in \mathbf{R}\} \to \mathbf{R}^2$

$$((r,\theta) \mapsto (x,y) = (r\cos\theta, r\sin\theta))$$

とする. 定義域を開集合 $\{(r,\theta): r>0, \theta \in \mathbf{R}\}$ に縮小すれば

$$J_T(r,\theta) = \begin{vmatrix} \cos\theta & -r\sin\theta \\ \sin\theta & r\cos\theta \end{vmatrix} = r \neq 0$$

であって, 定義域を $\{(r,\theta): r>0, \theta_1 \leqq \theta < \theta_1 + 2\pi\}$ に縮小すれば単射となる.

$K = \{(r,\theta) : r_0 \leqq r \leqq r_1, \theta_0 \leqq \theta \leqq \theta_1\}$

$(0 \leqq r_0 < r_1, \theta_0 < \theta_1 \leqq \theta_0 + 2\pi)$

とし, $f: T(K) \to \mathbf{R}$ は連続とすれば

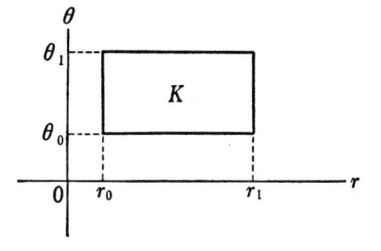

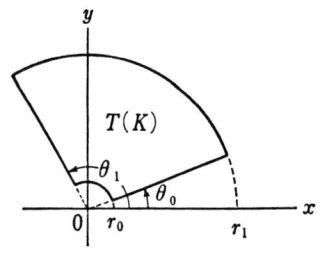

(6.28) $\displaystyle\iint_{T(K)} f(x,y)\,dxdy$

$\displaystyle = \iint_K f(r\cos\theta, r\sin\theta)\,rdrd\theta$

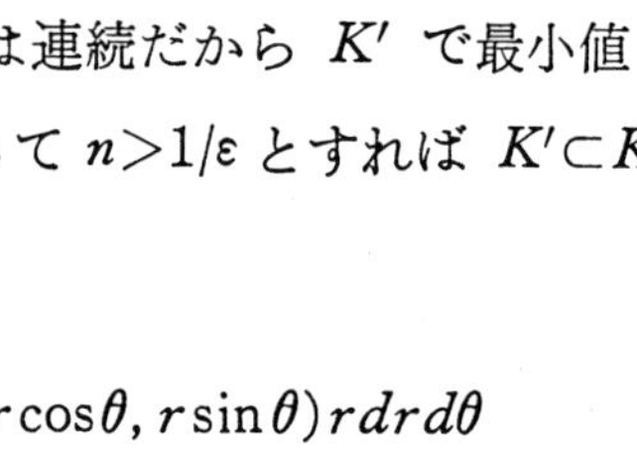

が成り立つ. これは $0<r_0,\ \theta_1<\theta_0+2\pi$ のときは定理 6.8 から明らかである. $r_0=0,\ \theta_1<\theta_0+2\pi$ のときは $K_n = [1/n, r_1] \times [\theta_0, \theta_1]$ とすれば, $K \setminus \{0\} \times [\theta_0, \theta_1]$ に含まれる任意のコンパクトな集合を K' とすると $(x,y) \mapsto x$ は連続だから K' で最小値 $\varepsilon > 0$ に到達し, よって $K' \subset [\varepsilon, r_1] \times [\theta_0, \theta_1]$, よって $n > 1/\varepsilon$ とすれば $K' \subset K_n$ となるから定理 6.6 の注意により

$$\lim_{n \to \infty} \iint_{K_n} f(r\cos\theta, r\sin\theta)\,rdrd\theta = \iint_K f(r\cos\theta, r\sin\theta)\,rdrd\theta$$

となり, 同様に,

$$\lim_{n\to\infty}\iint_{T(K_n)}f(x,y)dxdy=\iint_{T(K)}f(x,y)dxdy$$

であって,

$$\iint_{T(K_n)}f(x,y)dxdy=\iint_{K_n}f(r\cos\theta,r\sin\theta)r\,dr\,d\theta$$

だから (6.28) が成り立つ. $r_0>0$, $\theta_1=\theta_0+2\pi$ のときは $K_n=[r_0,r_1]\times[\theta_0,\theta_1-1/n]$, $r_0=0$, $\theta_1=\theta_0+2\pi$ のときは $K_n=[1/n,r_1]\times[\theta_0,\theta_1-1/n]$ とすれば同様であるから, (6.28) はいつでも成り立つ.

したがって, とくに $f=1$ とすれば,

$$|T(K)|=\iint_K\cdot dr\,d\theta=\int_{\theta_0}^{\theta_1}\left(\int_{r_0}^{r_1}r\,dr\right)d\theta=(\theta_1-\theta_0)\left[\frac{r^2}{2}\right]_{r_0}^{r_1}$$
$$=\frac{(\theta_1-\theta_0)(r_1^2-r_0^2)}{2}$$

となる.

例 4 楕円 $A=\{(x,y):x^2/a^2+y^2/b^2\leq1\}$ $(a,b>0)$ の面積を変数変換によって求めよう.

$$T(u,v)=(au,bv),\qquad K=\{(u,v):u^2+v^2\leq1\}$$

とすれば, $T(K)=A$ で, 例1により(例1の a,b,c,d が $a,0,0,b$)

$$|A|=|ab-0\cdot0||K|=ab|K|.$$

$$T_1(r,\theta)=(r\cos\theta,r\sin\theta),\qquad K_1=\{(r,\theta):0\leq r\leq1,0\leq\theta\leq2\pi\}$$

とすれば, $K=T_1(K_1)$ で, 例3により $|K|=(2\pi-0)(1^2-0^2)/2=\pi$ だから

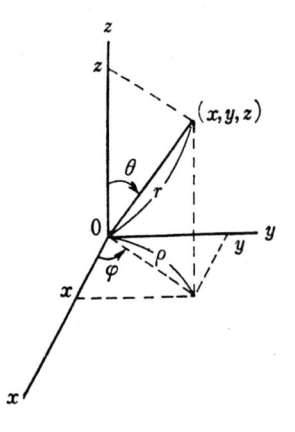

$$|A|=\pi ab$$

となる. $a=b=r$ とすれば半径 r の円の面積 πr^2 が得られる(§4.1 例7).

例 5 空間 $\boldsymbol{R}^3$ の点 P の座標を (x,y,z) とするとき

(6.29) $\quad x=r\sin\theta\cos\varphi,\qquad y=r\sin\theta\sin\varphi,$
$\qquad\quad z=r\cos\theta\qquad(r\geq0, 0\leq\theta\leq\pi)$

をみたす (r,θ,φ) を P の極座標といい,

(6.30) $\quad x = \rho\cos\varphi, \qquad y = \rho\sin\varphi, \qquad z = z \qquad (\rho \geqq 0)$

をみたす (ρ, φ, z) を P の円筒座標という. $\boldsymbol{R}^3$ から z 軸を含む一つの半平面 $\{(x, y, z) : x = \rho\cos\varphi_1, y = \rho\sin\varphi_1, \rho \geqq 0\}$ を除けば, それは (6.30) により $\{(\rho, \varphi, z) : \rho > 0, \varphi_1 < \varphi < \varphi_1 + 2\pi\}$ と1対1に対応し, また (6.29) により $\{(r, \theta, \varphi) : r > 0, 0 < \theta < \pi, \varphi_1 < \varphi < \varphi_1 + 2\pi\}$ と1対1に対応する.

$$\begin{vmatrix} \dfrac{\partial x}{\partial \rho} & \dfrac{\partial x}{\partial \varphi} \\ \dfrac{\partial y}{\partial \rho} & \dfrac{\partial y}{\partial \varphi} \end{vmatrix} = \begin{vmatrix} \cos\varphi & -\rho\sin\varphi \\ \sin\varphi & \rho\cos\varphi \end{vmatrix} = \rho,$$

また, $\rho = r\sin\theta$ だから

$$\begin{vmatrix} \dfrac{\partial \rho}{\partial r} & \dfrac{\partial \rho}{\partial \theta} \\ \dfrac{\partial z}{\partial r} & \dfrac{\partial z}{\partial \theta} \end{vmatrix} = \begin{vmatrix} \sin\theta & r\cos\theta \\ \cos\theta & -r\sin\theta \end{vmatrix} = -r$$

となる. したがって, V が $\boldsymbol{R}^3$ の適当な集合であって, f が V 上で連続な関数であるとき, 変数変換 $T : (r, \theta, \varphi) \mapsto (x, y, z)$ を $(\rho, \varphi) \mapsto (x, y)$, $(r, \theta) \mapsto (\rho, z)$ に分けてみれば

$$\iiint_V f(x, y, z)\,dxdydz = \int\left(\iint f(x, y, z)\,dxdy\right)dz$$
$$= \int\left(\iint f(\rho\cos\varphi, \rho\sin\varphi, z)\rho\,d\rho d\varphi\right)dz$$
$$= \int\left(\iint f(\rho\cos\varphi, \rho\sin\varphi, z)\rho\,d\rho dz\right)d\varphi$$
$$= \int\left(\iint f(r\sin\theta\cos\varphi, r\sin\theta\sin\varphi, r\cos\theta)r\sin\theta\, r\,drd\theta\right)d\varphi$$
$$= \iiint_{T^{-1}(V)} f(r\sin\theta\cos\varphi, r\sin\theta\sin\varphi, r\cos\theta)r^2\sin\theta\,drd\theta d\varphi$$

となる. たとえば, V が球 $\{(x, y, z) : x^2 + y^2 + z^2 \leqq R^2\}$ $(R > 0)$ であって, $g : [0, R] \to \boldsymbol{R}$ は連続, $f(x, y, z) = g(\sqrt{x^2 + y^2 + z^2})$ のとき,

$$\iiint_V f(x, y, z)\,dxdydz = \iiint_{T^{-1}(V)} g(r)r^2\sin\theta\,drd\theta d\varphi$$

$$= \int_0^R r^2 g(r)\,dr \int_0^\pi \sin\theta\,d\theta \int_0^{2\pi} 1\,d\varphi = 2\pi[-\cos\theta]_0^\pi \int_0^R r^2 g(r)\,dr$$
$$= 4\pi \int_0^R r^2 g(r)\,dr.$$

とくに $f=1$ として球の体積 $|V|=4\pi\int_0^R r^2 dr = \dfrac{4}{3}\pi R^3$ (§6.1 例5)が得られる.

6.3 広義の積分

これまでは有界な集合の上での有界関数の積分について考えたが,集合が有界でない場合,または関数が有界でない場合についても積分の定義を拡張することが望ましい.

G は面積がある有界集合, f は G で有界な連続関数で $f(x,y)\geq 0$ であるとき, G に含まれ面積のあるコンパクト集合 K に対して $\iint_K f$ をつくり,このようなあらゆる K に対する上限をとれば, $\iint_G f$ となるのであった:

$$\iint_G f = \sup_{K\subset G} \iint_K f \quad (\text{定理 6.6}).$$

$A\subset \mathbf{R}^2$ は各 $n\in \mathbf{N}$ に対して $A\cap[-n,n]\times[-n,n]$ に面積があるような集合で, f は A 上の連続関数とする. $f(x,y)\geq 0$ のとき, A に含まれる任意の面積があるコンパクト集合 K に対する積分 $\iint_K f$ の上限を A における f の積分といい, $\iint_A f(x,y)\,dxdy$, 略して $\iint_A f$ で表わす.

(K_n) が A に含まれる面積のあるコンパクト集合の増大列: $K_1\subset K_2\subset\cdots$ であって, A に含まれる任意の面積があるコンパクト集合 K に対して, K を含む K_n があるとき,

$$\lim_{n\to\infty} \iint_{K_n} f = \iint_A f$$

となる. $f(x,y)\geq 0$ と限らないときは(§4.2 (4.25)と同様に) $f=f^+-f^-$ として

$$\iint_A f^+ - \iint_A f^-$$

が意味をもつとき，すなわち少なくとも一方が有限のとき，この値を f の A における**積分**といって $\iint_A f$ で表わす．$0 \leq f^+(x,y) \leq |f(x,y)|$, $0 \leq f^-(x,y) \leq |f(x,y)|$, $|f| = f^+ + f^-$ だから $\iint_A f$ が有限になるのは $\iint_A |f|$ が有限のときである．もしも A も f も有界であるならば，この定義は前の定義と一致する．

例 1 $A = (0,1] \times [0,1]$ のとき,

$$\iint_A \frac{x^2+y^2}{x} dxdy$$

を求めよう．$K_n = [1/n, 1] \times [0, 1]$ とすれば，任意のコンパクトな $K \subset A$ に対して $K \subset K_n$ となる n がある(§6.2 例3参照)．よって，

$$\iint_A \frac{x^2+y^2}{x} dxdy = \lim_{n\to\infty} \iint_{K_n} \frac{x^2+y^2}{x} dxdy = \lim_{n\to\infty} \int_{1/n}^1 dx \int_0^1 \frac{x^2+y^2}{x} dy$$

$$= \lim_{n\to\infty} \int_{1/n}^1 \left[xy + \frac{y^3}{3x} \right]_{y=0}^{y=1} dx = \lim_{n\to\infty} \int_{1/n}^1 \left(x + \frac{1}{3x} \right) dx = \lim_{n\to\infty} \left[\frac{x^2}{2} + \frac{1}{3} \log x \right]_{1/n}^1$$

$$= \lim_{n\to\infty} \left(\frac{1}{2} - \frac{1}{2n^2} - \frac{1}{3} \log \frac{1}{n} \right) = \infty.$$

例 2 $A = \{(x,y) : 0 < x^2 + y^2 \leq 1\}$, $\alpha > 0$ のとき

$$\iint_A \frac{1}{(x^2+y^2)^{\alpha/2}} dxdy$$

は，$K_n = \left\{ (x,y) : \frac{1}{n} \leq x^2 + y^2 \leq 1 \right\}$ とすれば前と同様に

$$\lim_{n\to\infty} \iint_{K_n} \frac{1}{(x^2+y^2)^{\alpha/2}} dxdy$$

となる．$x = r\cos\theta$, $y = r\sin\theta$ とすると §6.2 例3により,

$$\iint_{K_n} \frac{1}{(x^2+y^2)^{\alpha/2}} dxdy$$

$$= \iint_{[1/n,1]\times[0,2\pi]} \frac{1}{((r\cos\theta)^2+(r\sin\theta)^2)^{\alpha/2}} r\, drd\theta$$

$$= \iint_{[1/n,1]\times[0,2\pi]} r^{1-\alpha} drd\theta = 2\pi \int_{1/n}^1 r^{1-\alpha} dr$$

$$= \begin{cases} 2\pi\left[\dfrac{r^{2-\alpha}}{2-\alpha}\right]_{1/n}^{1} = \dfrac{2\pi}{2-\alpha}\left(1-\left(\dfrac{1}{n}\right)^{2-\alpha}\right) & (\alpha\neq 2 \text{ のとき}), \\ 2\pi[\log r]_{1/n}^{1} = 2\pi\left(\log 1 - \log\dfrac{1}{n}\right) = 2\pi\log n & (\alpha=2 \text{ のとき}), \end{cases}$$

これは $n\to\infty$ のとき $\alpha<2$ ならば $2\pi/(2-\alpha)$ に収束し，$\alpha>2$ ならば ∞ に発散し，$\alpha=2$ のときも ∞ に発散する．よって，

$$\iint_A \dfrac{1}{(x^2+y^2)^{\alpha/2}} dxdy = \begin{cases} \dfrac{2\pi}{2-\alpha} & (0<\alpha<2 \text{ のとき}), \\ \infty & (\alpha\geq 2 \text{ のとき}). \end{cases}$$

例 3 $\displaystyle\int_0^\infty e^{-x^2}dx = \dfrac{\sqrt{\pi}}{2}$ の証明．

$A=[0,\infty)\times[0,\infty)$ のとき $\displaystyle\iint_A e^{-x^2-y^2}dxdy$ は，$A_n=[0,n]\times[0,n]$ として $\displaystyle\lim_{n\to\infty}\iint_{A_n} e^{-x^2-y^2}dxdy$，また $B_n=\{(x,y):x\geq 0, y\geq 0, x^2+y^2\leq n^2\}$ として $\displaystyle\lim_{n\to\infty}\iint_{B_n} e^{-x^2-y^2}dxdy$ となる．

$$\iint_{A_n} e^{-x^2-y^2}dxdy = \int_0^n dx \int_0^n e^{-x^2-y^2}dy = \int_0^n e^{-x^2}dx \int_0^n e^{-y^2}dy$$
$$= \left(\int_0^n e^{-x^2}dx\right)^2,$$

一方，§6.2 例3 により

$$\iint_{B_n} e^{-x^2-y^2}dxdy = \iint_{[0,n]\times[0,\pi/2]} e^{-(r\cos\theta)^2-(r\sin\theta)^2} r\, dr d\theta$$
$$= \int_0^{\pi/2} d\theta \int_0^n e^{-r^2} r\, dr = \dfrac{\pi}{2}\left[-\dfrac{1}{2}e^{-r^2}\right]_0^n = \dfrac{\pi}{2}\left(-\dfrac{1}{2}e^{-n^2}+\dfrac{1}{2}\right)$$
$$= \dfrac{\pi}{4}(1-e^{-n^2}) \to \dfrac{\pi}{4} \quad (n\to\infty),$$

よって，

$$\left(\int_0^n e^{-x^2}dx\right)^2 \to \dfrac{\pi}{4} \quad (n\to\infty),$$

したがって，

$$\int_0^\infty e^{-x^2}dx = \dfrac{\sqrt{\pi}}{2}.$$

6.3 広義の積分

例 4 $\alpha>0$, $\beta>0$ のとき $B(\alpha,\beta)=\Gamma(\alpha)\Gamma(\beta)/\Gamma(\alpha+\beta)$ が成り立つことを証明する(§4.2 例8, 問6).

ガンマ関数とベータ関数の定義の式に変数変換を行なって

$$\Gamma(\alpha)=\int_0^\infty t^{\alpha-1}e^{-t}dt=2\int_0^\infty x^{2\alpha-1}e^{-x^2}dx \qquad \left(t=x^2,\ \frac{dt}{dx}=2x\right),$$

$$\Gamma(\beta)=2\int_0^\infty y^{2\beta-1}e^{-y^2}dy,$$

$$B(\alpha,\beta)=\int_0^1 x^{\alpha-1}(1-x)^{\beta-1}dx=2\int_0^{\pi/2}\cos^{2\alpha-1}\theta\sin^{2\beta-1}\theta\,d\theta$$

$$\left(x=\cos^2\theta,\ \frac{dx}{d\theta}=-2\cos\theta\sin\theta\right).$$

$\Gamma(\alpha),\Gamma(\beta)$ の積分記号の中の関数の積

$$f(x,y)=x^{2\alpha-1}e^{-x^2}y^{2\beta-1}e^{-y^2}$$

を $(0,\infty)\times(0,\infty)$ で考えると, f は連続で $f(x,y)\geq 0$ であるから

$$\iint_{(0,\infty)\times(0,\infty)}f(x,y)\,dxdy=\lim_{n\to\infty}\iint_{[1/n,n]\times[1/n,n]}f(x,y)\,dxdy$$

$$=\lim_{n\to\infty}\left(\int_{1/n}^n x^{2\alpha-1}e^{-x^2}dx\int_{1/n}^n y^{2\beta-1}e^{-y^2}dy\right)=\frac{1}{4}\Gamma(\alpha)\Gamma(\beta).$$

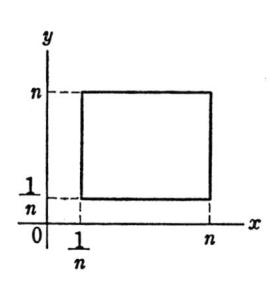

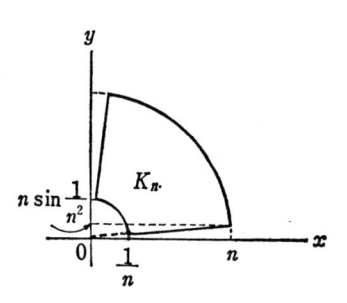

一方, $K_n=\{(r\cos\theta,r\sin\theta):1/n\leq r\leq n,1/n^2\leq\theta\leq\pi/2-1/n^2\}$ とすれば ($n\sin 1/n^2\to 0$ $(n\to\infty)$ だから)

$$\iint_{(0,\infty)\times(0,\infty)}f(x,y)\,dxdy=\lim_{n\to\infty}\iint_{K_n}f(x,y)\,dxdy$$

で, §6.2 例3により

$$\iint_{K_n}f(x,y)\,dxdy$$

$$= \iint_{[1/n,n]\times[1/n^2,\pi/2-1/n^2]} (r\cos\theta)^{2\alpha-1} e^{-(r\cos\theta)^2} (r\sin\theta)^{2\beta-1} e^{-(r\sin\theta)^2} r\,dr\,d\theta$$

$$= \int_{1/n}^{n} r^{2(\alpha+\beta)-1} e^{-r^2} dr \int_{1/n^2}^{\pi/2-1/n^2} \cos^{2\alpha-1}\theta \sin^{2\beta-1}\theta\,d\theta$$

$$\to \frac{\Gamma(\alpha+\beta)}{2}\frac{B(\alpha,\beta)}{2} \quad (n\to\infty),$$

したがって，$\Gamma(\alpha)\Gamma(\beta)=\Gamma(\alpha+\beta)B(\alpha,\beta)$，よって $B(\alpha,\beta)=\Gamma(\alpha)\Gamma(\beta)/\Gamma(\alpha+\beta)$ となる．

6.4 線積分

1変数の関数の積分 $\int_a^b f(x)dx$ の，多変数への前に述べた拡張と違うもう一つの拡張として，区間での積分の代りに曲線にそっての積分というものがある．これを述べるには曲線について少し知っておいたほうがよい．

区間 $[a,b]$ から $D\subset\mathbf{R}^2$ の中への連続写像

$$\gamma : [a,b]\to D$$

を D の中の(連続な)**曲線**または**道**という．$\gamma(a)$ をその**始点**，$\gamma(b)$ を**終点**といい，$\gamma(a),\gamma(b)$ は曲線 γ によって結ばれるという．γ を成分で表わして

$$x=\varphi(t),\ y=\psi(t) \quad \text{すなわち} \quad \gamma(t)=(\varphi(t),\psi(t))$$

とすると，γ が連続であるための条件は，φ,ψ がともに連続なことである．この写像 γ は一つの曲線または道を表わすと考えるのであるが，場合によっては γ の像 $\{(\varphi(t),\psi(t)):a\leq t\leq b\}\subset\mathbf{R}^2$ を曲線ということもある．いま，点 $P=(x,y)$ を時刻 t の関数とみて，時刻が a から b までうつるときの点 P の移動していく道順をたどると，たとえば図のようにいろいろあるが，像集合としてはどれも同じになってしまうことがある．これらを区別するためには像集合だけでなく，写像そのものもあわせて考えなくてはならないのである．

前に曲線 $y=f(x)$ といったのは，曲線 $x\mapsto(x,f(x))$ と考えられる．

例1 (x_0, y_0) を中心とする半径 $r(>0)$ の円周は

(6.31) $\qquad x = x_0 + r\cos t, \qquad y = y_0 + r\sin t \qquad (0 \leq t \leq 2\pi)$

と表わされる．これは始点と終点の一致する曲線である．$0 \leq t < 2\pi$ をみたす t に対しては，t が異なれば (x, y) も異なる．これはまた，

(6.32) $\qquad\begin{aligned}x &= x_0 + r\cos t = x_0 + r\cos(2\pi - t),\\ y &= y_0 - r\sin t = y_0 + r\sin(2\pi - t)\end{aligned} \qquad (0 \leq t \leq 2\pi)$

とも書ける．初めの曲線は円周を正の向きにまわる曲線，あとの曲線は負の向きにまわる曲線という．視覚に訴えるいいかたをすると，円の内部を左に見てまわるのが正の向き，反対のときが負の向きとなる．

始点と終点が一致する曲線を**閉曲線**，一致しない曲線を**開曲線**という．たとえば同じ円周でも (6.31) は閉曲線であるが，

(6.33) $\qquad x = x_0 + r\cos t, \qquad y = y_0 + r\sin t \qquad (0 \leq t \leq 3\pi)$

は開曲線である．定義域を $0 \leq t \leq 4\pi$ とすれば 2 回正の向きにまわる閉曲線となる．

例2 2 点 (x_1, y_1), (x_2, y_2) に対し

$$x = (1-t)x_1 + tx_2, \qquad y = (1-t)y_1 + ty_2 \qquad (0 \leq t \leq 1)$$

とすると，この曲線の像は線分であって，始点が (x_1, y_1)，終点は (x_2, y_2) である．これを (x_1, y_1) から (x_2, y_2) に向かう線分，または (x_1, y_1) と (x_2, y_2) とを結ぶ**有向線分**という．

例3 f を $[a, b]$ 上の連続関数とするとき，曲線

$$x \longmapsto (x, f(x)) \qquad (a \leq x \leq b),$$

x を t に変えて書けば

$$t \longmapsto (t, f(t)) \qquad (a \leq t \leq b),$$

この像は f のグラフである．同じようにして x と y を入れ換えた曲線

$$t \longmapsto (f(t), t) \qquad (a \leq t \leq b)$$

も考えられる．

γ が 1 対 1 のとき，または異なる t に対して $\gamma(t)$ の一致するのが始点と終点に限るとき，γ を**単純曲線**という．

例1の (6.31), (6.32), 例2, 例3の曲線は, いずれも単純曲線である. (6.33) は単純曲線ではない.

φ, ψ が C^1 級または区分的に C^1 級になっている曲線だと都合がよいことがある. φ, ψ がともに $[a, b]$ で C^1 級のとき, γ を**滑らかな曲線**という. φ, ψ がともに $[a, b]$ で区分的に C^1 級, すなわち有限個の点 $t_0, t_1, \cdots, t_n (a=t_0 < t_1 < \cdots < t_n = b)$ があっておのおのの区間 $[t_{j-1}, t_j]$ $(j=1, \cdots, n)$ で φ, ψ がともに C^1 級であるとき, γ を**区分的に C^1 級の曲線**または**区分的に滑らかな曲線**という.

例1, 例2の曲線は滑らかな曲線である.

二つの曲線 $\gamma_1 : [a_1, b_1] \to \boldsymbol{R}^2, \gamma_2 : [a_2, b_2] \to \boldsymbol{R}^2$ は, $[a_1, b_1]$ から $[a_2, b_2]$ の上への区分的に C^1 級の関数 λ があって, $t \in [a_1, b_1]$ で $\lambda'(t) > 0$, しかも $\gamma_1(t) = \gamma_2(\lambda(t))$ をみたすとき, 同じ曲線と考える. ここで $\lambda'(t) > 0$ とは, λ が C^1 級である各区間で考える意味である. つまり, 小区間の端点では, それぞれの側からの微分係数が正なのである. このとき, λ は強い意味で単調増加な関数である. したがって, 逆関数が $\lambda^{-1} : [a_2, b_2] \to [a_1, b_1]$ があって区分的に C^1 級で $\lambda^{-1\prime}(\tau) > 0$ (定理 2.6), $\gamma_1(\lambda^{-1}(\tau)) = \gamma_2(\tau)$ となる. また, γ_1 と γ_2, γ_2 と γ_3 が同じ曲線ならば, γ_1 と γ_3 も同じ曲線となる.

問1 これを証明せよ.

同じ曲線がいろいろに表わせるのは, あたかも 0.5 を, 1/2, 2/4, … というように表わすのと同様である. γ_1 と γ_2 が同じ曲線であるとき, 勿論, 像 $\gamma_1([a_1, b_1]), \gamma_2([a_2, b_2])$ は一致しているし, また γ_1 が区分的に滑らかならば, γ_2 も滑らかである.

たとえば, 例1の (6.31) の表わす曲線と, 定義域を $2\pi \le t \le 4\pi$ に変えた写像の表わす曲線は同じである. $\lambda(t) = t + 2\pi$ とすればよい. また曲線 $\gamma_1 : [a_1, b_1] \to \boldsymbol{R}^2$ が与えられたとき

$$\gamma_2(\tau) = \gamma_1\left(\frac{b_1 - a_1}{b_2 - a_2}(\tau - a_2) + a_1\right) \quad (a_2 \le \tau \le b_2) \quad (a_2 < b_2)$$

とすると, γ_2 は γ_1 と同じ曲線であるから, 曲線を表わす写像の定義域は任意

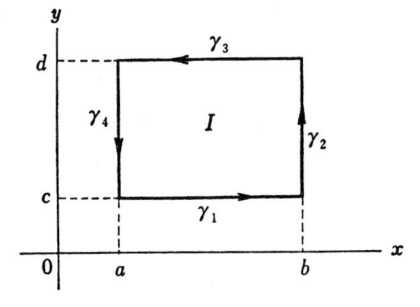

にとることができる.

　曲線 $\gamma:[a,b]\to \boldsymbol{R}^2$ に対して, $t\mapsto \gamma(-t)$ によって定まる写像 $[-b,-a]\to \boldsymbol{R}^2$ を, γ と向きの反対な曲線といい $-\gamma$ と書く. γ と $-\gamma$ は始点と終点が入れ換わり, 像の上をたどる順序がちょうど反対になっている. これは明らかに, $t\mapsto \gamma(a+b-t)$ によって定まる写像 $[a,b]\to \boldsymbol{R}^2$ によっても表わされる. たとえば, 曲線 (6.31) を γ とすると, (6.32) は $-\gamma$ である. γ が区分的に滑らかならば $-\gamma$ も明らかにそうである.

　二つの曲線 $\gamma_1:[a_1,b_1]\to \boldsymbol{R}^2$, $\gamma_2:[a_2,b_2]\to \boldsymbol{R}^2$ において, γ_1 の終点と γ_2 の始点が一致するとき, すなわち, $\gamma_1(b_1)=\gamma_2(a_2)$ であるとき,

$$\gamma(t)=\begin{cases}\gamma_1(t) & (a_1\leq t\leq b_1 \text{ のとき}),\\ \gamma_2(t-b_1+a_2) & (b_1\leq t\leq b_1+b_2-a_2 \text{ のとき})\end{cases}$$

を γ_1 と γ_2 をつないだ曲線といい $\gamma_1+\gamma_2$ で表わす. γ_1,γ_2 がともに区分的に滑らかな曲線であるとき $\gamma_1+\gamma_2$ も明らかにそうである.

　$\gamma_1+\gamma_2+\gamma_3$ は $(\gamma_1+\gamma_2)+\gamma_3$ の意味で, これは $\gamma_1+(\gamma_2+\gamma_3)$ に同じであり, 四つ以上の曲線についても同様である. γ が区分的に滑らかな曲線であるとき $\gamma=\gamma_1+\gamma_2+\cdots+\gamma_n$ (γ_j は滑らかな曲線) と表わされる. すなわち, 区分的に滑らかな曲線とは有限個の滑らかな曲線をつないだ曲線である. $\gamma=\gamma_1+\cdots+\gamma_n$ (γ_j ($j=1,\cdots,n$) は有向線分) であるとき γ を折れ線という.

　例 4 $\boldsymbol{R}^2$ の区間 $I=[a,b]\times[c,d]$ に対して, 有向線分

$\gamma_1:t\mapsto (t,c)$ 　　$(a\leq t\leq b)$,
$\gamma_2:t\mapsto (b,t)$ 　　$(c\leq t\leq d)$,
$\gamma_3:t\mapsto (-t,d)$ 　$(-b\leq t\leq -a)$,
$\gamma_4:t\mapsto (a,-t)$ 　$(-d\leq t\leq -c)$

をつないだ曲線 $\gamma_1+\gamma_2+\gamma_3+\gamma_4$ を, I の周を正の向きにまわる曲線といって ∂I で表わす. これは区分的に滑らかな閉曲線である. これは感覚的にいえば (円周のときと同様に) I の内部を左に見てまわる曲線である. ∂I はどこから出発してもよい. たとえば, $\gamma_2+\gamma_3+\gamma_4+\gamma_1$ でも, $\gamma_4+\gamma_1+\gamma_2+\gamma_3$ でもよい.

一般に閉曲線 $\gamma:[a,b]\to \boldsymbol{R}^2$ は，$a<c<b$ として γ の定義域をそれぞれ $[a,c],[c,b]$ に縮めたものを γ_1,γ_2 とすると，$\gamma=\gamma_1+\gamma_2$ であるが，$\gamma=\gamma_2+\gamma_1$ でもあると考えることにする．

注意 記号 $-\gamma,\gamma_1+\gamma_2$ は，ここで述べた曲線としての意味と，写像としての意味とでは違うので注意されたい．

つぎに滑らかな曲線 $\gamma:[a,b]\to \boldsymbol{R}^2$ の長さを定義しよう．$[a,b]$ を分点 $\mathrm{P}=\{t_0,t_1,\cdots,t_n\}$ $(a=t_0<t_1<\cdots<t_n=b)$ で分けて，それに対する γ 上の点 $\gamma(t_j)$ $(j=0,1,\cdots,n)$ を順に結んで得られる折れ線 γ_P の長さは $\gamma(t)=(\varphi(t),\psi(t))$ とすれば

$$|\gamma_\mathrm{P}|=\sum_{j=1}^{n}d(\gamma(t_{j-1}),\gamma(t_j))$$
$$=\sum_{j=1}^{n}((\varphi(t_j)-\varphi(t_{j-1}))^2+(\psi(t_j)-\psi(t_{j-1}))^2)^{1/2}$$

となる．この分点のとりかたを動かしたときの $|\gamma_\mathrm{P}|$ の上限 $\sup_\mathrm{P}|\gamma_\mathrm{P}|$ を γ の**長さ**といって $|\gamma|$ で表わす．この記号 $|\gamma|$ は，写像としての $|\gamma|$ ではない．

同じ曲線の長さは，それを表わす写像が違っても同じであることは明らかである．また，分点を増すとき，それに対する折れ線の長さは小さくならない：

$$\mathrm{P}'\supset \mathrm{P}\Rightarrow |\gamma_{\mathrm{P}'}|\geqq |\gamma_\mathrm{P}|.$$

このことを用いて

(6.34) $\quad \gamma=\gamma_1+\gamma_2\Rightarrow |\gamma|=|\gamma_1|+|\gamma_2|$

が証明できる．γ_1,γ_2 は $[a,c],[c,b]$ 上の写像であるとする．P を $[a,b]$ の分点とするとき $\mathrm{P}'=\mathrm{P}\cup\{c\}$，$\mathrm{P}_1=\mathrm{P}'\cap[a,c]$, $\mathrm{P}_2=\mathrm{P}'\cap[c,b]$ とすれば $|\gamma_\mathrm{P}|\leqq |\gamma_{\mathrm{P}'}|=|\gamma_{1\mathrm{P}_1}|+|\gamma_{2\mathrm{P}_2}|\leqq |\gamma_1|+|\gamma_2|$ だから左辺の上限をとって $|\gamma|\leqq |\gamma_1|+|\gamma_2|$ となる．また，$l'<|\gamma_1|+|\gamma_2|$ とすれば $l'=l_1+l_2,\ l_1<|\gamma_1|,\ l_2<|\gamma_2|$ と書けて，長さの定義により，$[a,c],[c,b]$ の分点 $\mathrm{P}_1,\mathrm{P}_2$ があって $l_1<|\gamma_{1\mathrm{P}_1}|,\ l_2<|\gamma_{2\mathrm{P}_2}|$ だから $\mathrm{P}=\mathrm{P}_1\cup\mathrm{P}_2$ とすれば $l'=l_1+l_2<|\gamma_{1\mathrm{P}_1}|+|\gamma_{2\mathrm{P}_2}|=|\gamma_\mathrm{P}|\leqq |\gamma|$，よって $|\gamma_1|+|\gamma_2|\leqq |\gamma|$，したがって $|\gamma|=|\gamma_1|+|\gamma_2|$ が成り立つ．

このことから γ が折れ線のとき，その新しい定義による長さは，もとの折れ線の長さ，すなわち $\gamma=\gamma_1+\cdots+\gamma_n$ (γ_j は有向線分) とするとき，線分 γ_j の長さ（これも新しいものともともとのとは同じ）の和と一致することがわかる．

区分的に滑らかな曲線の長さが有限であることは，つぎの定理からわかる．

定理 6.9 滑らかな曲線 $\gamma:[a,b]\to \boldsymbol{R}^2$ の長さは，$\gamma(t)=(\varphi(t),\psi(t))$ とすると

$$|\gamma|=\int_a^b \sqrt{(\varphi'(t))^2+(\psi'(t))^2}\,dt$$

となる．

証明 $[a,b]$ の分点を $\mathrm{P}=\{t_0,t_1,\cdots,t_n\}$ とすると，平均値の定理によって

$\exists t_j', t_j'' \in (t_{j-1}, t_j)$:

$$\varphi(t_j)-\varphi(t_{j-1})=\varphi'(t_j')(t_j-t_{j-1}),\quad \psi(t_j)-\psi(t_{j-1})=\psi'(t_j'')(t_j-t_{j-1})$$

だから

$$((\varphi(t_j)-\varphi(t_{j-1}))^2+(\psi(t_j)-\psi(t_{j-1}))^2)^{1/2}$$
$$=(\varphi'(t_j')^2+\psi'(t_j'')^2)^{1/2}(t_j-t_{j-1}),$$

したがって，折れ線 γ_P の長さは

$$|\gamma_\mathrm{P}|=\sum_{j=1}^n (\varphi'(t_j')^2+\psi'(t_j'')^2)^{1/2}(t_j-t_{j-1})$$

となる．したがって，

$$M_1=\sup_{a\leq t\leq b}|\varphi'(t)|,\quad m_1=\inf_{a\leq t\leq b}|\varphi'(t)|,$$
$$M_2=\sup_{a\leq t\leq b}|\psi'(t)|,\quad m_2=\inf_{a\leq t\leq b}|\psi'(t)|$$

とすれば，φ', ψ' が連続だからこれらは有限な値であって

$$(m_1^2+m_2^2)^{1/2}(b-a)\leq |\gamma_\mathrm{P}| \leq (M_1^2+M_2^2)^{1/2}(b-a)$$

となるから，P を動かした上限をとって

(6.35) $$(m_1^2+m_2^2)^{1/2}(b-a)\leq |\gamma| \leq (M_1^2+M_2^2)^{1/2}(b-a)$$

が得られる．いま，$[a,t]$ ($a<t\leq b$) に対する γ の長さ，すなわち $\gamma|[a,t]$ の長さを $l(t)$ とし，$l(a)=0$ と定める．$a\leq t'<t''\leq b$ とすると (6.34) により $\gamma|[t',t'']$ の長さは $l(t'')-l(t')$ であって，γ の代りに $\gamma|[t',t'']$ として

(6.35) を用いれば

$$((\inf_{t'\leq t\leq t''}|\varphi'(t)|)^2+(\inf_{t'\leq t\leq t''}|\psi'(t)|)^2)^{1/2}(t''-t')$$
$$\leq l(t'')-l(t')\leq ((\sup_{t'\leq t\leq t''}|\varphi'(t)|)^2+(\sup_{t'\leq t\leq t''}|\psi'(t)|)^2)^{1/2}(t''-t')$$

となる．この各辺を $t''-t'$ で割って $t''\to t'$ とすればこの右辺も左辺も $(\varphi'(t')^2+\psi'(t')^2)^{1/2}$ に近づき，$t'\to t''$ としても同様だから

$$l'(t)=(\varphi'(t)^2+\psi'(t)^2)^{1/2}$$

が成り立つ．したがって，

$$\int_a^b (\varphi'(t)^2+\psi'(t)^2)^{1/2}dt=[l(t)]_a^b=l(b)-l(a)=l(b)=|\gamma|.$$

とくに，$y=f(x)$ $(a\leq x\leq b)$ が C^1 級のとき，そのグラフ $\gamma: t\mapsto (t, f(t))$ の長さは

$$|\gamma|=\int_a^b \sqrt{1+(f'(t))^2}\,dt\left(=\int_a^b \sqrt{1+(f'(x))^2}\,dx\right)$$

となる．

注意 (6.34) により γ が区分的に滑らかなときも同様である．

例 5 原点中心，半径 1 の円

$$x=\cos t,\qquad y=\sin t$$

の $[0, t]$ に対する長さを $l(t)$ とすると（$t>2\pi$ のときは円周を 1 回転以上した部分の長さである．），

$$l(t)=\int_0^t \sqrt{(\cos t)'^2+(\sin t)'^2}\,dt=\int_0^t \sqrt{(-\sin t)^2+(\cos t)^2}\,dt$$
$$=\int_0^t 1\,dt=t,$$

したがって，2π はちょうどこの円周の長さとなる．

問 2 曲線 (6.31) の長さを求めよ．

例 6 曲線 $y=x^2$ $([0, x])$ の長さは

$$\int_0^x \sqrt{1+((x^2)')^2}\,dx=\int_0^x \sqrt{1+(2x)^2}\,dx=\int_0^x \sqrt{1+4x^2}\,dx$$

$$= \frac{1}{2}\left[x\sqrt{1+4x^2} + \frac{1}{2}\log\frac{2x+\sqrt{1+4x^2}}{2} \right]_0^x \quad (\S\,2.7\text{ 問 }5)$$

$$= \frac{1}{2}x\sqrt{1+4x^2} + \frac{1}{4}\log\frac{2x+\sqrt{1+4x^2}}{2} - \frac{1}{4}\log\frac{1}{2}$$

$$= \frac{1}{2}x\sqrt{1+4x^2} + \frac{1}{4}\log(2x+\sqrt{1+4x^2}).$$

例 7 直線上を円がすべらずにころがるとき，円周上の1点の画く軌跡はサイクロイドとよばれる．半径 r の円が x 軸上をころがるとし，問題の点が初め原点にあったとすると，その方程式は

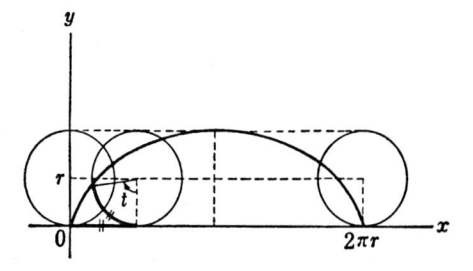

$$x = r(t - \sin t), \qquad y = r(1 - \cos t) \qquad (r > 0)$$

と表わされる(すべらずころがるというのはこの意味である)．この一つの弧 $(0 \leq t \leq 2\pi)$ の長さは

$$\int_0^{2\pi} \sqrt{\left(\frac{dx}{dt}\right)^2 + \left(\frac{dy}{dt}\right)^2}\, dt = \int_0^{2\pi} \sqrt{r^2(1-\cos t)^2 + r^2 \sin^2 t}\, dt$$

$$= \int_0^{2\pi} r\sqrt{2(1-\cos t)}\, dt = \int_0^{2\pi} r\sqrt{4\sin^2\frac{t}{2}}\, dt$$

$$= 2r\int_0^{2\pi} \sin\frac{t}{2}\, dt = 2r\left[-2\cos\frac{t}{2}\right]_0^{2\pi} = 4r(1+1) = 8r.$$

問 3 アステロイド(星形)

$$x = a\cos^3 t, \qquad y = a\sin^3 t \qquad (0 \leq t \leq 2\pi) \quad (a > 0)$$

の概形を書き，全長を求めよ．

問 4 懸垂線 $y = (e^x + e^{-x})/2$ の概形を書き，$a \leq x \leq b$ の部分の長さを求めよ．

例 8 曲線 C の極座標による方程式が

(6.36) $\qquad\qquad r = f(\theta) \qquad (\theta_1 \leq \theta \leq \theta_2)$

であるとは，(6.36)をみたすような (r, θ) を極座標とする点の集合が C であるということ，したがってこの曲線は

$$x = f(\theta)\cos\theta, \qquad y = f(\theta)\sin\theta \qquad (\theta_1 \leq \theta \leq \theta_2)$$

と表わされる．f が C^1 級であるとき C の長さは

$$\int_{\theta_1}^{\theta_2} \sqrt{(f(\theta))^2+(f'(\theta))^2}\,d\theta$$

となる．

問 5 これを証明せよ．

問 6 カルジオイド（心臓形）
$$r=a(1+\cos\theta) \qquad (0\leq\theta\leq 2\pi) \quad (a>0)$$
の概形を書き，長さを求めよ．

$\boldsymbol{R}^3$ 内の曲線も $\boldsymbol{R}^2$ 内の曲線と同様に定義される．$\gamma:[a,b]\to\boldsymbol{R}^3$ が連続であるとき，写像 γ，あるいはその像 $\gamma([a,b])$ を（$\boldsymbol{R}^3$ 内の）曲線といい，γ が C^1 級であるとき，滑らかな曲線という．$\boldsymbol{R}^2$ の場合と同様に，$[a,b]$ に有限個の分点 $a=t_0<t_1<\cdots<t_n=b$ をとり，$\gamma(t_j)$ を順次に結んで得られる折れ線の長さは，$\gamma(t)=(\varphi(t),\psi(t),\chi(t))$ とすれば

$$\sum_{j=1}^{n}((\varphi(t_j)-\varphi(t_{j-1}))^2+(\psi(t_j)-\psi(t_{j-1}))^2+(\chi(t_j)-\chi(t_{j-1}))^2)^{1/2},$$

その分点のとりかたを変えたときの上限を，その曲線の長さという．γ が滑らかな曲線であればその長さは

$$\int_a^b ((\varphi'(t))^2+(\psi'(t))^2+(\chi'(t))^2)^{1/2}dt$$

と表わされることも，$\boldsymbol{R}^2$ の曲線の場合と同様に証明される．

問 7 曲線 $x=a\cos t, y=a\sin t, z=bt, 0\leq t\leq c$ $(a,b,c>0)$ の長さを求めよ．

さて，滑らかな曲線 $\gamma:[a,b]\to\boldsymbol{R}^2$ が $\gamma(t)=(\varphi(t),\psi(t))$ と表わされ，$f:\gamma([a,b])\to\boldsymbol{R}$ は連続であるとする．このとき，

$$t\longmapsto f(\varphi(t),\psi(t))\varphi'(t), \qquad t\longmapsto f(\varphi(t),\psi(t))\psi'(t)$$

は $[a,b]$ 上の連続関数である．この積分

(6.37) $$\int_a^b f(\varphi(t),\psi(t))\varphi'(t)\,dt, \qquad \int_a^b f(\varphi(t),\psi(t))\psi'(t)\,dt$$

をそれぞれ f の曲線 γ にそっての x に関するまたは y に関する**線積分**といって，

$$\int_\gamma f(x,y)\,dx, \qquad \int_\gamma f(x,y)\,dy$$

で表わす．($x=\varphi(t)$ から $dx/dt=\varphi'(t)$，また $y=\psi(t)$ から $dy/dt=\psi'(t)$ だから，このように書くのである．） これが曲線の表わしかたによらないことは，つぎのように示される．$\gamma_1=(\varphi_1,\psi_1):[a_1,b_1]\to \boldsymbol{R}^2$ も同じ曲線であるとき（ただし，閉曲線でも始点は変えないとする）．

$\exists \lambda:[a,b]\to[a_1,b_1]$, 区分的に C^1 級, $\lambda([a,b])=[a_1,b_1]$,
$$\lambda'(t)>0, \qquad \varphi(t)=\varphi_1(\lambda(t)), \qquad \psi(t)=\psi_1(\lambda(t)).$$

よって，変数変換により（区分的に C^1 級のとき，分けて考えれば C^1 級だから）

$$\int_{a_1}^{b_1} f(\varphi_1(\tau),\psi_1(\tau))\varphi_1'(\tau)\,d\tau = \int_a^b f(\varphi_1(\lambda(t)),\psi_1(\lambda(t)))\varphi_1'(\lambda(t))\lambda'(t)\,dt$$
$$= \int_a^b f(\varphi(t),\psi(t))\varphi'(t)\,dt,$$

y に関しても同様で，線積分は曲線の表わしかたによらない．

いま，$[a,b]$ を分点 $a=t_0<t_1<\cdots<t_n=b$ により区間 $[t_{j-1},t_j]$ $(j=1,2,\cdots,n)$ に分割し，任意の $\xi_j\in[t_{j-1},t_j]$ をとって和

$$S=\sum_{j=1}^n f(\varphi(\xi_j),\psi(\xi_j))(\varphi(t_j)-\varphi(t_{j-1}))$$

をつくると，平均値の定理と一様連続性により，$\max(t_j-t_{j-1})\to 0$ のときの S の極限が $\int_\gamma f(x,y)\,dx$ となることが示される．まず平均値の定理によって，

$$\exists \eta_j\in(t_{j-1},t_j):\varphi(t_j)-\varphi(t_{j-1})=\varphi'(\eta_j)(t_j-t_{j-1}),$$

よって，

$$\int_\gamma f(x,y)\,dx-S=\int_a^b f(\varphi(t),\psi(t))\varphi'(t)\,dt$$
$$-\sum_{j=1}^n f(\varphi(\xi_j),\psi(\xi_j))\varphi'(\eta_j)(t_j-t_{j-1})$$
$$=\sum_{j=1}^n \int_{t_{j-1}}^{t_j} f(\varphi(t),\psi(t))\varphi'(t)\,dt-\sum_{j=1}^n f(\varphi(\xi_j),\psi(\xi_j))\varphi'(\xi_j)(t_j-t_{j-1})$$

$$+\sum_{j=1}^n f(\varphi(\xi_j),\psi(\xi_j))(\varphi'(\xi_j)-\varphi'(\eta_j))(t_j-t_{j-1})$$

$$=\sum_{j=1}^n \int_{t_{j-1}}^{t_j}(f(\varphi(t),\psi(t))\varphi'(t)-f(\varphi(\xi_j),\psi(\xi_j))\varphi(\xi_j))dt$$

$$+\sum_{j=1}^n f(\varphi(\xi_j)\psi(\xi_j))(\varphi'(\xi_j)-\varphi'(\eta_j))(t_j-t_{j-1}),$$

$f(\varphi(t),\psi(t))\varphi'(t), \varphi'(t)$ は $[a,b]$ で一様連続だから

$$\forall \varepsilon>0, \exists \delta>0: |t-t'|<\delta \Rightarrow |f(\varphi(t),\psi(t))\varphi'(t)$$
$$-f(\varphi(t'),\psi(t'))\varphi'(t')|<\varepsilon, |\varphi'(t)-\varphi'(t')|<\varepsilon.$$

よって,$|f(x,y)|\leq M$ とすれば $\max_j(t_j-t_{j-1})<\delta$ のとき

$$\left|\int_\gamma f(x,y)dx-S\right|\leq \varepsilon(b-a)+M\varepsilon(b-a)=(1+M)(b-a)\varepsilon,$$

したがって $\max(t_j-t_{j-1})\to 0$ のとき $S\to \int_\gamma f(x,y)dx$ となる.$\int_\gamma f(x,y)dy$ についても同様である.

γ が区分的に滑らかな曲線であるときは,$\gamma=\gamma_1+\cdots+\gamma_n$ (γ_j は滑らかな曲線) とすると,f の γ にそっての x に関する線積分は,自然に

$$\int_\gamma f(x,y)dx=\int_{\gamma_1}f(x,y)dx+\cdots+\int_{\gamma_n}f(x,y)dx$$

と定められる.これはまた,このときも (6.37) によって定めるといっても同じことである.これが曲線の表わしかたによらず定まること,γ_1, γ_2 が区分的に滑らかな曲線であって $\gamma_1+\gamma_2$ が定まり,f がこの曲線上の連続関数であるとき

1) $$\int_{\gamma_1+\gamma_2}f(x,y)dx=\int_{\gamma_1}f(x,y)dx+\int_{\gamma_2}f(x,y)dx$$

が成り立つことは明らかである.これから γ が閉曲線であるとき,その表わしかたによらず(始点の位置を変えても)線積分の値は変わらないことがわかる.

線積分にはなおつぎのような性質がある.γ は区分的に滑らかな曲線であって,f,g は γ (の像) 上の連続関数,$\alpha,\beta\in\boldsymbol{R}$ とする.

2) $$\int_\gamma(\alpha f+\beta g)(x,y)dx=\alpha\int_\gamma f(x,y)dx+\beta\int_\gamma f(x,y)dx \qquad (線形性).$$

6.4 線積分

問 8 これを証明せよ.

3) $$\int_{-\gamma} f(x, y)\, dx = -\int_{\gamma} f(x, y)\, dx.$$

これは $\gamma(t)=(\varphi(t), \psi(t))$ $(t \in [a, b])$ とすると, $-\gamma(t)=\gamma(-t)=(\varphi(-t), \psi(-t))$ $(t \in [-b, -a])$ だから

$$\int_{-\gamma} f(x, y)\, dx = \int_{-b}^{-a} f(\varphi(-t), \psi(-t))(-\varphi'(-t))\, dt$$

$$= \int_{b}^{a} f(\varphi(\tau), \psi(\tau))\varphi'(\tau)\, d\tau = -\int_{a}^{b} f(\varphi(\tau), \psi(\tau))\varphi'(\tau)\, d\tau$$

$$= -\int_{\gamma} f(x, y)\, dx$$

となるからである.

4) γ 上で $|f(x, y)| \leq M$ ならば $\left|\int_{\gamma} f(x, y)\, dx\right| \leq M|\gamma|$. なぜならば

$$\left|\int_{\gamma} f(x, y)\, dx\right| = \left|\int_{a}^{b} f(\varphi(t), \psi(t))\varphi'(t)\, dt\right| \leq M \int_{a}^{b} |\varphi'(t)|\, dt$$

$$\leq M \int_{a}^{b} \sqrt{(\varphi'(t))^2 + (\psi'(t))^2}\, dt = M|\gamma| \qquad (\text{定理 } 6.9)$$

となるからである.

y に関する線積分についても同様である.

普通の積分 $\int_{a}^{b} f(x)\, dx$ は線積分の特別なもの:

$$f(x, 0) = f(x), \qquad \gamma(t) = (t, 0) \quad (t \in [a, b])$$

の場合と考えられる.

例 9 区分的に滑らかな曲線 $\gamma = (\varphi, \psi) : [a, b] \to \boldsymbol{R}^2$ 上で $f(x, y) = c$ のとき

$$\int_{\gamma} f(x, y)\, dx = c(\varphi(b) - \varphi(a)).$$

これは γ が滑らかなとき $\int_{\gamma} f(x, y)\, dx = \int_{a}^{b} c\varphi'(t)\, dt = c[\varphi(t)]_{a}^{b} = c(\varphi(b) - \varphi(a))$ であり, 区分的に滑らかなときは, 滑らかな部分に分けてその和を考えればよいからである.

例 10 $\gamma:[a,b]\to \boldsymbol{R}^2$ $(t\mapsto (c,t))$, すなわち γ が2点 $(c,a),(c,b)$ を結ぶ有向線分であって, f が γ 上の連続関数であるとき,

$$\int_\gamma f(x,y)\,dx = \int_a^b f(c,t)(c)'\,dt = \int_a^b 0\,dt = 0,$$

$$\int_\gamma f(x,y)\,dy = \int_a^b f(c,t)(t)'\,dt = \int_a^b f(c,t)\,dt,$$

とくに, $\int_\gamma x\,dy = c(b-a)$, $\int_\gamma y\,dy = \dfrac{b^2-a^2}{2}$ となる.

同様に $\gamma:[a,b]\to \boldsymbol{R}^2$ $(t\mapsto (t,c))$ に対して

$$\int_\gamma f(x,y)\,dy = 0,$$

$$\int_\gamma f(x,y)\,dx = \int_a^b f(t,c)\,dt,$$

とくに, $\int_\gamma y\,dx = c(b-a)$, $\int_\gamma x\,dx = \dfrac{b^2-a^2}{2}$ となる.

例 11 $I=[a,b]\times[c,d]$ のとき, 例4のように $\partial I = \gamma_1+\gamma_2+\gamma_3+\gamma_4$ とすれば, 例10により,

$$\int_{\partial I} x\,dx = \frac{b^2-a^2}{2}+0-\frac{b^2-a^2}{2}-0 = 0,$$

$$\int_{\partial I} y\,dx = c(b-a)+0-d(b-a)-0 = -(b-a)(d-c) = -|I|,$$

$$\int_{\partial I} x\,dy = 0+b(d-c)-0-a(d-c) = (b-a)(d-c) = |I|,$$

$$\int_{\partial I} y\,dy = 0+\frac{d^2-c^2}{2}-0-\frac{d^2-c^2}{2} = 0,$$

よって,

$$|I| = \frac{1}{2}\left(\int_{\partial I} x\,dy - \int_{\partial I} y\,dx\right).$$

線積分は応用するとき,

$$\int_\gamma f(x,y)\,dx + \int_\gamma g(x,y)\,dy$$

の形で現われることが多い. これを

$$\int_r f(x,y)\,dx + g(x,y)\,dy$$

と書く. $\int_r (f(x,y)\,dx + g(x,y)\,dy)$ のように括弧をつけないでよい.

問 9 R^2 の原点を中心とする半径 1 の円周を正の向きに一周する曲線を r とするとき

$$\int_r \frac{x\,dy - y\,dx}{x^2 + y^2}, \quad \int_r \frac{x\,dx + y\,dy}{x^2 + y^2}$$

を計算せよ. $\left(\int_r \dfrac{x\,dy - y\,dx}{x^2 + y^2}\right.$ は当然 $\int_r \dfrac{-y}{x^2 + y^2}\,dx + \dfrac{x}{x^2 + y^2}\,dy$ の意味である.$\left.\right)$

つぎにグリーン (Green) の定理を, 応用するときよく現われる特別の場合についてだけ証明しておく.

命題 1 g_1, g_2 は $[a, b]$ で区分的に C^1 級の関数であって $g_1(x) \leqq g_2(x)$ であるとし, $A = \{(x, y) : a \leqq x \leqq b, g_1(x) \leqq y \leqq g_2(x)\}$, $\partial A = r_1 + r_2 + r_3 + r_4$ は A のまわりを正の向きにまわる曲線, すなわち,

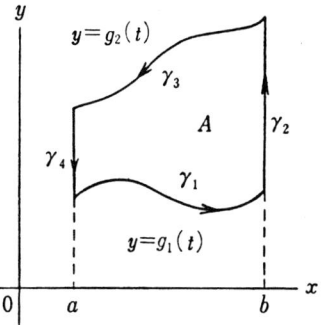

$$\begin{aligned}
r_1 &: t \mapsto (t, g_1(t)) & (a \leqq t \leqq b) \\
r_2 &: t \mapsto (b, t) & (g_1(b) \leqq t \leqq g_2(b)) \\
-r_3 &: t \mapsto (t, g_2(t)) & (a \leqq t \leqq b) \\
-r_4 &: t \mapsto (a, t) & (g_1(a) \leqq t \leqq g_2(a))
\end{aligned}$$

(ただし, $g_1(b) = g_2(b)$ または $g_1(a) = g_2(a)$ のときは r_2 または r_4 は考えない) であって, f は ∂A 上で連続で, A で連続な偏導関数 f_y をもつ関数であるとする. このとき,

$$\int_{\partial A} f(x, y)\,dx = \iint_A -f_y(x, y)\,dx\,dy$$

が成り立つ.

証明 例 10 により

$$\int_{\gamma_2} f(x,y)\,dx = \int_{\gamma_4} f(x,y)\,dx = 0,$$

定理 6.2 とこれにより

$$\iint_A -f_y(x,y)\,dxdy = \int_a^b \left(\int_{g_1(x)}^{g_2(x)} -f_y(x,y)\,dy\right)dx$$

$$= \int_a^b [-f(x,y)]_{y=g_1(x)}^{y=g_2(x)}\,dx = \int_a^b (-f(x,g_2(x)) + f(x,g_1(x)))\,dx$$

$$= -\int_a^b f(t,g_2(t))\,dt + \int_a^b f(t,g_1(t))\,dt$$

$$= -\int_{-\gamma_3} f(x,y)\,dx + \int_{\gamma_1} f(x,y)\,dx = \int_{\partial A} f(x,y)\,dx.$$

命題 2 g_1, g_2 は $[a,b]$ で区分的に C^1 級の関数であって $g_1(y) \leq g_2(y)$ であるとし，$A = \{(x,y) : a \leq y \leq b,\ g_1(y) \leq x \leq g_2(y)\}$，$\partial A = \gamma_1 + \gamma_2 + \gamma_3 + \gamma_4$ は図のように A のまわりを正の向きにまわる曲線であって，f は ∂A で連続，A で連続な偏導関数 f_x をもつ関数とすると，

$$\int_{\partial A} f(x,y)\,dy = \iint_A f_x(x,y)\,dxdy$$

が成り立つ．

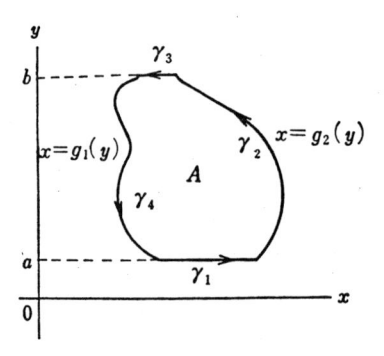

証明 命題 1 の証明と同様に

$$\iint_A f_x(x,y)\,dxdy = \int_a^b \left(\int_{g_1(y)}^{g_2(y)} f_x(x,y)\,dx\right)dy$$

$$= \int_a^b (f(g_2(y),y) - f(g_1(y),y))\,dy = \int_{\gamma_2} f(x,y)\,dy + \int_{\gamma_4} f(x,y)\,dy$$

$$= \int_{\partial A} f(x,y)\, dy.$$

問 10 命題2の ∂A を表わす式をつくり，証明を詳しくたしかめてみよ．

命題 1，2 の曲線 ∂A の像（それを曲線 ∂A ともいうのであった）は A の境界 ∂A にほかならない．曲線 ∂A を A の境界を正の向きに一周する曲線という．これは先に述べた円や区間の場合を含んでいる．このような正の向きの定めかたは，感覚的には'内部を左に見て進む向き'であるということができる．円，区間，3角形，一般に凸多角形は命題1のようにも，命題2のようにも表わされる．このような閉集合を，いま両軸に関し区分的に C^1 級のグラフではさまれた図形ということにしよう．命題 1，2 からすぐにつぎの定理が得られる．

定理 6.10 A を $\mathbf{R}^2$ の両軸に関し区分的に C^1 級のグラフではさまれた図形とし，∂A をその境界を正の向きに一周する曲線とする．f, g が A（を含むある開集合）で C^1 級の関数であるとき，

$$(6.38) \quad \int_{\partial A} f(x,y)\,dx + g(x,y)\,dy = \iint_A (-f_y(x,y) + g_x(x,y))\,dxdy$$

が成り立つ．

またたとえば，下左図のような多角形 A は図のように二つの凸多角形 A_1 と A_2 に分ければ，$A = A_1 + A_2$（区間の場合と同様に，内点を共有しない集合 A_1 と A_2 の和集合であるから $A_1 \cup A_2$ の代りに $A_1 + A_2$ と書く）で，∂A_1 と ∂A_2

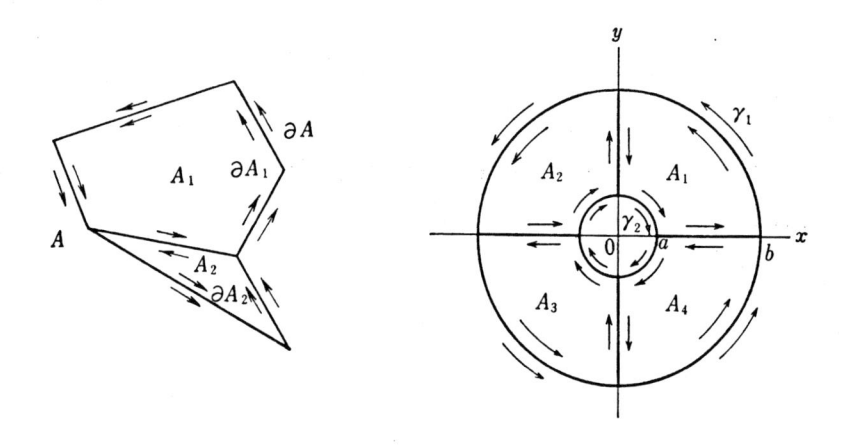

の逆向きの曲線にそっての線積分は消し合うから,このときも (6.38) は成り立つ.二つより多くに分ける場合も同様である.さらに,たとえば円環 $A=\{(x,y): a^2 \leq x^2+y^2 \leq b^2\}$ $(0<a<b)$ は,x 軸,y 軸で分けて前ページ下右図のように $A=A_1+A_2+A_3+A_4$ とすれば,おのおのの A_j は両軸に関し区分的に C^1 級のグラフではさまれた図形で,$\partial A_1, \partial A_2, \partial A_3, \partial A_4$ にそっての線積分の和は,円環の外側の円周を γ_1,内側の円周を負の向きに γ_2 とすれば,γ_1, γ_2 にそっての線積分の和となる.γ_1, γ_2 はやはり A の境界を A の内部を左に見て進む向きと見られるから,γ_1, γ_2 にそっての線積分の和を ∂A にそっての線積分 $\int_{\partial A} \cdots$ のように書けば,これについても (6.38) が成り立つ.

例 12 g_1, g_2 は $[a,b]$ で区分的に C^1 級であって $g_1(x) \leq g_2(x)$ であるとき

1) $A=\{(x,y): a \leq x \leq b, g_1(x) \leq y \leq g_2(x)\}$ の面積 $|A|$ は,命題 1 により
$$|A|=\int_A 1 dxdy = -\int_{\partial A} y dx,$$

2) $A=\{(x,y): a \leq y \leq b, g_1(y) \leq x \leq g_2(y)\}$ の面積 $|A|$ は,命題 2 により
$$|A|=\int_A 1 dxdy = \int_{\partial A} x dy$$

となる.したがって,A が両軸に関し区分的に C^1 級のグラフではさまれた図形のとき
$$|A|=\frac{1}{2}\int_{\partial A} xdy - ydx$$

となる.例 11 の $|I|$ は,この特別の場合である.

問 11 A と ∂A は定理 6.10 のとおりであるとする.f が A で C^2 級で $\partial^2 f/\partial x^2 + \partial^2 f/\partial y^2 = 0$ をみたす(調和関数)ならば $\int_{\partial A} f_y dx - f_x dy = 0$ となることを示せ.

解　　答

0章　問 3　$p \wedge q'$

1章

1.4　問 12　$-\infty$, $x=1$ のとき 0, $x \neq 1$ のとき 1.

1.6　問 14　たとえば R で $X=Q$, $Y=R \setminus Q$.

2章

2.4　問 5　$(x+n)e^x$, $(-1)^n(x-n)e^{-x}$, $n!/x$.

　　問 6　$\lim_{x \to \infty} x^\alpha = \begin{cases} \infty & (\alpha > 0 \text{ のとき}), \\ 1 & (\alpha = 0 \text{ のとき}), \\ 0 & (\alpha < 0 \text{ のとき}). \end{cases}$

　　　　　$\lim_{x \to 0+0} x^\alpha = \begin{cases} 0 & (\alpha > 0 \text{ のとき}), \\ 1 & (\alpha = 0 \text{ のとき}), \\ \infty & (\alpha < 0 \text{ のとき}). \end{cases}$

2.5　問 11　$a^3 x^2 \sin ax - 6a^2 x \cos ax - 6a \sin ax$, $16 \sin 2x$.

　　問 12　2, ∞, 0.

　　問 13　$\dfrac{\cos x}{\sin x}$, $\dfrac{1}{x(1+\log^2 x)}$.

　　問 16　$e^{-a^2/2}$, $-\dfrac{1}{3}$, $\dfrac{\log a}{\log b}$, $\dfrac{1}{2}$.

　　問 17　0.

2.6　問 6　(1) 1, (2) $0 < a \leqq 1$ のとき 0, $a > 1$ のとき ∞, (3) 0, (4) 0, (5) 1, (6) 1.

2.7　問 1　$-\log|\cos x|$; $n=1$ のとき $\log|\sin x|$, $n \geqq 2$ のとき $-\dfrac{1}{(n-1)\sin^{n-1} x}$; $-\dfrac{1}{n+1}\cos^{n+1} x$.

　　問 3　$I_0 = x$, $I_1 = \sin x$, $I_n = \dfrac{1}{n}(\cos^{n-1} x \sin x + (n-1) I_{n-2})$ $(n \geqq 2)$.

　　問 4　(1) $\dfrac{1}{15}(-3\cos^5 x + 10\cos^3 x - 15\cos x)$, (2) $\dfrac{1}{8}(2\cos^3 x \sin x + 3\cos x \sin x + 3x)$, (3) $\dfrac{1}{15}(3\sin^5 x - 10\sin^3 x + 15\sin x)$, (4) $\dfrac{1}{2}x + \dfrac{1}{2a}\sin ax \cos ax$, (5) $\dfrac{1}{2}e^x(\sin x - \cos x)$, (6) $a^2 = b^2 \neq 0$ のとき $\dfrac{1}{4b}(\sin^2 bx - \cos^2 bx)$, $a \neq b$ のとき $\dfrac{1}{a^2 - b^2}(a \sin ax \sin bx + b \cos ax \cos bx)$.

　　問 6　$-\dfrac{1}{x} - \dfrac{x}{2(x^2+1)} - \dfrac{3}{2}\arctan x$.

問 7 (1) $-\dfrac{1}{3}\cos 3x$, (2) $-\cos(e^x)$, (3) $\log\left|\tan\dfrac{x}{2}\right|$,

(4) $\log\left|\dfrac{\cos x}{1-\sin x}\right|$, (5) $\log(e^x+e^{-x})$, (6) $\arctan(e^x)$,

(7) $-\dfrac{1}{\tan\dfrac{x}{2}}$, (8) $\log\left|\dfrac{x-2}{x-1}\right|$, (9) $\dfrac{1}{6}\log\dfrac{(x-1)^2}{x^2+x+1}-\dfrac{\sqrt{3}}{3}$ $\arctan\left(\dfrac{\sqrt{3}}{3}(2x+1)\right)$, (10) $\arcsin\dfrac{x}{2}$, (11) $\sqrt{x^2-1}$,

(12) $\dfrac{9}{8}(x^{2/3}+1)^{1/3}(x^{4/3}-3)$, (13) $\dfrac{1}{4}(x^2\sqrt{x^4+1}+\log(x^2+\sqrt{x^4+1}))$,

(14) $\dfrac{x}{2}(\sin(\log x)-\cos(\log x))$, (15) $x((\arcsin x)^2-2)+2\sqrt{1-x^2}\arcsin x$.

2.8 問 2 (1) $y=\pm(c-2x)^{-3/2}$, $y=0$, (2) $y=\dfrac{c+x}{1-cx}$, (3) $\log\sqrt{x^2+y^2}$ $+\arctan\dfrac{y}{x}=c$, (4) $y=\sin x-1+ce^{-\sin x}$, (5) $y=c_1 e^x+c_2 e^{-x}-\dfrac{1}{5}\cos 2x$, (6) $c_1 e^x+c_2 x e^x+\dfrac{x^3}{6}e^x$.

3 章

3.1 問 2 (1) $f_x(x,y)=e^{x+y^2}$, $f_y(x,y)=2ye^{x+y^2}$, $f_{xx}(x,y)=e^{x+y^2}$, $f_{xy}(x,y)$ $=f_{yx}(x,y)=2ye^{x+y^2}$, $f_{yy}(x,y)=2(1+2y^2)e^{x+y^2}$,

(2) $f_x(x,y)=\dfrac{x}{\sqrt{x^2+y^2}}$, $f_y(x,y)=\dfrac{y}{\sqrt{x^2+y^2}}$, $f_{xx}(x,y)=\dfrac{y^2}{(x^2+y^2)^{3/2}}$,

$f_{xy}(x,y)=f_{yx}(x,y)=\dfrac{-xy}{(x^2+y^2)^{3/2}}$, $f_{yy}(x,y)=\dfrac{x^2}{(x^2+y^2)^{3/2}}$.

3.4 問 1 $x=\dfrac{\sqrt{2}}{8}$, $y=-\dfrac{\sqrt{2}}{4}$; $x=-\dfrac{\sqrt{2}}{8}$, $y=\dfrac{\sqrt{2}}{4}$ のとき強い意味の極小値 $-\dfrac{1}{64}$ をとる.

問 3 $x=y=z=\dfrac{1}{\sqrt{3}}$ のとき最大値 $\sqrt{3}$, $x=y=z=-\dfrac{1}{\sqrt{3}}$ のとき最小値 $-\sqrt{3}$ となる.

問 4 正 3 角形.

4 章

4.1 問 2 $\log(1+\sqrt{2})$

問 3 $\dfrac{\pi^2}{16}-\dfrac{1}{4}$, $\dfrac{2}{e}$, $\dfrac{\pi}{4}$, $n\log n-n+1$.

問 8 $(x^2+1)^2(x+y)=c$, $y+\log x+1=cx$.

4.2 問 4 $\dfrac{1}{2}\log 3$, ∞, ∞, ∞.

5章

5.1 問 2 $1, \dfrac{2}{3}$.

問 5 $\sum \dfrac{(-1)^n}{\sqrt{n}}$.

問 8 収束,収束,収束,収束,収束,発散.

5.3 問 1 $0, \infty, 1/4, 2, 1, \infty, e, 1, \infty$.

問 3 $\pi/4$.

5.4 問 3 $\sum\limits_{n=0}^{\infty} \dfrac{3\cdot 5\cdots(2n+1)}{2\cdot 4\cdots(2n)} x^n$.

問 4 $1+\sum\limits_{n=1}^{\infty} 4nx^n$.

問 6 $2\sum\limits_{n=1}^{\infty}(2n-1)^{-2}$.

問 7 $\sum\limits_{n=1}^{\infty} \dfrac{1\cdot 3\cdot 5\cdots(2n-3)}{n!2^n(2n-1)} x^{2n}$.

問 8 $-\dfrac{1\cdot 3\cdots(2n-3)}{n!2^n}\sin^{2n}x$.

6章

6.1 問 3 $2\pi^2 a^2 b$.

6.4 問 2 $2\pi r$.

問 3 $6a$.

問 4 $(e^b-e^{-b}-e^a+e^{-a})/2$.

問 6 $8a$.

問 7 $c\sqrt{a^2+b^2}$.

問 9 $2\pi, 0$.

参　考　書

　解析について述べた書物は毎年のように数多く出版されていて（本書もたしかに，その一つだが），そのすべてに目を通すことは不可能に近い．ここで紹介するのは，著者の身近にあるもののうちから，そのいくつかを拾ってみたものである．

　三村征雄：微分積分学（Ⅰ,Ⅱ）（岩波全書），岩波書店，1970, 1973
　伝統を重んじながらも，これにとらわれることなく，簡潔な文体のうちに，古典の正統を現代に蘇らせたもの，とくに Riemann 積分については，これだけよく取扱ったものを他に知らない．
　高木貞治：解析概論（改訂第3版），岩波書店，1961
　講義風の readable な名著．古風に感ずる向きもあろうがやはり格調は高い．内容は微積分のほかに，関数論とフーリエ級数の初歩，Lebesgue 積分など．
　本書で紹介すべくして果せなかった複素解析（Complex Analysis）あるいは関数論については，以上の高木先生の書物のほかに，程度も高いがすみずみまで注意の行き届いた
　吉田洋一：函数論（第2版）（岩波全書），岩波書店，1965
がすすめられる．
　また，内容的には解析学入門書として，勉強家向きの網羅的労作
　一松　信：解析学序説（上,下），裳華房，1961, 1962
がある．
　その他に発想もしくはアイデアを中心に解説したユニークな著作
　森　　毅：現代の古典解析，現代数学社，1972
がある．かなりよくわかっている人がもう一度勉強するのによいだろう．
　なお，解析学の本命ともいうべき微分方程式についてとくに勉強したい人はつぎの名著を参考にされたい．
　溝畑　茂：数学解析（上,下），朝倉書店，1973
　解析学の新しい分野には，代数的方法を加味して関数の集合を取扱ういわゆる関数解析とよばれるものがある．その入門書として一つだけ次の書物をあげておく．
　コルモゴロフ，フォーミン（山崎三郎訳）：関数解析の基礎（第2版），岩波書店，1971
　3章の終りに，写像の微分係数についてふれておいたが，詳しくはつぎの書物を参考にされたい．
　S. Lang : Analysis I, Addison-Wesley Publishing Company, 1968.
　本書の積分変数変換の §6.2 は
　W. Rudin : Principles of Mathematical Analysis (2 nd ed.), McGraw-Hill Book

Company, 1964

の積分変数変換の取扱いかたにヒントを得て，これに手を加えたものである．その労をとって下さったのは木庭暲子夫人である．なお Rudin のこの名著は，好学社から廉価版が出ており，入手しやすい．

比較的近頃出た書物で計算をよくやってあるのが

J. Dieudonné : Infinitesimal Calculus, Hermann, 1971

である．手許にあると便利だし，著者の考えもところどころうかがえて面白い．

最後に表題からしてかわっているが

G. Birkhoff : A Source Book in Classical Analysis, Harvard University Press, 1973

がかなり部厚で細い字のびっしりとつまった書物であって，解析学の歴史が，原著者の論文の抄訳とともに，興味深く紹介されている．たとえば，かの有名な Cauchy が，連続性と一様連続性の区別を知らなかったということを証拠づける文章の抄録なども，はじめの方に出ている．全章にわたって，そういう調子であるから，苦労してできたものに違いない．手許にあれば眺めてよく，ときどき手にとり拾い読みしてよく，また，ものを書いたりしゃべったりするにも大いによい．

記 号 表

(括弧内の数字は，一つの意味で最初に出たページを示す.)

$p \wedge q$, $p \vee q$, p' (1); $\Rightarrow$, $\Leftrightarrow$ (2); $\forall$, $\exists$ (10);

$\in$, $\notin$, $\subset$ (3); $\not\subset$ (11); ϕ (3); $\{x : P(x)\}$ (4);

$\boldsymbol{N}$, $\boldsymbol{Z}$, $\boldsymbol{R}$ (4); $\boldsymbol{Q}$ (19);

$[a, b]$, (a, b), $[a, b)$, $(a, b]$, $[a, \infty)$, $(-\infty, a)$, $(-\infty, \infty)$ など (5);

$A \cup B$, $A \cap B$ (6); $A \backslash B$, A^c (9); $A \times B$, A^n (10);

$\bigcup_{A \in \mathcal{A}} A$, $\bigcap_{A \in \mathcal{A}} A$, $\bigcup_{\alpha \in D} A_\alpha$, $\bigcap_{\alpha \in D} A_\alpha$, $\bigcup_{j=1}^{\infty} A_j$, $\bigcap_{j=1}^{\infty} A_j$, $\bigcup_{j=1}^{n} A_j$, $\bigcap_{j=1}^{n} A_j$ (7);

$f : A \to B$, $a \mapsto b$, $f(A)$ (12); (a_n) (13); a_n^+, a_n^- (276);

f^{-1} (13, 16); $g \circ f$ (14); $f|A$ (15);

$\max S$, $\max_{x \in S} x$, $\min S$, $\min_{x \in S} x$ (20);

$\sup S$, $\sup_{x \in S} x$ (40); $\inf S$, $\inf_{x \in S} x$ (41);

$\operatorname{sgn} x$ (32); $f \vee g$, $f \wedge g$ (56); f^+, f^- (261);

$C(I)$ (55, 60); $C^n(I)$, $C^\infty(I)$ (113); $C^n(D)$, $C^\infty(D)$ (208);

$\|x\|$ (56, 58); $\boldsymbol{R}^p$ (60, 61); $\langle x, y \rangle$ (60);

$d(x, y)$ (61); $\operatorname{diam} A$ (68); $d(A, B)$, $d(x, A)$ (83);

$U_\delta(x_0)$, $U(x_0)$, $U_\delta^*(x_0)$, $U^*(x_0)$ (66); $B(a, r)$, $\bar{B}(a, r)$ (67);

X^i (69); $\bar{X}$ (71); ∂X (71, 339, 349, 350, 351, 352);

f', Df, $\dfrac{df}{dx}$ (103, 107, 235); f'', $D^2 f$, $\dfrac{d^2 f}{dx^2}$ (113);

f_x, $D_x f$, $\dfrac{\partial f}{\partial x}$, f_y, $D_y f$, $\dfrac{\partial f}{\partial y}$ (198, 200);

f_{xx}, $\dfrac{\partial^2 f}{\partial x^2}$, f_{yx}, $\dfrac{\partial^2 f}{\partial x \partial y}$ など (204); $\dfrac{\partial^n f}{\partial x^r \partial y^s}$ など (208);

$\operatorname{Det} A$ (101); $o(g)$ (106); df (209); $d^n f$ (210);

$\int$, $\iint$ (128, 238, 255, 304, 305, 307, 312, 313, 332, 333, 345, 349);

$\begin{pmatrix} f_x & f_y \\ g_x & g_y \end{pmatrix}$, $\dfrac{\partial(f, g)}{\partial(x, y)}$ (221); J_T (222);

$\begin{pmatrix} \alpha \\ n \end{pmatrix}$ (153, 288); $|I|$ (300); $\delta(\mathrm{P})$ (237, 302); $|G|$ (316); $|\Gamma|$ (340).

索　引

ア　行

値　12
アーベルの連続定理　292
アルキメデスの原則　23

1対1写像　13
一様収束　53, 281
一様に絶対収束　282
一様連続　50, 78
1階線形微分方程式　189
陰関数　216
　　——の存在定理　213

上に凸　120
上に有界　39, 49
上への写像　13
ウォリスの公式　246

円筒座標　331

カ　行

解　182
開核　69
開球　67
開曲線　337
開区間　5
開集合　69
外点　71
下界　41
下限　41
カタストロフィ　126

合併　6
可微分　104
加法的区間関数　302
関数　12
関数関係　224
関数行列　221
関数行列式　221
関数項級数　281
関数列　52
完備　63
ガンマ関数　265

基本列　63
逆　2
逆関数　13, 216
　　——の存在定理　215
逆三角関数　154
逆写像　13
級数　268
境界　71
共通部分　6
行列　95
行列式　101
極限　27, 33, 65
極座標　152, 330
局所一様収束　287
極小　113, 227, 231
極小値　113
曲線　336
極大　113, 227, 231
極大値　11, 227
極値　113, 227

距離　61
距離空間　61
近傍　66
　＊近傍　66

空集合　3
区間　5
区間縮小法の原理　24
区分的に C^1 級の曲線　338
区分的に滑らかな曲線　338
グリーンの定理　349

元　3
原始関数　128
元素　3

項　13
高位の無限小　106
広義一様収束　287
広義の積分　257, 332
高次導関数　113
高次微分係数　113
合成した写像　14
恒等写像　14
交番級数　276
項別微分(積分)　282
コーシーの基本列　63
コーシーの収束条件　49
コーシーの判定条件(正項級数)　273
コーシーの平均値の定理　116
孤立点　72
コンパクト　78

サ 行

最小元　20
最小数　20

最小値　20, 49
最大元　20
最大数　20
最大値　20, 49
差集合　9

C^n 級　113, 208, 222
指数関数　137
下に凸　120
下に有界　41, 49
実関数　13
実数　17
実数値関数　12
始点　336
写像　12
集合　3
集合族　7
集積点　72
収束　26, 33, 62, 65, 257, 269, 281
収束半径　287
終点　336
十分条件　6
縮小係数　87
縮小写像　87
シュワルツの不等式　66, 248
上界　39
条件　4
上限　40
条件収束　277
初期条件　183
触点　70

数学的帰納法　21
数列　13
＊近傍　66

整関数　32
制限　15
正項級数　272
積(集合)　6
積分　128, 238, 304, 307, 312, 313, 332
　　　広義の——　257, 332
積分因子　253
積分学平均値の定理　242
積分可能　257
絶対収束　275, 282
　　　一様に——　282
絶対値　21
線形空間　58
線形写像　93
全射　13
線積分　344
全体集合　9
全単射　13
全微分可能　198
全微分形の微分方程式　252

像　12
属する　3

タ 行

台　307
第 n 項　13
対偶　2
対数関数　138
対数微分法　140
体積　320
第2次導関数　113
第2次微分係数　113
たがいに素　6
単射　13
単純曲線　337

単調　42, 45
単調減少　42, 45
単調増加　42, 45
端点　5

値域　12
置換積分　169, 247
中間値の定理　38
稠密　22
調和関数　207
直積　10
直径　68

強い意味で極小　114, 227
強い意味で極大　114, 227
強い意味で単調　45
強い意味で単調減少　45
強い意味で単調増加　45

底　137, 138
定義域　12
定数関数　14
定積分　238, 304
ティーチェの連続関数延長定理　84
定値写像　14
テイラー展開　296
テイラーの定理　156, 213
点別に収束　52
点別の極限　52

導関数　107
同次形(微分方程式)　188
同値　2
　　　——な条件　6
等比級数　270
凸(関数)　120

ナ 行

内積　60
内点　68
内部　69
内部一様収束　287
長さ　5, 340
滑らか　113
　——な曲線　338
成り立つ　1

2階線形微分方程式　191
2回微分可能　113
2項級数　296
2項係数　159
2項定理　159
ニュートンの方法　165

ノルム　58
ノルム空間　58

ハ 行

ハイネ・ボレルの被覆定理　82
発散　28, 62, 257, 269
半開区間　5

微係数　103
左からの極限　33
左に連続　36
左微分可能　105
左微分係数　105
必要十分条件　6
必要条件　6
否定　1
被覆　82
微分　209
微分可能　104, 198, 235
微分係数　103, 235
微分商　103
微分する　107
微分方程式　182

含む　3
不定積分　128, 239
不動点　88
部分(距離)空間　62
部分集合　3
部分積分　169, 247
部分積分法　172
部分列　13
部分和　269

閉球　67
閉曲線　337
平均値の定理　115, 203
平均変化率　103
閉区間　5
閉集合　69
閉包　71
巾級数　285
ベクトル　58
ベクトル空間　58
ベータ関数　267
ヘルダーの不等式　143
ベルヌイの微分方程式　190
変域　4
変数　4
変数分離形(微分方程式)　186
変数変換法　170
偏導関数　200
偏微分可能　198
偏微分係数　198

補集合 9
ほとんどすべての 270

マ 行

マクローリンの定理 158
交わり 6
交わる 6

右からの極限 33
右に連続 36
右微分可能 105
右微分係数 105
みたす 4
道 336
ミンコフスキの不等式 143

無限級数 268
無視できる 309
結び 6

命題 1
命題関数 5
面積 316

ヤ 行

ヤコビアン 221, 222
ヤコビ行列式 221

有界 68
有限列 13
有向線分 337
有理整関数 32
ユークリッド空間 61

要素 3

ラ 行

ライプニッツの公式 159
ラグランジュの(未定)乗数 233
ラプラシアン 207

リプシッツの条件 78

累次積分 305

列 13
連続 35, 67
連続関数 36

ロルの定理 115

ワ 行

和 269
和(集合) 6
ワイエルシュトラスの定理 163

著者略歴

亀谷　俊司
（かめ　たに　しゅん　じ）

1910年　東京に生れる
1936年　東京帝国大学理学部卒業
現　在　お茶の水女子大学名誉教授・理学博士

基礎数学シリーズ 9
解 析 学 入 門　　　　　　　　定価はカバーに表示

1974年 9 月10日　初版第 1 刷
2004年12月 1 日　復刊第 1 刷
2012年 6 月25日　　　第 2 刷

著　者　亀　谷　俊　司
発行者　朝　倉　邦　造
発行所　株式会社　朝倉書店
　　　　東京都新宿区新小川町6-29
　　　　郵便番号　162-8707
　　　　電　話　03(3260)0141
　　　　FAX　03(3260)0180
　　　　http://www.asakura.co.jp

〈検印省略〉

© 1974　〈無断複写・転載を禁ず〉　　　中央印刷・渡辺製本

ISBN 978-4-254-11709-7　C 3341　　Printed in Japan

JCOPY 〈(社)出版者著作権管理機構 委託出版物〉

本書の無断複写は著作権法上での例外を除き禁じられています．複写される場合は，そのつど事前に，(社)出版者著作権管理機構（電話 03-3513-6969，FAX 03-3513-6979，e-mail: info@jcopy.or.jp）の許諾を得てください．

好評の事典・辞典・ハンドブック

数学オリンピック事典	野口　廣 監修 B5判 864頁
コンピュータ代数ハンドブック	山本　慎ほか 訳 A5判 1040頁
和算の事典	山司勝則ほか 編 A5判 544頁
朝倉 数学ハンドブック［基礎編］	飯高　茂ほか 編 A5判 816頁
数学定数事典	一松　信 監訳 A5判 608頁
素数全書	和田秀男 監訳 A5判 640頁
数論＜未解決問題＞の事典	金光　滋 訳 A5判 448頁
数理統計学ハンドブック	豊田秀樹 監訳 A5判 784頁
統計データ科学事典	杉山高一ほか 編 B5判 788頁
統計分布ハンドブック（増補版）	蓑谷千凰彦 著 A5判 864頁
複雑系の事典	複雑系の事典編集委員会 編 A5判 448頁
医学統計学ハンドブック	宮原英夫ほか 編 A5判 720頁
応用数理計画ハンドブック	久保幹雄ほか 編 A5判 1376頁
医学統計学の事典	丹後俊郎ほか 編 A5判 472頁
現代物理数学ハンドブック	新井朝雄 著 A5判 736頁
図説ウェーブレット変換ハンドブック	新　誠一ほか 監訳 A5判 408頁
生産管理の事典	圓川隆夫ほか 編 B5判 752頁
サプライ・チェイン最適化ハンドブック	久保幹雄 著 B5判 520頁
計量経済学ハンドブック	蓑谷千凰彦ほか 編 A5判 1048頁
金融工学事典	木島正明ほか 編 A5判 1028頁
応用計量経済学ハンドブック	蓑谷千凰彦ほか 編 A5判 672頁

価格・概要等は小社ホームページをご覧ください.